氨氮水生态环境基准
制定与案例分析

闫振广 张依章 等 编著

Development and Analysis
of Aquatic Life Criteria for Ammonia

化学工业出版社
·北京·

内 容 简 介

氨氮是我国流域水环境主要污染物之一，也是我国“十三五”流域水环境污染减排的重点约束性指标。本书对我国颁布的首批国家水生态环境基准《淡水水生生物水质基准——氨氮》（2020年版）的制定方法和制定过程进行了介绍，包括氨氮水质基准或标准的国内外相关研究进展、氨氮毒性数据的筛选和分析方法、氨氮毒性数据的分布和检验、氨氮水质基准的模型拟合方法等，可为我国氨氮水质标准的制定提供良好支撑。

本书具有较强的针对性和参考价值，可供水污染防治、水环境监测、环境标准制定等领域的工程技术人员、科研人员及环境管理人员参考，也可供高等学校环境科学与工程、生态工程及相关专业师生参考。

图书在版编目（CIP）数据

氨氮水生态环境基准制定与案例分析/闫振广等编著.—北京：化学工业出版社，2020.10

ISBN 978-7-122-37378-6

Ⅰ.①氨… Ⅱ.①闫… Ⅲ.①含氨废水-水环境-生态环境-水质标准-制定②含氮废水-水环境-生态环境-水质标准-制定 Ⅳ.①X143②X-651

中国版本图书馆CIP数据核字（2020）第126472号

责任编辑：刘兴春 卢萌萌　　装帧设计：史利平

责任校对：宋 夏

出版发行：化学工业出版社（北京市东城区青年湖南街13号 邮政编码100011）

印　　装：天津盛通数码科技有限公司

787mm×1092mm 1/16 印张16½ 字数331千字 2021年1月北京第1版第1次印刷

购书咨询：010-64518888　　售后服务：010-64518899

网　　址：http://www.cip.com.cn

凡购买本书，如有缺损质量问题，本社销售中心负责调换。

定　　价：98.00元

《氨氮水生态环境基准制定与案例分析》编著者名单

编著者：闫振广　张依章　余　洁　胡万里　赵光竹　郑　欣
王书平　范俊韬　邵瑞华　张天旭　王鹏远　孙乾航
黄　轶　许晓静　王一喆　吴春辉　闫　祯

前言

生态环境基准是在特定条件和用途下，环境因子（污染物质或有害要素）对生态系统不产生有害效应的最大剂量或水平。生态环境基准研究起始于 19 世纪末，美国等发达国家相关工作开展较早，现已形成相对完整的生态环境基准体系，为环境质量标准的制定和颁布奠定了科学基础。从揭示自然客观规律看，生态环境基准具有普适性，但由于自然地理和生态系统构成等方面的差异，导致生态环境基准呈现一定的地域差异性，可根据各地区实际情况开展针对性研究。

我国生态环境基准的相关工作起步晚，研究基础薄弱，不能满足支撑生态环境管理工作的实际需要。《中华人民共和国环境保护法》（2015 年 1 月 1 日起施行）第 15 条提出："国家鼓励开展环境基准研究"，在法律层面明确了我国生态环境基准工作，为逐步建立健全国家生态环境基准体系、推动生态环境基准工作健康发展提供了制度保障。为加强和规范生态环境基准工作，环境保护部（现生态环境部）发布了《国家环境基准管理办法（试行）》（公告 2017 年第 14 号），后续又发布了《淡水水生生物水质基准制定技术指南》（HJ 831—2017）、《人体健康水质基准制定技术指南》（HJ 837—2017）和《湖泊营养物基准制定技术指南》（HJ 838—2017）三项国家环境保护标准，为我国生态环境基准工作的有序开展提供了技术依据。

作为我国现行地表水环境质量标准（GB 3838—2002）的基本项目之一，氨氮是我国流域水体中主要污染物之一，也是我国"十三五"生态环境保护规划中规定的污染减排约束性指标之一，我国现行氨氮水质标准主要参照国外水质基准制定，对我国水环境特征体现不足，科学制定氨氮的水环境基准和标准对我国流域水环境管理具有重要意义。2020 年，我国发布了保护淡水水生生物的氨氮水生态环境基准（淡水水生生物水质基准），可为我国氨氮的地表水环境质量标准修订提供参考和依据。本书结合上述各项标准的制订过程及相关内容，总结和梳理笔者及其团队多年的研究成果和观点认识编著而成。全书详细介绍了制定该基准的技术路线、方法和结果，具有较强的技术性和针对性，可供从事水生态环境保护等的工程技术人员、科研人员参考，也可供高等学校环境科学与工程、生态工程及相关专业师生参阅。

本书由闫振广、张依章等编著，其中闫振广负责全书的整体编著，张依章负责资料搜集与分析，余洁、胡万里、赵光竹、郑欣、王书平、范俊韬、邵瑞华、张天旭、王鹏远、孙乾航、黄轶、许晓静、王一喆、吴春辉、闫祯共同完成了毒性数据的搜集与筛选等。 全书最后由闫振广统稿并定稿。

限于编著者水平及编著时间，书中不足和疏漏之处在所难免，敬请读者批评指正！

编著者

2020 年 6 月

目录

第1章 氨氮水质环境基准国内外研究进展

1.1 氨氮环境问题概述

氨氮是指水中以非离子氨（NH_3）和铵离子（NH_4^+）形式存在的氮，其对水生生物毒性效应明显，且 NH_3 对水生生物的毒性远高于 NH_4^+。两者在水中的比例受水体温度和 pH 值的影响，水温和 pH 值越高则 NH_3 比例越大，导致氨氮的生物毒性和生态风险也越大。

根据《2018 中国生态环境质量状况公报》，氨氮依然是黄河流域、松花江流域和辽河流域的主要污染物之一。前人研究也表明氨氮依然是太湖及我国七大流域的主要污染物之一[1,2]，存在着不同程度的生态风险；同时，氨氮也是我国《“十三五”生态环境保护规划》中规定的污染物总量减排的约束性指标之一[3]。因此，氨氮水质标准的科学性对于我国流域水环境管理至关重要。

我国现行《地表水环境质量标准》（GB 3838—2002）中规定的 5 类氨氮水质标准限值为：0.15mg/L（Ⅰ类），0.5mg/L（Ⅱ类），1.0mg/L（Ⅲ类），1.5mg/L（Ⅳ类）和 2.0mg/L（Ⅴ类）；其中Ⅰ类氨氮标准主要是基于美国 1999 年的氨氮水质基准确定，Ⅱ类～Ⅴ类标准是在Ⅰ类标准的基础上逐级放宽确定；这 5 类氨氮标准在制定过程中没有考虑水质条件对氨氮毒性的影响[4]。由于我国流域众多，pH 值等水质因子各异，不同季节水温差异明显，因此采用现行的 5 类氨氮水质标准对氨氮生态风险进行评估和管理容易产生偏差。

环境质量基准是制定环境质量标准的科学依据，研究和制定适合于我国流域水环境特征的氨氮水质基准对于科学修订我国地表水氨氮水质标准具有重要意义。本书以我国发布的《淡水水生生物水质基准制定技术指南》(HJ 831—2017)[5]（下称《技术指南》）为技术依据，搜集筛选氨氮对我国本土淡水生物的急、慢性毒性数据，补充开展了氨氮对我国代表性鲤科鱼类的急性毒性效应，确定氨氮对我国本土淡水生物的毒性数据集。通过对氨氮毒性数据集的统计分析，使用物种敏感度分布（Species Sensitivity Distribution，SSD）技术及相关数学模型确定我国氨氮淡水水生生物水质基准值。

我国流域水生生物多样性丰富，具有多种特色物种和土著物种，例如我国淡水鱼类的分布以鲤科为主，与美国以鲑科鱼类为主的鱼类区系特征有明显差异[6,7]，整体上氨氮的物种敏感度分布与国外也不同[8]，这些就决定了需要制定针对我国本土生物保护的氨氮水质基准。另外，我国流域水环境氨氮污染相对严重，影响氨氮生物毒性的主要水质因子（温度和 pH 值）的区域差异性明显[9]，研究表明我国不同流域由于水环境特征的差异可能导致基准值差异达数倍[10]。因此迫切需要针对我国流域水环境的具体特点与特征研究制定氨氮水质基准，为修订氨氮水质标准提供参考和科学依据。

氨水质基准的表征指标有非离子氨（NH_3）、总氨和氨氮等，我国现行的《地表水环境质量标准》(GB 3838—2002) 中的氨氮标准的制定主要参考了美国的氨氮水质基准数值[4]，因此也是以氨氮作为指标的。考虑到非离子氨及铵离子的综合毒性和我国水环境管理的延续性，本书仍以氨氮作为水质基准指标进行研究和制定。

氨氮在水体中存在以下化学平衡：

$$NH_4^+ \rightleftharpoons NH_3 + H^+ \tag{1-1}$$

$$K=\frac{[NH_3][H^+]}{[NH_4^+]} \tag{1-2}$$

温度对平衡常数 K 有显著影响，据 Emerson 等[11]研究，这种关系为：

$$\mathrm{pK}=0.09018+\frac{2729.92}{273.2+T} \tag{1-3}$$

式中 $\mathrm{pK}=-\lg K$；

T——温度，℃。

因此，可以得出 NH_3 和 NH_4^+ 在总氨氮中所占比例的表达式分别为：

$$f_{NH_3}=\frac{1}{1+10^{\mathrm{pK}-\mathrm{pH}}} \tag{1-4}$$

$$f_{NH_4^+}=\frac{1}{1+10^{\mathrm{pH}-\mathrm{pK}}} \tag{1-5}$$

$$f_{NH_3}+f_{NH_4^+}=1 \tag{1-6}$$

式中 f_{NH_3}、$f_{NH_4^+}$——两种成分在总氨氮溶液中所占比例，比例数值受温度和 pH 值的影响非常显著，如表 1-1 所列，从温度为 5℃、pH＝6.0 变化到温度 30℃、pH＝10.0 时，非离子氨所占比例从 1.3%增加到 89.0%，变化非常显著。

由于非离子氨的生物毒性远大于铵离子[12]，因此氨氮在水中的存在形式对其毒性是非常重要的，即水体的 pH 值和温度对氨氮的生物毒性有显著影响。非离子氨的毒性更大是因为它是中性分子，与带电的铵离子相比更容易扩散进入细胞膜对生物造成伤害。鉴于此，文献经常以非离子氨的形式表示氨氮的生物毒性[13]。但不可否认的是，在某些条件下，铵离子对氨氮的毒性也有显著的贡献，而且铵离子的浓度通常远远高于非离子氨，因此铵离子对于氨氮毒性的影响也是不可忽略的[14]。

表 1-1　氨氮溶液中非离子氨的百分比[11]　　单位：%

温度/℃	pH 值								
	6.0	6.5	7.0	7.5	8.0	8.5	9.0	9.5	10.0
5	0.0125	0.0395	0.125	0.394	1.23	3.80	11.1	28.3	55.6
10	0.0186	0.0586	0.186	0.586	1.83	5.56	15.7	37.1	65.1
15	0.0274	0.0865	0.274	0.859	2.67	7.97	21.5	46.4	73.3
20	0.0397	0.125	0.396	1.24	3.82	11.2	28.4	55.7	79.9
25	0.0569	0.180	0.566	1.77	5.38	15.3	36.3	64.3	85.1
30	0.0805	0.254	0.799	2.48	7.46	20.3	44.6	71.8	89.0

自然界中氨的来源包括有机废料的分解、大气气体交换、森林火灾、动物粪便、生物群落释放以及生物固氮过程[15-17]。工业生产中，氨可在高温高压下由甲烷与氮气反应生成，制备的氨气在低温下以液体形式进行储存[18]。氨可以以无水氨的形式直接用于农业生产中，或者以硝酸铵、磷酸铵和硫酸铵等形式用于生产氮肥[16]；氨也被用于化工行业中，如生产药品[19]和染料[18]等，在石油工业中氨可用于原油的脱酸等处理以及设备防腐[20]，氨也被用于采矿业的金属提炼[20]等。

氨可以通过人为活动，如市政污水排放和农业径流，以及固氮和动物体内含氮废物排泄等自然来源进入水环境。氨氮早期引起人们的关注很大程度上是由于氨在水产养殖系统中的积蓄和危害，但自 20 世纪 80 年代以来，氨大量从工业生产、农业径流和污水中排放到水环境中的现象日益引起人们的关注[21,22]。据《2018 中国统计年鉴》[23]，2017 年我国氨氮总排放量为 139.51 万吨，氨氮依然是我国水环境管理的重要污染物之一。

在水环境和陆地环境中，细菌分解粪便及动植物尸体可产生氨和其他氨化合物[24]。在水生环境中，鱼也会产生和排泄氨。水中氨的化学形态由铵离子（NH_4^+）和非离子氨（NH_3）组成，它们在水溶液中的比例主要取决于水体 pH 值和温度[25,26]。氨在水溶液中表现为一种中等强碱，pK_a 值的变化范围可从大约 9 到略高于 10[25,27]。一般来说，在淡水中，当 pH 值每上升 1 个单位时，非离子氨与铵离子的比例增加 10 倍，而温度从 0 至 30℃每升高 10℃则上述比例增加约 2 倍[26]。基本上，随着 pH 值和温度的增加，NH_3 的浓度增加，NH_4^+ 的浓度降低，从而导致总氨的毒性随着 pH 值和温度的增加而增加。

总氨氮（TAN）的浓度是 NH_4^+ 和 NH_3 浓度的总和，在水样中分析测量的是总氨。使用 Emerson 等[25]提出的公式可估算总氨中 NH_4^+ 和 NH_3 的相对浓度。

氨不具有持久性和生物富集性，其对生物的毒性主要是由于非离子氨导致的，作为中性分子，非离子氨更容易穿过生物膜而对水生生物造成伤害，但在某些水质条件下（如低 pH 值），铵离子也能对水生生物表现出明显的毒性[28]。氨是一种内源性毒物，生物体具有多种对氨的排泄途径，其中的主要途径是通过鳃的非离子扩散。外环境中高浓度的氨会抑制或逆转氨的扩散，导致体内组织和血液中氨的积聚[29]。

氨氮对水生动物的毒性作用可能是由于以下一种或多种原因引起的：

① 鳃组织增殖和鳃上皮损伤[30]；

② 由于进行性酸中毒导致血液携氧能力下降[29]；

③ 解偶联氧化磷酸化导致抑制大脑中三磷酸腺苷的代谢[31]；

④ 破坏渗透调节和循环活动，破坏肝脏和肾脏的正常代谢功能[32,33]。

近些年关于氨氮对淡水贝类的毒性研究证明了淡水贝类对氨氮的敏感性[34-37]。非离子氨对双壳贝类的毒性作用包括：a. 减少呼吸和进食阀门的开启[38]；b. 导致双壳动物分泌功能受损[39]；c. 减少双壳类动物的纤毛活动[22]；d. 消耗脂肪和碳水化合物从而导致代谢改变和死亡[40,41]。这些消极的生理效应可能导致摄食、繁殖力和存活率的降低，从而导致双壳类种群的衰退[42,43]。

《技术指南》中明确规定：如果水环境要素对污染物的生物毒性有明显影响，在基准确定时应充分考虑水环境要素的影响，依据水质条件或建立相关模型进行修正。研究表明，温度、pH 值、DO、离子强度和盐度都可能对氨氮毒性造成影响[15]，其中温度和 pH 值的影响最重要，它们可以显著影响水环境中氨氮的化学平衡，水温越高，pH 值越大，氨氮中非离子氨的比例就越大，因此，水温和 pH 值是影响氨氮生物毒性以及氨氮水质基准的重要水质参数，在制定氨氮水质基准时必须予以考虑。离子组成等环境因素对于淡水中氨氮的存在形式影响相对较小，对氨氮毒性的影响不易确定，因此在氨氮水质基准推算过程中不予考虑[14]。

1.2 国外研究进展

1.2.1 美国氨氮水质基准

美国最早对氨氮的水质基准进行了研究，针对氨氮的理化特性和生物毒性效应建立了较为完善的氨氮水质基准方法学。美国的水质基准分为短期水质基准（CMC）和长期水质基准（CCC）（本书中短期水质基准缩写为 SWQC，长期水质基准缩写为 LWQC），在 1976 年颁布的《红皮书》[44]中，对氨氮基准的研究相对简单，考虑到氨氮在水体中以两种形式存在，以相对毒性较大的非离子氨的形式规定了氨氮基准。基于非离子氨对淡水生物的最低效应浓度是 0.2mg/L，利用评估因子（AF）法，取评估因子为 10，计算出氨氮（非离子氨）的长期水质基准为 0.02mg/L。另外，当时也认识到氨氮的毒性与 pH 值等水质因子有关，但因为数据和方法都相对有限，没有进行深入的研究。

在 1986 年颁布的《金皮书》[45]中，美国环境保护署（USEPA）依然是用非离子氨的浓度来表示氨氮的水质基准，采用的毒性数据大多来源于流水式试验，在试验过程中对氨氮的浓度也进行了监测，使得数据更加可靠。对于氨氮的毒性与水质因子的关系，《金皮书》中更明确地指出水体 pH 值与氨氮毒性有显著的相关性，但由于数据有限，尚无法得出具体的关系式；同时，认识到冷水鱼类和暖水鱼类对氨氮的敏感性有差别，在最终的国家水质基准表达式中适当考虑了 pH 值和温度对氨氮水质基准的影响，并且对暖水鱼类和冷水鱼类也进行了一定的区分，但由于水质因子与氨氮毒性的定量关系尚未明确，因此最终基准的表述也不完善。

1985 年，USEPA 首次发行了单独的氨氮国家水质基准文件[46]。文中利用了大量的生物毒性数据，使用了数理统计方法和适宜的氨氮毒理模型对氨氮水质基准进行了推算，充分考虑了水体 pH 值和温度对氨氮生物毒性的影响。1992 年，USEPA 又基于鱼类毒性数据的选择和利用对氨氮国家水质基准进行了小的修正，并且对两次的技术文献进行了合订[46]。在合订本中，考虑到敏感的冷水鱼对氨氮基准的影响，分别提出了冷水鱼类存在和不存在的情况下的急性和慢性基准的函数公式，推算了不同水体 pH 值和温度下的不同形式的氨氮基准，共 8 个基准数值表格，即冷水鱼存在-非离子氨-急性基准、冷水鱼存在-总氨氮-急性基准、冷水鱼不存在-非离子氨-急性基准、冷水鱼不存在-总氨氮-急性基准、冷水鱼存在-非离子氨-慢性基准、冷水鱼存在-总氨氮-慢性基准、冷水鱼不存在-非离子氨-慢性基准和冷水鱼不存在-总氨氮-慢性基准。为尝试建立分级的水质基准体系，USEPA 还基于数据丰度和区域的多样性选择了 4 个区域（康涅狄格州的 Naugatuck River、亚拉巴马州的 Five Mile Creek、科罗拉多州的 Piceance Creek、俄亥俄州的 Ottawa River）进行了区域特异性氨氮基准的推算，研究结果为建立分级的氨氮水质基准提供了有益的参考。

1998 年，USEPA 再次对氨氮国家水质基准进行了修订[47]，并且于 1999 年对氨氮 CCC 的温度依赖性、表达公式以及平均日期又进行了小的修改[48]。在修订版中重新审视了 pH 值和温度与氨氮基准的关系，并且基于新的毒性数据对氨氮 CCC 进行了重新推算。另外，美国水质基准是在属平均急性值（GMAV）和属平均慢性值（GMCV）的数据层面上开展的。由于慢性数据中缺乏水生昆虫的数据，USEPA 在对 GMCV 排序时加入了一个假设的昆虫数据，并且依据文献［49］认为至少有 1 种昆虫对氨氮相对不敏感，按照美国采取的毒性百分数基准推导方法，加入的假想昆虫数据并不影响推算氨氮 CCC 时 4 个敏感 GMCV 的选择，对长期基准值也就没有明显影响。

文件中还特意为保护濒危物种提出了建议，认为如果确定濒危物种比氨氮基准推算的受试物种更敏感的话，应修订国家氨氮基准，制定出地方的特异性氨氮基准以便进行保护。建议如果国家氨氮 CMC 超过濒危物种（或替代种）的 SMAV 值多于 0.5 倍，可以设定濒危物种 SMAV 的 1/2 作为地方特异性的氨氮 CMC，前提是这个 SMAV 必须是流水式毒性试验的结果，而且试验过程中进行了氨氮浓度的监测；如果国家氨氮 CCC 大于濒危物种（或替代种）的 SMCV，可以直接设定此 SMCV 作为地方特异性的氨氮 CCC。

USEPA 最终在 1998/1999 基准文件中基于不同的水生生物类别和不同的生物

发育阶段得到的国家氨氮水质基准如下。

（1）急性基准

当鲑科鱼类存在时：

$$\mathrm{CMC}=\frac{0.275}{1+10^{7.204-\mathrm{pH}}}+\frac{39.0}{1+10^{\mathrm{pH}-7.204}} \tag{1-7}$$

当鲑科鱼类不存在时：

$$\mathrm{CMC}=\frac{0.411}{1+10^{7.204-\mathrm{pH}}}+\frac{58.4}{1+10^{\mathrm{pH}-7.204}} \tag{1-8}$$

（2）慢性基准

① 当鱼类早期生命阶段存在时：

$$\mathrm{CCC}=\left(\frac{0.0577}{1+10^{7.688-\mathrm{pH}}}+\frac{2.487}{1+10^{\mathrm{pH}-7.688}}\right)\times \mathrm{MIN}\left[2.85, 1.45\times 10^{0.028\times(25-T)}\right] \tag{1-9}$$

② 当鱼类早期生命阶段不存在时：

$$\mathrm{CCC}=\left(\frac{0.0577}{1+10^{7.688-\mathrm{pH}}}+\frac{2.487}{1+10^{\mathrm{pH}-7.688}}\right)\times 1.45\times 10^{0.028\times[25-\mathrm{MAX}(T,7)]} \tag{1-10}$$

由上可见，氨氮 CMC 和 CCC 是以水体温度 T 和 pH 值为自变量的函数。

2009 年，USEPA 基于最新的氨氮毒性研究成果对国家氨氮水质基准再次进行了修订[50]，修订的主要原因是大量毒理学研究发现，贝类（双壳纲蚌科）比其他水生生物对氨氮更敏感，这一点是以前的氨氮毒性研究所没有发现的，而且大约有 1/4 的淡水双壳纲蚌科的贝类是美国濒危物种或者受关注物种，因此需要对氨氮的急性和慢性基准同时进行修订以确保可以保护贝类。

2009 氨氮基准文件的毒性数据搜集截至 2009 年 2 月，数据来源包括 USEPA 的 ECOTOX 毒性数据库、以前的美国氨氮基准文件、渔业和野生生物研究机构以及大区办公室等，数据量比 1999 年颁布的基准文件有明显增加，如 1999 年文件包含 34 属急性数据，而 2009 年文件包含 67 属急性数据，其中有 46 种鱼、48 种无脊椎动物和 4 种两栖类。从对基准值影响最大的最敏感物种来看，1999 年文件中用于计算 CMC 的 4 个 GMAV 全是鱼类，而 2009 年最敏感的 8 个 GMAV 都是无脊椎动物，其中 6 个是贝类，最敏感的 4 属全是贝类；慢性毒性数据的情况与急性数据类似，因此，需要同时对 CMC 和 CCC 进行修订以满足整体上保护水生生物的需要。

根据氨氮毒理学研究的结果，氨氮对鱼类的急、慢性毒性都只受 pH 值的影响而不受温度的影响，因此，数据分析时鱼类氨氮毒性数据只需根据 pH 值调整即可；而氨氮对无脊椎动物的毒性同时受到温度和 pH 值的影响，需同时根据 pH 值和温度进行调整。这种生物类别与外界水质因子的关系也直接影响了氨氮基准公式的表述，如 1999 年氨氮的急性基准，因为用于计算 CMC 的最敏感 4 属生物全是鱼类，在 CMC 最后的表达式中只出现了 pH 值这 1 个自变量，温度因为与氨氮对鱼类的毒性无关而没有在 CMC 公式中出现，其他公式的表述原理与此类似。

2009 年基准文件中关于毒性数据的 pH 值外推延用了 1999 年氨氮基准文件[51]中的方程式，由于急、慢性数据与 pH 值的关系不同，因此分别用式(1-11) 和式(1-12) 表述。

① 急性数据的 pH 值外推：

$$AV_t=(AV_{t,8})\left(\frac{0.0489}{1+10^{7.204-\mathrm{pH}}}+\frac{6.95}{1+10^{\mathrm{pH}-7.204}}\right) \tag{1-11}$$

② 慢性数据的 pH 值外推：

$$CV_t=(CV_{t,8})\left(\frac{0.0676}{1+10^{7.688-\mathrm{pH}}}+\frac{2.91}{1+10^{\mathrm{pH}-7.688}}\right) \tag{1-12}$$

式中　AV_t——某温度 t 下的急性毒性值，μg/L；

$AV_{t,8}$——某温度 t 和 pH 值为 8 时的急性毒性值，μg/L；

CV_t——某温度 t 下的慢性毒性值，μg/L；

$CV_{t,8}$——某温度 t 和 pH 值为 8 时的慢性毒性值，μg/L。

假设 pH=8.0，急性基准的温度外推依据淡水贝类是否存在分为式(1-13) 和式(1-14)。

① 淡水贝类存在时：

$$CMC=0.811\times \mathrm{MIN}[12.09, 3.539\times 10^{0.036\times(25-T)}] \tag{1-13}$$

② 淡水贝类不存在时：

$$CMC=0.826\times \mathrm{MIN}[12.09, 6.018\times 10^{0.036\times(25-T)}] \tag{1-14}$$

式中　0.811 和 0.826——公式系数，计算方法参见后续我国氨氮水质基准的研究过程；

12.09——最敏感鱼类的 GMAV，3.539 和 6.018 是两种情况下的最小 GMAV，mg/L；

0.036——无脊椎动物的氨氮急性温度斜率。

pH=8.0 时，慢性基准的温度外推关系依据贝类和鱼类早期生命阶段是否存在分为以下 3 种情况。

① 淡水贝类存在时：

$$CCC=0.744\times\{0.3443\times 10^{0.028\times[25-\mathrm{MAX}(T,7)]}\} \tag{1-15}$$

② 淡水贝类和鱼类早期生命阶段都不存在时：

$$CCC=0.814\times\{2.260\times 10^{0.028\times[25-\mathrm{MAX}(T,7)]}\} \tag{1-16}$$

③ 淡水贝类不存在，但鱼类早期生命阶段存在时：

$$CCC=0.814\times \mathrm{MIN}[2.852, 2.260\times 10^{0.028\times(25-T)}] \tag{1-17}$$

式中　0.744、0.814——公式系数；

2.852——最敏感鱼类的 GMCV；

0.3443、2.260——淡水贝类存在或不存在时的最小 GMCV，mg/L；

0.028——无脊椎动物的氨氮慢性温度斜率。

综上所述，USEPA 在 2009 年制定的美国氨氮水质基准如下：

① 急性基准

淡水贝类存在时：

$$CMC=0.811\times\left(\frac{0.0489}{1+10^{7.204-\mathrm{pH}}}+\frac{6.95}{1+10^{\mathrm{pH}-7.204}}\right)\mathrm{MIN}[12.09,3.539\times10^{0.036\times(25-T)}] \tag{1-18}$$

淡水贝类不存在时：

$$CMC=0.826\times\left(\frac{0.0489}{1+10^{7.204-\mathrm{pH}}}+\frac{6.95}{1+10^{\mathrm{pH}-7.204}}\right)\times\mathrm{MIN}[12.09,6.018\times10^{0.036\times(25-T)}] \tag{1-19}$$

② 慢性基准

淡水贝类存在时：

$$CCC=0.744\times\left(\frac{0.0676}{1+10^{7.688-\mathrm{pH}}}+\frac{2.912}{1+10^{\mathrm{pH}-7.688}}\right)\times\{0.03443\times10^{0.028\times[25-\mathrm{MAX}(T,7)]}\} \tag{1-20}$$

淡水贝类和鱼类早期生命阶段都不存在时：

$$CCC=0.814\times\left(\frac{0.0676}{1+10^{7.688-\mathrm{pH}}}+\frac{2.912}{1+10^{\mathrm{pH}-7.688}}\right)\times\{2.260\times10^{0.028\times[25-\mathrm{MAX}(T,7)]}\} \tag{1-21}$$

淡水贝类不存在，而鱼类早期生命阶段存在时：

$$CCC=0.814\times\left(\frac{0.0676}{1+10^{7.688-\mathrm{pH}}}+\frac{2.912}{1+10^{\mathrm{pH}-7.688}}\right)\times\mathrm{MIN}[2.852,2.260\times10^{0.028\times(25-T)}] \tag{1-22}$$

利用以上 5 个公式，USEPA 推算了温度范围为 0～30℃、pH 值范围为6.5～9.0 的 5 个氨氮基准数值表格。

对于地方特异性氨氮基准，文件建议可以用重新计算法、WER 法和本地物种法进行推算，但同时指出，测试结果表明，一般情况下氨氮的 WER 值都等于 1。

2013 年，USEPA 基于氨氮对贝类毒理的最新研究又对氨氮基准进行了修订[14]，整体上基准的框架没有变化，对氨氮的毒性数据集和校正模型的个别参数进行了更新。

从以上美国国家氨氮水质基准的研究历史可以看出，美国氨氮基准的研究经历了从简单到复杂的过程：基准的研究技术从早期基于专家判断的 AF 法升级为基于物种敏感度分布的 SSD 法；基准的表现形式也经历了从数值到公式，从单值到双值再到多值的演变；基准的内涵越来越科学合理，为水环境管理提供了更加有效的科技支撑。

1.2.2 国外氨氮水质基准值现状

由于水质基准推导方法和表征形式、使用的物种均存在差异，导致不同国家、同一国家在不同时期制订的氨的基准均存在一定差异，具体见表 1-2。另外，除美国外，未见各国制定氨的短期水质基准。

1.3 国内研究进展

近年来，国内学者对氨氮水质基准做了一定的研究，闫振广等[52]基于我国本土生物分布特征，提出了以水体温度和 pH 值为自变量的我国氨氮短期和长期水质基准的函数式，计算出在 0～30℃和 pH＝6.5～9.0 的范围内，我国氨氮短期基准值的范围是 0.403～38.9mgN/L，长期基准值的范围是 0.0664～3.92mgN/L，并将该函数式用于我国地表水中氨氮生态风险的评估[9]；王一喆等[10]基于该函数式对我国七大流域的氨氮水质基准进行了推算；Zhang et al.[2]也利用该函数式对我国七大流域水体中氨氮暴露的生态风险进行了评估。石小荣等[53]对我国及太湖流域的氨氮水质基准进行了研究，提出在 0～30℃和 pH 6.0～9.0 的范围内，我国氨氮短期基准值的范围是 0.39～42.88mg/L，长期基准值的范围是 0.26～5.11mg/L；王沛[54]对我国辽河流域氨氮水质基准进行了研究，提出在 0～30℃和 pH 值为 6.5～9.0 的范围内，我国氨氮短期基准值的范围是 0.12～19.3mg/L，长期基准值的范围是 0.09～3.35mg/L；曹晶潇等[55]对我国坡豪湖的氨氮水质基准进行了推算，利用不同水质条件下的氨氮基准值对氨氮生态风险进行了评估。另外，闫振广等[56]也对辽河流域的氨氮水质基准和应急标准进行了探讨。

表 1-2 国外氨的淡水水生生物水质基准汇总表

国家	制修订时间/年	基准类别	物种数/个	水体温度范围/℃	水体 pH 值范围	水质基准/(mg/L)		推导方法	发布部门
						基准范围	基线水质条件(20℃和 pH 7.0/pH 7.0)下基准		
美国	1976	LWQC	不详	5～30(间隔 5)	6.0～10.0(间隔 0.5)	0.022～160(总氨)	5.1(总氨)	评估因子法	美国环境保护署 U. S. Environmental Protection Agency
	1986	SWQC	48	0～30(间隔 5)	6.50～9.00(间隔 0.25)	0.58～35(总氨)	23(总氨)	毒性百分数排序法	
		LWQC	11	0～30(间隔 5)	6.50～9.00(间隔 0.25)	0.094～3.0(总氨)	1.49(总氨)		
	1999	SWQC	48	未考虑	6.5～9.0(间隔 0.1)	0.885～32.6(氨氮)	24.1(氨氮)		
		LWQC	14	0～30(间隔 2)	6.5～9.0(间隔 0.1)	0.179～6.67(氨氮)	4.15(氨氮)		
	2013	SWQC	100	0～30(间隔 1)	6.5～9.0(间隔 0.1)	0.27～33(氨氮)	17(氨氮)		
		LWQC	21	0～30(间隔 1)	6.5～9.0(间隔 0.1)	0.08～4.9(氨氮)	1.9(氨氮)		
加拿大	2010	LWQC	7	0～30(间隔 5)	6.0～10.0(间隔 0.5)	0.021～231(总氨)	4.82(总氨)	物种敏感度分布法	加拿大环境部长理事会 Canadian Council of Ministers of the Environment
澳大利亚	2000	LWQC	不详	未考虑	6.0～9.0(间隔 0.1)	0.18～2.57(氨氮)	2.18(氨氮)	物种敏感度分布法	澳大利亚和新西兰环境保护理事会 Australian and New Zealand Environment and Conservation Council
新西兰	2000	LWQC	不详	未考虑	6.0～9.0(间隔 0.1)	0.18～2.57(氨氮)	2.18(氨氮)	物种敏感度分布法	澳大利亚和新西兰环境保护理事会 Australian and New Zealand Environment and Conservation Council

第2章 中国氨氮水生态环境基准制定方法

2.1 毒性数据搜集与筛选

2.1.1 数据需求

氨氮主要的化合物形式有氯化铵、硫酸铵、磷酸铵、碳酸氢铵、磷酸氢二铵、磷酸二氢铵、硝酸铵、碳酸铵和氢氧化铵等，本研究中氨氮化合物的可靠数据绝大部分来自氯化铵，个别数据来自硫酸铵、碳酸氢铵和磷酸氢二铵，这 4 种化合物的理化性质见表 2-1。

表 2-1 部分氨氮化合物的理化性质

物质名称	氯化铵	硫酸铵	碳酸氢铵	磷酸氢二铵
分子式	NH_4Cl	$(NH_4)_2SO_4$	NH_4HCO_3	$(NH_4)_2HPO_4$
CAS 号	12125-02-9	7783-20-2	1066-33-7	7783-28-0
EINECS 号	235-186-4	231-984-1	213-911-5	231-987-8
熔点/℃	340	280	105	155
沸点/℃	520	330(760mmHg)	169.8	158(760mmHg)
水溶性	易溶于水	较易溶于水	易溶于水	易溶于水
用途	电镀、染织、铸造、植绒、氮肥等	焊药、防火剂、电镀浴添加剂等	氮肥、食品发酵剂、膨胀剂等	阻燃剂、水质软化剂、肥料等

注：1mmHg=133.322Pa。

本次基准制定所需数据类型包括化合物类型、物种类型、毒性数据、水体温度和 pH 值等，各类型数据的具体指标见表 2-2。

表 2-2 毒性数据检索要求

数据类型	关注指标
化合物	氨氮相关的离子型化合物氯化铵、硫酸铵、磷酸铵、碳酸氢铵、磷酸氢二铵、磷酸二氢铵、硝酸铵、碳酸铵和氢氧化铵等
化合物形态	化合物、非离子氨、总氨、总氨氮

续表

数据类型	关注指标
物种类型	中国本土物种、在中国自然水体中广泛分布的国际通用物种、引进物种
物种名称	物种中文名称、拉丁文名称
实验物种特征描述	幼体、成体，体长、体重等
暴露方式	流水暴露、半静态暴露、静态暴露
暴露时间	以天或小时计
毒性效应	致死效应、生殖毒性效应、活动抑制效应等
急性毒性值(ATV)	LC_{50}、EC_{50}、IC_{50}
慢性毒性值(CTV)	NOEC、LOEC、NOEL、LOEL、MATC
水质参数	水体温度和 pH 值

2.1.2 文献资料检索

本次基准制定使用的数据来自中英文毒理数据库和文献数据库。毒理数据库和文献数据库纳入条件和剔除原则见表 2-3；在数据库筛选的基础上进行氨氮毒性数据检索。

表 2-3 数据库纳入和剔除原则

数据库类型	纳入条件	剔除原则	符合条件的数据库名称
毒理数据库	(1)包含表 2-2 关注的数据类型和指标； (2)数据条目可溯源，且包括题目、作者、期刊名、期刊号等信息	(1)剔除不包含毒性测试方法的数据库； (2)剔除不包含具体实验条件的数据库	ECOTOX
文献数据库	(1)包含中文核心期刊或科学引文索引核心期刊(SCI)； (2)包含表 2-2 关注的数据类型和指标	(1)剔除综述性论文数据库； (2)剔除理论方法学论文数据库	(1)中国知识基础设施工程； (2)万方知识服务平台； (3)维普网； (4)Web of Science

2.1.3 数据筛选

依据 HJ 831-2017 对检索获得的数据进行筛选，筛选方法见表 2-4。

表 2-4 数据筛选方法

项目	筛选原则
物种筛选	(1)中国本土物种依据《中国动物志》[57]《中国大百科全书》[58]《中国生物物种名录》[59]进行筛选； (2)国际通用物种依据 HJ 831-2017 附录 B 进行筛选； (3)引进物种依据《中国外来入侵生物》[60]进行筛选

续表

项目		筛选原则
毒性数据筛选		(1)纳入受试物种在适宜生长条件下测得的毒理数据，剔除溶解氧、总有机碳不符合要求的数据； (2)剔除以蒸馏水或去离子水作为实验稀释水的毒理数据； (3)剔除对照组(含空白对照组、助溶剂对照组)物种出现胁迫、疾病和死亡的比例超过10%的数据，剔除不设置对照组实验的毒理数据； (4)优先纳入流水式实验毒理数据，其次采用半静态或静态实验数据； (5)优先采用实验过程中对实验溶液浓度进行化学分析监控的数据； (6)剔除单细胞动物的实验数据； (7)当同一物种的同一毒性终点实验数据相差10倍以上时，剔除离群值
暴露时间	急性毒性	暴露时间≤4d
	慢性毒性	暴露时间≥21d，或实验暴露时间至少跨越1个世代
毒性终点	急性毒性	LC_{50}、EC_{50}、IC_{50}
	慢性毒性	NOEC、LOEC、NOEL、LOEL、MATC
水质参数		水体温度、pH值

2.1.4　数据可靠性判断与分级

依据指南，采用表2-5中规定的原则对筛选获得的氨氮的毒性数据进行可靠性判断与分级。

表2-5　氨氮的毒性数据进行可靠性分级方法

数据可靠性	评价原则
无限制可靠	数据来自良好实验室规范(GLP)体系，或数据产生过程符合实验准则(参照HJ 831—2017相关要求)
限制可靠	数据产生过程不完全符合实验准则，但发表于核心期刊，且有充足的证据证明数据可用
不可靠	数据产生过程与实验准则有冲突或矛盾，没有充足的证据证明数据可用，实验过程不能令人信服；以及合并后的非优先数据(对比实验方式及是否进行化学监控等)
不确定	没有提供足够的实验细节，无法判断数据可靠性

2.2　物种筛选

2.2.1　物种来源

依据HJ 831—2017，我国基准受试生物应包含不同营养级别和生物类别，主要包括以下3类：

① 国际通用物种，并在我国自然水体中有广泛分布；

② 本土物种；

③ 引进物种。

针对我国珍稀或濒危物种、特有物种，应根据国际野生动物保护的相关法规选择性使用作为受试物种。

2.2.2 受试物种筛选原则

受试物种筛选原则包括：

① 受试物种在我国地理分布较为广泛，在纯净的养殖条件下能够驯养、繁殖并获得足够的数量，或在某一地域范围内有充足的资源，确保有均匀的群体可供实验；

② 受试物种对污染物质应具有较高的敏感性及毒性反应的一致性；

③ 受试物种的毒性反应有规范的测试终点和方法；

④ 受试物质应是生态系统的重要组成部分和生态类群代表，并能充分代表水体中不同生态营养级别及其关联性；

⑤ 受试物种应具有相对丰富的生物学资料；

⑥ 应考虑受试物种的个体大小和生活史长短；

⑦ 受试物种在人工驯养、繁殖时应保持遗传性状稳定；

⑧ 当采用野外捕获物种进行毒性测试时应确保该物种未曾接触到污染物质。

2.2.3 最少毒性数据需求

依据 HJ 831—2017，推导我国保护淡水生物的水质基准时的最少毒性数据需求如下。

① 物种应该至少涵盖 3 个营养级：水生植物/生产者、无脊椎动物/初级消费者、脊椎动物/次级消费者。

② 物种应该至少包括 5 个：1 种硬骨鲤科鱼、1 种硬骨非鲤科鱼、1 种浮游动物、1 种底栖动物和 1 种水生植物。

当毒性数据不满足以上最低数据要求时可采用以下处理：

① 进行相应的环境毒理学实验补充相关数据；

② 对于模型预测获得的毒性数据，经验证后可作为参照数据；

③ 当慢性毒性数据不足时，可采用急慢性比的方法推导长期基准值。

2.3 基准推导方法

2.3.1 水体 pH 值和温度校正

文献资料中以不同的化合物形态表示氨氮毒性值，本报告获得的氨氮毒性值均以非离子氨或总氨氮形式表示。在对毒性值进行水体 pH 值和温度校正之前，利用式(2-1)（根据文献［14,28,61］建立）先将以非离子氨形态表示的毒性值转换为总氨氮。

$$V_{TAN}=\left(V_{UIA}+\frac{V_{UIA}}{10^{pH-0.09018-\frac{2729.92}{273.2+t}}}\right)\times\frac{14}{17} \tag{2-1}$$

式中　V_{TAN}——以总氨氮表示的急性或慢性毒性值，μg/L；

V_{UIA}——以非离子氨表示的急性或慢性毒性值，μg/L；

pH——水体 pH 值，无量纲；

t——水体温度，℃。

数据校正时首先设定一个基线水质条件，根据地表水的水质状况和水生生物生存的适宜条件，设定水体 pH 值和温度的基线水质条件为 pH=7.0 和 20℃。

依据现有研究结果[14,28,61]，分 3 种情况对以总氨氮形式表示的淡水生物毒性值进行水体 pH 值和温度校正，将任一水体 pH 值和温度下的毒性值校正到基线水质条件下。

① 对于脊椎动物，利用式(2-2) 将急性毒性数据校正至 pH=7.0，利用式(2-3) 将慢性毒性数据校正至 pH=7.0。

$$ATV_{pH=7}=\frac{ATV_{pH}}{\frac{0.0114}{1+10^{7.204-pH}}+\frac{1.6181}{1+10^{pH-7.204}}} \tag{2-2}$$

$$CTV_{pH=7}=\frac{CTV_{pH}}{\frac{0.0278}{1+10^{7.688-pH}}+\frac{1.1994}{1+10^{pH-7.688}}} \tag{2-3}$$

式中　$ATV_{pH=7}$——水体 pH 值校正后脊椎动物急性毒性值，μg/L；

$CTV_{pH=7}$——水体 pH 值校正后脊椎动物慢性毒性值，μg/L；

ATV_{pH}——水体 pH 值校正前脊椎动物急性毒性值，μg/L；

CTV_{pH}——水体 pH 值校正前脊椎动物慢性毒性值，μg/L；

pH——水体 pH 值校正前 ATV_{pH} 或 CTV_{pH} 对应水体 pH 值。

② 对于无脊椎动物，利用式(2-4) 将急性毒性数据校正至 pH=7.0 和 20℃，利用式(2-5) 将慢性毒性数据校正至 pH=7.0 和 20℃。

$$ATV_{pH=7,t=20}=\frac{ATV_{pH,t}}{\left(\frac{0.0114}{1+10^{7.204-pH}}+\frac{1.6181}{1+10^{pH-7.204}}\right)\times10^{0.036(20-t)}} \tag{2-4}$$

$$CTV_{pH=7,t=20}=\frac{CTV_{pH,t}}{\left(\frac{0.0278}{1+10^{7.688-pH}}+\frac{1.1994}{1+10^{pH-7.688}}\right)\times10^{0.028(20-t)}} \tag{2-5}$$

式中　$ATV_{pH=7,t=20}$——水体 pH 值和温度校正后无脊椎动物急性毒性值，μg/L；

$CTV_{pH=7,t=20}$——水体 pH 值和温度校正后无脊椎动物慢性毒性值，μg/L；

$ATV_{pH,t}$——水体 pH 值和温度校正前无脊椎动物急性毒性值，μg/L；

$CTV_{pH,t}$——水体 pH 值和温度校正前无脊椎动物慢性毒性值，μg/L；

pH——水体 pH 值校正前 $ATV_{pH,t}$ 或 $CTV_{pH,t}$ 对应水体 pH 值，

无量纲；

t——水体温度校正前 $ATV_{pH,t}$ 或 $CTV_{pH,t}$ 对应水体温度，℃。

③ 对于水生植物，国内外均无毒性数据校正的研究基础，不进行校正而直接采用。

2.3.2 基线水质条件下物种平均急/慢性值的计算

本研究获得的急性毒性数据均为 LC_{50}，计算 SMAV 时，直接作为 ATV 纳入计算。

本研究获得的动物慢性毒性数据包括 NOEC、LOEC 和 MATC 三种形式，计算 SMCV 时，用式(2-6) 分物种计算获得 MATC，再统一将 MATC 作为 CTV 纳入计算；慢性毒性数据中，有 1 条虹鳟毒性数据只有 NOEC，还有 3 条植物数据只有 EC_{50}，均直接作为 CTV 使用。

$$MATC_i = \sqrt{NOEC_i \times LOEC_i} \tag{2-6}$$

式中 MATC——最大允许浓度，μg/L；

NOEC——无观察效应浓度，μg/L；

LOEC——最低观察效应浓度，μg/L；

i——某一物种，无量纲。

对于淡水水生生物，按以下 3 种情况分别计算基线水质条件下的 SMAV 和 SMCV：

① 对于脊椎动物，利用式(2-7) 和式(2-8)，分物种计算 SMAV 和 SMCV。

$$SMAV_{pH=7,i} = \sqrt[m]{(ATV_{pH=7})_{i,1} \times (ATV_{pH=7})_{i,2} \times \cdots \times (ATV_{pH=7})_{i,m}} \tag{2-7}$$

$$SMCV_{pH=7,i} = \sqrt[n]{(CTV_{pH=7})_{i,1} \times (CTV_{pH=7})_{i,2} \times \cdots \times (CTV_{pH=7})_{i,n}} \tag{2-8}$$

式中 $SMAV_{pH=7}$——基线水质条件下（pH=7）脊椎动物种平均急性值，μg/L；

$SMCV_{pH=7}$——基线水质条件下（pH=7）脊椎动物种平均慢性值，μg/L；

$ATV_{pH=7}$——基线水质条件下（pH=7）脊椎动物急性毒性值，μg/L；

$CTV_{pH=7}$——基线水质条件下（pH=7）脊椎动物慢性毒性值，μg/L；

m——物种 i 的 ATV 个数，个；

n——物种 i 的 CTV 个数，个；

i——某一物种，无量纲。

② 对于无脊椎动物，利用式(2-9) 和式(2-10)，分物种计算 SMAV 和 SMCV：

$$SMAV_{pH=7,t=20,i} = \sqrt[m]{(ATV_{pH=7,t=20})_{i,1} \times (ATV_{pH=7,t=20})_{i,2} \times \cdots \times (ATV_{pH=7,t=20})_{i,m}} \tag{2-9}$$

$$SMCV_{pH=7,t=20,i} = \sqrt[n]{(CTV_{pH=7,t=20})_{i,1} \times (CTV_{pH=7,t=20})_{i,2} \times \cdots \times (CTV_{pH=7,t=20})_{i,n}} \tag{2-10}$$

式中　$SMAV_{pH=7,t=20}$——基线水质条件下（pH＝7，t＝20℃）无脊椎动物种平均急性值，μg/L；

$SMCV_{pH=7,t=20}$——基线水质条件下（pH＝7，t＝20℃）无脊椎动物种平均慢性值，μg/L；

$ATV_{pH=7,t=20}$——基线水质条件下（pH＝7，t＝20℃）无脊椎动物急性毒性值，μg/L；

$CTV_{pH=7,t=20}$——基线水质条件下（pH＝7，t＝20℃）无脊椎动物慢性毒性值，μg/L；

m——物种 i 的 ATV 个数，个；

n——物种 i 的 CTV 个数，个；

i——某一物种，无量纲。

③ 对于水生植物，利用式(2-11) 和式(2-12)，分物种计算 SMAV 和 SMCV：

$$(SMAV_p)_i = \sqrt[m]{(ATV_p)_{i,1} \times (ATV_p)_{i,2} \times \cdots \times (ATV_p)_{i,m}} \tag{2-11}$$

$$(SMCV_p)_i = \sqrt[n]{(CTV_p)_{i,1} \times (CTV_p)_{i,2} \times \cdots \times (CTV_p)_{i,n}} \tag{2-12}$$

式中　$SMAV_p$——基线水质条件下水生植物种平均急性值，μg/L；

$SMCV_p$——基线水质条件下水生植物种平均慢性值，μg/L；

ATV_p——任一水质条件下水生植物急性毒性值，μg/L；

CTV_p——任一水质条件下水生植物慢性毒性值，μg/L；

m——物种 i 的 ATV 个数，个；

n——物种 i 的 CTV 个数，个；

i——某一物种，无量纲。

2.3.3　物种平均急/慢性值的外推

将基线水质条件下的 SMAV 和 SMCV 按以下 3 种情况外推至其他 71 组水质条件下：

① 对于脊椎动物，利用式(2-13) 和式(2-14) 进行外推。

$$(SMAV_e)_{pH,i} = SMAV_{pH=7,i} \times \left(\frac{0.0114}{1+10^{7.204-pH}} + \frac{1.6181}{1+10^{pH-7.204}}\right) \tag{2-13}$$

$$(SMCV_e)_{pH,i} = SMCV_{pH=7,i} \times \left(\frac{0.0278}{1+10^{7.688-pH}} + \frac{1.1994}{1+10^{pH-7.688}}\right) \tag{2-14}$$

式中　$(SMAV_e)_{pH}$——外推后任一水体 pH 值下脊椎动物种平均急性值，μg/L；

$(SMCV_e)_{pH}$——外推后任一水体 pH 值下脊椎动物种平均慢性值，μg/L；

$SMAV_{pH=7}$——基线水质条件下（pH=7）脊椎动物种平均急性值，μg/L；

$SMCV_{pH=7}$——基线水质条件下（pH=7）脊椎动物种平均慢性值，μg/L；

pH——水体 pH 值，取值分别为 6.0、6.5、7.0、7.2、7.4、7.6、7.8、8.0、8.2、8.4、8.6 和 9.0，无量纲；

i——某一物种，无量纲。

② 对于无脊椎动物，利用式(2-15）和式(2-16）进行外推。

$$(SMAV_e)_{pH,t,i}=SMAV_{pH=7,t=20,i}\times\left(\frac{0.0114}{1+10^{7.204-pH}}+\frac{1.6181}{1+10^{pH-7.204}}\right)\times10^{0.036(20-t)} \tag{2-15}$$

$$(SMCV_e)_{pH,t,i}=SMCV_{pH=7,t=20,i}\times\left(\frac{0.0278}{1+10^{7.688-pH}}+\frac{1.1994}{1+10^{pH-7.688}}\right)\times10^{0.028(20-t)} \tag{2-16}$$

式中 $(SMAV_e)_{pH,t}$——外推后任一水体 pH 值和温度下无脊椎动物种平均急性值，μg/L；

$(SMCV_e)_{pH,t}$——外推后任一水体 pH 值和温度下无脊椎动物种平均慢性值，μg/L；

$SMAV_{pH=7,t=20}$——基线水质条件下（pH＝7，t＝20℃）无脊椎动物种平均急性值，μg/L；

$SMCV_{pH=7,t=20}$——基线水质条件下（pH＝7，t＝20℃）无脊椎动物种平均慢性值，μg/L；

pH——水体 pH 值，取值分别为 6.0、6.5、7.0、7.2、7.4、7.6、7.8、8.0、8.2、8.4、8.6 和 9.0，无量纲；

t——水体温度，℃，取值分别为 5℃、10℃、15℃、20℃、25℃和 30℃；

i——某一物种，无量纲。

③ 对于水生植物，利用式(2-17）和式(2-18）进行外推。

$$(SMAV_e)_i=(SMAV_p)_i \tag{2-17}$$

$$(SMCV_e)_i=(SMCV_p)_i \tag{2-18}$$

式中 $SMAV_e$——外推后任一水质条件下水生植物种平均急性值，μg/L；

$SMCV_e$——外推后任一水质条件下水生植物种平均慢性值，μg/L；

$SMAV_p$——基线水质条件下水生植物种平均急性值，μg/L；

$SMCV_p$——基线水质条件下水生植物种平均慢性值，μg/L；

i——某一物种，无量纲。

2.3.4 毒性数据分布检验与归一化

对获得的 72 组水质条件下所有物种的 SMAV 和 SMCV 分别进行正态分布检验（K-S 检验），若不符合正态分布，则对数据进行转换后重新检验。对符合正态分布的数据进行归一化预处理，然后进行物种敏感度分布（SSD）模型拟合。

2.3.5 累积频率计算

将上述计算得到的 72 组水质条件下 SMAV 和 SMCV 从小到大分别进行排序，

确定其秩次 R（最小的 SMAV 或 SMCV 的秩次为 1，次之秩次为 2，依次排列，如果有两个或两个以上物种的 SMAV 或 SMCV 相同，将其任意排成连续秩次），分别计算物种的急性和慢性累积频率 P，计算方法见式(2-19)：

$$P_i=\frac{R_i}{M+1}\times 100\% \tag{2-19}$$

式中 P——物种的累积频率，%；

R——秩次 1 至秩次 R 之间累积的毒性数据包含的物种个数，无量纲；

M——毒性数据包含物种的个数，个；

i——某一物种，无量纲。

2.3.6 模型拟合评价与基准定值

分别以通过正态分布检验且归一化的 72 组水质条件下 SMAV 和 SMCV 或其转换数据为 X，以相应的 P 为 Y，配对进行物种敏感度分布（SSD）模型拟合（包括正态分布模型、对数正态分布模型、逻辑斯谛分布模型、对数逻辑斯谛分布模型），依据模型拟合的决定系数（r^2）、均方根（RMSE）、残差平方和（SSE）以及 K-S 检验结果，结合专业判断，分别确定 72 组水质条件下 SMAV 或 SMCV 的最优拟合模型。

依据 72 组水质条件下最优拟合模型拟合的 SSD 曲线，分别确定累积频率为 5%、10%、25%、50%、75%、90%和 95%所对应的 X 值（SMAV 和 SMCV 或其转换的数据形式），将 X 值还原为数据转换前的形式，获得 SMAV 和 SMCV 即为急性或慢性的 HC_5、HC_{10}、HC_{25}、HC_{50}、HC_{75}、HC_{90} 和 HC_{95}。将急性和慢性的 HC_5 分别除以评估因子 2（根据 HJ 831—2017，毒性数据的数量大于 15 且涵盖足够的营养级，评估因子取值为 2）后，即为氨氮的淡水水生生物短期或长期基准，用总氨氮表示，单位 mg/L。

数据修约按照《数值修约规则与极限数值的表示和判定》(GB/T 8170—2008)进行。由于 log-normal 和 log-logistic 两种模型拟合需要 lg SMAV 和 lg SMCV 均为正值，所以基准推导过程中的氨氮毒性值计量单位均以 μg/L 表示。最终的氨氮基准结果以 mg/L 表示，保留两位有效数字。

本基准推导采用的 SSD 模型拟合软件为 MATLAB R2017b（MathWorks）。

第3章 氨氮对中国淡水生物的急性毒性

3.1 文献数据

3.1.1 文献检索方案

依据文献数据检索要求，制定急性毒性文献数据检索方案如表 3-1 所列。

表 3-1 文献急性数据检索方案

数据类别	数据库名称	检索时间	检索式
毒理数据	ECOTOX	截至 2019 年 7 月 1 日之前数据库覆盖年限	化合物名称:ammonium chloride 或 ammonium carbonate 或 ammonium sulphate 或 ammonium phosphate 或 diammonium phosphate 或 ammonium dihydrogen phosphate 或 ammonium nitrate 或 ammonium bicarbonate 或 ammonium hydroxide 暴露介质:Freshwater 测试终点:EC_{50}或 LC_{50}或 IC_{50}
文献数据	中国知识基础设施工程;万方知识服务平台;维普网	截至 2019 年 7 月 1 日之前数据库覆盖年限	题名:氨或铵 主题:毒性 期刊来源类别:核心期刊
	Web of Science	截至 2019 年 7 月 1 日之前数据库覆盖年限	题名:ammonium chloride 或 ammonium carbonate 或 ammonium sulphate 或 ammonium phosphate 或 diammonium phosphate 或 ammonium dihydrogen phosphate 或 ammonium nitrate 或 ammonium bicarbonate 或 ammonium hydroxide 或 ammonia nitrogen 或 ammonia 主题:toxicity 或 ecotoxicity 或 EC_{50}或 LC_{50}或 IC_{50}

3.1.2　检索结果与评价

依据上述检索方案，对获得的急性毒性数据进行初步筛选后，共获得 514 条急性毒性数据，结果见表 3-2。经质量评价，共有 256 条急性毒性数据可用于基准推导（10 条无限制可靠和 246 条限制可靠数据）（表 3-3 和表 3-4），涉及 53 个物种（表 3-5），其中：中国本土物种 40 种、引进物种 13 种。大部分物种是我国本土淡水常见种，少数物种分布在我国部分区域，考虑到我国水质基准研制的阶段性，将这些区域性分布物种也纳入基准计算。推导氨氮短期基准所用物种的数据量分布见表 3-6。

表 3-2　文献数据筛选结果

数据库	总数据量/条	剔除数据/条						剩余数据/条
		重复数据	无关数据	无温度和 pH 值数据	暴露时间不符数据	化合物不符数据	物种不符数据	
毒理数据库数据	2258	1	146①	129	756	517	380	329
中文文献数据库	1017	0	798	2	2	0	96	119
英文文献数据库	1516	11	1272	0	15	0	152	66
合计	4791	12	2216	131	773	517	628	514

① 包括无毒性值的数据条和不精确的毒性数据（以大于或小于某数值进行报道的毒性值）。

表 3-3　急性毒性文献数据可靠性评价及分布

数据可靠性	评价原则	急性毒性数据/条
无限制可靠	数据来自良好实验室规范(GLP)体系，或数据产生过程符合实验准则(参照 HJ 831—2017 相关要求)	10
限制可靠	数据产生过程不完全符合实验准则，但发表于核心期刊，且有充足的证据证明数据可用	246
不可靠	数据产生过程与实验准则有冲突或矛盾，没有充足的证据证明数据可用，实验过程不能令人信服；以及合并后的非优先数据(对比实验方式及是否进行化学监控等)	253
不确定	没有提供足够的实验细节，无法判断数据可靠性	5
合计		514

表 3-4 氨氮对中国淡水生物的急性毒性数据

编号	物种名称	物种拉丁名	化合物形态	文献毒性值(LC_{50})/(μg/L)	温度/℃	pH 值	校正前 ATV(TAN)/(μg/L)	基线水质条件下 ATV(TAN)/(μg/L)	参考文献
1	河蚬	*Corbicula fluminea*	总氨氮	2.25×10^3	26	7.98	2.25×10^3	15.29×10^3	[62]
2	河蚬	*Corbicula fluminea*	总氨氮	1×10^3	26	7.98	1.00×10^3	6.80×10^3	[62]
3	河蚬	*Corbicula fluminea*	总氨氮	1.78×10^3	26	7.98	1.78×10^3	12.10×10^3	[62]
4	中国鲈	*Lateolabrax maculatus*	总氨氮	8.61×10^3	21	7.5	8.61×10^3	15.62×10^3	[63]
5	史氏鲟	*Acipenser schrencki*	非离子氨	0.63×10^3	25	7.6	23.42×10^3	49.63×10^3	[64]
6	史氏鲟	*Acipenser schrencki*	非离子氨	0.17×10^3	25	7.6	6.32×10^3	13.39×10^3	[64]
7	翘嘴鳜	*Siniperca chuatsi*	非离子氨	0.193×10^3	19	7.44	15.79×10^3	26.25×10^3	[65]
8	翘嘴鳜	*Siniperca chuatsi*	非离子氨	0.32×10^3	20	7.82	10.30×10^3	31.75×10^3	[66]
9	鲢鱼	*Hypophthalmichthys molitrix*	非离子氨	0.35×10^3	19	8.6	2.25×10^3	34.99×10^3	[67]
10	辽宁棒花鱼	*Abbottina liaoningensis*	总氨氮	24.26×10^3	22	7.5	24.26×10^3	44.02×10^3	[68]
11	中华鲟	*Acipenser sinensis*	总氨氮	10.40×10^3	20	8.0	10.40×10^3	44.64×10^3	[69]
12	鳙鱼	*Aristichthys nobilis*	非离子氨	0.3×10^3	13	7.9	13.47×10^3	48.00×10^3	[70]
13	麦穗鱼	*Pseudorasbora parva*	总氨氮	29.99×10^3	22	7.5	29.99×10^3	54.42×10^3	[68]
14	尼罗罗非鱼	*Oreochromis niloticus*	非离子氨	0.98×10^3	29.84	7.58	27.45×10^3	56.34×10^3	[71]
15	夹杂带丝蚓	*Lumbriculus variegatus*	非离子氨	0.69×10^3	15	8.2	13.66×10^3	56.87×10^3	[72]
16	大口黑鲈	*Micropterus salmoides*	非离子氨	0.72×10^3	22	8.015	13.06×10^3	57.69×10^3	[73]
17	大口黑鲈	*Micropterus salmoides*	非离子氨	1.2×10^3	30	8.04	12.18×10^3	56.38×10^3	[73]
18	青鱼	*Mylopharyngodon piceus*	总氨氮	36.4×10^3	26	7.4	36.40×10^3	57.19×10^3	[74]
19	麦瑞加拉鲮鱼	*Cirrhinus mrigala*	总氨氮	11.8×10^3	27.9	8.14	11.80×10^3	66.20×10^3	[75]
20	麦瑞加拉鲮鱼	*Cirrhinus mrigala*	总氨氮	11.8×10^3	28.05	8.005	11.80×10^3	51.13×10^3	[75]
21	普栉鰕虎鱼	*Ctenogobius giurinus*	总氨氮	33.91×10^3	22	7.5	33.91×10^3	61.53×10^3	[68]
22	黄颡鱼	*Pelteobagrus fulvidraco*	总氨氮	24.96×10^3	23	7.42	24.96×10^3	40.32×10^3	[76]

续表

编号	物种名称	物种拉丁名	化合物形态	文献毒性值(LC_{50})/(μg/L)	温度/℃	pH值	校正前ATV(TAN)/(μg/L)	基线水质条件下ATV(TAN)/(μg/L)	参考文献
23	黄颡鱼	*Pelteobagrus fulvidraco*	总氨氮	35.85×10^3	23	7.42	35.85×10^3	57.92×10^3	[76]
24	黄颡鱼	*Pelteobagrus fulvidraco*	总氨氮	47.44×10^3	23	7.42	47.44×10^3	76.64×10^3	[76]
25	黄颡鱼	*Pelteobagrus fulvidraco*	总氨氮	68.79×10^3	23	7.42	68.79×10^3	111.13×10^3	[76]
26	黄颡鱼	*Pelteobagrus fulvidraco*	总氨氮	106.7×10^3	23	7.45	106.70×10^3	179.90×10^3	[77]
27	虹鳟	*Oncorhynchus mykiss*	非离子氨	0.16×10^3	14.75	7.4	19.65×10^3	30.88×10^3	[78]
28	虹鳟	*Oncorhynchus mykiss*	总氨氮	35.7×10^3	10	7.95	35.70×10^3	139.53×10^3	[79]
29	虹鳟	*Oncorhynchus mykiss*	总氨氮	174×10^3	10	7.2	174.00×10^3	212.6×10^3	[80]
30	虹鳟	*Oncorhynchus mykiss*	总氨氮	10.94×10^3	3	8.43	10.94×10^3	107.75×10^3	[81]
31	虹鳟	*Oncorhynchus mykiss*	总氨氮	10.55×10^3	3	8.43	10.55×10^3	103.91×10^3	[81]
32	虹鳟	*Oncorhynchus mykiss*	总氨氮	10.21×10^3	3	8.43	10.21×10^3	100.56×10^3	[81]
33	虹鳟	*Oncorhynchus mykiss*	总氨氮	12.03×10^3	3.3	8.605	12.03×10^3	165.30×10^3	[81]
34	虹鳟	*Oncorhynchus mykiss*	总氨氮	11.37×10^3	3.3	8.605	11.37×10^3	156.23×10^3	[81]
35	虹鳟	*Oncorhynchus mykiss*	总氨氮	12.89×10^3	3.3	8.605	12.89×10^3	177.11×10^3	[81]
36	虹鳟	*Oncorhynchus mykiss*	非离子氨	0.21×10^3	3.6	7.7	31.11×10^3	77.76×10^3	[82]
37	虹鳟	*Oncorhynchus mykiss*	总氨氮	13.58×10^3	5	8.335	13.58×10^3	111.27×10^3	[81]
38	虹鳟	*Oncorhynchus mykiss*	总氨氮	13.6×10^3	5	8.335	13.60×10^3	111.43×10^3	[81]
39	虹鳟	*Oncorhynchus mykiss*	总氨氮	13.42×10^3	5	8.335	13.42×10^3	109.96×10^3	[81]
40	虹鳟	*Oncorhynchus mykiss*	总氨氮	17×10^3	7.7	7.67	17.00×10^3	40.40×10^3	[83]
41	虹鳟	*Oncorhynchus mykiss*	总氨氮	21.6×10^3	7.9	7.62	21.60×10^3	47.27×10^3	[83]
42	虹鳟	*Oncorhynchus mykiss*	总氨氮	19.8×10^3	8.1	7.72	19.80×10^3	51.20×10^3	[83]
43	虹鳟	*Oncorhynchus mykiss*	总氨氮	28×10^3	8.1	7.74	28.00×10^3	74.94×10^3	[83]
44	虹鳟	*Oncorhynchus mykiss*	总氨氮	10.5×10^3	8.2	7.72	10.50×10^3	27.15×10^3	[83]

续表

编号	物种名称	物种拉丁名	化合物形态	文献毒性值(LC_{50})/(μg/L)	温度/℃	pH值	校正前ATV(TAN)/(μg/L)	基线水质条件下ATV(TAN)/(μg/L)	参考文献
45	虹鳟	*Oncorhynchus mykiss*	总氨氮	22.3×10^3	8.3	7.74	22.30×10^3	59.68×10^3	[83]
46	虹鳟	*Oncorhynchus mykiss*	总氨氮	20.7×10^3	8.5	7.71	20.70×10^3	52.62×10^3	[83]
47	虹鳟	*Oncorhynchus mykiss*	总氨氮	19.3×10^3	9.6	7.86	19.30×10^3	63.91×10^3	[83]
48	虹鳟	*Oncorhynchus mykiss*	总氨氮	26.4×10^3	9.7	7.8	26.40×10^3	78.49×10^3	[84]
49	虹鳟	*Oncorhynchus mykiss*	总氨氮	31.6×10^3	9.7	7.86	31.60×10^3	104.64×10^3	[83]
50	虹鳟	*Oncorhynchus mykiss*	总氨氮	25.8×10^3	9.8	7.64	25.80×10^3	58.34×10^3	[84]
51	虹鳟	*Oncorhynchus mykiss*	总氨氮	19.5×10^3	9.8	7.65	19.50×10^3	44.82×10^3	[84]
52	虹鳟	*Oncorhynchus mykiss*	总氨氮	26×10^3	9.8	7.66	26.00×10^3	60.76×10^3	[84]
53	虹鳟	*Oncorhynchus mykiss*	非离子氨	0.5×10^3	9.8	7.7	45.20×10^3	112.97×10^3	[82]
54	虹鳟	*Oncorhynchus mykiss*	总氨氮	31.8×10^3	10	7.64	31.80×10^3	71.90×10^3	[84]
55	虹鳟	*Oncorhynchus mykiss*	总氨氮	22.4×10^3	10	7.76	22.40×10^3	62.07×10^3	[84]
56	虹鳟	*Oncorhynchus mykiss*	总氨氮	28.6×10^3	10	7.88	28.60×10^3	98.22×10^3	[84]
57	虹鳟	*Oncorhynchus mykiss*	总氨氮	35.3×10^3	10.2	7.86	35.30×10^3	116.89×10^3	[84]
58	虹鳟	*Oncorhynchus mykiss*	总氨氮	17.8×10^3	10.4	7.69	17.80×10^3	43.74×10^3	[84]
59	虹鳟	*Oncorhynchus mykiss*	总氨氮	25.8×10^3	10.4	7.74	25.80×10^3	69.05×10^3	[84]
60	虹鳟	*Oncorhynchus mykiss*	总氨氮	20.2×10^3	10.7	7.69	20.20×10^3	49.64×10^3	[84]
61	虹鳟	*Oncorhynchus mykiss*	总氨氮	25.6×10^3	10.7	7.69	25.60×10^3	62.91×10^3	[84]
62	虹鳟	*Oncorhynchus mykiss*	非离子氨	0.49×10^3	11.3	7.9	25.04×10^3	89.20×10^3	[82]
63	虹鳟	*Oncorhynchus mykiss*	总氨氮	32×10^3	11.4	7.71	32.00×10^3	81.35×10^3	[84]
64	虹鳟	*Oncorhynchus mykiss*	总氨氮	30.2×10^3	11.5	7.71	30.20×10^3	76.77×10^3	[84]
65	虹鳟	*Oncorhynchus mykiss*	总氨氮	31.5×10^3	11.8	7.75	31.50×10^3	85.78×10^3	[84]
66	虹鳟	*Oncorhynchus mykiss*	总氨氮	22.7×10^3	11.9	7.9	22.70×10^3	80.87×10^3	[84]

续表

编号	物种名称	物种拉丁名	化合物形态	文献毒性值(LC_{50})/(μg/L)	温度/℃	pH 值	校正前 ATV(TAN)/(μg/L)	基线水质条件下ATV(TAN)/(μg/L)	参考文献
67	虹鳟	*Oncorhynchus mykiss*	总氨氮	31.8×10^3	12.1	7.87	31.80×10^3	107.23×10^3	[84]
68	虹鳟	*Oncorhynchus mykiss*	总氨氮	24.4×10^3	12.2	7.84	24.40×10^3	77.93×10^3	[84]
69	虹鳟	*Oncorhynchus mykiss*	总氨氮	19.6×10^3	12.2	7.87	19.60×10^3	66.09×10^3	[84]
70	虹鳟	*Oncorhynchus mykiss*	总氨氮	33.9×10^3	12.3	7.75	33.90×10^3	92.32×10^3	[84]
71	虹鳟	*Oncorhynchus mykiss*	总氨氮	34×10^3	12.3	7.85	34.00×10^3	110.56×10^3	[84]
72	虹鳟	*Oncorhynchus mykiss*	总氨氮	33.4×10^3	12.4	7.78	33.40×10^3	95.85×10^3	[85]
73	虹鳟	*Oncorhynchus mykiss*	总氨氮	42×10^3	12.4	7.79	42.00×10^3	122.68×10^3	[84]
74	虹鳟	*Oncorhynchus mykiss*	总氨氮	47.9×10^3	12.4	7.8	47.90×10^3	142.41×10^3	[84]
75	虹鳟	*Oncorhynchus mykiss*	总氨氮	36.7×10^3	12.4	7.89	36.70×10^3	128.36×10^3	[84]
76	虹鳟	*Oncorhynchus mykiss*	总氨氮	37×10^3	12.5	7.75	37.00×10^3	100.76×10^3	[85]
77	虹鳟	*Oncorhynchus mykiss*	总氨氮	33.1×10^3	12.5	7.76	33.10×10^3	91.72×10^3	[85]
78	虹鳟	*Oncorhynchus mykiss*	总氨氮	39.1×10^3	12.5	7.76	39.10×10^3	108.35×10^3	[85]
79	虹鳟	*Oncorhynchus mykiss*	总氨氮	29.8×10^3	12.5	7.85	29.80×10^3	96.91×10^3	[84]
80	虹鳟	*Oncorhynchus mykiss*	总氨氮	15.1×10^3	12.5	7.89	15.10×10^3	52.81×10^3	[85]
81	虹鳟	*Oncorhynchus mykiss*	总氨氮	39.2×10^3	12.5	7.94	39.20×10^3	150.37×10^3	[84]
82	虹鳟	*Oncorhynchus mykiss*	总氨氮	19.8×10^3	12.5	7.95	19.80×10^3	77.38×10^3	[84]
83	虹鳟	*Oncorhynchus mykiss*	总氨氮	27×10^3	12.5	7.98	27.00×10^3	111.61×10^3	[84]
84	虹鳟	*Oncorhynchus mykiss*	总氨氮	23.7×10^3	12.6	7.79	23.70×10^3	69.23×10^3	[85]
85	虹鳟	*Oncorhynchus mykiss*	总氨氮	23.9×10^3	12.6	7.87	23.90×10^3	80.59×10^3	[85]
86	虹鳟	*Oncorhynchus mykiss*	总氨氮	32.6×10^3	12.7	7.59	32.60×10^3	67.98×10^3	[84]
87	虹鳟	*Oncorhynchus mykiss*	总氨氮	32.1×10^3	12.7	7.75	32.10×10^3	87.42×10^3	[85]
88	虹鳟	*Oncorhynchus mykiss*	总氨氮	28.8×10^3	12.7	7.86	28.80×10^3	95.37×10^3	[84]

续表

编号	物种名称	物种拉丁名	化合物形态	文献毒性值(LC_{50})/(μg/L)	温度/℃	pH值	校正前ATV(TAN)/(μg/L)	基线水质条件下ATV(TAN)/(μg/L)	参考文献
89	虹鳟	*Oncorhynchus mykiss*	总氨氮	20.1×10^3	12.7	7.9	20.10×10^3	71.60×10^3	[84]
90	虹鳟	*Oncorhynchus mykiss*	总氨氮	32.5×10^3	12.8	7.44	32.50×10^3	54.01×10^3	[84]
91	虹鳟	*Oncorhynchus mykiss*	总氨氮	33.9×10^3	12.8	7.66	33.90×10^3	79.22×10^3	[84]
92	虹鳟	*Oncorhynchus mykiss*	总氨氮	36.5×10^3	12.8	7.83	36.50×10^3	114.49×10^3	[85]
93	虹鳟	*Oncorhynchus mykiss*	总氨氮	11.1×10^3	12.8	7.88	11.10×10^3	38.12×10^3	[84]
94	虹鳟	*Oncorhynchus mykiss*	总氨氮	14.4×10^3	12.8	7.92	14.40×10^3	53.23×10^3	[85]
95	虹鳟	*Oncorhynchus mykiss*	总氨氮	26.5×10^3	12.8	7.94	26.50×10^3	101.65×10^3	[84]
96	虹鳟	*Oncorhynchus mykiss*	总氨氮	23.1×10^3	12.8	8.08	23.10×10^3	115.46×10^3	[84]
97	虹鳟	*Oncorhynchus mykiss*	总氨氮	14.29×10^3	12.8	8.285	14.29×10^3	106.23×10^3	[81]
98	虹鳟	*Oncorhynchus mykiss*	总氨氮	25.1×10^3	12.9	7.6	25.10×10^3	53.19×10^3	[84]
99	虹鳟	*Oncorhynchus mykiss*	总氨氮	25.7×10^3	12.9	7.63	25.70×10^3	57.17×10^3	[84]
100	虹鳟	*Oncorhynchus mykiss*	总氨氮	40.9×10^3	12.9	7.79	40.90×10^3	119.47×10^3	[85]
101	虹鳟	*Oncorhynchus mykiss*	总氨氮	33×10^3	12.9	7.84	33.00×10^3	105.39×10^3	[84]
102	虹鳟	*Oncorhynchus mykiss*	总氨氮	19×10^3	12.9	7.87	19.00×10^3	64.07×10^3	[84]
103	虹鳟	*Oncorhynchus mykiss*	总氨氮	16.8×10^3	12.9	7.87	16.80×10^3	56.65×10^3	[84]
104	虹鳟	*Oncorhynchus mykiss*	总氨氮	15.9×10^3	12.9	7.88	15.90×10^3	54.60×10^3	[84]
105	虹鳟	*Oncorhynchus mykiss*	总氨氮	23.8×10^3	13	7.6	23.80×10^3	50.43×10^3	[84]
106	虹鳟	*Oncorhynchus mykiss*	总氨氮	33.1×10^3	13	7.68	33.10×10^3	79.98×10^3	[84]
107	虹鳟	*Oncorhynchus mykiss*	总氨氮	40.6×10^3	13	7.75	40.60×10^3	110.56×10^3	[85]
108	虹鳟	*Oncorhynchus mykiss*	总氨氮	38.7×10^3	13	7.84	38.70×10^3	123.59×10^3	[84]
109	虹鳟	*Oncorhynchus mykiss*	总氨氮	20.7×10^3	13	7.86	20.70×10^3	68.54×10^3	[84]
110	虹鳟	*Oncorhynchus mykiss*	总氨氮	21.1×10^3	13	7.87	21.10×10^3	71.15×10^3	[84]

续表

编号	物种名称	物种拉丁名	化合物形态	文献毒性值(LC_{50})/(μg/L)	温度/℃	pH值	校正前ATV(TAN)/(μg/L)	基线水质条件下ATV(TAN)/(μg/L)	参考文献
111	虹鳟	*Oncorhynchus mykiss*	总氨氮	34.4×10^{3}	13	7.87	34.40×10^{3}	116.00×10^{3}	[84]
112	虹鳟	*Oncorhynchus mykiss*	总氨氮	35.8×10^{3}	13	7.9	35.80×10^{3}	127.53×10^{3}	[84]
113	虹鳟	*Oncorhynchus mykiss*	总氨氮	37.4×10^{3}	13	7.9	37.40×10^{3}	133.23×10^{3}	[84]
114	虹鳟	*Oncorhynchus mykiss*	总氨氮	21×10^{3}	13	7.91	21.00×10^{3}	76.20×10^{3}	[84]
115	虹鳟	*Oncorhynchus mykiss*	总氨氮	29.3×10^{3}	13.1	7.64	29.30×10^{3}	66.25×10^{3}	[84]
116	虹鳟	*Oncorhynchus mykiss*	总氨氮	33.6×10^{3}	13.1	7.85	33.60×10^{3}	109.26×10^{3}	[84]
117	虹鳟	*Oncorhynchus mykiss*	总氨氮	31.5×10^{3}	13.1	7.85	31.50×10^{3}	102.43×10^{3}	[84]
118	虹鳟	*Oncorhynchus mykiss*	总氨氮	19.1×10^{3}	13.1	7.87	19.10×10^{3}	64.41×10^{3}	[84]
119	虹鳟	*Oncorhynchus mykiss*	总氨氮	12.7×10^{3}	13.1	7.91	12.70×10^{3}	46.08×10^{3}	[84]
120	虹鳟	*Oncorhynchus mykiss*	总氨氮	28.6×10^{3}	13.2	7.65	28.60×10^{3}	65.74×10^{3}	[84]
121	虹鳟	*Oncorhynchus mykiss*	总氨氮	32.9×10^{3}	13.2	7.82	32.90×10^{3}	101.37×10^{3}	[84]
122	虹鳟	*Oncorhynchus mykiss*	总氨氮	33.7×10^{3}	13.2	8.06	33.70×10^{3}	162.12×10^{3}	[84]
123	虹鳟	*Oncorhynchus mykiss*	总氨氮	42×10^{3}	13.3	7.8	42.00×10^{3}	124.87×10^{3}	[84]
124	虹鳟	*Oncorhynchus mykiss*	总氨氮	27.5×10^{3}	13.4	7.69	27.50×10^{3}	67.58×10^{3}	[84]
125	虹鳟	*Oncorhynchus mykiss*	总氨氮	23.7×10^{3}	13.4	7.86	23.70×10^{3}	78.48×10^{3}	[84]
126	虹鳟	*Oncorhynchus mykiss*	总氨氮	19.4×10^{3}	13.4	7.88	19.40×10^{3}	66.62×10^{3}	[84]
127	虹鳟	*Oncorhynchus mykiss*	总氨氮	19.4×10^{3}	13.4	7.9	19.40×10^{3}	69.11×10^{3}	[84]
128	虹鳟	*Oncorhynchus mykiss*	总氨氮	33.5×10^{3}	13.5	7.83	33.50×10^{3}	105.08×10^{3}	[84]
129	虹鳟	*Oncorhynchus mykiss*	总氨氮	28.2×10^{3}	13.6	7.66	28.20×10^{3}	65.90×10^{3}	[84]
130	虹鳟	*Oncorhynchus mykiss*	总氨氮	31.8×10^{3}	13.6	7.77	31.80×10^{3}	89.67×10^{3}	[84]
131	虹鳟	*Oncorhynchus mykiss*	总氨氮	17.3×10^{3}	13.6	8.12	17.30×10^{3}	93.38×10^{3}	[84]
132	虹鳟	*Oncorhynchus mykiss*	总氨氮	33.1×10^{3}	13.8	7.84	33.10×10^{3}	105.71×10^{3}	[84]

续表

编号	物种名称	物种拉丁名	化合物形态	文献毒性值（LC_{50}）/(μg/L)	温度/℃	pH值	校正前ATV（TAN)/(μg/L)	基线水质条件下ATV(TAN)/(μg/L)	参考文献
133	虹鳟	*Oncorhynchus mykiss*	总氨氮	28.6×10^3	13.9	7.7	28.60×10^3	71.48×10^3	[84]
134	虹鳟	*Oncorhynchus mykiss*	总氨氮	18.1×10^3	13.9	8.1	18.10×10^3	94.01×10^3	[84]
135	虹鳟	*Oncorhynchus mykiss*	总氨氮	3.98×10^3	13.9	8.82	3.98×10^3	80.60×10^3	[86]
136	虹鳟	*Oncorhynchus mykiss*	总氨氮	72.7×10^3	14	7.3	72.70×10^3	100.09×10^3	[86]
137	虹鳟	*Oncorhynchus mykiss*	总氨氮	27.3×10^3	14	7.67	27.30×10^3	64.87×10^3	[84]
138	虹鳟	*Oncorhynchus mykiss*	非离子氨	0.77×10^3	14	8	25.62×10^3	109.96×10^3	[87]
139	虹鳟	*Oncorhynchus mykiss*	总氨氮	161×10^3	14.1	6.51	161.00×10^3	119.46×10^3	[86]
140	虹鳟	*Oncorhynchus mykiss*	总氨氮	100×10^3	14.1	6.8	100.00×10^3	85.94×10^3	[86]
141	虹鳟	*Oncorhynchus mykiss*	总氨氮	34.9×10^3	14.1	7.86	34.90×10^3	115.56×10^3	[84]
142	虹鳟	*Oncorhynchus mykiss*	总氨氮	13×10^3	14.1	8.29	13.00×10^3	97.59×10^3	[86]
143	虹鳟	*Oncorhynchus mykiss*	总氨氮	17.02×10^3	14.2	8.16	17.02×10^3	99.25×10^3	[81]
144	虹鳟	*Oncorhynchus mykiss*	总氨氮	29×10^3	14.3	7.65	29.00×10^3	66.66×10^3	[84]
145	虹鳟	*Oncorhynchus mykiss*	总氨氮	28.6×10^3	14.4	7.62	28.60×10^3	62.59×10^3	[84]
146	虹鳟	*Oncorhynchus mykiss*	总氨氮	24.2×10^3	14.5	7.5	24.20×10^3	43.91×10^3	[84]
147	虹鳟	*Oncorhynchus mykiss*	总氨氮	2.53×10^3	14.5	9.01	2.53×10^3	70.03×10^3	[86]
148	虹鳟	*Oncorhynchus mykiss*	总氨氮	8.49×10^3	14.9	8.505	8.49×10^3	96.57×10^3	[81]
149	虹鳟	*Oncorhynchus mykiss*	总氨氮	34.2×10^3	16.1	7.85	34.20×10^3	111.21×10^3	[84]
150	虹鳟	*Oncorhynchus mykiss*	非离子氨	0.35×10^3	16.2	7.9	12.39×10^3	44.15×10^3	[82]
151	虹鳟	*Oncorhynchus mykiss*	总氨氮	28.6×10^3	16.7	7.88	28.60×10^3	98.22×10^3	[84]
152	虹鳟	*Oncorhynchus mykiss*	非离子氨	0.86×10^3	18.7	8.3	10.54×10^3	80.67×10^3	[82]
153	虹鳟	*Oncorhynchus mykiss*	总氨氮	25.4×10^3	19	7.91	25.40×10^3	92.17×10^3	[84]
154	虹鳟	*Oncorhynchus mykiss*	总氨氮	26.4×10^3	19.1	7.91	26.40×10^3	95.79×10^3	[84]

续表

编号	物种名称	物种拉丁名	化合物形态	文献毒性值(LC_{50})/(μg/L)	温度/℃	pH 值	校正前 ATV(TAN)/(μg/L)	基线水质条件下 ATV(TAN)/(μg/L)	参考文献
155	虹鳟	*Oncorhynchus mykiss*	总氨氮	23.2×10^3	19.2	7.96	23.20×10^3	92.38×10^3	[84]
156	虹鳟	*Oncorhynchus mykiss*	非离子氨	0.37×10^3	14.75	7.4	45.45×10^3	71.40×10^3	[78]
157	虹鳟	*Oncorhynchus mykiss*	非离子氨	0.44×10^3	14.75	7.4	54.05×10^3	84.91×10^3	[78]
158	虹鳟	*Oncorhynchus mykiss*	非离子氨	0.325×10^3	14.75	7.4	39.92×10^3	62.72×10^3	[78]
159	虹鳟	*Oncorhynchus mykiss*	总氨氮	174×10^3	10	7.2	174.00×10^3	212.60×10^3	[80]
160	白斑狗鱼	*Esox lucius*	总氨氮	24.92×10^3	8	7.85	24.92×10^3	81.04×10^3	[88]
161	白斑狗鱼	*Esox lucius*	总氨氮	20.31×10^3	19	8	20.31×10^3	87.18×10^3	[89]
162	蓝鳃太阳鱼	*Lepomis macrochirus*	总氨氮	18.52×10^3	24.8	8.09	18.52×10^3	94.36×10^3	[81]
163	蓝鳃太阳鱼	*Lepomis macrochirus*	非离子氨	0.94×10^3	21.65	7.555	48.93×10^3	96.57×10^3	[90]
164	蓝鳃太阳鱼	*Lepomis macrochirus*	非离子氨	1.02×10^3	20	8	21.99×10^3	94.38×10^3	[91]
165	蓝鳃太阳鱼	*Lepomis macrochirus*	非离子氨	0.53×10^3	12	8	20.49×10^3	87.93×10^3	[91]
166	蓝鳃太阳鱼	*Lepomis macrochirus*	非离子氨	1.06×10^3	22	8.1	15.97×10^3	68.31×10^3	[92]
167	蓝鳃太阳鱼	*Lepomis macrochirus*	总氨氮	13.86×10^3	4	8.395	13.86×10^3	127.58×10^3	[81]
168	蓝鳃太阳鱼	*Lepomis macrochirus*	总氨氮	12.49×10^3	4.5	8.16	12.49×10^3	72.83×10^3	[81]
169	蓝鳃太阳鱼	*Lepomis macrochirus*	非离子氨	0.49×10^3	22	8.005	9.09×10^3	39.38×10^3	[73]
170	蓝鳃太阳鱼	*Lepomis macrochirus*	非离子氨	0.8×10^3	22	7.93	17.51×10^3	65.93×10^3	[73]
171	蓝鳃太阳鱼	*Lepomis macrochirus*	非离子氨	0.4×10^3	22	8.07	6.43×10^3	31.55×10^3	[73]
172	蓝鳃太阳鱼	*Lepomis macrochirus*	非离子氨	1.1658×10^3	24	8.6	5.51×10^3	75.00×10^3	[93]
173	蓝鳃太阳鱼	*Lepomis macrochirus*	非离子氨	1.11×10^3	24.2	7.8	27.86×10^3	82.83×10^3	[94]
174	蓝鳃太阳鱼	*Lepomis macrochirus*	总氨氮	25.19×10^3	25	8.115	25.19×10^3	134.67×10^3	[81]
175	蓝鳃太阳鱼	*Lepomis macrochirus*	非离子氨	1.44×10^3	26.5	7.6	48.29×10^3	102.33×10^3	[94]
176	蓝鳃太阳鱼	*Lepomis macrochirus*	非离子氨	1.45×10^3	26.6	7.8	30.91×10^3	91.91×10^3	[94]

续表

编号	物种名称	物种拉丁名	化合物形态	文献毒性值(LC_{50})/(μg/L)	温度/℃	pH值	校正前ATV(TAN)/(μg/L)	基线水质条件下ATV(TAN)/(μg/L)	参考文献
177	蓝鳃太阳鱼	*Lepomis macrochirus*	非离子氨	1.3×10^3	28	8.205	10.58×10^3	67.34×10^3	[73]
178	蓝鳃太阳鱼	*Lepomis macrochirus*	非离子氨	2.3×10^3	22.05	7.85	59.93×10^3	194.89×10^3	[95]
179	蓝鳃太阳鱼	*Lepomis macrochirus*	非离子氨	1.65×10^3	24.25	7.9	33.06×10^3	117.77×10^3	[96]
180	条纹鲈	*Morone saxatilis*	非离子氨	1.01×10^3	21	7.9	25.34×10^3	90.27×10^3	[97]
181	日本沼虾	*Macrobrachium nipponense*	总氨氮	40.42×10^3	26	7.3	40.42×10^3	91.51×10^3	[98]
182	大型溞	*Daphnia magna*	非离子氨	0.39×10^3	21	7.915	9.46×10^3	37.65×10^3	[99]
183	大型溞	*Daphnia magna*	非离子氨	2.94×10^3	20	8.5	21.70×10^3	244.44×10^3	[100]
184	草鱼	*Ctenopharyngodon idellus*	非离子氨	0.57×10^3	27.1	7.33	33.76×10^3	48.30×10^3	[101]
185	草鱼	*Ctenopharyngodon idellus*	总氨氮	49.99×10^3	21	7.97	49.99×10^3	202.80×10^3	自测
186	加州鲈	*Micropterus salmoides*	非离子氨	0.86×10^3	22.6	7.28	78.21×10^3	105.03×10^3	[102]
187	斑点叉尾鮰	*Ictalurus punctatus*	非离子氨	0.478×10^3	27.9	8.37	2.80×10^3	24.58×10^3	[103]
188	斑点叉尾鮰	*Ictalurus punctatus*	非离子氨	1.44×10^3	23.8	7.945	26.94×10^3	104.31×10^3	[104]
189	斑点叉尾鮰	*Ictalurus punctatus*	非离子氨	0.41×10^3	3.5	8	30.86×10^3	132.47×10^3	[82]
190	斑点叉尾鮰	*Ictalurus punctatus*	非离子氨	0.8×10^3	14.6	8.1	20.36×10^3	105.73×10^3	[82]
191	斑点叉尾鮰	*Ictalurus punctatus*	非离子氨	1.06×10^3	19.6	7.8	36.74×10^3	109.23×10^3	[82]
192	斑点叉尾鮰	*Ictalurus punctatus*	非离子氨	1.5×10^3	22	8.09	23.10×10^3	117.67×10^3	[73]
193	斑点叉尾鮰	*Ictalurus punctatus*	非离子氨	1.45×10^3	23.8	7.975	25.40×10^3	104.01×10^3	[104]
194	斑点叉尾鮰	*Ictalurus punctatus*	非离子氨	1.19×10^3	25.7	7.8	26.96×10^3	80.15×10^3	[94]
195	斑点叉尾鮰	*Ictalurus punctatus*	非离子氨	1.6×10^3	27.9	8.37	9.38×10^3	82.26×10^3	[103]
196	斑点叉尾鮰	*Ictalurus punctatus*	非离子氨	3×10^3	28	8.08	31.74×10^3	158.67×10^3	[73]
197	斑点叉尾鮰	*Ictalurus punctatus*	非离子氨	2.92×10^3	20	7.925	74.35×10^3	277.38×10^3	[95]
198	斑点叉尾鮰	*Ictalurus punctatus*	非离子氨	0.96×10^3	14.75	7.355	130.71×10^3	193.22×10^3	[105]

续表

编号	物种名称	物种拉丁名	化合物形态	文献毒性值(LC_{50})/(μg/L)	温度/℃	pH值	校正前ATV(TAN)/(μg/L)	基线水质条件下ATV(TAN)/(μg/L)	参考文献
199	斑点叉尾鮰	*Ictalurus punctatus*	非离子氨	0.81×10^3	10.35	7.42	133.10×10^3	215.03×10^3	[105]
200	斑点叉尾鮰	*Ictalurus punctatus*	非离子氨	1.5×10^3	24.7	7.38	93.67×10^3	143.19×10^3	[105]
201	斑点叉尾鮰	*Ictalurus punctatus*	非离子氨	1.72×10^3	29.8	7.35	81.04×10^3	119.00×10^3	[105]
202	斑点叉尾鮰	*Ictalurus punctatus*	非离子氨	1.53×10^3	24.95	7.34	102.83×10^3	149.03×10^3	[105]
203	斑点叉尾鮰	*Ictalurus punctatus*	非离子氨	1.1×10^3	20	7.435	84.66×10^3	139.71×10^3	[105]
204	斑点叉尾鮰	*Ictalurus punctatus*	非离子氨	0.97×10^3	20.1	7.425	75.83×10^3	123.37×10^3	[105]
205	斑点叉尾鮰	*Ictalurus punctatus*	非离子氨	0.44×10^3	6.4	7.36	113.34×10^3	168.65×10^3	[105]
206	模糊网纹溞	*Ceriodaphnia dubia*	非离子氨	2.88×10^3	26	8.575	12.71×10^3	271.40×10^3	[106]
207	模糊网纹溞	*Ceriodaphnia dubia*	非离子氨	3.08×10^3	26	8.465	16.78×10^3	290.63×10^3	[106]
208	模糊网纹溞	*Ceriodaphnia dubia*	非离子氨	0.28×10^3	7	8.2	10.13×10^3	21.74×10^3	[107]
209	模糊网纹溞	*Ceriodaphnia dubia*	非离子氨	0.46×10^3	7	8.2	16.65×10^3	35.71×10^3	[107]
210	模糊网纹溞	*Ceriodaphnia dubia*	非离子氨	1.06×10^3	25	7.8	25.19×10^3	113.34×10^3	[107]
211	模糊网纹溞	*Ceriodaphnia dubia*	非离子氨	3.01×10^3	26	8.575	13.28×10^3	283.65×10^3	[106]
212	模糊网纹溞	*Ceriodaphnia dubia*	非离子氨	2.63×10^3	26	8.465	14.32×10^3	248.17×10^3	[106]
213	细鳞大麻哈鱼	*Oncorhynchus gorbuscha*	非离子氨	0.068×10^3	4.25	6.4	189.59×10^3	135.42×10^3	[108]
214	昆明裂腹鱼	*Shizothorax grahami*	总氨氮	38.96×10^3	19.5	7.89	38.96×10^3	136.26×10^3	[109]
215	老年低额溞	*Simocephalus vetulus*	总氨氮	101.4×10^3	24.5	7.25	101.40×10^3	190.67×10^3	[110]
216	老年低额溞	*Simocephalus vetulus*	非离子氨	1.89×10^3	17	8.3	26.07×10^3	155.59×10^3	[82]
217	老年低额溞	*Simocephalus vetulus*	非离子氨	1.05×10^3	20.4	8.1	17.66×10^3	94.81×10^3	[82]
218	鲤鱼	*Cyprinus carpio*	非离子氨	1.84×10^3	28	7.72	42.65×10^3	110.28×10^3	[111]
219	鲤鱼	*Cyprinus carpio*	非离子氨	1.74×10^3	28	7.72	40.33×10^3	104.28×10^3	[111]
220	鲤鱼	*Cyprinus carpio*	总氨氮	58.89×10^3	21	7.98	58.94×10^3	243.65×10^3	自测

续表

编号	物种名称	物种拉丁名	化合物形态	文献毒性值(LC_{50})/(μg/L)	温度/℃	pH值	校正前ATV(TAN)/(μg/L)	基线水质条件下ATV(TAN)/(μg/L)	参考文献
221	英勇剑水蚤	*Cyclops strenuus*	总氨氮	89.4×10^{3}	20	7.5	89.40×10^{3}	162.22×10^{3}	[112]
222	中华绒螯蟹	*Eriocheir sinensis*	总氨氮	30.72×10^{3}	22	8	30.72×10^{3}	155.65×10^{3}	[113]
223	中华绒螯蟹	*Eriocheir sinensis*	总氨氮	26.02×10^{3}	22	8	26.02×10^{3}	131.83×10^{3}	[114]
224	莫桑比克罗非鱼	*Oreochromis mossambicus*	总氨氮	144.29×10^{3}	27.4	7.2	144.29×10^{3}	176.29×10^{3}	[115]
225	溪红点鲑	*Salvelinus fontinalis*	总氨氮	50.2×10^{3}	13.6	7.86	50.20×10^{3}	166.23×10^{3}	[116]
226	溪红点鲑	*Salvelinus fontinalis*	总氨氮	59.8×10^{3}	13.8	7.83	59.80×10^{3}	187.58×10^{3}	[116]
227	罗氏沼虾	*Macrobrachium rosenbergii*	非离子氨	0.83×10^{3}	23	7.3	70.09×10^{3}	123.75×10^{3}	[117]
228	罗氏沼虾	*Macrobrachium rosenbergii*	总氨氮	20.4×10^{3}	30	8.3	20.40×10^{3}	357.71×10^{3}	[118]
229	罗氏沼虾	*Macrobrachium rosenbergii*	非离子氨	1.14×10^{3}	29.5	7.8	20.05×10^{3}	131.03×10^{3}	[119]
230	棘胸蛙	*Paa spinosa*	总氨氮	146.8×10^{3}	24	7.3	146.80×10^{3}	202.11×10^{3}	[120]
231	稀有鮈鲫	*Gobiocypris rarus*	非离子氨	2.059×10^{3}	25	8	31.49×10^{3}	135.19×10^{3}	[121]
232	稀有鮈鲫	*Gobiocypris rarus*	非离子氨	5.473×10^{3}	25	8	83.71×10^{3}	359.33×10^{3}	[121]
233	霍甫水丝蚓	*Limnodrilus hoffmeisteri*	总氨氮	123.2×10^{3}	23	7.5	123.20×10^{3}	286.66×10^{3}	[112]
234	霍甫水丝蚓	*Limnodrilus hoffmeisteri*	总氨氮	80.6×10^{3}	25	7	80.60×10^{3}	121.99×10^{3}	[122]
235	霍甫水丝蚓	*Limnodrilus hoffmeisteri*	总氨氮	80.6×10^{3}	25	7.5	80.60×10^{3}	221.36×10^{3}	[122]
236	霍甫水丝蚓	*Limnodrilus hoffmeisteri*	总氨氮	42.7×10^{3}	25	8	42.70×10^{3}	277.42×10^{3}	[122]
237	霍甫水丝蚓	*Limnodrilus hoffmeisteri*	总氨氮	18.8×10^{3}	25	8.5	18.80×10^{3}	320.59×10^{3}	[122]
238	霍甫水丝蚓	*Limnodrilus hoffmeisteri*	总氨氮	11.8×10^{3}	25	9	11.80×10^{3}	486.71×10^{3}	[122]
239	欧洲鳗鲡	*Anguilla anguilla*	非离子氨	2.19×10^{3}	20	7.44	166.65×10^{3}	276.97×10^{3}	[123]
240	红螯螯虾	*Cherax quadricarinatus*	总氨氮	45.9×10^{3}	28	7.5	45.90×10^{3}	161.70×10^{3}	[124]

续表

编号	物种名称	物种拉丁名	化合物形态	文献毒性值(LC_{50})/(μg/L)	温度/℃	pH值	校正前ATV(TAN)/(μg/L)	基线水质条件下ATV(TAN)/(μg/L)	参考文献
241	红螯螯虾	*Cherax quadricarinatus*	总氨氮	88×10^3	24.5	7.95	88.00×10^3	499.39×10^3	[125]
242	红螯螯虾	*Cherax quadricarinatus*	总氨氮	167.68×10^3	24.5	7.95	167.68×10^3	951.57×10^3	[125]
243	红螯螯虾	*Cherax quadricarinatus*	总氨氮	88.92×10^3	21.5	7	88.92×10^3	100.69×10^3	[126]
244	中华小长臂虾	*Palaemonetes sinensis*	总氨氮	272.5×10^3	18	7.3	272.50×10^3	317.86×10^3	[127]
245	鲫鱼	*Carassius auratus*	非离子氨	3.4×10^3	12	8	131.41×10^3	564.10×10^3	[128]
246	鲫鱼	*Carassius auratus*	总氨氮	48.68×10^3	21	8.00	48.66×10^3	208.88×10^3	自测
247	团头鲂	*Megalobrama amblycephala*	总氨氮	56.492×10^3	24.9	8.21	56.49×10^3	362.97×10^3	[129]
248	黄鳝	*Monopterus albus*	非离子氨	3.28×10^3	28	7	387.47×10^3	387.47×10^3	[130]
249	大刺鳅	*Mastacembelue armatus*	总氨氮	76.05×10^3	27.5	8.1	76.05×10^3	395.00×10^3	[131]
250	中国林蛙	*Rana chensinensis*	总氨氮	691×10^3	18	7	691.00×10^3	691.00×10^3	[132]
251	蒙古裸腹溞	*Moina mongolica*	非离子氨	7.52×10^3	25	8.48	42.23×10^3	693.08×10^3	[133]
252	泥鳅	*Misgurnus anguillicaudatus*	总氨氮	398×10^3	20	7.5	398.00×10^3	722.18×10^3	[68]
253	泥鳅	*Misgurnus anguillicaudatus*	总氨氮	722×10^3	20	7	722.00×10^3	722.00×10^3	[68]
254	克氏瘤丽星介	*Physocypria kraepelini*	总氨氮	454.1×10^3	25	7	454.1×10^3	687.29×10^3	[134]
255	中华大蟾蜍	*Bufo gargarizans*	总氨氮	817×10^3	18	7	817.00×10^3	817.00×10^3	[132]
256	溪流摇蚊	*Chironomus riparius*	非离子氨	6.6×10^3	21.4	7.675	266.61×10^3	717.45×10^3	[135]
257	溪流摇蚊	*Chironomus riparius*	非离子氨	9.4×10^3	21.7	7.685	363.45×10^3	1019.63×10^3	[135]
258	中华圆田螺	*Cipangopaludina cahayensis*	总氨氮	353.8×10^3	19	8.2	353.80×10^3	2052.13×10^3	[8]
259	青萍	*Lemna minor*	非离子氨	7.16×10^3	27.5	8.5	33.40×10^3	33.40×10^3	[136]

注：表中物种依据基线水质条件下的物种敏感性进行排序，动物排在前、植物排在后。

表 3-5 文献筛选数据涉及的物种分布

数据类型	物种类型	物种数量/种	物种名称
急性毒性	本土物种	40	(1)河蚬； (2)中国鲈； (3)史氏鲟； (4)翘嘴鳜； (5)鲑鱼； (6)辽宁棒花鱼； (7)中华鲟； (8)鳙鱼； (9)麦穗鱼； (10)夹杂带丝蚓； (11)青鱼； (12)普栉鰕虎鱼； (13)黄颡鱼； (14)白斑狗鱼； (15)日本沼虾； (16)大型溞； (17)草鱼； (18)模糊网纹溞； (19)细鳞大麻哈鱼； (20)昆明裂腹鱼； (21)老年低额溞； (22)鲤鱼； (23)英勇剑水蚤； (24)中华绒螯蟹； (25)棘胸蛙； (26)稀有鮈鲫； (27)霍甫水丝蚓； (28)中华小长臂虾； (29)鲫鱼； (30)团头鲂； (31)黄鳝； (32)大刺鳅； (33)中国林蛙； (34)蒙古裸腹溞； (35)泥鳅； (36)克氏瘤丽星介； (37)中华大蟾蜍； (38)溪流摇蚊； (39)中华圆田螺； (40)青萍
	引进物种	13	(1)尼罗罗非鱼； (2)大口黑鲈； (3)麦瑞加拉鲮鱼； (4)蓝鳃太阳鱼； (5)条纹鲈； (6)加州鲈； (7)斑点叉尾鮰； (8)莫桑比克罗非鱼； (9)溪红点鲑； (10)罗氏沼虾； (11)欧洲鳗鲡； (12)红螯螯虾； (13)虹鳟

表 3-6　短期水质基准推导物种及毒性数据量分布

序号	物种名称	毒性数据/条	物种类型	序号	物种名称	毒性数据/条	物种类型
1	模糊网纹溞	7	本土物种	28	大刺鳅	1	本土物种
2	霍甫水丝蚓	6	本土物种	29	中国鲈	1	本土物种
3	黄颡鱼	5	本土物种	30	棘胸蛙	1	本土物种
4	鲤鱼	3	本土物种	31	中国林蛙	1	本土物种
5	河蚬	3	本土物种	32	中华大蟾蜍	1	本土物种
6	老年低额溞	3	本土物种	33	中华小长臂虾	1	本土物种
7	史氏鲟	2	本土物种	34	日本沼虾	1	本土物种
8	翘嘴鳜	2	本土物种	35	中华圆田螺	1	本土物种
9	白斑狗鱼	2	本土物种	36	英勇剑水蚤	1	本土物种
10	草鱼	2	本土物种	37	蒙古裸腹溞	1	本土物种
11	稀有鮈鲫	2	本土物种	38	夹杂带丝蚓	1	本土物种
12	鲫鱼	2	本土物种	39	克氏瘤丽星介	1	本土物种
13	泥鳅	2	本土物种	40	青萍	1	本土物种
14	中华绒螯蟹	2	本土物种	41	虹鳟	133	引进物种
15	大型溞	2	本土物种	42	斑点叉尾鮰	19	引进物种
16	溪流摇蚊	2	本土物种	43	蓝鳃太阳鱼	18	引进物种
17	细鳞大麻哈鱼	1	本土物种	44	红螯螯虾	4	引进物种
18	鲢鱼	1	本土物种	45	罗氏沼虾	3	引进物种
19	辽宁棒花鱼	1	本土物种	46	麦瑞加拉鲮鱼	2	引进物种
20	中华鲟	1	本土物种	47	溪红点鲑	2	引进物种
21	鳙鱼	1	本土物种	48	大口黑鲈	2	引进物种
22	麦穗鱼	1	本土物种	49	尼罗罗非鱼	1	引进物种
23	青鱼	1	本土物种	50	条纹鲈	1	引进物种
24	普栉鰕虎鱼	1	本土物种	51	加州鲈	1	引进物种
25	昆明裂腹鱼	1	本土物种	52	莫桑比克罗非鱼	1	引进物种
26	团头鲂	1	本土物种	53	欧洲鳗鲡	1	引进物种
27	黄鳝	1	本土物种				

获得的动物急性毒性数据终点均为 LC_{50}，植物毒性数据的急、慢性分类规则尚不明确。氨氮对水生植物的毒性数据相对缺乏，本报告筛选获得了 1 条青萍毒性数据，暴露时间为 5d，纳入短期基准计算。

3.2 实验室自测急性毒性数据

鲤科鱼类是我国淡水鱼类的优势类群。本节参考国家标准测试方法[137]，利用本土代表性鲤科鱼类，草鱼、鲫鱼和鲤鱼开展了氨氮急性毒性测试，获取了氨氮对草鱼、鲤鱼和鲫鱼的 96h-LC_{50}。

3.2.1 氨氮对草鱼的96h急性毒性实验

3.2.1.1 材料与方法

（1）化学试剂

氯化铵（分析纯）；实验用草鱼苗（*Ctenopharyngodon idellus*）的规格：体长 31.6mm±3.4mm，体重 0.49g±0.05g。实验开始前将鱼苗在室内驯养至少 1 周，驯养期间死亡率低于 5%。

（2）预实验

备 6 个容器，每个体积 5L，分别放入 4L 溶液，以室温条件下至少强制曝气 24h 去除余氯的自来水为实验用水，不设重复，以 1 个容器为空白对照，实验组浓度分别为 1000mg/L、100mg/L、10mg/L、1mg/L、0.1mg/L。每容器中放 5 尾鱼，暴露前 24h 停止喂食。保持实验溶液温度为 21℃±1℃。暴露时间为 48h。每 24h 换 100%相应浓度溶液，每天观察并记录，及时将死鱼取出。实验期间溶液不强制曝气。结果表明氯化铵溶液浓度大于 100mg/L 时鱼苗才出现死亡。

（3）正式实验

根据预实验结果，采用半静态实验方法，设定氯化铵溶液浓度分别为 135mg/L、182mg/L、246mg/L、332mg/L、448mg/L。选择 18 个容器，每个容积 36L，分别放入 10L 溶液，以至少强制曝气 24h 的自来水为实验用水，每个浓度组设置 3 组平行，同时设置空白对照组。随机选取 10 尾鱼放入每个实验容器中，所有鱼在 30min 内转移完毕，实验负荷比小于 0.5g/L。实验过程中溶液不曝气，每 24h 换 100%相应浓度的溶液，换液前后分别测定各溶液溶解氧、pH 值和温度以及最高和最低浓度实验组的氨氮浓度，保持溶液温度为 21℃±1℃，pH 值为 7.97±0.34，溶解氧超过饱和溶解度的 60%，氨氮浓度波动不超过 20%。实验暴露周期为 96h，每天观察并记录受试鱼死亡情况，及时清除死鱼。死亡判断标准为用玻璃棒轻触鱼的尾部，若没有反应即认为死亡。采取直线回归法计算 96h-LC_{50} 值及 95%置信限。

3.2.1.2 实验结果

96h 急性毒性正式实验结束时，各实验溶液中草鱼苗的死亡情况见表 3-7。

表 3-7　氯化铵对草鱼 96h 的急性毒性实验结果

组别	平行组	鱼苗数量/个	死亡数量/个	死亡率/%	平均死亡率/%
空白对照	1#	10	0	0	0
	2#	10	0	0	
	3#	10	0	0	
135mg/L	1#	10	1	10	20
	2#	10	3	30	
	3#	10	2	20	
182mg/L	1#	10	3	30	30
	2#	10	2	20	
	3#	10	4	40	
246mg/L	1#	10	9	90	87
	2#	10	8	80	
	3#	10	9	90	
332mg/L	1#	10	9	90	93
	2#	10	9	90	
	3#	10	10	100	
448mg/L	1#	10	10	100	100
	2#	10	10	100	
	3#	10	10	100	

对 3 个平行组的实验数据进行统计分析：

① 方差齐性分析表明，数据满足方差齐性；

② Shapiro-Wilk 检验表明，数据符合正态分布；

③ One-way ANOVA 分析表明，3 个平行组实验数据之间无显著性差异（$p>0.05$）。

采用直线回归法，对实验数据进行拟合分析。以死亡率转换的概率单位为 y，以氯化铵实验浓度的常用对数值为 x 进行拟合分析，得到氯化铵对草鱼苗 96h 急性毒性实验的线性回归方程为：$y=6.264x-9.288$，$r^2=0.9385$（$p<0.01$）。计算得到 96h-$LC_{50}=1.910\times10^5\mu g/L$（氯化铵），95%置信限为（1.716～2.127）$\times10^5\mu g/L$；以总氨氮形式表示为：96h-$LC_{50}=4.999\times10^4\mu g/L$，95%置信限为（4.554～5.496）$\times10^4\mu g/L$。

3.2.2　氨氮对鲫鱼的 96h 急性毒性实验

3.2.2.1　材料与方法

实验方法参考《化学品测试方法》（第二版）“203 鱼类急性毒性试验”。

(1) 化学试剂

氯化铵（分析纯）；实验用鲫鱼苗（*Carassius auratus*）的规格：体长 29.1mm±3.0mm，体重 0.67g±0.15g。实验开始前将鱼苗在室内驯养至少 1 周，驯养期间死亡率低于 5%。

(2) 预实验

预实验设计同氯化铵对草鱼苗急性毒性实验。预实验结果表明氯化铵溶液浓度大于 100mg/L 时鱼苗才出现死亡。

(3) 正式实验

根据预实验结果，采用半静态实验方法，设定氯化铵溶液浓度为 150mg/L、180mg/L、216mg/L、259mg/L、311mg/L，溶液 pH 值为 8.00±0.34，实验负荷比小于 0.7g/L。其他实验条件同氯化铵对草鱼苗急性毒性实验。采取直线回归法计算 96h-LC_{50}值及 95%置信限。

3.2.2.2 实验结果

96h 急性毒性正式实验结束时，各实验溶液中鲫鱼苗的死亡情况见表 3-8。

表 3-8 氯化铵对鲫鱼 96h 的急性毒性实验结果

组别	平行组	鱼苗数量/个	死亡数量/个	死亡率/%	平均死亡率/%
空白对照	1#	10	0	0	0
	2#	10	0	0	
	3#	10	0	0	
150mg/L	1#	10	2	20	16.7
	2#	10	2	20	
	3#	10	1	10	
180mg/L	1#	10	5	50	46.7
	2#	10	5	50	
	3#	10	4	40	
216mg/L	1#	10	7	70	63.3
	2#	10	5	50	
	3#	10	7	70	
259mg/L	1#	10	10	100	96.7
	2#	10	9	90	
	3#	10	10	100	
311mg/L	1#	10	10	100	100.0
	2#	10	10	100	
	3#	10	10	100	

对 3 个平行组的实验数据进行统计分析：

① 方差齐性分析表明，数据满足方差齐性；

② Shapiro-Wilk 检验表明，数据符合正态分布；

③ One-way ANOVA 分析表明，3 个平行组实验数据之间无显著性差异（$p>0.05$）。

采用直线回归法，对实验数据进行拟合分析。以死亡率转换的概率单位为 y，以氯化铵实验浓度的常用对数值为 x 进行拟合分析，得到氯化铵对鲫鱼苗 96h 急性毒性实验的线性回归方程为：$y=10.536x-18.910$，$r^2=0.9463$（$p<0.01$）。计算得到 96h-$LC_{50}=1.859\times10^5\mu g/L$（氯化铵），95%置信限为（1.744～1.982）$\times10^5\mu g/L$；以总氨氮形式表示为 96h-$LC_{50}=4.866\times10^4\mu g/L$，95%置信限为（4.565～5.188）$\times10^4\mu g/L$。

3.2.3　氨氮对鲤鱼的 96h 急性毒性实验

3.2.3.1　材料与方法

实验方法参考《化学品测试方法》（第二版）“203 鱼类急性毒性试验”。

（1）化学试剂

氯化铵（分析纯）；实验用鲤鱼苗（*Cyprinus carpio*）的规格：体长 32.4mm±3.2mm，体重 0.59g±0.11g。实验开始前将鱼苗在室内驯养至少 1 周，驯养期间死亡率低于 5%。

（2）预实验

预实验设计同氯化铵对草鱼苗急性毒性实验。预实验结果表明氯化铵溶液浓度大于 100mg/L 时鱼苗才出现死亡。

（3）正式实验

根据预实验结果，采用半静态实验方法，设定氯化铵溶液浓度为 135mg/L、182mg/L、246mg/L、332mg/L、448mg/L，溶液 pH 值为 7.98±0.35，实验负荷比小于 0.6g/L。其他实验条件同氯化铵对草鱼苗急性毒性实验。采取直线回归法计算 96h-LC_{50} 值及 95%置信限。

3.2.3.2　实验结果

96h 急性毒性正式实验结束时，实验溶液中鲤鱼苗的死亡率见表 3-9。

对 3 个平行组的实验数据进行统计分析：方差齐性分析表明，数据满足方差齐性；Shapiro-Wilk 检验表明，数据符合正态分布；One-way ANOVA 分析表明，3 个平行组实验数据之间无显著性差异（$p>0.05$）。

采用直线回归法，对实验数据进行拟合分析。以死亡率转换的概率单位为 y，以氯化铵实验浓度的常用对数值为 x 进行拟合分析，得到氯化铵对鲫鱼苗 96h 急性毒性实验的线性回归方程为：$y=7.422x-12.461$，$r^2=0.9857$（$p<0.01$）。

表 3-9 氯化铵对鲤鱼 96h 的急性毒性实验结果

组别	平行组	鱼苗数量/个	死亡数量/个	死亡率/%	平均死亡率/%
空白对照	1#	10	0	0	0
	2#	10	0	0	
	3#	10	0	0	
135mg/L	1#	10	1	10	6.7
	2#	10	0	0	
	3#	10	1	10	
182mg/L	1#	10	2	20	16.7
	2#	10	2	20	
	3#	10	1	10	
246mg/L	1#	10	6	60	63.3
	2#	10	7	70	
	3#	10	6	60	
332mg/L	1#	10	9	90	90.0
	2#	10	8	80	
	3#	10	10	100	
448mg/L	1#	10	10	100	100.0
	2#	10	10	100	
	3#	10	10	100	

计算得到 96h-LC_{50}=2.252×10^5 μg/L（氯化铵），95%置信限为（2.057～2.466）×10^5 μg/L；以总氨氮形式表示为 96h-LC_{50}=5.894×10^4 μg/L，95%置信限为（5.384～6.454）×10^4 μg/L。

第4章 氨氮对中国淡水生物的慢性毒性

4.1 文献数据

4.1.1 文献检索方案

依据文献数据检索要求，制定慢性毒性文献数据检索方案如表 4-1 所列。

表 4-1 文献慢性数据检索方案

数据类别	数据库名称	检索时间	检索式
毒理数据	ECOTOX	截至 2019 年 7 月 1 日之前数据库覆盖年限	化合物名称：ammonium chloride 或 ammonium carbonate 或 ammonium sulphate 或 ammonium phosphate 或 diammonium phosphate 或 ammonium dihydrogen phosphate 或 ammonium nitrate 或 ammonium bicarbonate 或 ammonium hydroxide 暴露介质：Freshwater 测试终点：NOEC 或 LOEC 或 NOEL 或 LOEL 或 MATC
文献数据	中国知识基础设施工程；万方知识服务平台；维普网	截至 2019 年 7 月 1 日之前数据库覆盖年限	题名：氨或铵 主题：毒性 期刊来源类别：核心期刊
	Web of Science	截至 2019 年 7 月 1 日之前数据库覆盖年限	题名：ammonium chloride 或 ammonium carbonate 或 ammonium sulphate 或 ammonium phosphate 或 diammonium phosphate 或 ammonium dihydrogen phosphate 或 ammonium nitrate 或 ammonium bicarbonate 或 ammonium hydroxide 或 ammonia nitrogen 或 ammonia 主题：toxicity 或 ecotoxicity 或 NOEC 或 LOEC 或 NOEL 或 LOEL 或 MATC

4.1.2 检索结果与评价

依据上述检索方案，对获得的慢性毒性数据进行初步筛选后，共获得156条慢性毒性数据，结果见表4-2。经数据质量评价，共有42条急性毒性数据可用于基准推导（全部为限制可靠数据）（表4-3和表4-4），涉及15个物种（表4-5）；其中中国本土物种10种、引进物种5种。大部分物种是我国本土淡水常见种，少数物种分布在我国部分区域，考虑到我国水质基准研制的阶段性，将这些区域性分布物种也纳入基准计算。推导氨氮长期基准所用物种的数据量分布见表4-6。

表4-2 文献数据筛选结果

数据库	总数据量/条	剔除数据/条						剩余数据/条
		重复数据	无关数据	无温度和pH数据	暴露时间不符数据	化合物不符数据	物种不符数据	
毒理数据库数据	2072	0	70①	31	1521	192	151	107
中文文献数据库	989	0	965	0	0	0	6	18
英文文献数据库	1255	2	1084	0	20	0	118	31
合计	4316	2	2119	31	1541	192	275	156

① 包括无毒性值的数据条和不精确的毒性数据（以大于或小于某数值进行报道的毒性值）。

表4-3 慢性毒性文献数据可靠性评价及分布

数据可靠性	评价原则	慢性毒性数据/条
无限制可靠	数据来自良好实验室规范(GLP)体系，或数据产生过程符合实验准则(参照HJ 831—2017相关要求)	0
限制可靠	数据产生过程不完全符合实验准则，但发表于核心期刊，且有充足的证据证明数据可用	42
不可靠	数据产生过程与实验准则有冲突或矛盾，没有充足的证据证明数据可用，实验过程不能令人信服；以及合并后的非优先数据(对比实验方式及是否进行化学监控等)	114
不确定	没有提供足够的实验细节，无法判断数据可靠性	0
合计		156

表 4-4　氨氮对中国淡水生物的慢性毒性数据

编号	物种名称	物种拉丁名	化合物形态	毒性值/(μg/L)			温度/℃	pH 值	校正前毒性值(TAN)/(μg/L)	校正后毒性值(TAN)/(μg/L)	基线水质条件下CTV (TAN)/(μg/L)	参考文献
				NOEC	LOEC	MATC						
1	银鲈	*Bidyanus bidyanus*	非离子氨	0.14×10^{3}	—	—	26	8.1	1.62×10^{3} (NOEC)	4.55×10^{3} (NOEC)	7.30×10^{3} (MATC)	[138]
2	银鲈	*Bidyanus bidyanus*	非离子氨	—	0.36×10^{3}	—	26	8.1	4.15×10^{3} (LOEC)	11.70×10^{3} (LOEC)		[138]
3	银鲈	*Bidyanus bidyanus*	非离子氨	0.04×10^{3}	—	—	26	8.1	0.46×10^{3} (NOEC)	1.30×10^{3} (NOEC)	1.72×10^{3} (MATC)	[138]
4	银鲈	*Bidyanus bidyanus*	非离子氨	—	0.07×10^{3}	—	26	8.1	0.81×10^{3} (LOEC)	2.28×10^{3} (LOEC)		[138]
5	静水椎实螺	*Lymnaea stagnalis*	总氨氮	1.0×10^{3}	—	—	20	8.3	1.00×10^{3} (NOEC)	3.88×10^{3} (NOEC)	5.20×10^{3} (MATC)	[139]
6	静水椎实螺	*Lymnaea stagnalis*	总氨氮	—	1.8×10^{3}	—	20	8.3	1.80×10^{3} (LOEC)	6.98×10^{3} (LOEC)		[139]
7	斑点叉尾鮰	*Ictalurus punctatus*	非离子氨	0.04×10^{3}	—	—	30	7.1	3.28×10^{3} (NOEC)	3.42×10^{3} (NOEC)	5.30×10^{3} (MATC)	[105]
8	斑点叉尾鮰	*Ictalurus punctatus*	非离子氨	—	0.096×10^{3}	—	30	7.1	7.87×10^{3} (LOEC)	8.21×10^{3} (LOEC)		[105]
9	蓝鳃太阳鱼	*Lepomis macrochirus*	总氨氮	1.64×10^{3}	—	—	22.5	7.8	1.64×10^{3} (NOEC)	3.05×10^{3} (NOEC)	4.61×10^{3} (MATC)	[90]
10	蓝鳃太阳鱼	*Lepomis macrochirus*	总氨氮	—	3.75×10^{3}	—	22.5	7.8	3.75×10^{3} (LOEC)	6.96×10^{3} (LOEC)		[90]
11	蓝鳃太阳鱼	*Lepomis macrochirus*	非离子氨	—	—	0.21×10^{3}	24.8	8.1	2.62×10^{3} (MATC)	7.39×10^{3} (MATC)	7.39×10^{3} (MATC)	[92]
12	短钝溞	*Daphnia obtusa*	非离子氨	0.05×10^{3}	—	—	25	7.5	2.33×10^{3} (NOEC)	4.35×10^{3} (NOEC)	6.46×10^{3} (MATC)	[140]
13	短钝溞	*Daphnia obtusa*	非离子氨	—	0.11×10^{3}	—	25	7.5	5.12×10^{3} (LOEC)	9.58×10^{3} (LOEC)		[140]

续表

编号	物种名称	物种拉丁名	化合物形态	毒性值/(μg/L)			温度/℃	pH值	校正前毒性值(TAN)/(μg/L)	校正后毒性值(TAN)/(μg/L)	基线水质条件下CTV(TAN)/(μg/L)	参考文献
				NOEC	LOEC	MATC						
14	尼罗罗非鱼	*Oreochromis niloticus*	总氨氮	2.9×10^3	—	—	30	7.5	2.90×10^3(NOEC)	3.93×10^3(NOEC)	5.31×10^3(MATC)	[141]
15	尼罗罗非鱼	*Oreochromis niloticus*	总氨氮	—	5.3×10^3	—	30	7.5	5.30×10^3(LOEC)	7.18×10^3(LOEC)		[141]
16	尼罗罗非鱼	*Oreochromis niloticus*	总氨氮	1.0×10^3	—	—	25	8	1.00×10^3(NOEC)	2.43×10^3(NOEC)	3.44×10^3(MATC)	[142]
17	尼罗罗非鱼	*Oreochromis niloticus*	总氨氮	—	2×10^3	—	25	8	2.00×10^3(LOEC)	4.86×10^3(LOEC)		[142]
18	尼罗罗非鱼	*Oreochromis niloticus*	总氨氮	5×10^3	—	—	25	8	5.00×10^3(NOEC)	12.14×10^3(NOEC)	17.17×10^3(MATC)	[142]
19	尼罗罗非鱼	*Oreochromis niloticus*	总氨氮	—	10×10^3	—	25	8	10.00×10^3(LOEC)	24.28×10^3(LOEC)		[142]
20	尼罗罗非鱼	*Oreochromis niloticus*	总氨氮	2×10^3	—	—	25	8	2.00×10^3(NOEC)	4.86×10^3(NOEC)	7.68×10^3(MATC)	[142]
21	尼罗罗非鱼	*Oreochromis niloticus*	总氨氮	—	5	—	25	8	5.00×10^3(LOEC)	12.14×10^3(LOEC)		[142]
22	虹鳟	*Oncorhynchus mykiss*	非离子氨	0.024×10^3	—	—	8	8.15	0.90×10^3(NOEC)	2.74×10^3(NOEC)	4.74×10^3(MATC)	[143]
23	虹鳟	*Oncorhynchus mykiss*	非离子氨	—	0.072×10^3	—	8	8.15	2.70×10^3(LOEC)	8.21×10^3(LOEC)		[143]
24	虹鳟	*Oncorhynchus mykiss*	总氨氮	7.44×10^3	—	—	11.4	7.75	7.44×10^3(NOEC)	13.01×10^3(NOEC)	19.55×10^3(MATC)	[144]
25	虹鳟	*Oncorhynchus mykiss*	总氨氮	—	16.8×10^3	—	11.4	7.75	16.8×10^3(LOEC)	29.38×10^3(LOEC)		[144]

续表

编号	物种名称	物种拉丁名	化合物形态	毒性值/(μg/L)			温度/℃	pH 值	校正前毒性值(TAN)/(μg/L)	校正后毒性值(TAN)/(μg/L)	基线水质条件下 CTV (TAN)/(μg/L)	参考文献
				NOEC	LOEC	MATC						
26	虹鳟	*Oncorhynchus mykiss*	非离子氨	0.27×10^3	—	—	15	7.5	25.90×10^3 (NOEC)	35.07×10^3 (NOEC)	35.07×10^3 (NOEC)	[145]
27	草鱼	*Ctenopharyngodon idellus*	非离子氨	0.099×10^3	—	—	27.1	7.33	5.86×10^3 (NOEC)	6.96×10^3 (NOEC)	14.92×10^3 (MATC)	[101]
28	草鱼	*Ctenopharyngodon idellus*	非离子氨	—	0.455×10^3	—	27.1	7.33	26.95×10^3 (LOEC)	32.00×10^3 (LOEC)		[101]
29	大型溞	*Daphnia magna*	总氨氮	19.66×10^3	—	—	20.1	7.9	19.66×10^3 (NOEC)	41.80×10^3 (NOEC)	54.21×10^3 (MATC)	[146]
30	大型溞	*Daphnia magna*	总氨氮	—	33.07×10^3	—	20.1	7.9	33.07×10^3 (LOEC)	70.31×10^3 (LOEC)		[146]
31	大型溞	*Daphnia magna*	非离子氨	0.42×10^3	—	—	20	8.6	2.53×10^3 (NOEC)	16.28×10^3 (NOEC)	23.43×10^3 (MATC)	[100]
32	大型溞	*Daphnia magna*	非离子氨	—	0.87×10^3	—	20	8.6	5.25×10^3 (LOEC)	33.72×10^3 (LOEC)		[100]
33	同形溞	*Daphnia similis*	非离子氨	0.43×10^3	—	—	25	7.5	20.03×10^3 (NOEC)	37.45×10^3 (NOEC)	43.49×10^3 (MATC)	[140]
34	同形溞	*Daphnia similis*	非离子氨	—	0.58×10^3	—	25	7.5	27.02×10^3 (LOEC)	50.51×10^3 (LOEC)		[140]
35	拟同形溞	*Daphnia similoides*	非离子氨	0.43×10^3	—	—	25	7.5	20.03×10^3 (NOEC)	37.45×10^3 (NOEC)	43.49×10^3 (MATC)	[140]
36	拟同形溞	*Daphnia similoides*	非离子氨	—	0.58×10^3	—	25	7.5	27.02×10^3 (LOEC)	50.51×10^3 (LOEC)		[140]

续表

编号	物种名称	物种拉丁名	化合物形态	毒性值/(μg/L)			温度/℃	pH 值	校正前毒性值(TAN)/(μg/L)	校正后毒性值(TAN)/(μg/L)	基线水质条件下CTV (TAN)/(μg/L)	参考文献
				NOEC	LOEC	MATC						
37	溪流摇蚊	*Chironomus riparius*	总氨氮	25×10^3	—	—	25	7	25.00×10^3 (NOEC)	34.51×10^3 (NOEC)	48.80×10^3 (MATC)	[147]
38	溪流摇蚊	*Chironomus riparius*	总氨氮	—	50×10^3	—	25	7	50.00×10^3 (LOEC)	69.02×10^3 (LOEC)		[147]
39	鲤鱼	*Cyprinus carpio*	总氨氮	80.24×10^3	—	—	17	7.7	80.24×10^3 (LOEC)	132.52×10^3 (LOEC)	132.52×10^3 (MATC)	[148]
40	固氮鱼腥藻	*Anabaena azotica*	总氨氮	131×10^3 (EC_{50})			25	8.3	131×10^3 (EC_{50})	131×10^3 (EC_{50})	131×10^3 (EC_{50})	[149]
41	铜绿微囊藻	*Microcystis aeruginosa*	总氨氮	174.3×10^3 (EC_{50})			25	8.3	174.3×10^3 (EC_{50})	174.3×10^3 (EC_{50})	186.62×10^3 (EC_{50})	[149]
42	铜绿微囊藻	*Microcystis aeruginosa*	总氨氮	199.8×10^3 (EC_{50})			25	8.3	199.8×10^3 (EC_{50})	199.8×10^3 (EC_{50})		[149]
43	中华锯齿米虾	*Neocaridina denticulata sinensis*	总氨氮	8.800×10^3	—	—	24	7.72	8.800×10^3 (NOEC)	19.24×10^3 (NOEC)	22.54×10^3 (MATC)	自测
44	中华锯齿米虾	*Neocaridina denticulata sinensis*	总氨氮	—	12.08×10^3	—	24	7.72	12.08×10^3 (LOEC)	26.41×10^3 (LOEC)		自测

注：1. 表中物种依据基线水质条件下的物种敏感性进行排序，动物排在前植物排在后，自测数据排在最后。

2. “—”表示无相关数据。

表 4-5　文献筛选数据涉及的物种分布

物种类型	物种数量/种	物种名称
本土物种	10	(1)静水椎实螺； (2)短钝溞； (3)草鱼； (4)大型溞； (5)同形溞； (6)拟同形溞； (7)溪流摇蚊； (8)鲤鱼； (9)固氮鱼腥藻； (10)铜绿微囊藻
引进物种	5	(1)银鲈； (2)斑点叉尾鮰； (3)蓝鳃太阳鲈； (4)尼罗罗非鱼； (5)虹鳟

表 4-6　长期水质基准推导物种及毒性数据量分布

序号	物种名称	毒性数据/条	物种类型	序号	物种名称	毒性数据/条	物种类型
1	大型溞	4	本土物种	9	铜绿微囊藻	2	本土物种
2	草鱼	2	本土物种	10	鲤鱼	1	本土物种
3	中华锯齿米虾	2	本土物种	11	固氮鱼腥藻	1	本土物种
4	静水椎实螺	2	本土物种	12	尼罗罗非鱼	8	引进物种
5	短钝溞	2	本土物种	13	虹鳟	5	引进物种
6	同形溞	2	本土物种	14	银鲈	4	引进物种
7	拟同形溞	2	本土物种	15	蓝鳃太阳鱼	3	引进物种
8	溪流摇蚊	2	本土物种	16	斑点叉尾鮰	2	引进物种

获得的动物慢性毒性数据终点为 NOEC、LOEC 或 MATC，植物毒性数据的急、慢性分类规则尚不明确。氨氮对水生植物的毒性数据相对缺乏，本研究筛选获得了 3 条浮游植物毒性数据，毒性暴露时间跨越了一个世代以上，纳入长期基准计算。

4.2　实验室自测慢性毒性数据

虾类是我国淡水鱼类的优势类群。本书参考国家标准测试方法[137]，利用本土代表性虾类——中华锯齿米虾（*Neocaridina denticulata sinensis*）开展了氨氮慢性毒性测试，获取了氨氮对中华锯齿米虾 21d 的 NOEC 和 LOEC。

具体实验过程如下所述。

4.2.1 材料与方法

(1) 化学试剂

氯化铵(分析纯)。

实验用中华锯齿米虾规格:体长 2.0cm±0.5cm,体重 0.08g±0.03g。实验开始前将虾在室内驯养至少 1 周,驯养期间死亡率低于 5%。

(2) 实验设计

分为氨氮稳定性实验及氨氮慢性暴露毒性实验两部分,氨氮稳定性实验检测实验水体中氨氮浓度在 24h 内的变化情况;氨氮慢性暴露毒性实验测定中华锯齿米虾对氨氮的 21d 的 NOEC 和 LOEC。

(3) 氨氮稳定性实验

以室温条件下强制曝气至少 24h 的自来水作为实验用水。将 3.819g 氯化铵溶于 500mL 实验水体中,设定水体中氨氮浓度为 2mg/mL,以此作为母液,配制实验组氨氮浓度。分别吸取母液 10mL、20mL、30mL、40mL、50mL 和 60mL 加入 10L 实验水体中,设置氨氮浓度分别为 2mg/L、4mg/L、6mg/L、8mg/L、10mg/L 及 12mg/L,共 6 个浓度组。每个浓度组放置中华锯齿米虾 50 尾,设 3 个平行,同时设置 3 个空白组。在 0h 和 24h 分别测定每组氨氮浓度。取样时对每个浓度梯度的 3 个平行组分别取水样混匀后测定氨氮浓度,测定方法参照《水质 氨氮的测定 纳氏试剂分光光度法》(HJ 535—2009)。

(4) 氨氮慢性暴露毒性实验

采用半静态实验方法,实验暴露周期为 21d,每天定量投饵并换水 100%。每个实验容器放置 10L 氨氮溶液和 50 尾虾,实验负荷比小于 0.6g/L。保持溶液 pH 值为 7.72±0.20,水温 24℃±1℃,溶解氧超过饱和溶解度的 60%。根据文献设定氨氮的实验组浓度为 2mg/L、4mg/L、6mg/L、8mg/L、10mg/L 和 12mg/L,每组设 3 个平行,同时设置空白组,共 21 组。每 7d 实测氨氮浓度 1 次(从每个浓度梯度的 3 个平行组中取水样混合后测定氨氮浓度)。由于生物规格难以统一,以死亡率作为效应指标,每天观察并统计死亡个体数量,并记录水温、pH 值和溶解氧等水质参数。最后统计氨氮对受试生物死亡的 LOEC 和 NOEC。

4.2.2 实验结果

氨氮稳定性实验结果表明所有浓度组在 24h 内的氨氮浓度变化均未超出 20%,确定在氨氮暴露实验中每 24h 更换溶液 100%。

氨氮慢性暴露毒性实验结束时各组死亡率及对应的实验组氨氮实测的平均浓度如表 4-7 所列。对 3 个平行组的死亡率数据进行统计分析:方差齐性分析表明,数据满足方差齐性;Shapiro-Wilk 检验表明,数据符合正态分布;One-way ANOVA 分析表明,3 个平行组实验数据之间无显著性差异($p>0.05$)。

表 4-7　氨氮对中华锯齿米虾 21d 的慢性毒性实验结果

组别[①]	平行组	生物数量/个	死亡数量/个	死亡率/%	平均死亡率/%
空白对照	1#	50	2	4	4.67
	2#	50	2	4	
	3#	50	3	6	
1.97mg/L	1#	50	3	6	7.33
	2#	50	3	6	
	3#	50	5	10	
4.18mg/L	1#	50	3	6	8.00
	2#	50	4	8	
	3#	50	5	10	
6.57mg/L	1#	50	4	8	9.33
	2#	50	4	8	
	3#	50	6	12	
8.80mg/L	1#	50	5	10	12.0
	2#	50	6	12	
	3#	50	7	14	
12.08mg/L	1#	50	10	20	24.7
	2#	50	13	26	
	3#	50	14	28	
14.39mg/L	1#	50	13	26	30.7
	2#	50	15	30	
	3#	50	18	36	

① 表中氨氮浓度为实测浓度。

Dunn-Sidak 多组数据间差异分析表明，从 12.08mg/L 实验组开始，虾的死亡率与对照组出现显著差异，表明氨氮对中华锯齿米虾的 NOEC=$8.800\times10^{3}\mu g/L$，LOEC=$1.208\times10^{4}\mu g/L$。

第5章

氨氮毒性数据外推

5.1 水质参数对氨氮毒性的影响

水质参数包括温度、pH 值、硬度、盐度和有机碳等，是影响水质基准的重要因素。研究显示，水体温度和 pH 值是影响氨氮对淡水水生生物毒性的主要因素。氨氮溶液中的非离子氨和铵离子的比例受水体温度和 pH 值的显著影响，水温和 pH 值越高则非离子氨比例越大（见表 5-1）。由于非离子氨是中性分子，更容易扩散穿过细胞膜，对水生生物的毒性远高于铵离子，随着水温和 pH 值的升高，氨氮的生物毒性也随之增强。

表 5-1 氨氮溶液中非离子氨的百分比[22]　　单位：%

水体温度/℃	pH 值								
	6.0	6.5	7.0	7.5	8.0	8.5	9.0	9.5	10.0
5	0.0125	0.0395	0.125	0.394	1.23	3.80	11.1	28.3	55.6
10	0.0186	0.0586	0.186	0.586	1.83	5.56	15.7	37.1	65.1
15	0.0274	0.0865	0.274	0.859	2.67	7.97	21.5	46.4	73.3
20	0.0397	0.125	0.396	1.24	3.82	11.2	28.4	55.7	79.9
25	0.0569	0.180	0.566	1.77	5.38	15.3	36.3	64.3	85.1
30	0.0805	0.254	0.799	2.48	7.46	20.3	44.6	71.8	89.0

5.2 我国地表水温度和 pH 值等级划分

2018 年全国地表水 1698 个国控断面水质监测的水体温度和 pH 值分布见表5-2 和表 5-3。

我国现行地表水Ⅰ类到Ⅴ类的 pH 值标准范围均为 6～9。综合考虑断面占比相对平均分布以及地表水 pH 值标准范围和氨氮基准值的变化规律，本次基准推导将水体温度分为 5℃、10℃、15℃、20℃、25℃和 30℃六个等级，将水体 pH 值分为 6.0、6.5、7.0、7.2、7.4、7.6、7.8、8.0、8.2、8.4、8.6 和 9.0 十二个等级，

表 5-2 2018 年全国地表水体国控断面温度分布

水体温度/℃	断面占比/%			
	春季	夏季	秋季	冬季
<5	5.76	0.89	1.18	36.6
5～10	12.7	1.12	4.12	24.9
10～15	18.4	2.18	17.0	26.7
15～20	45.4	8.37	22.4	10.5
20～25	16.1	23.8	45.2	1.30
25～30	1.64		10.1	0.00
>30	0.00	8.84	0.00	0.00

表 5-3 2018 年全国地表水体国控断面 pH 值分布

pH 值	断面占比/%			
	春季	夏季	秋季	冬季
<6.5	3.65	4.71	4.59	10.1
6.5～7.0	8.13	3.94	4.53	2.71
7.0～7.2	4.48	5.95	4.35	6.01
7.2～7.4	5.89	9.24	7.3	6.83
7.4～7.6	8.66	13.4	10.8	7.36
7.6～7.8	12.9	17.1	14.8	12.7
7.8～8.0	16.3	15.9	16.3	16.4
8.0～8.2	16.8	11.8	17.1	18.2
8.2～8.4	12.4	9.95	12.7	12.1
8.4～8.6	7.72	4.71	5.18	6.18
>8.6	3.07	3.30	2.35	1.41

组合成 72 组水质条件，分别计算氨氮的 SWQC 及 LWQC。氨氮基准推导过程中需要基于水体温度和 pH 值对毒性数据进行校正，由于在极端水体温度和 pH 值条件下校正容易产生偏差，水体温度超出 5～30℃，水体 pH 值超出 6.0～9.0 的氨氮基准不再推算。

5.3 SMAV 外推

5.3.1 水体 pH 值和温度校正

对表 3-4 中的每条氨氮急性毒性数据分别进行总氨氮毒性值的转换［依据式(2-1)］和水体 pH 值和/或温度校正［式(2-2) 和式(2-4)］，得到校正前的总氨氮毒性值以及基线水质条件下 ATV 校正值一并列于表 3-4。

5.3.2 基线水质条件下 SMAV 的计算

将得到的基线水质条件下急性毒性数据分别代入式(2-7)、式(2-9)和式(2-11)，计算得到基线水质条件下每个物种的 SMAV，见表 5-4。

表 5-4 基线水质条件下的氨氮 SMAV

物种	SMAV /(μg/L)	秩次 R	物种	SMAV /(μg/L)	秩次 R
河蚬	10.80×10^3	1	细鳞大马哈鱼	135.42×10^3	28
中国鲈	15.62×10^3	2	昆明裂腹鱼	136.26×10^3	29
史氏鲟	25.78×10^3	3	鲤鱼	140.98×10^3	30
翘嘴鳜	28.87×10^3	4	老年低额溞	141.16×10^3	31
青萍	33.40×10^3	5	中华绒螯蟹	143.25×10^3	32
鲢鱼	34.99×10^3	6	英勇剑水蚤	162.20×10^3	33
辽宁棒花鱼	36.25×10^3	7	莫桑比克罗非鱼	176.29×10^3	34
中华鲟	44.64×10^3	8	溪红点鲑	176.58×10^3	35
鳙鱼	48.00×10^3	9	罗氏沼虾	179.67×10^3	36
麦穗鱼	54.42×10^3	10	棘胸蛙	202.11×10^3	37
尼罗罗非鱼	56.34×10^3	11	稀有鮈鲫	220.40×10^3	38
夹杂带丝蚓	56.87×10^3	12	霍甫水丝蚓	263.55×10^3	39
大口黑鲈	57.03×10^3	13	欧洲鳗鲡	276.97×10^3	40
青鱼	57.19×10^3	14	红螯螯虾	296.56×10^3	41
麦瑞加拉鲮鱼	58.18×10^3	15	中华小长臂虾	317.86×10^3	42
普栉鰕虎鱼	61.52×10^3	16	鲫鱼	343.26×10^3	43
黄颡鱼	81.42×10^3	17	团头鲂	362.97×10^3	44
虹鳟	83.17×10^3	18	黄鳝	387.47×10^3	45
白斑狗鱼	84.05×10^3	19	大刺鳅	395.00×10^3	46
蓝鳃太阳鱼	84.46×10^3	20	克氏瘤丽星介	687.29×10^3	47
条纹鲈	90.27×10^3	21	中国林蛙	691.00×10^3	48
日本沼虾	91.51×10^3	22	蒙古裸腹溞	693.08×10^3	49
大型溞	95.94×10^3	23	泥鳅	722.10×10^3	50
草鱼	98.97×10^3	24	中华大蟾蜍	817.00×10^3	51
加州鲈	105.03×10^3	25	溪流摇蚊	855.30×10^3	52
斑点叉尾鮰	121.85×10^3	26	中华圆田螺	2052.13×10^3	53
模糊网纹溞	125.43×10^3	27			

5.3.3 SMAV 的外推

依据式(2-13)、式(2-15)和式(2-17)，分别将基线水质条件下各物种 SMAV 外推至其他 71 组水质条件下，结果见表 5-5～表 5-76。

表 5-5 5℃、pH 6.0 条件下氨氮 SMAV

物种	SMAV /(μg/L)	lg SMAV /(μg/L)	秩次 R	秩次下物种数	累积频率 P	物种	SMAV /(μg/L)	lg SMAV /(μg/L)	秩次 R	秩次下物种数	累积频率 P
中国鲈	23.80×10^3	4.377	1	1	0.02	溪红点鲑	269.03×10^3	5.430	28	1	0.52
青萍	33.40×10^3	4.524	2	1	0.04	夹杂带丝蚓	300.43×10^3	5.478	29	1	0.54
史氏鲟	39.28×10^3	4.594	3	1	0.06	棘胸蛙	307.93×10^3	5.488	30	1	0.56
翘嘴鳜	43.99×10^3	4.643	4	1	0.07	稀有鮈鲫	335.79×10^3	5.526	31	1	0.57
鲢鱼	53.31×10^3	4.727	5	1	0.09	欧洲鳗鲡	421.98×10^3	5.625	32	1	0.59
辽宁棒花鱼	55.23×10^3	4.742	6	1	0.11	日本沼虾	483.43×10^3	5.684	33	1	0.61
河蚬	57.05×10^3	4.756	7	1	0.13	大型溞	506.83×10^3	5.705	34	1	0.63
中华鲟	68.01×10^3	4.833	8	1	0.15	鲫鱼	522.98×10^3	5.718	35	1	0.65
鳙鱼	73.13×10^3	4.864	9	1	0.17	团头鲂	553.01×10^3	5.743	36	1	0.67
麦穗鱼	82.91×10^3	4.919	10	1	0.19	黄鳝	590.34×10^3	5.771	37	1	0.69
尼罗罗非鱼	85.84×10^3	4.934	11	1	0.20	大刺鳅	601.81×10^3	5.779	38	1	0.70
大口黑鲈	86.89×10^3	4.939	12	1	0.22	模糊网纹溞	662.62×10^3	5.821	39	1	0.72
青鱼	87.13×10^3	4.940	13	1	0.24	老年低额溞	745.71×10^3	5.873	40	1	0.74
麦瑞加拉鲮鱼	88.64×10^3	4.948	14	1	0.26	中华绒螯蟹	756.75×10^3	5.879	41	1	0.76
普栉鰕虎鱼	93.73×10^3	4.972	15	1	0.28	英勇剑水蚤	856.86×10^3	5.933	42	1	0.78
黄颡鱼	124.05×10^3	5.094	16	1	0.30	罗氏沼虾	949.15×10^3	5.977	43	1	0.80
虹鳟	126.71×10^3	5.103	17	1	0.31	中国林蛙	1052.78×10^3	6.022	44	1	0.81
白斑狗鱼	128.06×10^3	5.107	18	1	0.33	泥鳅	1100.17×10^3	6.041	45	1	0.83
蓝鳃太阳鱼	128.68×10^3	5.110	19	1	0.35	中华大蟾蜍	1244.75×10^3	6.095	46	1	0.85
条纹鲈	137.53×10^3	5.138	20	1	0.37	霍甫水丝蚓	1392.27×10^3	6.144	47	1	0.87
草鱼	150.79×10^3	5.178	21	1	0.39	红螯螯虾	1566.65×10^3	6.195	48	1	0.89
加州鲈	160.02×10^3	5.204	22	1	0.41	中华小长臂虾	1679.18×10^3	6.225	49	1	0.91
斑点叉尾鮰	185.65×10^3	5.269	23	1	0.43	克氏瘤丽星介	3630.79×10^3	6.560	50	1	0.93
细鳞大马哈鱼	206.32×10^3	5.315	24	1	0.44	蒙古裸腹溞	3661.37×10^3	6.564	51	1	0.94
昆明裂腹鱼	207.60×10^3	5.317	25	1	0.46	溪流摇蚊	4518.34×10^3	6.655	52	1	0.96
鲤鱼	214.79×10^3	5.332	26	1	0.48	中华圆田螺	10840.90×10^3	7.035	53	1	0.98
莫桑比克罗非鱼	268.59×10^3	5.429	27	1	0.50						

表 5-6 5℃、pH 6.5 条件下氨氮 SMAV

物种	SMAV /(μg/L)	lg SMAV /(μg/L)	秩次 R	秩次下物种数	累积频率 P	物种	SMAV /(μg/L)	lg SMAV /(μg/L)	秩次 R	秩次下物种数	累积频率 P
中国鲈	21.13×10^3	4.325	1	1	0.02	溪红点鲑	238.89×10^3	5.378	28	1	0.52
青萍	33.40×10^3	4.524	2	1	0.04	夹杂带丝蚓	266.78×10^3	5.426	29	1	0.54
史氏鲟	34.88×10^3	4.543	3	1	0.06	棘胸蛙	273.43×10^3	5.437	30	1	0.56
翘嘴鳜	39.06×10^3	4.592	4	1	0.07	稀有鮈鲫	298.18×10^3	5.474	31	1	0.57
鲢鱼	47.34×10^3	4.675	5	1	0.09	欧洲鳗鲡	374.71×10^3	5.574	32	1	0.59
辽宁棒花鱼	49.04×10^3	4.691	6	1	0.11	日本沼虾	429.27×10^3	5.633	33	1	0.61
河蚬	50.66×10^3	4.705	7	1	0.13	大型溞	450.05×10^3	5.653	34	1	0.63
中华鲟	60.39×10^3	4.781	8	1	0.15	鲫鱼	464.39×10^3	5.667	35	1	0.65
鳙鱼	64.94×10^3	4.813	9	1	0.17	团头鲂	491.06×10^3	5.691	36	1	0.67
麦穗鱼	73.62×10^3	4.867	10	1	0.19	黄鳝	524.20×10^3	5.719	37	1	0.69
尼罗罗非鱼	76.22×10^3	4.882	11	1	0.20	大刺鳅	534.39×10^3	5.728	38	1	0.70
大口黑鲈	77.16×10^3	4.887	12	1	0.22	模糊网纹溞	588.39×10^3	5.770	39	1	0.72
青鱼	77.37×10^3	4.889	13	1	0.24	老年低额溞	662.18×10^3	5.821	40	1	0.74
麦瑞加拉鲮鱼	78.71×10^3	4.896	14	1	0.26	中华绒螯蟹	671.98×10^3	5.827	41	1	0.76
普栉鰕虎鱼	83.23×10^3	4.920	15	1	0.28	英勇剑水蚤	760.88×10^3	5.881	42	1	0.78
黄颡鱼	110.15×10^3	5.042	16	1	0.30	罗氏沼虾	842.83×10^3	5.926	43	1	0.80
虹鳟	112.52×10^3	5.051	17	1	0.31	中国林蛙	934.85×10^3	5.971	44	1	0.81
白斑狗鱼	113.71×10^3	5.056	18	1	0.33	泥鳅	976.92×10^3	5.990	45	1	0.83
蓝鳃太阳鱼	114.27×10^3	5.058	19	1	0.35	中华大蟾蜍	1105.31×10^3	6.043	46	1	0.85
条纹鲈	122.13×10^3	5.087	20	1	0.37	霍甫水丝蚓	1236.31×10^3	6.092	47	1	0.87
草鱼	133.90×10^3	5.127	21	1	0.39	红螯螯虾	1391.15×10^3	6.143	48	1	0.89
加州鲈	142.09×10^3	5.153	22	1	0.41	中华小长臂虾	1491.07×10^3	6.173	49	1	0.91
斑点叉尾鮰	164.85×10^3	5.217	23	1	0.43	克氏瘤丽星介	3224.06×10^3	6.508	50	1	0.93
细鳞大马哈鱼	183.21×10^3	5.263	24	1	0.44	蒙古裸腹溞	3251.22×10^3	6.512	51	1	0.94
昆明裂腹鱼	184.34×10^3	5.266	25	1	0.46	溪流摇蚊	4012.19×10^3	6.603	52	1	0.96
鲤鱼	190.73×10^3	5.280	26	1	0.48	中华圆田螺	9626.49×10^3	6.983	53	1	0.98
莫桑比克罗非鱼	238.50×10^3	5.377	27	1	0.50						

表 5-7 5℃、pH 7.0 条件下氨氮 SMAV

物种	SMAV /(μg/L)	lg SMAV /(μg/L)	秩次 R	秩次下物种数	累积频率 P	物种	SMAV /(μg/L)	lg SMAV /(μg/L)	秩次 R	秩次下物种数	累积频率 P
中国鲈	15.62×10^3	4.194	1	1	0.02	溪红点鲑	176.59×10^3	5.247	28	1	0.52
史氏鲟	25.78×10^3	4.411	2	1	0.04	夹杂带丝蚓	197.20×10^3	5.295	29	1	0.54
翘嘴鳜	28.87×10^3	4.460	3	1	0.06	棘胸蛙	202.12×10^3	5.306	30	1	0.56
青萍	33.40×10^3	4.524	4	1	0.07	稀有鮈鲫	220.41×10^3	5.343	31	1	0.57
鲢鱼	34.99×10^3	4.544	5	1	0.09	欧洲鳗鲡	276.98×10^3	5.442	32	1	0.59
辽宁棒花鱼	36.25×10^3	4.559	6	1	0.11	日本沼虾	317.31×10^3	5.501	33	1	0.61
河蚬	37.45×10^3	4.573	7	1	0.13	大型溞	332.67×10^3	5.522	34	1	0.63
中华鲟	44.64×10^3	4.650	8	1	0.15	鲫鱼	343.27×10^3	5.536	35	1	0.65
鳙鱼	48.00×10^3	4.681	9	1	0.17	团头鲂	362.98×10^3	5.560	36	1	0.67
麦穗鱼	54.42×10^3	4.736	10	1	0.19	黄鳝	387.48×10^3	5.588	37	1	0.69
尼罗罗非鱼	56.34×10^3	4.751	11	1	0.20	大刺鳅	395.01×10^3	5.597	38	1	0.70
大口黑鲈	57.03×10^3	4.756	12	1	0.22	模糊网纹溞	434.93×10^3	5.638	39	1	0.72
青鱼	57.19×10^3	4.757	13	1	0.24	老年低额溞	489.47×10^3	5.690	40	1	0.74
麦瑞加拉鲮鱼	58.18×10^3	4.765	14	1	0.26	中华绒螯蟹	496.72×10^3	5.696	41	1	0.76
普栉鰕虎鱼	61.52×10^3	4.789	15	1	0.28	英勇剑水蚤	562.43×10^3	5.750	42	1	0.78
黄颡鱼	81.42×10^3	4.911	16	1	0.30	罗氏沼虾	623.00×10^3	5.794	43	1	0.80
虹鳟	83.17×10^3	4.920	17	1	0.31	中国林蛙	691.02×10^3	5.839	44	1	0.81
白斑狗鱼	84.05×10^3	4.925	18	1	0.33	泥鳅	722.12×10^3	5.859	45	1	0.83
蓝鳃太阳鱼	84.46×10^3	4.927	19	1	0.35	中华大蟾蜍	817.03×10^3	5.912	46	1	0.85
条纹鲈	90.27×10^3	4.956	20	1	0.37	霍甫水丝蚓	913.86×10^3	5.961	47	1	0.87
草鱼	98.97×10^3	4.996	21	1	0.39	红螯螯虾	1028.32×10^3	6.012	48	1	0.89
加州鲈	105.03×10^3	5.021	22	1	0.41	中华小长臂虾	1102.17×10^3	6.042	49	1	0.91
斑点叉尾鮰	121.85×10^3	5.086	23	1	0.43	克氏瘤丽星介	2383.17×10^3	6.377	50	1	0.93
细鳞大马哈鱼	135.42×10^3	5.132	24	1	0.44	蒙古裸腹溞	2403.24×10^3	6.381	51	1	0.94
昆明裂腹鱼	136.26×10^3	5.134	25	1	0.46	溪流摇蚊	2965.74×10^3	6.472	52	1	0.96
鲤鱼	140.98×10^3	5.149	26	1	0.48	中华圆田螺	7115.73×10^3	6.852	53	1	0.98
莫桑比克罗非鱼	176.30×10^3	5.246	27	1	0.50						

表 5-8 5℃、pH 7.2 条件下氨氮 SMAV

物种	SMAV /(μg/L)	lg SMAV /(μg/L)	秩次 R	秩次下物种数	累积频率 P	物种	SMAV /(μg/L)	lg SMAV /(μg/L)	秩次 R	秩次下物种数	累积频率 P
中国鲈	12.78×10^3	4.107	1	1	0.02	溪红点鲑	144.52×10^3	5.160	28	1	0.52
史氏鲟	21.10×10^3	4.324	2	1	0.04	夹杂带丝蚓	161.39×10^3	5.208	29	1	0.54
翘嘴鳜	23.63×10^3	4.373	3	1	0.06	棘胸蛙	165.42×10^3	5.219	30	1	0.56
鲢鱼	28.64×10^3	4.457	4	1	0.07	稀有鮈鲫	180.39×10^3	5.256	31	1	0.57
辽宁棒花鱼	29.67×10^3	4.472	5	1	0.09	欧洲鳗鲡	226.69×10^3	5.355	32	1	0.59
河蚬	30.65×10^3	4.486	6	1	0.11	日本沼虾	259.69×10^3	5.414	33	1	0.61
青萍	33.40×10^3	4.524	7	1	0.13	大型溞	272.26×10^3	5.435	34	1	0.63
中华鲟	36.54×10^3	4.563	8	1	0.15	鲫鱼	280.94×10^3	5.449	35	1	0.65
鳙鱼	39.29×10^3	4.594	9	1	0.17	团头鲂	297.07×10^3	5.473	36	1	0.67
麦穗鱼	44.54×10^3	4.649	10	1	0.19	黄鳝	317.12×10^3	5.501	37	1	0.69
尼罗罗非鱼	46.11×10^3	4.664	11	1	0.20	大刺鳅	323.29×10^3	5.510	38	1	0.70
大口黑鲈	46.68×10^3	4.669	12	1	0.22	模糊网纹溞	355.95×10^3	5.551	39	1	0.72
青鱼	46.81×10^3	4.670	13	1	0.24	老年低额溞	400.59×10^3	5.603	40	1	0.74
麦瑞加拉鲮鱼	47.62×10^3	4.678	14	1	0.26	中华绒螯蟹	406.52×10^3	5.609	41	1	0.76
普栉鰕虎鱼	50.35×10^3	4.702	15	1	0.28	英勇剑水蚤	460.30×10^3	5.663	42	1	0.78
黄颡鱼	66.64×10^3	4.824	16	1	0.30	罗氏沼虾	509.88×10^3	5.707	43	1	0.80
虹鳟	68.07×10^3	4.833	17	1	0.31	中国林蛙	565.55×10^3	5.752	44	1	0.81
白斑狗鱼	68.79×10^3	4.838	18	1	0.33	泥鳅	591.00×10^3	5.772	45	1	0.83
蓝鳃太阳鱼	69.13×10^3	4.840	19	1	0.35	中华大蟾蜍	668.67×10^3	5.825	46	1	0.85
条纹鲈	73.88×10^3	4.869	20	1	0.37	霍甫水丝蚓	747.92×10^3	5.874	47	1	0.87
草鱼	81.00×10^3	4.908	21	1	0.39	红螯螯虾	841.60×10^3	5.925	48	1	0.89
加州鲈	85.96×10^3	4.934	22	1	0.41	中华小长臂虾	902.04×10^3	5.955	49	1	0.91
斑点叉尾鮰	99.73×10^3	4.999	23	1	0.43	克氏瘤丽星介	1950.44×10^3	6.290	50	1	0.93
细鳞大马哈鱼	110.83×10^3	5.045	24	1	0.44	蒙古裸腹溞	1966.87×10^3	6.294	51	1	0.94
昆明裂腹鱼	111.52×10^3	5.047	25	1	0.46	溪流摇蚊	2427.23×10^3	6.385	52	1	0.96
鲤鱼	115.39×10^3	5.062	26	1	0.48	中华圆田螺	5823.67×10^3	6.765	53	1	0.98
莫桑比克罗非鱼	144.28×10^3	5.159	27	1	0.50						

表 5-9 5℃、pH 7.4 条件下氨氮 SMAV

物种	SMAV /(μg/L)	lg SMAV /(μg/L)	秩次 R	秩次下物种数	累积频率 P	物种	SMAV /(μg/L)	lg SMAV /(μg/L)	秩次 R	秩次下物种数	累积频率 P
中国鲈	9.94×10^3	3.997	1	1	0.02	溪红点鲑	112.39×10^3	5.051	28	1	0.52
史氏鲟	16.41×10^3	4.215	2	1	0.04	夹杂带丝蚓	125.51×10^3	5.099	29	1	0.54
翘嘴鳜	18.38×10^3	4.264	3	1	0.06	棘胸蛙	128.64×10^3	5.109	30	1	0.56
鲑鱼	22.27×10^3	4.348	4	1	0.07	稀有鮈鲫	140.28×10^3	5.147	31	1	0.57
辽宁棒花鱼	23.07×10^3	4.363	5	1	0.09	欧洲鳗鲡	176.29×10^3	5.246	32	1	0.59
河蚬	23.83×10^3	4.377	6	1	0.11	日本沼虾	201.96×10^3	5.305	33	1	0.61
中华鲟	28.41×10^3	4.453	7	1	0.13	大型溞	211.73×10^3	5.326	34	1	0.63
鳙鱼	30.55×10^3	4.485	8	1	0.15	鲫鱼	218.48×10^3	5.339	35	1	0.65
青萍	33.40×10^3	4.524	9	1	0.17	团头鲂	231.03×10^3	5.364	36	1	0.67
麦穗鱼	34.64×10^3	4.540	10	1	0.19	黄鳝	246.62×10^3	5.392	37	1	0.69
尼罗罗非鱼	35.86×10^3	4.555	11	1	0.20	大刺鳅	251.41×10^3	5.400	38	1	0.70
大口黑鲈	36.30×10^3	4.560	12	1	0.22	模糊网纹溞	276.82×10^3	5.442	39	1	0.72
青鱼	36.40×10^3	4.561	13	1	0.24	老年低额溞	311.53×10^3	5.493	40	1	0.74
麦瑞加拉鲮鱼	37.03×10^3	4.569	14	1	0.26	中华绒螯蟹	316.14×10^3	5.500	41	1	0.76
普栉鰕虎鱼	39.16×10^3	4.593	15	1	0.28	英勇剑水蚤	357.96×10^3	5.554	42	1	0.78
黄颡鱼	51.82×10^3	4.714	16	1	0.30	罗氏沼虾	396.52×10^3	5.598	43	1	0.80
虹鳟	52.94×10^3	4.724	17	1	0.31	中国林蛙	439.81×10^3	5.643	44	1	0.81
白斑狗鱼	53.50×10^3	4.728	18	1	0.33	泥鳅	459.61×10^3	5.662	45	1	0.83
蓝鳃太阳鱼	53.76×10^3	4.730	19	1	0.35	中华大蟾蜍	520.01×10^3	5.716	46	1	0.85
条纹鲈	57.46×10^3	4.759	20	1	0.37	霍甫水丝蚓	581.64×10^3	5.765	47	1	0.87
草鱼	62.99×10^3	4.799	21	1	0.39	红螯螯虾	654.49×10^3	5.816	48	1	0.89
加州鲈	66.85×10^3	4.825	22	1	0.41	中华小长臂虾	701.50×10^3	5.846	49	1	0.91
斑点叉尾鮰	77.56×10^3	4.890	23	1	0.43	克氏瘤丽星介	1516.80×10^3	6.181	50	1	0.93
细鳞大马哈鱼	86.19×10^3	4.935	24	1	0.44	蒙古裸腹溞	1529.58×10^3	6.185	51	1	0.94
昆明裂腹鱼	86.73×10^3	4.938	25	1	0.46	溪流摇蚊	1887.59×10^3	6.276	52	1	0.96
鲤鱼	89.73×10^3	4.953	26	1	0.48	中华圆田螺	4528.92×10^3	6.656	53	1	0.98
莫桑比克罗非鱼	112.21×10^3	5.050	27	1	0.50						

表 5-10　5℃、pH 7.6 条件下氨氮 SMAV

物种	SMAV /(μg/L)	lg SMAV /(μg/L)	秩次 R	秩次下物种数	累积频率 P	物种	SMAV /(μg/L)	lg SMAV /(μg/L)	秩次 R	秩次下物种数	累积频率 P
中国鲈	7.37×10^3	3.867	1	1	0.02	溪红点鲑	83.33×10^3	4.921	28	1	0.52
史氏鲟	12.17×10^3	4.085	2	1	0.04	夹杂带丝蚓	93.06×10^3	4.969	29	1	0.54
翘嘴鳜	13.62×10^3	4.134	3	1	0.06	棘胸蛙	95.38×10^3	4.979	30	1	0.56
鲢鱼	16.51×10^3	4.218	4	1	0.07	稀有鮈鲫	104.01×10^3	5.017	31	1	0.57
辽宁棒花鱼	17.11×10^3	4.233	5	1	0.09	欧洲鳗鲡	130.71×10^3	5.116	32	1	0.59
河蚬	17.67×10^3	4.247	6	1	0.11	日本沼虾	149.74×10^3	5.175	33	1	0.61
中华鲟	21.07×10^3	4.324	7	1	0.13	大型溞	156.99×10^3	5.196	34	1	0.63
鳙鱼	22.65×10^3	4.355	8	1	0.15	鲫鱼	161.99×10^3	5.209	35	1	0.65
麦穗鱼	25.68×10^3	4.410	9	1	0.17	团头鲂	171.29×10^3	5.234	36	1	0.67
尼罗罗非鱼	26.59×10^3	4.425	10	1	0.19	黄鳝	182.86×10^3	5.262	37	1	0.69
大口黑鲈	26.91×10^3	4.430	11	1	0.20	大刺鳅	186.41×10^3	5.270	38	1	0.70
青鱼	26.99×10^3	4.431	12	1	0.22	模糊网纹溞	205.25×10^3	5.312	39	1	0.72
麦瑞加拉鲮鱼	27.46×10^3	4.439	13	1	0.24	老年低额溞	230.98×10^3	5.364	40	1	0.74
普栉鰕虎鱼	29.03×10^3	4.463	14	1	0.26	中华绒螯蟹	234.40×10^3	5.370	41	1	0.76
青萍	33.40×10^3	4.524	15	1	0.28	英勇剑水蚤	265.41×10^3	5.424	42	1	0.78
黄颡鱼	38.42×10^3	4.585	16	1	0.30	罗氏沼虾	294.00×10^3	5.468	43	1	0.80
虹鳟	39.25×10^3	4.594	17	1	0.31	中国林蛙	326.10×10^3	5.513	44	1	0.81
白斑狗鱼	39.67×10^3	4.598	18	1	0.33	泥鳅	340.78×10^3	5.532	45	1	0.83
蓝鳃太阳鱼	39.86×10^3	4.601	19	1	0.35	中华大蟾蜍	385.56×10^3	5.586	46	1	0.85
条纹鲈	42.60×10^3	4.629	20	1	0.37	霍甫水丝蚓	431.26×10^3	5.635	47	1	0.87
草鱼	46.71×10^3	4.669	21	1	0.39	红螯螯虾	485.27×10^3	5.686	48	1	0.89
加州鲈	49.57×10^3	4.695	22	1	0.41	中华小长臂虾	520.12×10^3	5.716	49	1	0.91
斑点叉尾鮰	57.50×10^3	4.760	23	1	0.43	克氏瘤丽星介	1124.63×10^3	6.051	50	1	0.93
细鳞大马哈鱼	63.91×10^3	4.806	24	1	0.44	蒙古裸腹溞	1134.11×10^3	6.055	51	1	0.94
昆明裂腹鱼	64.30×10^3	4.808	25	1	0.46	溪流摇蚊	1399.55×10^3	6.146	52	1	0.96
鲤鱼	66.53×10^3	4.823	26	1	0.48	中华圆田螺	3357.97×10^3	6.526	53	1	0.98
莫桑比克罗非鱼	83.20×10^3	4.920	27	1	0.50						

表 5-11 5℃、pH 7.8 条件下氨氮 SMAV

物种	SMAV /(μg/L)	lg SMAV /(μg/L)	秩次 R	秩次下物种数	累积频率 P	物种	SMAV /(μg/L)	lg SMAV /(μg/L)	秩次 R	秩次下物种数	累积频率 P
中国鲈	5.25×10^3	3.720	1	1	0.02	溪红点鲑	59.39×10^3	4.774	28	1	0.52
史氏鲟	8.67×10^3	3.938	2	1	0.04	夹杂带丝蚓	66.32×10^3	4.822	29	1	0.54
翘嘴鳜	9.71×10^3	3.987	3	1	0.06	棘胸蛙	67.98×10^3	4.832	30	1	0.56
鲢鱼	11.77×10^3	4.071	4	1	0.07	稀有鮈鲫	74.13×10^3	4.870	31	1	0.57
辽宁棒花鱼	12.19×10^3	4.086	5	1	0.09	欧洲鳗鲡	93.16×10^3	4.969	32	1	0.59
河蚬	12.60×10^3	4.100	6	1	0.11	日本沼虾	106.72×10^3	5.028	33	1	0.61
中华鲟	15.01×10^3	4.176	7	1	0.13	大型溞	111.89×10^3	5.049	34	1	0.63
鳙鱼	16.14×10^3	4.208	8	1	0.15	鲫鱼	115.45×10^3	5.062	35	1	0.65
麦穗鱼	18.30×10^3	4.262	9	1	0.17	团头鲂	122.08×10^3	5.087	36	1	0.67
尼罗罗非鱼	18.95×10^3	4.278	10	1	0.19	黄鳝	130.32×10^3	5.115	37	1	0.69
大口黑鲈	19.18×10^3	4.283	11	1	0.20	大刺鳅	132.86×10^3	5.123	38	1	0.70
青鱼	19.24×10^3	4.284	12	1	0.22	模糊网纹溞	146.28×10^3	5.165	39	1	0.72
麦瑞加拉鲮鱼	19.57×10^3	4.292	13	1	0.24	老年低额溞	164.62×10^3	5.216	40	1	0.74
普栉鰕虎鱼	20.69×10^3	4.316	14	1	0.26	中华绒螯蟹	167.06×10^3	5.223	41	1	0.76
黄颡鱼	27.38×10^3	4.437	15	1	0.28	英勇剑水蚤	189.16×10^3	5.277	42	1	0.78
虹鳟	27.97×10^3	4.447	16	1	0.30	罗氏沼虾	209.54×10^3	5.321	43	1	0.80
白斑狗鱼	28.27×10^3	4.451	17	1	0.31	中国林蛙	232.41×10^3	5.366	44	1	0.81
蓝鳃太阳鱼	28.41×10^3	4.453	18	1	0.33	泥鳅	242.87×10^3	5.385	45	1	0.83
条纹鲈	30.36×10^3	4.482	19	1	0.35	中华大蟾蜍	274.79×10^3	5.439	46	1	0.85
草鱼	33.29×10^3	4.522	20	1	0.37	霍甫水丝蚓	307.36×10^3	5.488	47	1	0.87
青萍	33.40×10^3	4.524	21	1	0.39	红螯螯虾	345.85×10^3	5.539	48	1	0.89
加州鲈	35.33×10^3	4.548	22	1	0.41	中华小长臂虾	370.70×10^3	5.569	49	1	0.91
斑点叉尾鮰	40.98×10^3	4.613	23	1	0.43	克氏瘤丽星介	801.53×10^3	5.904	50	1	0.93
细鳞大马哈鱼	45.55×10^3	4.658	24	1	0.44	蒙古裸腹溞	808.29×10^3	5.908	51	1	0.94
昆明裂腹鱼	45.83×10^3	4.661	25	1	0.46	溪流摇蚊	997.47×10^3	5.999	52	1	0.96
鲤鱼	47.42×10^3	4.676	26	1	0.48	中华圆田螺	2393.24×10^3	6.379	53	1	0.98
莫桑比克罗非鱼	59.29×10^3	4.773	27	1	0.50						

表 5-12 5℃、pH 8.0 条件下氨氮 SMAV

物种	SMAV /(μg/L)	lg SMAV /(μg/L)	秩次 R	秩次下物种数	累积频率 P	物种	SMAV /(μg/L)	lg SMAV /(μg/L)	秩次 R	秩次下物种数	累积频率 P
中国鲈	3.64×10^3	3.561	1	1	0.02	溪红点鲑	41.14×10^3	4.614	28	1	0.52
史氏鲟	6.01×10^3	3.779	2	1	0.04	夹杂带丝蚓	45.94×10^3	4.662	29	1	0.54
翘嘴鳜	6.73×10^3	3.828	3	1	0.06	棘胸蛙	47.08×10^3	4.673	30	1	0.56
鲢鱼	8.15×10^3	3.911	4	1	0.07	稀有鮈鲫	51.34×10^3	4.710	31	1	0.57
辽宁棒花鱼	8.44×10^3	3.926	5	1	0.09	欧洲鳗鲡	64.52×10^3	4.810	32	1	0.59
河蚬	8.72×10^3	3.941	6	1	0.11	日本沼虾	73.92×10^3	4.869	33	1	0.61
中华鲟	10.40×10^3	4.017	7	1	0.13	大型溞	77.50×10^3	4.889	34	1	0.63
鳙鱼	11.18×10^3	4.048	8	1	0.15	鲫鱼	79.97×10^3	4.903	35	1	0.65
麦穗鱼	12.68×10^3	4.103	9	1	0.17	团头鲂	84.56×10^3	4.927	36	1	0.67
尼罗罗非鱼	13.13×10^3	4.118	10	1	0.19	黄鳝	90.27×10^3	4.956	37	1	0.69
大口黑鲈	13.29×10^3	4.124	11	1	0.20	大刺鳅	92.02×10^3	4.964	38	1	0.70
青鱼	13.32×10^3	4.125	12	1	0.22	模糊网纹溞	101.32×10^3	5.006	39	1	0.72
麦瑞加拉鲮鱼	13.55×10^3	4.132	13	1	0.24	老年低额溞	114.02×10^3	5.057	40	1	0.74
普栉鰕虎鱼	14.33×10^3	4.156	14	1	0.26	中华绒螯蟹	115.71×10^3	5.063	41	1	0.76
黄颡鱼	18.97×10^3	4.278	15	1	0.28	英勇剑水蚤	131.02×10^3	5.117	42	1	0.78
虹鳟	19.38×10^3	4.287	16	1	0.30	罗氏沼虾	145.13×10^3	5.162	43	1	0.80
白斑狗鱼	19.58×10^3	4.292	17	1	0.31	中国林蛙	160.98×10^3	5.207	44	1	0.81
蓝鳃太阳鱼	19.68×10^3	4.294	18	1	0.33	泥鳅	168.22×10^3	5.226	45	1	0.83
条纹鲈	21.03×10^3	4.323	19	1	0.35	中华大蟾蜍	190.33×10^3	5.280	46	1	0.85
草鱼	23.06×10^3	4.363	20	1	0.37	霍甫水丝蚓	212.89×10^3	5.328	47	1	0.87
加州鲈	24.47×10^3	4.389	21	1	0.39	红螯螯虾	239.55×10^3	5.379	48	1	0.89
斑点叉尾鮰	28.39×10^3	4.453	22	1	0.41	中华小长臂虾	256.76×10^3	5.410	49	1	0.91
细鳞大马哈鱼	31.55×10^3	4.499	23	1	0.43	克氏瘤丽星介	555.17×10^3	5.744	50	1	0.93
昆明裂腹鱼	31.74×10^3	4.502	24	1	0.44	蒙古裸腹溞	559.84×10^3	5.748	51	1	0.94
鲤鱼	32.84×10^3	4.516	25	1	0.46	溪流摇蚊	690.88×10^3	5.839	52	1	0.96
青萍	33.40×10^3	4.524	26	1	0.48	中华圆田螺	1657.63×10^3	6.219	53	1	0.98
莫桑比克罗非鱼	41.07×10^3	4.614	27	1	0.50						

表 5-13 5℃、pH 8.2 条件下氨氮 SMAV

物种	SMAV /(μg/L)	lg SMAV /(μg/L)	秩次 R	秩次下物种数	累积频率 P	物种	SMAV /(μg/L)	lg SMAV /(μg/L)	秩次 R	秩次下物种数	累积频率 P
中国鲈	2.48×10^3	3.394	1	1	0.02	夹杂带丝蚓	31.29×10^3	4.495	28	1	0.52
史氏鲟	4.09×10^3	3.612	2	1	0.04	棘胸蛙	32.07×10^3	4.506	29	1	0.54
翘嘴鳜	4.58×10^3	3.661	3	1	0.06	青萍	33.40×10^3	4.524	30	1	0.56
鲢鱼	5.55×10^3	3.744	4	1	0.07	稀有鮈鲫	34.98×10^3	4.544	31	1	0.57
辽宁棒花鱼	5.75×10^3	3.760	5	1	0.09	欧洲鳗鲡	43.95×10^3	4.643	32	1	0.59
河蚬	5.94×10^3	3.774	6	1	0.11	日本沼虾	50.35×10^3	4.702	33	1	0.61
中华鲟	7.08×10^3	3.850	7	1	0.13	大型溞	52.79×10^3	4.723	34	1	0.63
鳙鱼	7.62×10^3	3.882	8	1	0.15	鲫鱼	54.47×10^3	4.736	35	1	0.65
麦穗鱼	8.64×10^3	3.937	9	1	0.17	团头鲂	57.60×10^3	4.760	36	1	0.67
尼罗罗非鱼	8.94×10^3	3.951	10	1	0.19	黄鳝	61.49×10^3	4.789	37	1	0.69
大口黑鲈	9.05×10^3	3.957	11	1	0.20	大刺鳅	62.68×10^3	4.797	38	1	0.70
青鱼	9.08×10^3	3.958	12	1	0.22	模糊网纹溞	69.02×10^3	4.839	39	1	0.72
麦瑞加拉鲮鱼	9.23×10^3	3.965	13	1	0.24	老年低额溞	77.67×10^3	4.890	40	1	0.74
普栉鰕虎鱼	9.76×10^3	3.989	14	1	0.26	中华绒螯蟹	78.82×10^3	4.897	41	1	0.76
黄颡鱼	12.92×10^3	4.111	15	1	0.28	英勇剑水蚤	89.25×10^3	4.951	42	1	0.78
虹鳟	13.20×10^3	4.121	16	1	0.30	罗氏沼虾	98.86×10^3	4.995	43	1	0.80
白斑狗鱼	13.34×10^3	4.125	17	1	0.31	中国林蛙	109.66×10^3	5.040	44	1	0.81
蓝鳃太阳鱼	13.40×10^3	4.127	18	1	0.33	泥鳅	114.59×10^3	5.059	45	1	0.83
条纹鲈	14.33×10^3	4.156	19	1	0.35	中华大蟾蜍	129.65×10^3	5.113	46	1	0.85
草鱼	15.71×10^3	4.196	20	1	0.37	霍甫水丝蚓	145.02×10^3	5.161	47	1	0.87
加州鲈	16.67×10^3	4.222	21	1	0.39	红螯螯虾	163.18×10^3	5.213	48	1	0.89
斑点叉尾鮰	19.34×10^3	4.286	22	1	0.41	中华小长臂虾	174.90×10^3	5.243	49	1	0.91
细鳞大马哈鱼	21.49×10^3	4.332	23	1	0.43	克氏瘤丽星介	378.18×10^3	5.578	50	1	0.93
昆明裂腹鱼	21.62×10^3	4.335	24	1	0.44	蒙古裸腹溞	381.36×10^3	5.581	51	1	0.94
鲤鱼	22.37×10^3	4.350	25	1	0.46	溪流摇蚊	470.62×10^3	5.673	52	1	0.96
莫桑比克罗非鱼	27.98×10^3	4.447	26	1	0.48	中华圆田螺	1129.17×10^3	6.053	53	1	0.98
溪红点鲑	28.02×10^3	4.447	27	1	0.50						

表 5-14 5℃、pH 8.4 条件下氨氮 SMAV

物种	SMAV /(μg/L)	lg SMAV /(μg/L)	秩次 R	秩次下物种数	累积频率 P	物种	SMAV /(μg/L)	lg SMAV /(μg/L)	秩次 R	秩次下物种数	累积频率 P
中国鲈	1.68×10^3	3.225	1	1	0.02	夹杂带丝蚓	21.22×10^3	4.327	28	1	0.52
史氏鲟	2.77×10^3	3.442	2	1	0.04	棘胸蛙	21.74×10^3	4.337	29	1	0.54
翘嘴鳜	3.11×10^3	3.493	3	1	0.06	稀有鮈鲫	23.71×10^3	4.375	30	1	0.56
鲢鱼	3.76×10^3	3.575	4	1	0.07	欧洲鳗鲡	29.80×10^3	4.474	31	1	0.57
辽宁棒花鱼	3.90×10^3	3.591	5	1	0.09	青萍	33.40×10^3	4.524	32	1	0.59
河蚬	4.03×10^3	3.605	6	1	0.11	日本沼虾	34.14×10^3	4.533	33	1	0.61
中华鲟	4.80×10^3	3.681	7	1	0.13	大型溞	35.79×10^3	4.554	34	1	0.63
鳙鱼	5.16×10^3	3.713	8	1	0.15	鲫鱼	36.93×10^3	4.567	35	1	0.65
麦穗鱼	5.85×10^3	3.767	9	1	0.17	团头鲂	39.05×10^3	4.592	36	1	0.67
尼罗罗非鱼	6.06×10^3	3.782	10	1	0.19	黄鳝	41.69×10^3	4.620	37	1	0.69
大口黑鲈	6.14×10^3	3.788	11	1	0.20	大刺鳅	42.50×10^3	4.628	38	1	0.70
青鱼	6.15×10^3	3.789	12	1	0.22	模糊网纹溞	46.79×10^3	4.670	39	1	0.72
麦瑞加拉鲮鱼	6.26×10^3	3.797	13	1	0.24	老年低额溞	52.66×10^3	4.721	40	1	0.74
普栉鰕虎鱼	6.62×10^3	3.821	14	1	0.26	中华绒螯蟹	53.44×10^3	4.728	41	1	0.76
黄颡鱼	8.76×10^3	3.943	15	1	0.28	英勇剑水蚤	60.51×10^3	4.782	42	1	0.78
虹鳟	8.95×10^3	3.952	16	1	0.30	罗氏沼虾	67.03×10^3	4.826	43	1	0.80
白斑狗鱼	9.04×10^3	3.956	17	1	0.31	中国林蛙	74.34×10^3	4.871	44	1	0.81
蓝鳃太阳鱼	9.09×10^3	3.959	18	1	0.33	泥鳅	77.69×10^3	4.890	45	1	0.83
条纹鲈	9.71×10^3	3.987	19	1	0.35	中华大蟾蜍	87.90×10^3	4.944	46	1	0.85
草鱼	10.65×10^3	4.027	20	1	0.37	霍甫水丝蚓	98.32×10^3	4.993	47	1	0.87
加州鲈	11.30×10^3	4.053	21	1	0.39	红螯螯虾	110.63×10^3	5.044	48	1	0.89
斑点叉尾鮰	13.11×10^3	4.118	22	1	0.41	中华小长臂虾	118.58×10^3	5.074	49	1	0.91
细鳞大马哈鱼	14.57×10^3	4.163	23	1	0.43	克氏瘤丽星介	256.39×10^3	5.409	50	1	0.93
昆明裂腹鱼	14.66×10^3	4.166	24	1	0.44	蒙古裸腹溞	258.55×10^3	5.413	51	1	0.94
鲤鱼	15.17×10^3	4.181	25	1	0.46	溪流摇蚊	319.07×10^3	5.504	52	1	0.96
莫桑比克罗非鱼	18.97×10^3	4.278	26	1	0.48	中华圆田螺	765.55×10^3	5.884	53	1	0.98
溪红点鲑	19.00×10^3	4.279	27	1	0.50						

表 5-15　5℃、pH 8.6 条件下氨氮 SMAV

物种	SMAV /(μg/L)	lg SMAV /(μg/L)	秩次 R	秩次下物种数	累积频率 P	物种	SMAV /(μg/L)	lg SMAV /(μg/L)	秩次 R	秩次下物种数	累积频率 P
中国鲈	1.15×10^3	3.061	1	1	0.02	夹杂带丝蚓	14.49×10^3	4.161	28	1	0.52
史氏鲟	1.89×10^3	3.276	2	1	0.04	棘胸蛙	14.85×10^3	4.172	29	1	0.54
翘嘴鳜	2.12×10^3	3.326	3	1	0.06	稀有鮈鲫	16.19×10^3	4.209	30	1	0.56
鲢鱼	2.57×10^3	3.410	4	1	0.07	欧洲鳗鲡	20.35×10^3	4.309	31	1	0.57
辽宁棒花鱼	2.66×10^3	3.425	5	1	0.09	日本沼虾	23.31×10^3	4.368	32	1	0.59
河蚬	2.75×10^3	3.439	6	1	0.11	大型溞	24.44×10^3	4.388	33	1	0.61
中华鲟	3.28×10^3	3.516	7	1	0.13	鲫鱼	25.22×10^3	4.402	34	1	0.63
鳙鱼	3.53×10^3	3.548	8	1	0.15	团头鲂	26.66×10^3	4.426	35	1	0.65
麦穗鱼	4.00×10^3	3.602	9	1	0.17	黄鳝	28.46×10^3	4.454	36	1	0.67
尼罗罗非鱼	4.14×10^3	3.617	10	1	0.19	大刺鳅	29.02×10^3	4.463	37	1	0.69
大口黑鲈	4.19×10^3	3.622	11	1	0.20	模糊网纹溞	31.95×10^3	4.504	38	1	0.70
青鱼	4.20×10^3	3.623	12	1	0.22	青萍	33.40×10^3	4.524	39	1	0.72
麦瑞加拉鲮鱼	4.27×10^3	3.630	13	1	0.24	老年低额溞	35.96×10^3	4.556	40	1	0.74
普栉鰕虎鱼	4.52×10^3	3.655	14	1	0.26	中华绒螯蟹	36.49×10^3	4.562	41	1	0.76
黄颡鱼	5.98×10^3	3.777	15	1	0.28	英勇剑水蚤	41.32×10^3	4.616	42	1	0.78
虹鳟	6.11×10^3	3.786	16	1	0.30	罗氏沼虾	45.77×10^3	4.661	43	1	0.80
白斑狗鱼	6.17×10^3	3.790	17	1	0.31	中国林蛙	50.76×10^3	4.706	44	1	0.81
蓝鳃太阳鱼	6.20×10^3	3.792	18	1	0.33	泥鳅	53.05×10^3	4.725	45	1	0.83
条纹鲈	6.63×10^3	3.822	19	1	0.35	中华大蟾蜍	60.02×10^3	4.778	46	1	0.85
草鱼	7.27×10^3	3.862	20	1	0.37	霍甫水丝蚓	67.13×10^3	4.827	47	1	0.87
加州鲈	7.72×10^3	3.888	21	1	0.39	红螯螯虾	75.54×10^3	4.878	48	1	0.89
斑点叉尾鮰	8.95×10^3	3.952	22	1	0.41	中华小长臂虾	80.97×10^3	4.908	49	1	0.91
细鳞大马哈鱼	9.95×10^3	3.998	23	1	0.43	克氏瘤丽星介	175.07×10^3	5.243	50	1	0.93
昆明裂腹鱼	10.01×10^3	4.000	24	1	0.44	蒙古裸腹溞	176.54×10^3	5.247	51	1	0.94
鲤鱼	10.36×10^3	4.015	25	1	0.46	溪流摇蚊	217.86×10^3	5.338	52	1	0.96
莫桑比克罗非鱼	12.95×10^3	4.112	26	1	0.48	中华圆田螺	522.72×10^3	5.718	53	1	0.98
溪红点鲑	12.97×10^3	4.113	27	1	0.50						

表 5-16 5℃、pH 9.0 条件下氨氮 SMAV

物种	SMAV /(μg/L)	lg SMAV /(μg/L)	秩次 R	秩次下物种数	累积频率 P	物种	SMAV /(μg/L)	lg SMAV /(μg/L)	秩次 R	秩次下物种数	累积频率 P
中国鲈	0.57×10^3	2.756	1	1	0.02	夹杂带丝蚓	7.24×10^3	3.860	28	1	0.52
史氏鲟	0.95×10^3	2.978	2	1	0.04	棘胸蛙	7.42×10^3	3.870	29	1	0.54
翘嘴鳜	1.06×10^3	3.025	3	1	0.06	稀有鮈鲫	8.09×10^3	3.908	30	1	0.56
鲢鱼	1.28×10^3	3.107	4	1	0.07	欧洲鳗鲡	10.16×10^3	4.007	31	1	0.57
辽宁棒花鱼	1.33×10^3	3.124	5	1	0.09	日本沼虾	11.64×10^3	4.066	32	1	0.59
河蚬	1.37×10^3	3.137	6	1	0.11	大型溞	12.21×10^3	4.087	33	1	0.61
中华鲟	1.64×10^3	3.215	7	1	0.13	鲫鱼	12.60×10^3	4.100	34	1	0.63
鳙鱼	1.76×10^3	3.246	8	1	0.15	团头鲂	13.32×10^3	4.125	35	1	0.65
麦穗鱼	2.00×10^3	3.301	9	1	0.17	黄鳝	14.22×10^3	4.153	36	1	0.67
尼罗罗非鱼	2.07×10^3	3.316	10	1	0.19	大刺鳅	14.49×10^3	4.161	37	1	0.69
大口黑鲈	2.09×10^3	3.320	11	1	0.20	模糊网纹溞	15.96×10^3	4.203	38	1	0.70
青鱼	2.10×10^3	3.322	12	1	0.22	老年低额溞	17.96×10^3	4.254	39	1	0.72
麦瑞加拉鲮鱼	2.13×10^3	3.328	13	1	0.24	中华绒螯蟹	18.23×10^3	4.261	40	1	0.74
普栉鰕虎鱼	2.26×10^3	3.354	14	1	0.26	英勇剑水蚤	20.64×10^3	4.315	41	1	0.76
黄颡鱼	2.99×10^3	3.476	15	1	0.28	罗氏沼虾	22.86×10^3	4.359	42	1	0.78
虹鳟	3.05×10^3	3.484	16	1	0.30	中国林蛙	25.36×10^3	4.404	43	1	0.80
白斑狗鱼	3.08×10^3	3.489	17	1	0.31	泥鳅	26.50×10^3	4.423	44	1	0.81
蓝鳃太阳鱼	3.10×10^3	3.491	18	1	0.33	中华大蟾蜍	29.98×10^3	4.477	45	1	0.83
条纹鲈	3.31×10^3	3.520	19	1	0.35	青萍	33.40×10^3	4.524	46	1	0.85
草鱼	3.63×10^3	3.560	20	1	0.37	霍甫水丝蚓	33.53×10^3	4.525	47	1	0.87
加州鲈	3.85×10^3	3.585	21	1	0.39	红螯螯虾	37.73×10^3	4.577	48	1	0.89
斑点叉尾鮰	4.47×10^3	3.650	22	1	0.41	中华小长臂虾	40.44×10^3	4.607	49	1	0.91
细鳞大马哈鱼	4.97×10^3	3.696	23	1	0.43	克氏瘤丽星介	87.45×10^3	4.942	50	1	0.93
昆明裂腹鱼	5.00×10^3	3.699	24	1	0.44	蒙古裸腹溞	88.19×10^3	4.945	51	1	0.94
鲤鱼	5.17×10^3	3.713	25	1	0.46	溪流摇蚊	108.83×10^3	5.037	52	1	0.96
莫桑比克罗非鱼	6.47×10^3	3.811	26	1	0.48	中华圆田螺	261.11×10^3	5.417	53	1	0.98
溪红点鲑	6.48×10^3	3.812	27	1	0.50						

表 5-17 10℃、pH 6.0 条件下氨氮 SMAV

物种	SMAV /(μg/L)	lg SMAV /(μg/L)	秩次 R	秩次下物种数	累积频率 P	物种	SMAV /(μg/L)	lg SMAV /(μg/L)	秩次 R	秩次下物种数	累积频率 P
中国鲈	23.80×10^3	4.377	1	1	0.02	莫桑比克罗非鱼	268.59×10^3	5.429	28	1	0.52
青萍	33.40×10^3	4.524	2	1	0.04	溪红点鲑	269.03×10^3	5.430	29	1	0.54
河蚬	37.70×10^3	4.576	3	1	0.06	棘胸蛙	307.93×10^3	5.488	30	1	0.56
史氏鲟	39.28×10^3	4.594	4	1	0.07	日本沼虾	319.40×10^3	5.504	31	1	0.57
翘嘴鳜	43.99×10^3	4.643	5	1	0.09	大型溞	334.86×10^3	5.525	32	1	0.59
鲢鱼	53.31×10^3	4.727	6	1	0.11	稀有鮈鲫	335.79×10^3	5.526	33	1	0.61
辽宁棒花鱼	55.23×10^3	4.742	7	1	0.13	欧洲鳗鲡	421.98×10^3	5.625	34	1	0.63
中华鲟	68.01×10^3	4.833	8	1	0.15	模糊网纹溞	437.79×10^3	5.641	35	1	0.65
鳙鱼	73.13×10^3	4.864	9	1	0.17	老年低额溞	492.69×10^3	5.693	36	1	0.67
麦穗鱼	82.91×10^3	4.919	10	1	0.19	中华绒螯蟹	499.98×10^3	5.699	37	1	0.69
尼罗罗非鱼	85.84×10^3	4.934	11	1	0.20	鲫鱼	522.98×10^3	5.718	38	1	0.70
大口黑鲈	86.89×10^3	4.939	12	1	0.22	团头鲂	553.01×10^3	5.743	39	1	0.72
青鱼	87.13×10^3	4.940	13	1	0.24	英勇剑水蚤	566.12×10^3	5.753	40	1	0.74
麦瑞加拉鲮鱼	88.64×10^3	4.948	14	1	0.26	黄鳝	590.34×10^3	5.771	41	1	0.76
普栉鰕虎鱼	93.73×10^3	4.972	15	1	0.28	大刺鳅	601.81×10^3	5.779	42	1	0.78
黄颡鱼	124.05×10^3	5.094	16	1	0.30	罗氏沼虾	627.10×10^3	5.797	43	1	0.80
虹鳟	126.71×10^3	5.103	17	1	0.31	霍甫水丝蚓	919.86×10^3	5.964	44	1	0.81
白斑狗鱼	128.06×10^3	5.107	18	1	0.33	红螯螯虾	1035.08×10^3	6.015	45	1	0.83
蓝鳃太阳鱼	128.68×10^3	5.110	19	1	0.35	中国林蛙	1052.78×10^3	6.022	46	1	0.85
条纹鲈	137.53×10^3	5.138	20	1	0.37	泥鳅	1100.17×10^3	6.041	47	1	0.87
草鱼	150.79×10^3	5.178	21	1	0.39	中华小长臂虾	1109.42×10^3	6.045	48	1	0.89
加州鲈	160.02×10^3	5.204	22	1	0.41	中华大蟾蜍	1244.75×10^3	6.095	49	1	0.91
斑点叉尾鮰	185.65×10^3	5.269	23	1	0.43	克氏瘤丽星介	2398.84×10^3	6.380	50	1	0.93
夹杂带丝蚓	198.49×10^3	5.298	24	1	0.44	蒙古裸腹溞	2419.05×10^3	6.384	51	1	0.94
细鳞大马哈鱼	206.32×10^3	5.315	25	1	0.46	溪流摇蚊	2985.24×10^3	6.475	52	1	0.96
昆明裂腹鱼	207.60×10^3	5.317	26	1	0.48	中华圆田螺	7162.51×10^3	6.855	53	1	0.98
鲤鱼	214.79×10^3	5.332	27	1	0.50						

表 5-18 10℃、pH 6.5 条件下氨氮 SMAV

物种	SMAV /(μg/L)	lg SMAV /(μg/L)	秩次 R	秩次下物种数	累积频率 P	物种	SMAV /(μg/L)	lg SMAV /(μg/L)	秩次 R	秩次下物种数	累积频率 P
中国鲈	21.13×10^3	4.325	1	1	0.02	莫桑比克罗非鱼	238.50×10^3	5.377	28	1	0.52
青萍	33.40×10^3	4.524	2	1	0.04	溪红点鲑	238.89×10^3	5.378	29	1	0.54
河蚬	33.47×10^3	4.525	3	1	0.06	棘胸蛙	273.43×10^3	5.437	30	1	0.56
史氏鲟	34.88×10^3	4.543	4	1	0.07	日本沼虾	283.62×10^3	5.453	31	1	0.57
翘嘴鳜	39.06×10^3	4.592	5	1	0.09	大型溞	297.35×10^3	5.473	32	1	0.59
鲢鱼	47.34×10^3	4.675	6	1	0.11	稀有鮈鲫	298.18×10^3	5.474	33	1	0.61
辽宁棒花鱼	49.04×10^3	4.691	7	1	0.13	欧洲鳗鲡	374.71×10^3	5.574	34	1	0.63
中华鲟	60.39×10^3	4.781	8	1	0.15	模糊网纹溞	388.74×10^3	5.590	35	1	0.65
鳙鱼	64.94×10^3	4.813	9	1	0.17	老年低额溞	437.50×10^3	5.641	36	1	0.67
麦穗鱼	73.62×10^3	4.867	10	1	0.19	中华绒螯蟹	443.97×10^3	5.647	37	1	0.69
尼罗罗非鱼	76.22×10^3	4.882	11	1	0.20	鲫鱼	464.39×10^3	5.667	38	1	0.70
大口黑鲈	77.16×10^3	4.887	12	1	0.22	团头鲂	491.06×10^3	5.691	39	1	0.72
青鱼	77.37×10^3	4.889	13	1	0.24	英勇剑水蚤	502.71×10^3	5.701	40	1	0.74
麦瑞加拉鲮鱼	78.71×10^3	4.896	14	1	0.26	黄鳝	524.20×10^3	5.719	41	1	0.76
普栉鰕虎鱼	83.23×10^3	4.920	15	1	0.28	大刺鳅	534.39×10^3	5.728	42	1	0.78
黄颡鱼	110.15×10^3	5.042	16	1	0.30	罗氏沼虾	556.85×10^3	5.746	43	1	0.80
虹鳟	112.52×10^3	5.051	17	1	0.31	霍甫水丝蚓	816.82×10^3	5.912	44	1	0.81
白斑狗鱼	113.71×10^3	5.056	18	1	0.33	红螯螯虾	919.13×10^3	5.963	45	1	0.83
蓝鳃太阳鱼	114.27×10^3	5.058	19	1	0.35	中国林蛙	934.85×10^3	5.971	46	1	0.85
条纹鲈	122.13×10^3	5.087	20	1	0.37	泥鳅	976.92×10^3	5.990	47	1	0.87
草鱼	133.90×10^3	5.127	21	1	0.39	中华小长臂虾	985.14×10^3	5.993	48	1	0.89
加州鲈	142.09×10^3	5.153	22	1	0.41	中华大蟾蜍	1105.31×10^3	6.043	49	1	0.91
斑点叉尾鮰	164.85×10^3	5.217	23	1	0.43	克氏瘤丽星介	2130.11×10^3	6.328	50	1	0.93
夹杂带丝蚓	176.26×10^3	5.246	24	1	0.44	蒙古裸腹溞	2148.06×10^3	6.332	51	1	0.94
细鳞大马哈鱼	183.21×10^3	5.263	25	1	0.46	溪流摇蚊	2650.83×10^3	6.423	52	1	0.96
昆明裂腹鱼	184.34×10^3	5.266	26	1	0.48	中华圆田螺	6360.16×10^3	6.803	53	1	0.98
鲤鱼	190.73×10^3	5.280	27	1	0.50						

表 5-19 10℃、pH 7.0 条件下氨氮 SMAV

物种	SMAV /(μg/L)	lg SMAV /(μg/L)	秩次 R	秩次下物种数	累积频率 P	物种	SMAV /(μg/L)	lg SMAV /(μg/L)	秩次 R	秩次下物种数	累积频率 P
中国鲈	15.62×10^3	4.194	1	1	0.02	莫桑比克罗非鱼	176.30×10^3	5.246	28	1	0.52
河蚬	24.74×10^3	4.393	2	1	0.04	溪红点鲑	176.59×10^3	5.247	29	1	0.54
史氏鲟	25.78×10^3	4.411	3	1	0.06	棘胸蛙	202.12×10^3	5.306	30	1	0.56
翘嘴鳜	28.87×10^3	4.460	4	1	0.07	日本沼虾	209.64×10^3	5.321	31	1	0.57
青萍	33.40×10^3	4.524	5	1	0.09	大型溞	219.79×10^3	5.342	32	1	0.59
鲢鱼	34.99×10^3	4.544	6	1	0.11	稀有鮈鲫	220.41×10^3	5.343	33	1	0.61
辽宁棒花鱼	36.25×10^3	4.559	7	1	0.13	欧洲鳗鲡	276.98×10^3	5.442	34	1	0.63
中华鲟	44.64×10^3	4.650	8	1	0.15	模糊网纹溞	287.35×10^3	5.458	35	1	0.65
鳙鱼	48.00×10^3	4.681	9	1	0.17	老年低额溞	323.39×10^3	5.510	36	1	0.67
麦穗鱼	54.42×10^3	4.736	10	1	0.19	中华绒螯蟹	328.18×10^3	5.516	37	1	0.69
尼罗罗非鱼	56.34×10^3	4.751	11	1	0.20	鲫鱼	343.27×10^3	5.536	38	1	0.70
大口黑鲈	57.03×10^3	4.756	12	1	0.22	团头鲂	362.98×10^3	5.560	39	1	0.72
青鱼	57.19×10^3	4.757	13	1	0.24	英勇剑水蚤	371.59×10^3	5.570	40	1	0.74
麦瑞加拉鲮鱼	58.18×10^3	4.765	14	1	0.26	黄鳝	387.48×10^3	5.588	41	1	0.76
普栉鰕虎鱼	61.52×10^3	4.789	15	1	0.28	大刺鳅	395.01×10^3	5.597	42	1	0.78
黄颡鱼	81.42×10^3	4.911	16	1	0.30	罗氏沼虾	411.61×10^3	5.614	43	1	0.80
虹鳟	83.17×10^3	4.920	17	1	0.31	霍甫水丝蚓	603.78×10^3	5.781	44	1	0.81
白斑狗鱼	84.05×10^3	4.925	18	1	0.33	红螯螯虾	679.40×10^3	5.832	45	1	0.83
蓝鳃太阳鱼	84.46×10^3	4.927	19	1	0.35	中国林蛙	691.02×10^3	5.839	46	1	0.85
条纹鲈	90.27×10^3	4.956	20	1	0.37	泥鳅	722.12×10^3	5.859	47	1	0.87
草鱼	98.97×10^3	4.996	21	1	0.39	中华小长臂虾	728.20×10^3	5.862	48	1	0.89
加州鲈	105.03×10^3	5.021	22	1	0.41	中华大蟾蜍	817.03×10^3	5.912	49	1	0.91
斑点叉尾鮰	121.85×10^3	5.086	23	1	0.43	克氏瘤丽星介	1574.54×10^3	6.197	50	1	0.93
夹杂带丝蚓	130.29×10^3	5.115	24	1	0.44	蒙古裸腹溞	1587.81×10^3	6.201	51	1	0.94
细鳞大马哈鱼	135.42×10^3	5.132	25	1	0.46	溪流摇蚊	1959.44×10^3	6.292	52	1	0.96
昆明裂腹鱼	136.26×10^3	5.134	26	1	0.48	中华圆田螺	4701.32×10^3	6.672	53	1	0.98
鲤鱼	140.98×10^3	5.149	27	1	0.50						

表 5-20 10℃、pH 7.2 条件下氨氮 SMAV

物种	SMAV /(μg/L)	lg SMAV /(μg/L)	秩次 R	秩次下物种数	累积频率 P	物种	SMAV /(μg/L)	lg SMAV /(μg/L)	秩次 R	秩次下物种数	累积频率 P
中国鲈	12.78×10³	4.107	1	1	0.02	莫桑比克罗非鱼	144.28×10³	5.159	28	1	0.52
河蚬	20.25×10³	4.306	2	1	0.04	溪红点鲑	144.52×10³	5.160	29	1	0.54
史氏鲟	21.10×10³	4.324	3	1	0.06	棘胸蛙	165.42×10³	5.219	30	1	0.56
翘嘴鳜	23.63×10³	4.373	4	1	0.07	日本沼虾	171.58×10³	5.234	31	1	0.57
鲢鱼	28.64×10³	4.457	5	1	0.09	大型溞	179.88×10³	5.255	32	1	0.59
辽宁棒花鱼	29.67×10³	4.472	6	1	0.11	稀有鮈鲫	180.39×10³	5.256	33	1	0.61
青萍	33.40×10³	4.524	7	1	0.13	欧洲鳗鲡	226.69×10³	5.355	34	1	0.63
中华鲟	36.54×10³	4.563	8	1	0.15	模糊网纹溞	235.18×10³	5.371	35	1	0.65
鳙鱼	39.29×10³	4.594	9	1	0.17	老年低额溞	264.67×10³	5.423	36	1	0.67
麦穗鱼	44.54×10³	4.649	10	1	0.19	中华绒螯蟹	268.59×10³	5.429	37	1	0.69
尼罗罗非鱼	46.11×10³	4.664	11	1	0.20	鲫鱼	280.94×10³	5.449	38	1	0.70
大口黑鲈	46.68×10³	4.669	12	1	0.22	团头鲂	297.07×10³	5.473	39	1	0.72
青鱼	46.81×10³	4.670	13	1	0.24	英勇剑水蚤	304.12×10³	5.483	40	1	0.74
麦瑞加拉鲮鱼	47.62×10³	4.678	14	1	0.26	黄鳝	317.12×10³	5.501	41	1	0.76
普栉鰕虎鱼	50.35×10³	4.702	15	1	0.28	大刺鳅	323.29×10³	5.510	42	1	0.78
黄颡鱼	66.64×10³	4.824	16	1	0.30	罗氏沼虾	336.87×10³	5.527	43	1	0.80
虹鳟	68.07×10³	4.833	17	1	0.31	霍甫水丝蚓	494.15×10³	5.694	44	1	0.81
白斑狗鱼	68.79×10³	4.838	18	1	0.33	红螯螯虾	556.04×10³	5.745	45	1	0.83
蓝鳃太阳鱼	69.13×10³	4.840	19	1	0.35	中国林蛙	565.55×10³	5.752	46	1	0.85
条纹鲈	73.88×10³	4.869	20	1	0.37	泥鳅	591.00×10³	5.772	47	1	0.87
草鱼	81.00×10³	4.908	21	1	0.39	中华小长臂虾	595.97×10³	5.775	48	1	0.89
加州鲈	85.96×10³	4.934	22	1	0.41	中华大蟾蜍	668.67×10³	5.825	49	1	0.91
斑点叉尾鮰	99.73×10³	4.999	23	1	0.43	克氏瘤丽星介	1288.64×10³	6.110	50	1	0.93
夹杂带丝蚓	106.63×10³	5.028	24	1	0.44	蒙古裸腹溞	1299.50×10³	6.114	51	1	0.94
细鳞大马哈鱼	110.83×10³	5.045	25	1	0.46	溪流摇蚊	1603.65×10³	6.205	52	1	0.96
昆明裂腹鱼	111.52×10³	5.047	26	1	0.48	中华圆田螺	3847.66×10³	6.585	53	1	0.98
鲤鱼	115.39×10³	5.062	27	1	0.50						

表 5-21 10℃、pH 7.4 条件下氨氮 SMAV

物种	SMAV /(μg/L)	lg SMAV /(μg/L)	秩次 R	秩次下物种数	累积频率 P	物种	SMAV /(μg/L)	lg SMAV /(μg/L)	秩次 R	秩次下物种数	累积频率 P
中国鲈	9.94×10^3	3.997	1	1	0.02	莫桑比克罗非鱼	112.21×10^3	5.050	28	1	0.52
河蚬	15.75×10^3	4.197	2	1	0.04	溪红点鲑	112.39×10^3	5.051	29	1	0.54
史氏鲟	16.41×10^3	4.215	3	1	0.06	棘胸蛙	128.64×10^3	5.109	30	1	0.56
翘嘴鳜	18.38×10^3	4.264	4	1	0.07	日本沼虾	133.43×10^3	5.125	31	1	0.57
鲢鱼	22.27×10^3	4.348	5	1	0.09	大型溞	139.89×10^3	5.146	32	1	0.59
辽宁棒花鱼	23.07×10^3	4.363	6	1	0.11	稀有鮈鲫	140.28×10^3	5.147	33	1	0.61
中华鲟	28.41×10^3	4.453	7	1	0.13	欧洲鳗鲡	176.29×10^3	5.246	34	1	0.63
鳙鱼	30.55×10^3	4.485	8	1	0.15	模糊网纹溞	182.89×10^3	5.262	35	1	0.65
青萍	33.40×10^3	4.524	9	1	0.17	老年低额溞	205.83×10^3	5.314	36	1	0.67
麦穗鱼	34.64×10^3	4.540	10	1	0.19	中华绒螯蟹	208.87×10^3	5.320	37	1	0.69
尼罗罗非鱼	35.86×10^3	4.555	11	1	0.20	鲫鱼	218.48×10^3	5.339	38	1	0.70
大口黑鲈	36.30×10^3	4.560	12	1	0.22	团头鲂	231.03×10^3	5.364	39	1	0.72
青鱼	36.40×10^3	4.561	13	1	0.24	英勇剑水蚤	236.50×10^3	5.374	40	1	0.74
麦瑞加拉鲮鱼	37.03×10^3	4.569	14	1	0.26	黄鳝	246.62×10^3	5.392	41	1	0.76
普栉鰕虎鱼	39.16×10^3	4.593	15	1	0.28	大刺鳅	251.41×10^3	5.400	42	1	0.78
黄颡鱼	51.82×10^3	4.714	16	1	0.30	罗氏沼虾	261.98×10^3	5.418	43	1	0.80
虹鳟	52.94×10^3	4.724	17	1	0.31	霍甫水丝蚓	384.28×10^3	5.585	44	1	0.81
白斑狗鱼	53.50×10^3	4.728	18	1	0.33	红螯螯虾	432.42×10^3	5.636	45	1	0.83
蓝鳃太阳鱼	53.76×10^3	4.730	19	1	0.35	中国林蛙	439.81×10^3	5.643	46	1	0.85
条纹鲈	57.46×10^3	4.759	20	1	0.37	泥鳅	459.61×10^3	5.662	47	1	0.87
草鱼	62.99×10^3	4.799	21	1	0.39	中华小长臂虾	463.47×10^3	5.666	48	1	0.89
加州鲈	66.85×10^3	4.825	22	1	0.41	中华大蟾蜍	520.01×10^3	5.716	49	1	0.91
斑点叉尾鮰	77.56×10^3	4.890	23	1	0.43	克氏瘤丽星介	1002.14×10^3	6.001	50	1	0.93
夹杂带丝蚓	82.92×10^3	4.919	24	1	0.44	蒙古裸腹溞	1010.58×10^3	6.005	51	1	0.94
细鳞大马哈鱼	86.19×10^3	4.935	25	1	0.46	溪流摇蚊	1247.12×10^3	6.096	52	1	0.96
昆明裂腹鱼	86.73×10^3	4.938	26	1	0.48	中华圆田螺	2992.23×10^3	6.476	53	1	0.98
鲤鱼	89.73×10^3	4.953	27	1	0.50						

表 5-22 10℃、pH 7.6 条件下氨氮 SMAV

物种	SMAV /(μg/L)	lg SMAV /(μg/L)	秩次 R	秩次下物种数	累积频率 P	物种	SMAV /(μg/L)	lg SMAV /(μg/L)	秩次 R	秩次下物种数	累积频率 P
中国鲈	7.37×10^3	3.867	1	1	0.02	莫桑比克罗非鱼	83.20×10^3	4.920	28	1	0.52
河蚬	11.68×10^3	4.067	2	1	0.04	溪红点鲑	83.33×10^3	4.921	29	1	0.54
史氏鲟	12.17×10^3	4.085	3	1	0.06	棘胸蛙	95.38×10^3	4.979	30	1	0.56
翘嘴鳜	13.62×10^3	4.134	4	1	0.07	日本沼虾	98.93×10^3	4.995	31	1	0.57
鲢鱼	16.51×10^3	4.218	5	1	0.09	大型溞	103.72×10^3	5.016	32	1	0.59
辽宁棒花鱼	17.11×10^3	4.233	6	1	0.11	稀有鮈鲫	104.01×10^3	5.017	33	1	0.61
中华鲟	21.07×10^3	4.324	7	1	0.13	欧洲鳗鲡	130.71×10^3	5.116	34	1	0.63
鳙鱼	22.65×10^3	4.355	8	1	0.15	模糊网纹溞	135.60×10^3	5.132	35	1	0.65
麦穗鱼	25.68×10^3	4.410	9	1	0.17	老年低额溞	152.61×10^3	5.184	36	1	0.67
尼罗罗非鱼	26.59×10^3	4.425	10	1	0.19	中华绒螯蟹	154.87×10^3	5.190	37	1	0.69
大口黑鲈	26.91×10^3	4.430	11	1	0.20	鲫鱼	161.99×10^3	5.209	38	1	0.70
青鱼	26.99×10^3	4.431	12	1	0.22	团头鲂	171.29×10^3	5.234	39	1	0.72
麦瑞加拉鲮鱼	27.46×10^3	4.439	13	1	0.24	英勇剑水蚤	175.36×10^3	5.244	40	1	0.74
普栉鰕虎鱼	29.03×10^3	4.463	14	1	0.26	黄鳝	182.86×10^3	5.262	41	1	0.76
青萍	33.40×10^3	4.524	15	1	0.28	大刺鳅	186.41×10^3	5.270	42	1	0.78
黄颡鱼	38.42×10^3	4.585	16	1	0.30	罗氏沼虾	194.24×10^3	5.288	43	1	0.80
虹鳟	39.25×10^3	4.594	17	1	0.31	霍甫水丝蚓	284.93×10^3	5.455	44	1	0.81
白斑狗鱼	39.67×10^3	4.598	18	1	0.33	红螯螯虾	320.62×10^3	5.506	45	1	0.83
蓝鳃太阳鱼	39.86×10^3	4.601	19	1	0.35	中国林蛙	326.10×10^3	5.513	46	1	0.85
条纹鲈	42.60×10^3	4.629	20	1	0.37	泥鳅	340.78×10^3	5.532	47	1	0.87
草鱼	46.71×10^3	4.669	21	1	0.39	中华小长臂虾	343.64×10^3	5.536	48	1	0.89
加州鲈	49.57×10^3	4.695	22	1	0.41	中华大蟾蜍	385.56×10^3	5.586	49	1	0.91
斑点叉尾鮰	57.50×10^3	4.760	23	1	0.43	克氏瘤丽星介	743.04×10^3	5.871	50	1	0.93
夹杂带丝蚓	61.48×10^3	4.789	24	1	0.44	蒙古裸腹溞	749.30×10^3	5.875	51	1	0.94
细鳞大马哈鱼	63.91×10^3	4.806	25	1	0.46	溪流摇蚊	924.68×10^3	5.966	52	1	0.96
昆明裂腹鱼	64.30×10^3	4.808	26	1	0.48	中华圆田螺	2218.59×10^3	6.346	53	1	0.98
鲤鱼	66.53×10^3	4.823	27	1	0.50						

表 5-23 10℃、pH 7.8 条件下氨氮 SMAV

物种	SMAV /(μg/L)	lg SMAV /(μg/L)	秩次 R	秩次下物种数	累积频率 P	物种	SMAV /(μg/L)	lg SMAV /(μg/L)	秩次 R	秩次下物种数	累积频率 P
中国鲈	5.25×10^3	3.720	1	1	0.02	莫桑比克罗非鱼	59.29×10^3	4.773	28	1	0.52
河蚬	8.32×10^3	3.920	2	1	0.04	溪红点鲑	59.39×10^3	4.774	29	1	0.54
史氏鲟	8.67×10^3	3.938	3	1	0.06	棘胸蛙	67.98×10^3	4.832	30	1	0.56
翘嘴鳜	9.71×10^3	3.987	4	1	0.07	日本沼虾	70.51×10^3	4.848	31	1	0.57
鲢鱼	11.77×10^3	4.071	5	1	0.09	大型溞	73.92×10^3	4.869	32	1	0.59
辽宁棒花鱼	12.19×10^3	4.086	6	1	0.11	稀有鮈鲫	74.13×10^3	4.870	33	1	0.61
中华鲟	15.01×10^3	4.176	7	1	0.13	欧洲鳗鲡	93.16×10^3	4.969	34	1	0.63
鳙鱼	16.14×10^3	4.208	8	1	0.15	模糊网纹溞	96.65×10^3	4.985	35	1	0.65
麦穗鱼	18.30×10^3	4.262	9	1	0.17	老年低额溞	108.77×10^3	5.037	36	1	0.67
尼罗罗非鱼	18.95×10^3	4.278	10	1	0.19	中华绒螯蟹	110.38×10^3	5.043	37	1	0.69
大口黑鲈	19.18×10^3	4.283	11	1	0.20	鲫鱼	115.45×10^3	5.062	38	1	0.70
青鱼	19.24×10^3	4.284	12	1	0.22	团头鲂	122.08×10^3	5.087	39	1	0.72
麦瑞加拉鲮鱼	19.57×10^3	4.292	13	1	0.24	英勇剑水蚤	124.98×10^3	5.097	40	1	0.74
普栉鰕虎鱼	20.69×10^3	4.316	14	1	0.26	黄鳝	130.32×10^3	5.115	41	1	0.76
黄颡鱼	27.38×10^3	4.437	15	1	0.28	大刺鳅	132.86×10^3	5.123	42	1	0.78
虹鳟	27.97×10^3	4.447	16	1	0.30	罗氏沼虾	138.44×10^3	5.141	43	1	0.80
白斑狗鱼	28.27×10^3	4.451	17	1	0.31	霍甫水丝蚓	203.07×10^3	5.308	44	1	0.81
蓝鳃太阳鱼	28.41×10^3	4.453	18	1	0.33	红螯螯虾	228.50×10^3	5.359	45	1	0.83
条纹鲈	30.36×10^3	4.482	19	1	0.35	中国林蛙	232.41×10^3	5.366	46	1	0.85
草鱼	33.29×10^3	4.522	20	1	0.37	泥鳅	242.87×10^3	5.385	47	1	0.87
青萍	33.40×10^3	4.524	21	1	0.39	中华小长臂虾	244.92×10^3	5.389	48	1	0.89
加州鲈	35.33×10^3	4.548	22	1	0.41	中华大蟾蜍	274.79×10^3	5.439	49	1	0.91
斑点叉尾鮰	40.98×10^3	4.613	23	1	0.43	克氏瘤丽星介	529.57×10^3	5.724	50	1	0.93
夹杂带丝蚓	43.82×10^3	4.642	24	1	0.44	蒙古裸腹溞	534.03×10^3	5.728	51	1	0.94
细鳞大马哈鱼	45.55×10^3	4.658	25	1	0.46	溪流摇蚊	659.02×10^3	5.819	52	1	0.96
昆明裂腹鱼	45.83×10^3	4.661	26	1	0.48	中华圆田螺	1581.20×10^3	6.199	53	1	0.98
鲤鱼	47.42×10^3	4.676	27	1	0.50						

表 5-24 10℃、pH 8.0 条件下氨氮 SMAV

物种	SMAV /(μg/L)	lg SMAV /(μg/L)	秩次 R	秩次下物种数	累积频率 P	物种	SMAV /(μg/L)	lg SMAV /(μg/L)	秩次 R	秩次下物种数	累积频率 P
中国鲈	3.64×10^3	3.561	1	1	0.02	莫桑比克罗非鱼	41.07×10^3	4.614	28	1	0.52
河蚬	5.76×10^3	3.760	2	1	0.04	溪红点鲑	41.14×10^3	4.614	29	1	0.54
史氏鲟	6.01×10^3	3.779	3	1	0.06	棘胸蛙	47.08×10^3	4.673	30	1	0.56
翘嘴鳜	6.73×10^3	3.828	4	1	0.07	日本沼虾	48.84×10^3	4.689	31	1	0.57
鲢鱼	8.15×10^3	3.911	5	1	0.09	大型溞	51.20×10^3	4.709	32	1	0.59
辽宁棒花鱼	8.44×10^3	3.926	6	1	0.11	稀有鮈鲫	51.34×10^3	4.710	33	1	0.61
中华鲟	10.40×10^3	4.017	7	1	0.13	欧洲鳗鲡	64.52×10^3	4.810	34	1	0.63
鳙鱼	11.18×10^3	4.048	8	1	0.15	模糊网纹溞	66.94×10^3	4.826	35	1	0.65
麦穗鱼	12.68×10^3	4.103	9	1	0.17	老年低额溞	75.33×10^3	4.877	36	1	0.67
尼罗罗非鱼	13.13×10^3	4.118	10	1	0.19	中华绒螯蟹	76.45×10^3	4.883	37	1	0.69
大口黑鲈	13.29×10^3	4.124	11	1	0.20	鲫鱼	79.97×10^3	4.903	38	1	0.70
青鱼	13.32×10^3	4.125	12	1	0.22	团头鲂	84.56×10^3	4.927	39	1	0.72
麦瑞加拉鲮鱼	13.55×10^3	4.132	13	1	0.24	英勇剑水蚤	86.56×10^3	4.937	40	1	0.74
普栉鰕虎鱼	14.33×10^3	4.156	14	1	0.26	黄鳝	90.27×10^3	4.956	41	1	0.76
黄颡鱼	18.97×10^3	4.278	15	1	0.28	大刺鳅	92.02×10^3	4.964	42	1	0.78
虹鳟	19.38×10^3	4.287	16	1	0.30	罗氏沼虾	95.89×10^3	4.982	43	1	0.80
白斑狗鱼	19.58×10^3	4.292	17	1	0.31	霍甫水丝蚓	140.65×10^3	5.148	44	1	0.81
蓝鳃太阳鱼	19.68×10^3	4.294	18	1	0.33	红螯螯虾	158.27×10^3	5.199	45	1	0.83
条纹鲈	21.03×10^3	4.323	19	1	0.35	中国林蛙	160.98×10^3	5.207	46	1	0.85
草鱼	23.06×10^3	4.363	20	1	0.37	泥鳅	168.22×10^3	5.226	47	1	0.87
加州鲈	24.47×10^3	4.389	21	1	0.39	中华小长臂虾	169.64×10^3	5.230	48	1	0.89
斑点叉尾鮰	28.39×10^3	4.453	22	1	0.41	中华大蟾蜍	190.33×10^3	5.280	49	1	0.91
夹杂带丝蚓	30.35×10^3	4.482	23	1	0.43	克氏瘤丽星介	366.79×10^3	5.564	50	1	0.93
细鳞大马哈鱼	31.55×10^3	4.499	24	1	0.44	蒙古裸腹溞	369.88×10^3	5.568	51	1	0.94
昆明裂腹鱼	31.74×10^3	4.502	25	1	0.46	溪流摇蚊	456.46×10^3	5.659	52	1	0.96
鲤鱼	32.84×10^3	4.516	26	1	0.48	中华圆田螺	1095.19×10^3	6.039	53	1	0.98
青萍	33.40×10^3	4.524	27	1	0.50						

表 5-25 10℃、pH 8.2 条件下氨氮 SMAV

物种	SMAV /(μg/L)	lg SMAV /(μg/L)	秩次 R	秩次下物种数	累积频率 P	物种	SMAV /(μg/L)	lg SMAV /(μg/L)	秩次 R	秩次下物种数	累积频率 P
中国鲈	2.48×10^3	3.394	1	1	0.02	溪红点鲑	28.02×10^3	4.447	28	1	0.52
河蚬	3.93×10^3	3.594	2	1	0.04	棘胸蛙	32.07×10^3	4.506	29	1	0.54
史氏鲟	4.09×10^3	3.612	3	1	0.06	日本沼虾	33.27×10^3	4.522	30	1	0.56
翘嘴鳜	4.58×10^3	3.661	4	1	0.07	青萍	33.40×10^3	4.524	31	1	0.57
鲢鱼	5.55×10^3	3.744	5	1	0.09	大型溞	34.88×10^3	4.543	32	1	0.59
辽宁棒花鱼	5.75×10^3	3.760	6	1	0.11	稀有鮈鲫	34.98×10^3	4.544	33	1	0.61
中华鲟	7.08×10^3	3.850	7	1	0.13	欧洲鳗鲡	43.95×10^3	4.643	34	1	0.63
鳙鱼	7.62×10^3	3.882	8	1	0.15	模糊网纹溞	45.60×10^3	4.659	35	1	0.65
麦穗鱼	8.64×10^3	3.937	9	1	0.17	老年低额溞	51.32×10^3	4.710	36	1	0.67
尼罗罗非鱼	8.94×10^3	3.951	10	1	0.19	中华绒螯蟹	52.08×10^3	4.717	37	1	0.69
大口黑鲈	9.05×10^3	3.957	11	1	0.20	鲫鱼	54.47×10^3	4.736	38	1	0.70
青鱼	9.08×10^3	3.958	12	1	0.22	团头鲂	57.60×10^3	4.760	39	1	0.72
麦瑞加拉鲮鱼	9.23×10^3	3.965	13	1	0.24	英勇剑水蚤	58.97×10^3	4.771	40	1	0.74
普栉鰕虎鱼	9.76×10^3	3.989	14	1	0.26	黄鳝	61.49×10^3	4.789	41	1	0.76
黄颡鱼	12.92×10^3	4.111	15	1	0.28	大刺鳅	62.68×10^3	4.797	42	1	0.78
虹鳟	13.20×10^3	4.121	16	1	0.30	罗氏沼虾	65.32×10^3	4.815	43	1	0.80
白斑狗鱼	13.34×10^3	4.125	17	1	0.31	霍甫水丝蚓	95.81×10^3	4.981	44	1	0.81
蓝鳃太阳鱼	13.40×10^3	4.127	18	1	0.33	红螯螯虾	107.81×10^3	5.033	45	1	0.83
条纹鲈	14.33×10^3	4.156	19	1	0.35	中国林蛙	109.66×10^3	5.040	46	1	0.85
草鱼	15.71×10^3	4.196	20	1	0.37	泥鳅	114.59×10^3	5.059	47	1	0.87
加州鲈	16.67×10^3	4.222	21	1	0.39	中华小长臂虾	115.56×10^3	5.063	48	1	0.89
斑点叉尾鮰	19.34×10^3	4.286	22	1	0.41	中华大蟾蜍	129.65×10^3	5.113	49	1	0.91
夹杂带丝蚓	20.67×10^3	4.315	23	1	0.43	克氏瘤丽星介	249.86×10^3	5.398	50	1	0.93
细鳞大马哈鱼	21.49×10^3	4.332	24	1	0.44	蒙古裸腹溞	251.96×10^3	5.401	51	1	0.94
昆明裂腹鱼	21.62×10^3	4.335	25	1	0.46	溪流摇蚊	310.94×10^3	5.493	52	1	0.96
鲤鱼	22.37×10^3	4.350	26	1	0.48	中华圆田螺	746.03×10^3	5.873	53	1	0.98
莫桑比克罗非鱼	27.98×10^3	4.447	27	1	0.50						

表 5-26　10℃、pH 8.4 条件下氨氮 SMAV

物种	SMAV /(μg/L)	lg SMAV /(μg/L)	秩次 R	秩次下物种数	累积频率 P	物种	SMAV /(μg/L)	lg SMAV /(μg/L)	秩次 R	秩次下物种数	累积频率 P
中国鲈	1.68×10^3	3.225	1	1	0.02	溪红点鲑	19.00×10^3	4.279	28	1	0.52
河蚬	2.66×10^3	3.425	2	1	0.04	棘胸蛙	21.74×10^3	4.337	29	1	0.54
史氏鲟	2.77×10^3	3.442	3	1	0.06	日本沼虾	22.55×10^3	4.353	30	1	0.56
翘嘴鳜	3.11×10^3	3.493	4	1	0.07	大型溞	23.65×10^3	4.374	31	1	0.57
鲢鱼	3.76×10^3	3.575	5	1	0.09	稀有鮈鲫	23.71×10^3	4.375	32	1	0.59
辽宁棒花鱼	3.90×10^3	3.591	6	1	0.11	欧洲鳗鲡	29.80×10^3	4.474	33	1	0.61
中华鲟	4.80×10^3	3.681	7	1	0.13	模糊网纹溞	30.91×10^3	4.490	34	1	0.63
鳙鱼	5.16×10^3	3.713	8	1	0.15	青萍	33.40×10^3	4.524	35	1	0.65
麦穗鱼	5.85×10^3	3.767	9	1	0.17	老年低额溞	34.79×10^3	4.541	36	1	0.67
尼罗罗非鱼	6.06×10^3	3.782	10	1	0.19	中华绒螯蟹	35.31×10^3	4.548	37	1	0.69
大口黑鲈	6.14×10^3	3.788	11	1	0.20	鲫鱼	36.93×10^3	4.567	38	1	0.70
青鱼	6.15×10^3	3.789	12	1	0.22	团头鲂	39.05×10^3	4.592	39	1	0.72
麦瑞加拉鲮鱼	6.26×10^3	3.797	13	1	0.24	英勇剑水蚤	39.98×10^3	4.602	40	1	0.74
普栉鰕虎鱼	6.62×10^3	3.821	14	1	0.26	黄鳝	41.69×10^3	4.620	41	1	0.76
黄颡鱼	8.76×10^3	3.943	15	1	0.28	大刺鳅	42.50×10^3	4.628	42	1	0.78
虹鳟	8.95×10^3	3.952	16	1	0.30	罗氏沼虾	44.28×10^3	4.646	43	1	0.80
白斑狗鱼	9.04×10^3	3.956	17	1	0.31	霍甫水丝蚓	64.96×10^3	4.813	44	1	0.81
蓝鳃太阳鱼	9.09×10^3	3.959	18	1	0.33	红螯螯虾	73.09×10^3	4.864	45	1	0.83
条纹鲈	9.71×10^3	3.987	19	1	0.35	中国林蛙	74.34×10^3	4.871	46	1	0.85
草鱼	10.65×10^3	4.027	20	1	0.37	泥鳅	77.69×10^3	4.890	47	1	0.87
加州鲈	11.30×10^3	4.053	21	1	0.39	中华小长臂虾	78.34×10^3	4.894	48	1	0.89
斑点叉尾鮰	13.11×10^3	4.118	22	1	0.41	中华大蟾蜍	87.90×10^3	4.944	49	1	0.91
夹杂带丝蚓	14.02×10^3	4.147	23	1	0.43	克氏瘤丽星介	169.40×10^3	5.229	50	1	0.93
细鳞大马哈鱼	14.57×10^3	4.163	24	1	0.44	蒙古裸腹溞	170.82×10^3	5.233	51	1	0.94
昆明裂腹鱼	14.66×10^3	4.166	25	1	0.46	溪流摇蚊	210.81×10^3	5.324	52	1	0.96
鲤鱼	15.17×10^3	4.181	26	1	0.48	中华圆田螺	505.79×10^3	5.704	53	1	0.98
莫桑比克罗非鱼	18.97×10^3	4.278	27	1	0.50						

表 5-27 10℃、pH 8.6 条件下氨氮 SMAV

物种	SMAV /(μg/L)	lg SMAV /(μg/L)	秩次 R	秩次下物种数	累积频率 P	物种	SMAV /(μg/L)	lg SMAV /(μg/L)	秩次 R	秩次下物种数	累积频率 P
中国鲈	1.15×10^3	3.061	1	1	0.02	溪红点鲑	12.97×10^3	4.113	28	1	0.52
河蚬	1.82×10^3	3.260	2	1	0.04	棘胸蛙	14.85×10^3	4.172	29	1	0.54
史氏鲟	1.89×10^3	3.276	3	1	0.06	日本沼虾	15.40×10^3	4.188	30	1	0.56
翘嘴鳜	2.12×10^3	3.326	4	1	0.07	大型溞	16.15×10^3	4.208	31	1	0.57
鲢鱼	2.57×10^3	3.410	5	1	0.09	稀有鮈鲫	16.19×10^3	4.209	32	1	0.59
辽宁棒花鱼	2.66×10^3	3.425	6	1	0.11	欧洲鳗鲡	20.35×10^3	4.309	33	1	0.61
中华鲟	3.28×10^3	3.516	7	1	0.13	模糊网纹溞	21.11×10^3	4.324	34	1	0.63
鳙鱼	3.53×10^3	3.548	8	1	0.15	老年低额溞	23.76×10^3	4.376	35	1	0.65
麦穗鱼	4.00×10^3	3.602	9	1	0.17	中华绒螯蟹	24.11×10^3	4.382	36	1	0.67
尼罗罗非鱼	4.14×10^3	3.617	10	1	0.19	鲫鱼	25.22×10^3	4.402	37	1	0.69
大口黑鲈	4.19×10^3	3.622	11	1	0.20	团头鲂	26.66×10^3	4.426	38	1	0.70
青鱼	4.20×10^3	3.623	12	1	0.22	英勇剑水蚤	27.30×10^3	4.436	39	1	0.72
麦瑞加拉鲮鱼	4.27×10^3	3.630	13	1	0.24	黄鳝	28.46×10^3	4.454	40	1	0.74
普栉鰕虎鱼	4.52×10^3	3.655	14	1	0.26	大刺鳅	29.02×10^3	4.463	41	1	0.76
黄颡鱼	5.98×10^3	3.777	15	1	0.28	罗氏沼虾	30.24×10^3	4.481	42	1	0.78
虹鳟	6.11×10^3	3.786	16	1	0.30	青萍	33.40×10^3	4.524	43	1	0.80
白斑狗鱼	6.17×10^3	3.790	17	1	0.31	霍甫水丝蚓	44.35×10^3	4.647	44	1	0.81
蓝鳃太阳鱼	6.20×10^3	3.792	18	1	0.33	红螯螯虾	49.91×10^3	4.698	45	1	0.83
条纹鲈	6.63×10^3	3.822	19	1	0.35	中国林蛙	50.76×10^3	4.706	46	1	0.85
草鱼	7.27×10^3	3.862	20	1	0.37	泥鳅	53.05×10^3	4.725	47	1	0.87
加州鲈	7.72×10^3	3.888	21	1	0.39	中华小长臂虾	53.49×10^3	4.728	48	1	0.89
斑点叉尾鮰	8.95×10^3	3.952	22	1	0.41	中华大蟾蜍	60.02×10^3	4.778	49	1	0.91
夹杂带丝蚓	9.57×10^3	3.981	23	1	0.43	克氏瘤丽星介	115.67×10^3	5.063	50	1	0.93
细鳞大马哈鱼	9.95×10^3	3.998	24	1	0.44	蒙古裸腹溞	116.64×10^3	5.067	51	1	0.94
昆明裂腹鱼	10.01×10^3	4.000	25	1	0.46	溪流摇蚊	143.94×10^3	5.158	52	1	0.96
鲤鱼	10.36×10^3	4.015	26	1	0.48	中华圆田螺	345.36×10^3	5.538	53	1	0.98
莫桑比克罗非鱼	12.95×10^3	4.112	27	1	0.50						

表 5-28 10℃、pH 9.0 条件下氨氮 SMAV

物种	SMAV /(μg/L)	lg SMAV /(μg/L)	秩次 R	秩次下物种数	累积频率 P	物种	SMAV /(μg/L)	lg SMAV /(μg/L)	秩次 R	秩次下物种数	累积频率 P
中国鲈	0.57×10^3	2.756	1	1	0.02	溪红点鲑	6.48×10^3	3.812	28	1	0.52
河蚬	0.91×10^3	2.959	2	1	0.04	棘胸蛙	7.42×10^3	3.870	29	1	0.54
史氏鲟	0.95×10^3	2.978	3	1	0.06	日本沼虾	7.69×10^3	3.886	30	1	0.56
翘嘴鳜	1.06×10^3	3.025	4	1	0.07	大型溞	8.07×10^3	3.907	31	1	0.57
鲢鱼	1.28×10^3	3.107	5	1	0.09	稀有鮈鲫	8.09×10^3	3.908	32	1	0.59
辽宁棒花鱼	1.33×10^3	3.124	6	1	0.11	欧洲鳗鲡	10.16×10^3	4.007	33	1	0.61
中华鲟	1.64×10^3	3.215	7	1	0.13	模糊网纹溞	10.54×10^3	4.023	34	1	0.63
鳙鱼	1.76×10^3	3.246	8	1	0.15	老年低额溞	11.87×10^3	4.074	35	1	0.65
麦穗鱼	2.00×10^3	3.301	9	1	0.17	中华绒螯蟹	12.04×10^3	4.081	36	1	0.67
尼罗罗非鱼	2.07×10^3	3.316	10	1	0.19	鲫鱼	12.60×10^3	4.100	37	1	0.69
大口黑鲈	2.09×10^3	3.320	11	1	0.20	团头鲂	13.32×10^3	4.125	38	1	0.70
青鱼	2.10×10^3	3.322	12	1	0.22	英勇剑水蚤	13.64×10^3	4.135	39	1	0.72
麦瑞加拉鲮鱼	2.13×10^3	3.328	13	1	0.24	黄鳝	14.22×10^3	4.153	40	1	0.74
普栉鰕虎鱼	2.26×10^3	3.354	14	1	0.26	大刺鳅	14.49×10^3	4.161	41	1	0.76
黄颡鱼	2.99×10^3	3.476	15	1	0.28	罗氏沼虾	15.10×10^3	4.179	42	1	0.78
虹鳟	3.05×10^3	3.484	16	1	0.30	霍甫水丝蚓	22.16×10^3	4.346	43	1	0.80
白斑狗鱼	3.08×10^3	3.489	17	1	0.31	红螯螯虾	24.93×10^3	4.397	44	1	0.81
蓝鳃太阳鱼	3.10×10^3	3.491	18	1	0.33	中国林蛙	25.36×10^3	4.404	45	1	0.83
条纹鲈	3.31×10^3	3.520	19	1	0.35	泥鳅	26.50×10^3	4.423	46	1	0.85
草鱼	3.63×10^3	3.560	20	1	0.37	中华小长臂虾	26.72×10^3	4.427	47	1	0.87
加州鲈	3.85×10^3	3.585	21	1	0.39	中华大蟾蜍	29.98×10^3	4.477	48	1	0.89
斑点叉尾鮰	4.47×10^3	3.650	22	1	0.41	青萍	33.40×10^3	4.524	49	1	0.91
夹杂带丝蚓	4.78×10^3	3.679	23	1	0.43	克氏瘤丽星介	57.78×10^3	4.762	50	1	0.93
细鳞大马哈鱼	4.97×10^3	3.696	24	1	0.44	蒙古裸腹溞	58.26×10^3	4.765	51	1	0.94
昆明裂腹鱼	5.00×10^3	3.699	25	1	0.46	溪流摇蚊	71.90×10^3	4.857	52	1	0.96
鲤鱼	5.17×10^3	3.713	26	1	0.48	中华圆田螺	172.51×10^3	5.237	53	1	0.98
莫桑比克罗非鱼	6.47×10^3	3.811	27	1	0.50						

表 5-29 15℃、pH 6.0 条件下氨氮 SMAV

物种	SMAV /(μg/L)	lg SMAV /(μg/L)	秩次 R	秩次下物种数	累积频率 P	物种	SMAV /(μg/L)	lg SMAV /(μg/L)	秩次 R	秩次下物种数	累积频率 P
中国鲈	23.80×10^3	4.377	1	1	0.02	鲤鱼	214.79×10^3	5.332	28	1	0.52
河蚬	24.90×10^3	4.396	2	1	0.04	大型溞	221.24×10^3	5.345	29	1	0.54
青萍	33.40×10^3	4.524	3	1	0.06	莫桑比克罗非鱼	268.59×10^3	5.429	30	1	0.56
史氏鲟	39.28×10^3	4.594	4	1	0.07	溪红点鲑	269.03×10^3	5.430	31	1	0.57
翘嘴鳜	43.99×10^3	4.643	5	1	0.09	模糊网纹溞	289.24×10^3	5.461	32	1	0.59
鲢鱼	53.31×10^3	4.727	6	1	0.11	棘胸蛙	307.93×10^3	5.488	33	1	0.61
辽宁棒花鱼	55.23×10^3	4.742	7	1	0.13	老年低额溞	325.52×10^3	5.513	34	1	0.63
中华鲟	68.01×10^3	4.833	8	1	0.15	中华绒螯蟹	330.34×10^3	5.519	35	1	0.65
鳙鱼	73.13×10^3	4.864	9	1	0.17	稀有鮈鲫	335.79×10^3	5.526	36	1	0.67
麦穗鱼	82.91×10^3	4.919	10	1	0.19	英勇剑水蚤	374.03×10^3	5.573	37	1	0.69
尼罗罗非鱼	85.84×10^3	4.934	11	1	0.20	罗氏沼虾	414.32×10^3	5.617	38	1	0.70
大口黑鲈	86.89×10^3	4.939	12	1	0.22	欧洲鳗鲡	421.98×10^3	5.625	39	1	0.72
青鱼	87.13×10^3	4.940	13	1	0.24	鲫鱼	522.98×10^3	5.718	40	1	0.74
麦瑞加拉鲮鱼	88.64×10^3	4.948	14	1	0.26	团头鲂	553.01×10^3	5.743	41	1	0.76
普栉鰕虎鱼	93.73×10^3	4.972	15	1	0.28	黄鳝	590.34×10^3	5.771	42	1	0.78
黄颡鱼	124.05×10^3	5.094	16	1	0.30	大刺鳅	601.81×10^3	5.779	43	1	0.80
虹鳟	126.71×10^3	5.103	17	1	0.31	霍甫水丝蚓	607.75×10^3	5.784	44	1	0.81
白斑狗鱼	128.06×10^3	5.107	18	1	0.33	红螯螯虾	683.87×10^3	5.835	45	1	0.83
蓝鳃太阳鱼	128.68×10^3	5.110	19	1	0.35	中华小长臂虾	732.99×10^3	5.865	46	1	0.85
夹杂带丝蚓	131.14×10^3	5.118	20	1	0.37	中国林蛙	1052.78×10^3	6.022	47	1	0.87
条纹鲈	137.53×10^3	5.138	21	1	0.39	泥鳅	1100.17×10^3	6.041	48	1	0.89
草鱼	150.79×10^3	5.178	22	1	0.41	中华大蟾蜍	1244.75×10^3	6.095	49	1	0.91
加州鲈	160.02×10^3	5.204	23	1	0.43	克氏瘤丽星介	1584.90×10^3	6.200	50	1	0.93
斑点叉尾鮰	185.65×10^3	5.269	24	1	0.44	蒙古裸腹溞	1598.25×10^3	6.204	51	1	0.94
细鳞大马哈鱼	206.32×10^3	5.315	25	1	0.46	溪流摇蚊	1972.33×10^3	6.295	52	1	0.96
昆明裂腹鱼	207.60×10^3	5.317	26	1	0.48	中华圆田螺	4732.23×10^3	6.675	53	1	0.98
日本沼虾	211.02×10^3	5.324	27	1	0.50						

表 5-30 15℃、pH 6.5 条件下氨氮 SMAV

物种	SMAV /(μg/L)	lg SMAV /(μg/L)	秩次 R	秩次下物种数	累积频率 P	物种	SMAV /(μg/L)	lg SMAV /(μg/L)	秩次 R	秩次下物种数	累积频率 P
中国鲈	21.13×10^3	4.325	1	1	0.02	鲤鱼	190.73×10^3	5.280	28	1	0.52
河蚬	22.11×10^3	4.345	2	1	0.04	大型溞	196.45×10^3	5.293	29	1	0.54
青萍	33.40×10^3	4.524	3	1	0.06	莫桑比克罗非鱼	238.50×10^3	5.377	30	1	0.56
史氏鲟	34.88×10^3	4.543	4	1	0.07	溪红点鲑	238.89×10^3	5.378	31	1	0.57
翘嘴鳜	39.06×10^3	4.592	5	1	0.09	模糊网纹溞	256.84×10^3	5.410	32	1	0.59
鲢鱼	47.34×10^3	4.675	6	1	0.11	棘胸蛙	273.43×10^3	5.437	33	1	0.61
辽宁棒花鱼	49.04×10^3	4.691	7	1	0.13	老年低额溞	289.05×10^3	5.461	34	1	0.63
中华鲟	60.39×10^3	4.781	8	1	0.15	中华绒螯蟹	293.33×10^3	5.467	35	1	0.65
鳙鱼	64.94×10^3	4.813	9	1	0.17	稀有鮈鲫	298.18×10^3	5.474	36	1	0.67
麦穗鱼	73.62×10^3	4.867	10	1	0.19	英勇剑水蚤	332.13×10^3	5.521	37	1	0.69
尼罗罗非鱼	76.22×10^3	4.882	11	1	0.20	罗氏沼虾	367.91×10^3	5.566	38	1	0.70
大口黑鲈	77.16×10^3	4.887	12	1	0.22	欧洲鳗鲡	374.71×10^3	5.574	39	1	0.72
青鱼	77.37×10^3	4.889	13	1	0.24	鲫鱼	464.39×10^3	5.667	40	1	0.74
麦瑞加拉鲮鱼	78.71×10^3	4.896	14	1	0.26	团头鲂	491.06×10^3	5.691	41	1	0.76
普栉鰕虎鱼	83.23×10^3	4.920	15	1	0.28	黄鳝	524.20×10^3	5.719	42	1	0.78
黄颡鱼	110.15×10^3	5.042	16	1	0.30	大刺鳅	534.39×10^3	5.728	43	1	0.80
虹鳟	112.52×10^3	5.051	17	1	0.31	霍甫水丝蚓	539.67×10^3	5.732	44	1	0.81
白斑狗鱼	113.71×10^3	5.056	18	1	0.33	红螯螯虾	607.26×10^3	5.783	45	1	0.83
蓝鳃太阳鱼	114.27×10^3	5.058	19	1	0.35	中华小长臂虾	650.88×10^3	5.814	46	1	0.85
夹杂带丝蚓	116.45×10^3	5.066	20	1	0.37	中国林蛙	934.85×10^3	5.971	47	1	0.87
条纹鲈	122.13×10^3	5.087	21	1	0.39	泥鳅	976.92×10^3	5.990	48	1	0.89
草鱼	133.90×10^3	5.127	22	1	0.41	中华大蟾蜍	1105.31×10^3	6.043	49	1	0.91
加州鲈	142.09×10^3	5.153	23	1	0.43	克氏瘤丽星介	1407.35×10^3	6.148	50	1	0.93
斑点叉尾鮰	164.85×10^3	5.217	24	1	0.44	蒙古裸腹溞	1419.21×10^3	6.152	51	1	0.94
细鳞大马哈鱼	183.21×10^3	5.263	25	1	0.46	溪流摇蚊	1751.38×10^3	6.243	52	1	0.96
昆明裂腹鱼	184.34×10^3	5.266	26	1	0.48	中华圆田螺	4202.11×10^3	6.623	53	1	0.98
日本沼虾	187.38×10^3	5.273	27	1	0.50						

表 5-31 15℃、pH 7.0 条件下氨氮 SMAV

物种	SMAV /(μg/L)	lg SMAV /(μg/L)	秩次 R	秩次下物种数	累积频率 P	物种	SMAV /(μg/L)	lg SMAV /(μg/L)	秩次 R	秩次下物种数	累积频率 P
中国鲈	15.62×10^3	4.194	1	1	0.02	鲤鱼	140.98×10^3	5.149	28	1	0.52
河蚬	16.35×10^3	4.214	2	1	0.04	大型溞	145.22×10^3	5.162	29	1	0.54
史氏鲟	25.78×10^3	4.411	3	1	0.06	莫桑比克罗非鱼	176.30×10^3	5.246	30	1	0.56
翘嘴鳜	28.87×10^3	4.460	4	1	0.07	溪红点鲑	176.59×10^3	5.247	31	1	0.57
青萍	33.40×10^3	4.524	5	1	0.09	模糊网纹溞	189.85×10^3	5.278	32	1	0.59
鲢鱼	34.99×10^3	4.544	6	1	0.11	棘胸蛙	202.12×10^3	5.306	33	1	0.61
辽宁棒花鱼	36.25×10^3	4.559	7	1	0.13	老年低额溞	213.66×10^3	5.330	34	1	0.63
中华鲟	44.64×10^3	4.650	8	1	0.15	中华绒螯蟹	216.82×10^3	5.336	35	1	0.65
鳙鱼	48.00×10^3	4.681	9	1	0.17	稀有鮈鲫	220.41×10^3	5.343	36	1	0.67
麦穗鱼	54.42×10^3	4.736	10	1	0.19	英勇剑水蚤	245.51×10^3	5.390	37	1	0.69
尼罗罗非鱼	56.34×10^3	4.751	11	1	0.20	罗氏沼虾	271.95×10^3	5.434	38	1	0.70
大口黑鲈	57.03×10^3	4.756	12	1	0.22	欧洲鳗鲡	276.98×10^3	5.442	39	1	0.72
青鱼	57.19×10^3	4.757	13	1	0.24	鲫鱼	343.27×10^3	5.536	40	1	0.74
麦瑞加拉鲮鱼	58.18×10^3	4.765	14	1	0.26	团头鲂	362.98×10^3	5.560	41	1	0.76
普栉鰕虎鱼	61.52×10^3	4.789	15	1	0.28	黄鳝	387.48×10^3	5.588	42	1	0.78
黄颡鱼	81.42×10^3	4.911	16	1	0.30	大刺鳅	395.01×10^3	5.597	43	1	0.80
虹鳟	83.17×10^3	4.920	17	1	0.31	霍甫水丝蚓	398.91×10^3	5.601	44	1	0.81
白斑狗鱼	84.05×10^3	4.925	18	1	0.33	红螯螯虾	448.88×10^3	5.652	45	1	0.83
蓝鳃太阳鱼	84.46×10^3	4.927	19	1	0.35	中华小长臂虾	481.12×10^3	5.682	46	1	0.85
夹杂带丝蚓	86.08×10^3	4.935	20	1	0.37	中国林蛙	691.02×10^3	5.839	47	1	0.87
条纹鲈	90.27×10^3	4.956	21	1	0.39	泥鳅	722.12×10^3	5.859	48	1	0.89
草鱼	98.97×10^3	4.996	22	1	0.41	中华大蟾蜍	817.03×10^3	5.912	49	1	0.91
加州鲈	105.03×10^3	5.021	23	1	0.43	克氏瘤丽星介	1040.29×10^3	6.017	50	1	0.93
斑点叉尾鮰	121.85×10^3	5.086	24	1	0.44	蒙古裸腹溞	1049.05×10^3	6.021	51	1	0.94
细鳞大马哈鱼	135.42×10^3	5.132	25	1	0.46	溪流摇蚊	1294.59×10^3	6.112	52	1	0.96
昆明裂腹鱼	136.26×10^3	5.134	26	1	0.48	中华圆田螺	3106.13×10^3	6.492	53	1	0.98
日本沼虾	138.51×10^3	5.141	27	1	0.50						

表 5-32 15℃、pH 7.2 条件下氨氮 SMAV

物种	SMAV /(μg/L)	lg SMAV /(μg/L)	秩次 R	秩次下物种数	累积频率 P	物种	SMAV /(μg/L)	lg SMAV /(μg/L)	秩次 R	秩次下物种数	累积频率 P
中国鲈	12.78×10^3	4.107	1	1	0.02	鲤鱼	115.39×10^3	5.062	28	1	0.52
河蚬	13.38×10^3	4.126	2	1	0.04	大型溞	118.85×10^3	5.075	29	1	0.54
史氏鲟	21.10×10^3	4.324	3	1	0.06	莫桑比克罗非鱼	144.28×10^3	5.159	30	1	0.56
翘嘴鳜	23.63×10^3	4.373	4	1	0.07	溪红点鲑	144.52×10^3	5.160	31	1	0.57
鲢鱼	28.64×10^3	4.457	5	1	0.09	模糊网纹溞	155.38×10^3	5.191	32	1	0.59
辽宁棒花鱼	29.67×10^3	4.472	6	1	0.11	棘胸蛙	165.42×10^3	5.219	33	1	0.61
青萍	33.40×10^3	4.524	7	1	0.13	老年低额溞	174.87×10^3	5.243	34	1	0.63
中华鲟	36.54×10^3	4.563	8	1	0.15	中华绒螯蟹	177.45×10^3	5.249	35	1	0.65
鳙鱼	39.29×10^3	4.594	9	1	0.17	稀有鮈鲫	180.39×10^3	5.256	36	1	0.67
麦穗鱼	44.54×10^3	4.649	10	1	0.19	英勇剑水蚤	200.93×10^3	5.303	37	1	0.69
尼罗罗非鱼	46.11×10^3	4.664	11	1	0.20	罗氏沼虾	222.57×10^3	5.347	38	1	0.70
大口黑鲈	46.68×10^3	4.669	12	1	0.22	欧洲鳗鲡	226.69×10^3	5.355	39	1	0.72
青鱼	46.81×10^3	4.670	13	1	0.24	鲫鱼	280.94×10^3	5.449	40	1	0.74
麦瑞加拉鲮鱼	47.62×10^3	4.678	14	1	0.26	团头鲂	297.07×10^3	5.473	41	1	0.76
普栉鰕虎鱼	50.35×10^3	4.702	15	1	0.28	黄鳝	317.12×10^3	5.501	42	1	0.78
黄颡鱼	66.64×10^3	4.824	16	1	0.30	大刺鳅	323.29×10^3	5.510	43	1	0.80
虹鳟	68.07×10^3	4.833	17	1	0.31	霍甫水丝蚓	326.48×10^3	5.514	44	1	0.81
白斑狗鱼	68.79×10^3	4.838	18	1	0.33	红螯螯虾	367.37×10^3	5.565	45	1	0.83
蓝鳃太阳鱼	69.13×10^3	4.840	19	1	0.35	中华小长臂虾	393.76×10^3	5.595	46	1	0.85
夹杂带丝蚓	70.45×10^3	4.848	20	1	0.37	中国林蛙	565.55×10^3	5.752	47	1	0.87
条纹鲈	73.88×10^3	4.869	21	1	0.39	泥鳅	591.00×10^3	5.772	48	1	0.89
草鱼	81.00×10^3	4.908	22	1	0.41	中华大蟾蜍	668.67×10^3	5.825	49	1	0.91
加州鲈	85.96×10^3	4.934	23	1	0.43	克氏瘤丽星介	851.40×10^3	5.930	50	1	0.93
斑点叉尾鮰	99.73×10^3	4.999	24	1	0.44	蒙古裸腹溞	858.57×10^3	5.934	51	1	0.94
细鳞大马哈鱼	110.83×10^3	5.045	25	1	0.46	溪流摇蚊	1059.52×10^3	6.025	52	1	0.96
昆明裂腹鱼	111.52×10^3	5.047	26	1	0.48	中华圆田螺	2542.12×10^3	6.405	53	1	0.98
日本沼虾	113.36×10^3	5.054	27	1	0.50						

表 5-33　15℃、pH 7.4 条件下氨氮 SMAV

物种	SMAV /(μg/L)	lg SMAV /(μg/L)	秩次 R	秩次下物种数	累积频率 P	物种	SMAV /(μg/L)	lg SMAV /(μg/L)	秩次 R	秩次下物种数	累积频率 P
中国鲈	9.94×10^3	3.997	1	1	0.02	鲤鱼	89.73×10^3	4.953	28	1	0.52
河蚬	10.40×10^3	4.017	2	1	0.04	大型溞	92.42×10^3	4.966	29	1	0.54
史氏鲟	16.41×10^3	4.215	3	1	0.06	莫桑比克罗非鱼	112.21×10^3	5.050	30	1	0.56
翘嘴鳜	18.38×10^3	4.264	4	1	0.07	溪红点鲑	112.39×10^3	5.051	31	1	0.57
鲢鱼	22.27×10^3	4.348	5	1	0.09	模糊网纹溞	120.83×10^3	5.082	32	1	0.59
辽宁棒花鱼	23.07×10^3	4.363	6	1	0.11	棘胸蛙	128.64×10^3	5.109	33	1	0.61
中华鲟	28.41×10^3	4.453	7	1	0.13	老年低额溞	135.99×10^3	5.134	34	1	0.63
鳙鱼	30.55×10^3	4.485	8	1	0.15	中华绒螯蟹	138.00×10^3	5.140	35	1	0.65
青萍	33.40×10^3	4.524	9	1	0.17	稀有鮈鲫	140.28×10^3	5.147	36	1	0.67
麦穗鱼	34.64×10^3	4.540	10	1	0.19	英勇剑水蚤	156.26×10^3	5.194	37	1	0.69
尼罗罗非鱼	35.86×10^3	4.555	11	1	0.20	罗氏沼虾	173.09×10^3	5.238	38	1	0.70
大口黑鲈	36.30×10^3	4.560	12	1	0.22	欧洲鳗鲡	176.29×10^3	5.246	39	1	0.72
青鱼	36.40×10^3	4.561	13	1	0.24	鲫鱼	218.48×10^3	5.339	40	1	0.74
麦瑞加拉鲮鱼	37.03×10^3	4.569	14	1	0.26	团头鲂	231.03×10^3	5.364	41	1	0.76
普栉鰕虎鱼	39.16×10^3	4.593	15	1	0.28	黄鳝	246.62×10^3	5.392	42	1	0.78
黄颡鱼	51.82×10^3	4.714	16	1	0.30	大刺鳅	251.41×10^3	5.400	43	1	0.80
虹鳟	52.94×10^3	4.724	17	1	0.31	霍甫水丝蚓	253.89×10^3	5.405	44	1	0.81
白斑狗鱼	53.50×10^3	4.728	18	1	0.33	红螯螯虾	285.69×10^3	5.456	45	1	0.83
蓝鳃太阳鱼	53.76×10^3	4.730	19	1	0.35	中华小长臂虾	306.21×10^3	5.486	46	1	0.85
夹杂带丝蚓	54.79×10^3	4.739	20	1	0.37	中国林蛙	439.81×10^3	5.643	47	1	0.87
条纹鲈	57.46×10^3	4.759	21	1	0.39	泥鳅	459.61×10^3	5.662	48	1	0.89
草鱼	62.99×10^3	4.799	22	1	0.41	中华大蟾蜍	520.01×10^3	5.716	49	1	0.91
加州鲈	66.85×10^3	4.825	23	1	0.43	克氏瘤丽星介	662.11×10^3	5.821	50	1	0.93
斑点叉尾鮰	77.56×10^3	4.890	24	1	0.44	蒙古裸腹溞	667.69×10^3	5.825	51	1	0.94
细鳞大马哈鱼	86.19×10^3	4.935	25	1	0.46	溪流摇蚊	823.96×10^3	5.916	52	1	0.96
昆明裂腹鱼	86.73×10^3	4.938	26	1	0.48	中华圆田螺	1976.94×10^3	6.296	53	1	0.98
日本沼虾	88.16×10^3	4.945	27	1	0.50						

表 5-34 15℃、pH 7.6 条件下氨氮 SMAV

物种	SMAV /(μg/L)	lg SMAV /(μg/L)	秩次 R	秩次下物种数	累积频率 P	物种	SMAV /(μg/L)	lg SMAV /(μg/L)	秩次 R	秩次下物种数	累积频率 P
中国鲈	7.37×10^3	3.867	1	1	0.02	鲤鱼	66.53×10^3	4.823	28	1	0.52
河蚬	7.71×10^3	3.887	2	1	0.04	大型溞	68.53×10^3	4.836	29	1	0.54
史氏鲟	12.17×10^3	4.085	3	1	0.06	莫桑比克罗非鱼	83.20×10^3	4.920	30	1	0.56
翘嘴鳜	13.62×10^3	4.134	4	1	0.07	溪红点鲑	83.33×10^3	4.921	31	1	0.57
鲢鱼	16.51×10^3	4.218	5	1	0.09	模糊网纹溞	89.59×10^3	4.952	32	1	0.59
辽宁棒花鱼	17.11×10^3	4.233	6	1	0.11	棘胸蛙	95.38×10^3	4.979	33	1	0.61
中华鲟	21.07×10^3	4.324	7	1	0.13	老年低额溞	100.83×10^3	5.004	34	1	0.63
鳙鱼	22.65×10^3	4.355	8	1	0.15	中华绒螯蟹	102.32×10^3	5.010	35	1	0.65
麦穗鱼	25.68×10^3	4.410	9	1	0.17	稀有鮈鲫	104.01×10^3	5.017	36	1	0.67
尼罗罗非鱼	26.59×10^3	4.425	10	1	0.19	英勇剑水蚤	115.86×10^3	5.064	37	1	0.69
大口黑鲈	26.91×10^3	4.430	11	1	0.20	罗氏沼虾	128.34×10^3	5.108	38	1	0.70
青鱼	26.99×10^3	4.431	12	1	0.22	欧洲鳗鲡	130.71×10^3	5.116	39	1	0.72
麦瑞加拉鲮鱼	27.46×10^3	4.439	13	1	0.24	鲫鱼	161.99×10^3	5.209	40	1	0.74
普栉鰕虎鱼	29.03×10^3	4.463	14	1	0.26	团头鲂	171.29×10^3	5.234	41	1	0.76
青萍	33.40×10^3	4.524	15	1	0.28	黄鳝	182.86×10^3	5.262	42	1	0.78
黄颡鱼	38.42×10^3	4.585	16	1	0.30	大刺鳅	186.41×10^3	5.270	43	1	0.80
虹鳟	39.25×10^3	4.594	17	1	0.31	霍甫水丝蚓	188.25×10^3	5.275	44	1	0.81
白斑狗鱼	39.67×10^3	4.598	18	1	0.33	红螯螯虾	211.83×10^3	5.326	45	1	0.83
蓝鳃太阳鱼	39.86×10^3	4.601	19	1	0.35	中华小长臂虾	227.04×10^3	5.356	46	1	0.85
夹杂带丝蚓	40.62×10^3	4.609	20	1	0.37	中国林蛙	326.10×10^3	5.513	47	1	0.87
条纹鲈	42.60×10^3	4.629	21	1	0.39	泥鳅	340.78×10^3	5.532	48	1	0.89
草鱼	46.71×10^3	4.669	22	1	0.41	中华大蟾蜍	385.56×10^3	5.586	49	1	0.91
加州鲈	49.57×10^3	4.695	23	1	0.43	克氏瘤丽星介	490.92×10^3	5.691	50	1	0.93
斑点叉尾鮰	57.50×10^3	4.760	24	1	0.44	蒙古裸腹溞	495.06×10^3	5.695	51	1	0.94
细鳞大马哈鱼	63.91×10^3	4.806	25	1	0.46	溪流摇蚊	610.93×10^3	5.786	52	1	0.96
昆明裂腹鱼	64.30×10^3	4.808	26	1	0.48	中华圆田螺	1465.81×10^3	6.166	53	1	0.98
日本沼虾	65.36×10^3	4.815	27	1	0.50						

表 5-35 15℃、pH 7.8 条件下氨氮 SMAV

物种	SMAV /(μg/L)	lg SMAV /(μg/L)	秩次 R	秩次下物种数	累积频率 P	物种	SMAV /(μg/L)	lg SMAV /(μg/L)	秩次 R	秩次下物种数	累积频率 P
中国鲈	5.25×10^{3}	3.720	1	1	0.02	鲤鱼	47.42×10^{3}	4.676	28	1	0.52
河蚬	5.50×10^{3}	3.740	2	1	0.04	大型溞	48.84×10^{3}	4.689	29	1	0.54
史氏鲟	8.67×10^{3}	3.938	3	1	0.06	莫桑比克罗非鱼	59.29×10^{3}	4.773	30	1	0.56
翘嘴鳜	9.71×10^{3}	3.987	4	1	0.07	溪红点鲑	59.39×10^{3}	4.774	31	1	0.57
鲢鱼	11.77×10^{3}	4.071	5	1	0.09	模糊网纹溞	63.85×10^{3}	4.805	32	1	0.59
辽宁棒花鱼	12.19×10^{3}	4.086	6	1	0.11	棘胸蛙	67.98×10^{3}	4.832	33	1	0.61
中华鲟	15.01×10^{3}	4.176	7	1	0.13	老年低额溞	71.86×10^{3}	4.856	34	1	0.63
鳙鱼	16.14×10^{3}	4.208	8	1	0.15	中华绒螯蟹	72.92×10^{3}	4.863	35	1	0.65
麦穗鱼	18.30×10^{3}	4.262	9	1	0.17	稀有鮈鲫	74.13×10^{3}	4.870	36	1	0.67
尼罗罗非鱼	18.95×10^{3}	4.278	10	1	0.19	英勇剑水蚤	82.57×10^{3}	4.917	37	1	0.69
大口黑鲈	19.18×10^{3}	4.283	11	1	0.20	罗氏沼虾	91.47×10^{3}	4.961	38	1	0.70
青鱼	19.24×10^{3}	4.284	12	1	0.22	欧洲鳗鲡	93.16×10^{3}	4.969	39	1	0.72
麦瑞加拉鲮鱼	19.57×10^{3}	4.292	13	1	0.24	鲫鱼	115.45×10^{3}	5.062	40	1	0.74
普栉鰕虎鱼	20.69×10^{3}	4.316	14	1	0.26	团头鲂	122.08×10^{3}	5.087	41	1	0.76
黄颡鱼	27.38×10^{3}	4.437	15	1	0.28	黄鳝	130.32×10^{3}	5.115	42	1	0.78
虹鳟	27.97×10^{3}	4.447	16	1	0.30	大刺鳅	132.86×10^{3}	5.123	43	1	0.80
白斑狗鱼	28.27×10^{3}	4.451	17	1	0.31	霍甫水丝蚓	134.17×10^{3}	5.128	44	1	0.81
蓝鳃太阳鱼	28.41×10^{3}	4.453	18	1	0.33	红螯螯虾	150.97×10^{3}	5.179	45	1	0.83
夹杂带丝蚓	28.95×10^{3}	4.462	19	1	0.35	中华小长臂虾	161.81×10^{3}	5.209	46	1	0.85
条纹鲈	30.36×10^{3}	4.482	20	1	0.37	中国林蛙	232.41×10^{3}	5.366	47	1	0.87
草鱼	33.29×10^{3}	4.522	21	1	0.39	泥鳅	242.87×10^{3}	5.385	48	1	0.89
青萍	33.40×10^{3}	4.524	22	1	0.41	中华大蟾蜍	274.79×10^{3}	5.439	49	1	0.91
加州鲈	35.33×10^{3}	4.548	23	1	0.43	克氏瘤丽星介	349.88×10^{3}	5.544	50	1	0.93
斑点叉尾鮰	40.98×10^{3}	4.613	24	1	0.44	蒙古裸腹溞	352.83×10^{3}	5.548	51	1	0.94
细鳞大马哈鱼	45.55×10^{3}	4.658	25	1	0.46	溪流摇蚊	435.41×10^{3}	5.639	52	1	0.96
昆明裂腹鱼	45.83×10^{3}	4.661	26	1	0.48	中华圆田螺	1044.69×10^{3}	6.019	53	1	0.98
日本沼虾	46.59×10^{3}	4.668	27	1	0.50						

表 5-36 15℃、pH 8.0 条件下氨氮 SMAV

物种	SMAV /(μg/L)	lg SMAV /(μg/L)	秩次 R	秩次下物种数	累积频率 P	物种	SMAV /(μg/L)	lg SMAV /(μg/L)	秩次 R	秩次下物种数	累积频率 P
中国鲈	3.64×10^3	3.561	1	1	0.02	青萍	33.40×10^3	4.524	28	1	0.52
河蚬	3.81×10^3	3.581	2	1	0.04	大型溞	33.83×10^3	4.529	29	1	0.54
史氏鲟	6.01×10^3	3.779	3	1	0.06	莫桑比克罗非鱼	41.07×10^3	4.614	30	1	0.56
翘嘴鳜	6.73×10^3	3.828	4	1	0.07	溪红点鲑	41.14×10^3	4.614	31	1	0.57
鲢鱼	8.15×10^3	3.911	5	1	0.09	模糊网纹溞	44.23×10^3	4.646	32	1	0.59
辽宁棒花鱼	8.44×10^3	3.926	6	1	0.11	棘胸蛙	47.08×10^3	4.673	33	1	0.61
中华鲟	10.40×10^3	4.017	7	1	0.13	老年低额溞	49.77×10^3	4.697	34	1	0.63
鳙鱼	11.18×10^3	4.048	8	1	0.15	中华绒螯蟹	50.51×10^3	4.703	35	1	0.65
麦穗鱼	12.68×10^3	4.103	9	1	0.17	稀有鮈鲫	51.34×10^3	4.710	36	1	0.67
尼罗罗非鱼	13.13×10^3	4.118	10	1	0.19	英勇剑水蚤	57.19×10^3	4.757	37	1	0.69
大口黑鲈	13.29×10^3	4.124	11	1	0.20	罗氏沼虾	63.35×10^3	4.802	38	1	0.70
青鱼	13.32×10^3	4.125	12	1	0.22	欧洲鳗鲡	64.52×10^3	4.810	39	1	0.72
麦瑞加拉鲮鱼	13.55×10^3	4.132	13	1	0.24	鲫鱼	79.97×10^3	4.903	40	1	0.74
普栉鰕虎鱼	14.33×10^3	4.156	14	1	0.26	团头鲂	84.56×10^3	4.927	41	1	0.76
黄颡鱼	18.97×10^3	4.278	15	1	0.28	黄鳝	90.27×10^3	4.956	42	1	0.78
虹鳟	19.38×10^3	4.287	16	1	0.30	大刺鳅	92.02×10^3	4.964	43	1	0.80
白斑狗鱼	19.58×10^3	4.292	17	1	0.31	霍甫水丝蚓	92.93×10^3	4.968	44	1	0.81
蓝鳃太阳鱼	19.68×10^3	4.294	18	1	0.33	红螯螯虾	104.57×10^3	5.019	45	1	0.83
夹杂带丝蚓	20.05×10^3	4.302	19	1	0.35	中华小长臂虾	112.08×10^3	5.050	46	1	0.85
条纹鲈	21.03×10^3	4.323	20	1	0.37	中国林蛙	160.98×10^3	5.207	47	1	0.87
草鱼	23.06×10^3	4.363	21	1	0.39	泥鳅	168.22×10^3	5.226	48	1	0.89
加州鲈	24.47×10^3	4.389	22	1	0.41	中华大蟾蜍	190.33×10^3	5.280	49	1	0.91
斑点叉尾鮰	28.39×10^3	4.453	23	1	0.43	克氏瘤丽星介	242.34×10^3	5.384	50	1	0.93
细鳞大马哈鱼	31.55×10^3	4.499	24	1	0.44	蒙古裸腹溞	244.38×10^3	5.388	51	1	0.94
昆明裂腹鱼	31.74×10^3	4.502	25	1	0.46	溪流摇蚊	301.58×10^3	5.479	52	1	0.96
日本沼虾	32.27×10^3	4.509	26	1	0.48	中华圆田螺	723.58×10^3	5.859	53	1	0.98
鲤鱼	32.84×10^3	4.516	27	1	0.50						

表 5-37 15℃、pH 8.2 条件下氨氮 SMAV

物种	SMAV /(μg/L)	lg SMAV /(μg/L)	秩次 R	秩次下物种数	累积频率 P	物种	SMAV /(μg/L)	lg SMAV /(μg/L)	秩次 R	秩次下物种数	累积频率 P
中国鲈	2.48×10^3	3.394	1	1	0.02	大型溞	23.04×10^3	4.362	28	1	0.52
河蚬	2.59×10^3	3.413	2	1	0.04	莫桑比克罗非鱼	27.98×10^3	4.447	29	1	0.54
史氏鲟	4.09×10^3	3.612	3	1	0.06	溪红点鲑	28.02×10^3	4.447	30	1	0.56
翘嘴鳜	4.58×10^3	3.661	4	1	0.07	模糊网纹溞	30.13×10^3	4.479	31	1	0.57
鲑鱼	5.55×10^3	3.744	5	1	0.09	棘胸蛙	32.07×10^3	4.506	32	1	0.59
辽宁棒花鱼	5.75×10^3	3.760	6	1	0.11	青萍	33.40×10^3	4.524	33	1	0.61
中华鲟	7.08×10^3	3.850	7	1	0.13	老年低额溞	33.91×10^3	4.530	34	1	0.63
鳙鱼	7.62×10^3	3.882	8	1	0.15	中华绒螯蟹	34.41×10^3	4.537	35	1	0.65
麦穗鱼	8.64×10^3	3.937	9	1	0.17	稀有鮈鲫	34.98×10^3	4.544	36	1	0.67
尼罗罗非鱼	8.94×10^3	3.951	10	1	0.19	英勇剑水蚤	38.96×10^3	4.591	37	1	0.69
大口黑鲈	9.05×10^3	3.957	11	1	0.20	罗氏沼虾	43.15×10^3	4.635	38	1	0.70
青鱼	9.08×10^3	3.958	12	1	0.22	欧洲鳗鲡	43.95×10^3	4.643	39	1	0.72
麦瑞加拉鲮鱼	9.23×10^3	3.965	13	1	0.24	鲫鱼	54.47×10^3	4.736	40	1	0.74
普栉鰕虎鱼	9.76×10^3	3.989	14	1	0.26	团头鲂	57.60×10^3	4.760	41	1	0.76
黄颡鱼	12.92×10^3	4.111	15	1	0.28	黄鳝	61.49×10^3	4.789	42	1	0.78
虹鳟	13.20×10^3	4.121	16	1	0.30	大刺鳅	62.68×10^3	4.797	43	1	0.80
白斑狗鱼	13.34×10^3	4.125	17	1	0.31	霍甫水丝蚓	63.30×10^3	4.801	44	1	0.81
蓝鳃太阳鱼	13.40×10^3	4.127	18	1	0.33	红螯螯虾	71.23×10^3	4.853	45	1	0.83
夹杂带丝蚓	13.66×10^3	4.135	19	1	0.35	中华小长臂虾	76.35×10^3	4.883	46	1	0.85
条纹鲈	14.33×10^3	4.156	20	1	0.37	中国林蛙	109.66×10^3	5.040	47	1	0.87
草鱼	15.71×10^3	4.196	21	1	0.39	泥鳅	114.59×10^3	5.059	48	1	0.89
加州鲈	16.67×10^3	4.222	22	1	0.41	中华大蟾蜍	129.65×10^3	5.113	49	1	0.91
斑点叉尾鮰	19.34×10^3	4.286	23	1	0.43	克氏瘤丽星介	165.08×10^3	5.218	50	1	0.93
细鳞大马哈鱼	21.49×10^3	4.332	24	1	0.44	蒙古裸腹溞	166.47×10^3	5.221	51	1	0.94
昆明裂腹鱼	21.62×10^3	4.335	25	1	0.46	溪流摇蚊	205.43×10^3	5.313	52	1	0.96
日本沼虾	21.98×10^3	4.342	26	1	0.48	中华圆田螺	492.90×10^3	5.693	53	1	0.98
鲤鱼	22.37×10^3	4.350	27	1	0.50						

表 5-38　15℃、pH 8.4 条件下氨氮 SMAV

物种	SMAV /(μg/L)	lg SMAV /(μg/L)	秩次 R	秩次下物种数	累积频率 P	物种	SMAV /(μg/L)	lg SMAV /(μg/L)	秩次 R	秩次下物种数	累积频率 P
中国鲈	1.68×10^3	3.225	1	1	0.02	大型溞	15.62×10^3	4.194	28	1	0.52
河蚬	1.76×10^3	3.246	2	1	0.04	莫桑比克罗非鱼	18.97×10^3	4.278	29	1	0.54
史氏鲟	2.77×10^3	3.442	3	1	0.06	溪红点鲑	19.00×10^3	4.279	30	1	0.56
翘嘴鳜	3.11×10^3	3.493	4	1	0.07	模糊网纹溞	20.43×10^3	4.310	31	1	0.57
鲢鱼	3.76×10^3	3.575	5	1	0.09	棘胸蛙	21.74×10^3	4.337	32	1	0.59
辽宁棒花鱼	3.90×10^3	3.591	6	1	0.11	老年低额溞	22.99×10^3	4.362	33	1	0.61
中华鲟	4.80×10^3	3.681	7	1	0.13	中华绒螯蟹	23.33×10^3	4.368	34	1	0.63
鳙鱼	5.16×10^3	3.713	8	1	0.15	稀有鮈鲫	23.71×10^3	4.375	35	1	0.65
麦穗鱼	5.85×10^3	3.767	9	1	0.17	英勇剑水蚤	26.41×10^3	4.422	36	1	0.67
尼罗罗非鱼	6.06×10^3	3.782	10	1	0.19	罗氏沼虾	29.26×10^3	4.466	37	1	0.69
大口黑鲈	6.14×10^3	3.788	11	1	0.20	欧洲鳗鲡	29.80×10^3	4.474	38	1	0.70
青鱼	6.15×10^3	3.789	12	1	0.22	青萍	33.40×10^3	4.524	39	1	0.72
麦瑞加拉鲮鱼	6.26×10^3	3.797	13	1	0.24	鲫鱼	36.93×10^3	4.567	40	1	0.74
普栉鰕虎鱼	6.62×10^3	3.821	14	1	0.26	团头鲂	39.05×10^3	4.592	41	1	0.76
黄颡鱼	8.76×10^3	3.943	15	1	0.28	黄鳝	41.69×10^3	4.620	42	1	0.78
虹鳟	8.95×10^3	3.952	16	1	0.30	大刺鳅	42.50×10^3	4.628	43	1	0.80
白斑狗鱼	9.04×10^3	3.956	17	1	0.31	霍甫水丝蚓	42.92×10^3	4.633	44	1	0.81
蓝鳃太阳鱼	9.09×10^3	3.959	18	1	0.33	红螯螯虾	48.29×10^3	4.684	45	1	0.83
夹杂带丝蚓	9.26×10^3	3.967	19	1	0.35	中华小长臂虾	51.76×10^3	4.714	46	1	0.85
条纹鲈	9.71×10^3	3.987	20	1	0.37	中国林蛙	74.34×10^3	4.871	47	1	0.87
草鱼	10.65×10^3	4.027	21	1	0.39	泥鳅	77.69×10^3	4.890	48	1	0.89
加州鲈	11.30×10^3	4.053	22	1	0.41	中华大蟾蜍	87.90×10^3	4.944	49	1	0.91
斑点叉尾鮰	13.11×10^3	4.118	23	1	0.43	克氏瘤丽星介	111.92×10^3	5.049	50	1	0.93
细鳞大马哈鱼	14.57×10^3	4.163	24	1	0.44	蒙古裸腹溞	112.86×10^3	5.053	51	1	0.94
昆明裂腹鱼	14.66×10^3	4.166	25	1	0.46	溪流摇蚊	139.28×10^3	5.144	52	1	0.96
日本沼虾	14.90×10^3	4.173	26	1	0.48	中华圆田螺	334.17×10^3	5.524	53	1	0.98
鲤鱼	15.17×10^3	4.181	27	1	0.50						

表 5-39 15℃、pH 8.6 条件下氨氮 SMAV

物种	SMAV /(μg/L)	lg SMAV /(μg/L)	秩次 R	秩次下物种数	累积频率 P	物种	SMAV /(μg/L)	lg SMAV /(μg/L)	秩次 R	秩次下物种数	累积频率 P
中国鲈	1.15×10^3	3.061	1	1	0.02	大型溞	10.67×10^3	4.028	28	1	0.52
河蚬	1.20×10^3	3.079	2	1	0.04	莫桑比克罗非鱼	12.95×10^3	4.112	29	1	0.54
史氏鲟	1.89×10^3	3.276	3	1	0.06	溪红点鲑	12.97×10^3	4.113	30	1	0.56
翘嘴鳜	2.12×10^3	3.326	4	1	0.07	模糊网纹溞	13.95×10^3	4.145	31	1	0.57
鲢鱼	2.57×10^3	3.410	5	1	0.09	棘胸蛙	14.85×10^3	4.172	32	1	0.59
辽宁棒花鱼	2.66×10^3	3.425	6	1	0.11	老年低额溞	15.70×10^3	4.196	33	1	0.61
中华鲟	3.28×10^3	3.516	7	1	0.13	中华绒螯蟹	15.93×10^3	4.202	34	1	0.63
鳙鱼	3.53×10^3	3.548	8	1	0.15	稀有鮈鲫	16.19×10^3	4.209	35	1	0.65
麦穗鱼	4.00×10^3	3.602	9	1	0.17	英勇剑水蚤	18.03×10^3	4.256	36	1	0.67
尼罗罗非鱼	4.14×10^3	3.617	10	1	0.19	罗氏沼虾	19.98×10^3	4.301	37	1	0.69
大口黑鲈	4.19×10^3	3.622	11	1	0.20	欧洲鳗鲡	20.35×10^3	4.309	38	1	0.70
青鱼	4.20×10^3	3.623	12	1	0.22	鲫鱼	25.22×10^3	4.402	39	1	0.72
麦瑞加拉鲮鱼	4.27×10^3	3.630	13	1	0.24	团头鲂	26.66×10^3	4.426	40	1	0.74
普栉鰕虎鱼	4.52×10^3	3.655	14	1	0.26	黄鳝	28.46×10^3	4.454	41	1	0.76
黄颡鱼	5.98×10^3	3.777	15	1	0.28	大刺鳅	29.02×10^3	4.463	42	1	0.78
虹鳟	6.11×10^3	3.786	16	1	0.30	霍甫水丝蚓	29.30×10^3	4.467	43	1	0.80
白斑狗鱼	6.17×10^3	3.790	17	1	0.31	红螯螯虾	32.97×10^3	4.518	44	1	0.81
蓝鳃太阳鱼	6.20×10^3	3.792	18	1	0.33	青萍	33.40×10^3	4.524	45	1	0.83
夹杂带丝蚓	6.32×10^3	3.801	19	1	0.35	中华小长臂虾	35.34×10^3	4.548	46	1	0.85
条纹鲈	6.63×10^3	3.822	20	1	0.37	中国林蛙	50.76×10^3	4.706	47	1	0.87
草鱼	7.27×10^3	3.862	21	1	0.39	泥鳅	53.05×10^3	4.725	48	1	0.89
加州鲈	7.72×10^3	3.888	22	1	0.41	中华大蟾蜍	60.02×10^3	4.778	49	1	0.91
斑点叉尾鮰	8.95×10^3	3.952	23	1	0.43	克氏瘤丽星介	76.42×10^3	4.883	50	1	0.93
细鳞大马哈鱼	9.95×10^3	3.998	24	1	0.44	蒙古裸腹溞	77.06×10^3	4.887	51	1	0.94
昆明裂腹鱼	10.01×10^3	4.000	25	1	0.46	溪流摇蚊	95.10×10^3	4.978	52	1	0.96
日本沼虾	10.17×10^3	4.007	26	1	0.48	中华圆田螺	228.18×10^3	5.358	53	1	0.98
鲤鱼	10.36×10^3	4.015	27	1	0.50						

表 5-40 15℃、pH 9.0 条件下氨氮 SMAV

物种	SMAV /(μg/L)	lg SMAV /(μg/L)	秩次 R	秩次下物种数	累积频率 P	物种	SMAV /(μg/L)	lg SMAV /(μg/L)	秩次 R	秩次下物种数	累积频率 P
中国鲈	0.57×10^3	2.756	1	1	0.02	大型溞	5.33×10^3	3.727	28	1	0.52
河蚬	0.60×10^3	2.778	2	1	0.04	莫桑比克罗非鱼	6.47×10^3	3.811	29	1	0.54
史氏鲟	0.95×10^3	2.978	3	1	0.06	溪红点鲑	6.48×10^3	3.812	30	1	0.56
翘嘴鳜	1.06×10^3	3.025	4	1	0.07	模糊网纹溞	6.97×10^3	3.843	31	1	0.57
鲢鱼	1.28×10^3	3.107	5	1	0.09	棘胸蛙	7.42×10^3	3.870	32	1	0.59
辽宁棒花鱼	1.33×10^3	3.124	6	1	0.11	老年低额溞	7.84×10^3	3.894	33	1	0.61
中华鲟	1.64×10^3	3.215	7	1	0.13	中华绒螯蟹	7.96×10^3	3.901	34	1	0.63
鳙鱼	1.76×10^3	3.246	8	1	0.15	稀有鮈鲫	8.09×10^3	3.908	35	1	0.65
麦穗鱼	2.00×10^3	3.301	9	1	0.17	英勇剑水蚤	9.01×10^3	3.955	36	1	0.67
尼罗罗非鱼	2.07×10^3	3.316	10	1	0.19	罗氏沼虾	9.98×10^3	3.999	37	1	0.69
大口黑鲈	2.09×10^3	3.320	11	1	0.20	欧洲鳗鲡	10.16×10^3	4.007	38	1	0.70
青鱼	2.10×10^3	3.322	12	1	0.22	鲫鱼	12.60×10^3	4.100	39	1	0.72
麦瑞加拉鲮鱼	2.13×10^3	3.328	13	1	0.24	团头鲂	13.32×10^3	4.125	40	1	0.74
普栉鰕虎鱼	2.26×10^3	3.354	14	1	0.26	黄鳝	14.22×10^3	4.153	41	1	0.76
黄颡鱼	2.99×10^3	3.476	15	1	0.28	大刺鳅	14.49×10^3	4.161	42	1	0.78
虹鳟	3.05×10^3	3.484	16	1	0.30	霍甫水丝蚓	14.64×10^3	4.166	43	1	0.80
白斑狗鱼	3.08×10^3	3.489	17	1	0.31	红螯螯虾	16.47×10^3	4.217	44	1	0.81
蓝鳃太阳鱼	3.10×10^3	3.491	18	1	0.33	中华小长臂虾	17.65×10^3	4.247	45	1	0.83
夹杂带丝蚓	3.16×10^3	3.500	19	1	0.35	中国林蛙	25.36×10^3	4.404	46	1	0.85
条纹鲈	3.31×10^3	3.520	20	1	0.37	泥鳅	26.50×10^3	4.423	47	1	0.87
草鱼	3.63×10^3	3.560	21	1	0.39	中华大蟾蜍	29.98×10^3	4.477	48	1	0.89
加州鲈	3.85×10^3	3.585	22	1	0.41	青萍	33.40×10^3	4.524	49	1	0.91
斑点叉尾鮰	4.47×10^3	3.650	23	1	0.43	克氏瘤丽星介	38.17×10^3	4.582	50	1	0.93
细鳞大马哈鱼	4.97×10^3	3.696	24	1	0.44	蒙古裸腹溞	38.49×10^3	4.585	51	1	0.94
昆明裂腹鱼	5.00×10^3	3.699	25	1	0.46	溪流摇蚊	47.50×10^3	4.677	52	1	0.96
日本沼虾	5.08×10^3	3.706	26	1	0.48	中华圆田螺	113.98×10^3	5.057	53	1	0.98
鲤鱼	5.17×10^3	3.713	27	1	0.50						

表 5-41 20℃、pH 6.0 条件下氨氮 SMAV

物种	SMAV /(μg/L)	lg SMAV /(μg/L)	秩次 R	秩次下物种数	累积频率 P	物种	SMAV /(μg/L)	lg SMAV /(μg/L)	秩次 R	秩次下物种数	累积频率 P
河蚬	16.45×10^3	4.216	1	1	0.02	细鳞大马哈鱼	206.32×10^3	5.315	28	1	0.52
中国鲈	23.80×10^3	4.377	2	1	0.04	昆明裂腹鱼	207.60×10^3	5.317	29	1	0.54
青萍	33.40×10^3	4.524	3	1	0.06	鲤鱼	214.79×10^3	5.332	30	1	0.56
史氏鲟	39.28×10^3	4.594	4	1	0.07	老年低额溞	215.07×10^3	5.333	31	1	0.57
翘嘴鳜	43.99×10^3	4.643	5	1	0.09	中华绒螯蟹	218.25×10^3	5.339	32	1	0.59
鲢鱼	53.31×10^3	4.727	6	1	0.11	英勇剑水蚤	247.12×10^3	5.393	33	1	0.61
辽宁棒花鱼	55.23×10^3	4.742	7	1	0.13	莫桑比克罗非鱼	268.59×10^3	5.429	34	1	0.63
中华鲟	68.01×10^3	4.833	8	1	0.15	溪红点鲑	269.03×10^3	5.430	35	1	0.65
鳙鱼	73.13×10^3	4.864	9	1	0.17	罗氏沼虾	273.74×10^3	5.437	36	1	0.67
麦穗鱼	82.91×10^3	4.919	10	1	0.19	棘胸蛙	307.93×10^3	5.488	37	1	0.69
尼罗罗非鱼	85.84×10^3	4.934	11	1	0.20	稀有鮈鲫	335.79×10^3	5.526	38	1	0.70
夹杂带丝蚓	86.65×10^3	4.938	12	1	0.22	霍甫水丝蚓	401.54×10^3	5.604	39	1	0.72
大口黑鲈	86.89×10^3	4.939	13	1	0.24	欧洲鳗鲡	421.98×10^3	5.625	40	1	0.74
青鱼	87.13×10^3	4.940	14	1	0.26	红螯螯虾	451.83×10^3	5.655	41	1	0.76
麦瑞加拉鲮鱼	88.64×10^3	4.948	15	1	0.28	中华小长臂虾	484.28×10^3	5.685	42	1	0.78
普栉鰕虎鱼	93.73×10^3	4.972	16	1	0.30	鲫鱼	522.98×10^3	5.718	43	1	0.80
黄颡鱼	124.05×10^3	5.094	17	1	0.31	团头鲂	553.01×10^3	5.743	44	1	0.81
虹鳟	126.71×10^3	5.103	18	1	0.33	黄鳝	590.34×10^3	5.771	45	1	0.83
白斑狗鱼	128.06×10^3	5.107	19	1	0.35	大刺鳅	601.81×10^3	5.779	46	1	0.85
蓝鳃太阳鱼	128.68×10^3	5.110	20	1	0.37	克氏瘤丽星介	1047.13×10^3	6.020	47	1	0.87
条纹鲈	137.53×10^3	5.138	21	1	0.39	中国林蛙	1052.78×10^3	6.022	48	1	0.89
日本沼虾	139.42×10^3	5.144	22	1	0.41	蒙古裸腹溞	1055.95×10^3	6.024	49	1	0.91
大型溞	146.17×10^3	5.165	23	1	0.43	泥鳅	1100.17×10^3	6.041	50	1	0.93
草鱼	150.79×10^3	5.178	24	1	0.44	中华大蟾蜍	1244.75×10^3	6.095	51	1	0.94
加州鲈	160.02×10^3	5.204	25	1	0.46	溪流摇蚊	1303.10×10^3	6.115	52	1	0.96
斑点叉尾鮰	185.65×10^3	5.269	26	1	0.48	中华圆田螺	3126.55×10^3	6.495	53	1	0.98
模糊网纹溞	191.10×10^3	5.281	27	1	0.50						

表 5-42 20℃、pH 6.5 条件下氨氮 SMAV

物种	SMAV /(μg/L)	lg SMAV /(μg/L)	秩次 R	秩次下物种数	累积频率 P	物种	SMAV /(μg/L)	lg SMAV /(μg/L)	秩次 R	秩次下物种数	累积频率 P
河蚬	14.61×10^3	4.165	1	1	0.02	细鳞大马哈鱼	183.21×10^3	5.263	28	1	0.52
中国鲈	21.13×10^3	4.325	2	1	0.04	昆明裂腹鱼	184.34×10^3	5.266	29	1	0.54
青萍	33.40×10^3	4.524	3	1	0.06	鲤鱼	190.73×10^3	5.280	30	1	0.56
史氏鲟	34.88×10^3	4.543	4	1	0.07	老年低额溞	190.97×10^3	5.281	31	1	0.57
翘嘴鳜	39.06×10^3	4.592	5	1	0.09	中华绒螯蟹	193.80×10^3	5.287	32	1	0.59
鲢鱼	47.34×10^3	4.675	6	1	0.11	英勇剑水蚤	219.44×10^3	5.341	33	1	0.61
辽宁棒花鱼	49.04×10^3	4.691	7	1	0.13	莫桑比克罗非鱼	238.50×10^3	5.377	34	1	0.63
中华鲟	60.39×10^3	4.781	8	1	0.15	溪红点鲑	238.89×10^3	5.378	35	1	0.65
鳙鱼	64.94×10^3	4.813	9	1	0.17	罗氏沼虾	243.07×10^3	5.386	36	1	0.67
麦穗鱼	73.62×10^3	4.867	10	1	0.19	棘胸蛙	273.43×10^3	5.437	37	1	0.69
尼罗罗非鱼	76.22×10^3	4.882	11	1	0.20	稀有鮈鲫	298.18×10^3	5.474	38	1	0.70
夹杂带丝蚓	76.94×10^3	4.886	12	1	0.22	霍甫水丝蚓	356.55×10^3	5.552	39	1	0.72
大口黑鲈	77.16×10^3	4.887	13	1	0.24	欧洲鳗鲡	374.71×10^3	5.574	40	1	0.74
青鱼	77.37×10^3	4.889	14	1	0.26	红螯螯虾	401.21×10^3	5.603	41	1	0.76
麦瑞加拉鲮鱼	78.71×10^3	4.896	15	1	0.28	中华小长臂虾	430.03×10^3	5.633	42	1	0.78
普栉鰕虎鱼	83.23×10^3	4.920	16	1	0.30	鲫鱼	464.39×10^3	5.667	43	1	0.80
黄颡鱼	110.15×10^3	5.042	17	1	0.31	团头鲂	491.06×10^3	5.691	44	1	0.81
虹鳟	112.52×10^3	5.051	18	1	0.33	黄鳝	524.20×10^3	5.719	45	1	0.83
白斑狗鱼	113.71×10^3	5.056	19	1	0.35	大刺鳅	534.39×10^3	5.728	46	1	0.85
蓝鳃太阳鱼	114.27×10^3	5.058	20	1	0.37	克氏瘤丽星介	929.83×10^3	5.968	47	1	0.87
条纹鲈	122.13×10^3	5.087	21	1	0.39	中国林蛙	934.85×10^3	5.971	48	1	0.89
日本沼虾	123.80×10^3	5.093	22	1	0.41	蒙古裸腹溞	937.66×10^3	5.972	49	1	0.91
大型溞	129.80×10^3	5.113	23	1	0.43	泥鳅	976.92×10^3	5.990	50	1	0.93
草鱼	133.90×10^3	5.127	24	1	0.44	中华大蟾蜍	1105.31×10^3	6.043	51	1	0.94
加州鲈	142.09×10^3	5.153	25	1	0.46	溪流摇蚊	1157.13×10^3	6.063	52	1	0.96
斑点叉尾鮰	164.85×10^3	5.217	26	1	0.48	中华圆田螺	2776.31×10^3	6.443	53	1	0.98
模糊网纹溞	169.69×10^3	5.230	27	1	0.50						

表 5-43　20℃、pH 7.0 条件下氨氮 SMAV

物种	SMAV /(μg/L)	lg SMAV /(μg/L)	秩次 R	秩次下物种数	累积频率 P	物种	SMAV /(μg/L)	lg SMAV /(μg/L)	秩次 R	秩次下物种数	累积频率 P
河蚬	10.80×10^3	4.033	1	1	0.02	细鳞大马哈鱼	135.42×10^3	5.132	28	1	0.52
中国鲈	15.62×10^3	4.194	2	1	0.04	昆明裂腹鱼	136.26×10^3	5.134	29	1	0.54
史氏鲟	25.78×10^3	4.411	3	1	0.06	鲤鱼	140.98×10^3	5.149	30	1	0.56
翘嘴鳜	28.87×10^3	4.460	4	1	0.07	老年低额溞	141.16×10^3	5.150	31	1	0.57
青萍	33.40×10^3	4.524	5	1	0.09	中华绒螯蟹	143.25×10^3	5.156	32	1	0.59
鲢鱼	34.99×10^3	4.544	6	1	0.11	英勇剑水蚤	162.20×10^3	5.210	33	1	0.61
辽宁棒花鱼	36.25×10^3	4.559	7	1	0.13	莫桑比克罗非鱼	176.29×10^3	5.246	34	1	0.63
中华鲟	44.64×10^3	4.650	8	1	0.15	溪红点鲑	176.58×10^3	5.247	35	1	0.65
鳙鱼	48.00×10^3	4.681	9	1	0.17	罗氏沼虾	179.67×10^3	5.254	36	1	0.67
麦穗鱼	54.42×10^3	4.736	10	1	0.19	棘胸蛙	202.11×10^3	5.306	37	1	0.69
尼罗罗非鱼	56.34×10^3	4.751	11	1	0.20	稀有鮈鲫	220.40×10^3	5.343	38	1	0.70
夹杂带丝蚓	56.87×10^3	4.755	12	1	0.22	霍甫水丝蚓	263.55×10^3	5.421	39	1	0.72
大口黑鲈	57.03×10^3	4.756	13	1	0.24	欧洲鳗鲡	276.97×10^3	5.442	40	1	0.74
青鱼	57.19×10^3	4.757	14	1	0.26	红螯螯虾	296.56×10^3	5.472	41	1	0.76
麦瑞加拉鲮鱼	58.18×10^3	4.765	15	1	0.28	中华小长臂虾	317.86×10^3	5.502	42	1	0.78
普栉鰕虎鱼	61.52×10^3	4.789	16	1	0.30	鲫鱼	343.26×10^3	5.536	43	1	0.80
黄颡鱼	81.42×10^3	4.911	17	1	0.31	团头鲂	362.97×10^3	5.560	44	1	0.81
虹鳟	83.17×10^3	4.920	18	1	0.33	黄鳝	387.47×10^3	5.588	45	1	0.83
白斑狗鱼	84.05×10^3	4.925	19	1	0.35	大刺鳅	395.00×10^3	5.597	46	1	0.85
蓝鳃太阳鱼	84.46×10^3	4.927	20	1	0.37	克氏瘤丽星介	687.29×10^3	5.837	47	1	0.87
条纹鲈	90.27×10^3	4.956	21	1	0.39	中国林蛙	691.00×10^3	5.839	48	1	0.89
日本沼虾	91.51×10^3	4.961	22	1	0.41	蒙古裸腹溞	693.08×10^3	5.841	49	1	0.91
大型溞	95.94×10^3	4.982	23	1	0.43	泥鳅	722.10×10^3	5.859	50	1	0.93
草鱼	98.97×10^3	4.996	24	1	0.44	中华大蟾蜍	817.00×10^3	5.912	51	1	0.94
加州鲈	105.03×10^3	5.021	25	1	0.46	溪流摇蚊	855.30×10^3	5.932	52	1	0.96
斑点叉尾鮰	121.85×10^3	5.086	26	1	0.48	中华圆田螺	2052.13×10^3	6.312	53	1	0.98
模糊网纹溞	125.43×10^3	5.098	27	1	0.50						

表 5-44 20℃、pH 7.2 条件下氨氮 SMAV

物种	SMAV /(μg/L)	lg SMAV /(μg/L)	秩次 R	秩次下物种数	累积频率 P	物种	SMAV /(μg/L)	lg SMAV /(μg/L)	秩次 R	秩次下物种数	累积频率 P
河蚬	8.84×10^3	3.946	1	1	0.02	细鳞大马哈鱼	110.83×10^3	5.045	28	1	0.52
中国鲈	12.78×10^3	4.107	2	1	0.04	昆明裂腹鱼	111.52×10^3	5.047	29	1	0.54
史氏鲟	21.10×10^3	4.324	3	1	0.06	鲤鱼	115.39×10^3	5.062	30	1	0.56
翘嘴鳜	23.63×10^3	4.373	4	1	0.07	老年低额溞	115.53×10^3	5.063	31	1	0.57
鲢鱼	28.64×10^3	4.457	5	1	0.09	中华绒螯蟹	117.24×10^3	5.069	32	1	0.59
辽宁棒花鱼	29.67×10^3	4.472	6	1	0.11	英勇剑水蚤	132.75×10^3	5.123	33	1	0.61
青萍	33.40×10^3	4.524	7	1	0.13	莫桑比克罗非鱼	144.28×10^3	5.159	34	1	0.63
中华鲟	36.54×10^3	4.563	8	1	0.15	溪红点鲑	144.52×10^3	5.160	35	1	0.65
鳙鱼	39.29×10^3	4.594	9	1	0.17	罗氏沼虾	147.05×10^3	5.167	36	1	0.67
麦穗鱼	44.54×10^3	4.649	10	1	0.19	棘胸蛙	165.42×10^3	5.219	37	1	0.69
尼罗罗非鱼	46.11×10^3	4.664	11	1	0.20	稀有鮈鲫	180.39×10^3	5.256	38	1	0.70
夹杂带丝蚓	46.55×10^3	4.668	12	1	0.22	霍甫水丝蚓	215.70×10^3	5.334	39	1	0.72
大口黑鲈	46.68×10^3	4.669	13	1	0.24	欧洲鳗鲡	226.69×10^3	5.355	40	1	0.74
青鱼	46.81×10^3	4.670	14	1	0.26	红螯螯虾	242.72×10^3	5.385	41	1	0.76
麦瑞加拉鲮鱼	47.62×10^3	4.678	15	1	0.28	中华小长臂虾	260.15×10^3	5.415	42	1	0.78
普栉鰕虎鱼	50.35×10^3	4.702	16	1	0.30	鲫鱼	280.94×10^3	5.449	43	1	0.80
黄颡鱼	66.64×10^3	4.824	17	1	0.31	团头鲂	297.07×10^3	5.473	44	1	0.81
虹鳟	68.07×10^3	4.833	18	1	0.33	黄鳝	317.12×10^3	5.501	45	1	0.83
白斑狗鱼	68.79×10^3	4.838	19	1	0.35	大刺鳅	323.29×10^3	5.510	46	1	0.85
蓝鳃太阳鱼	69.13×10^3	4.840	20	1	0.37	克氏瘤丽星介	562.51×10^3	5.750	47	1	0.87
条纹鲈	73.88×10^3	4.869	21	1	0.39	中国林蛙	565.55×10^3	5.752	48	1	0.89
日本沼虾	74.90×10^3	4.874	22	1	0.41	蒙古裸腹溞	567.25×10^3	5.754	49	1	0.91
大型溞	78.52×10^3	4.895	23	1	0.43	泥鳅	591.00×10^3	5.772	50	1	0.93
草鱼	81.00×10^3	4.908	24	1	0.44	中华大蟾蜍	668.67×10^3	5.825	51	1	0.94
加州鲈	85.96×10^3	4.934	25	1	0.46	溪流摇蚊	700.02×10^3	5.845	52	1	0.96
斑点叉尾鮰	99.73×10^3	4.999	26	1	0.48	中华圆田螺	1679.56×10^3	6.225	53	1	0.98
模糊网纹溞	102.66×10^3	5.011	27	1	0.50						

表 5-45 20℃、pH 7.4 条件下氨氮 SMAV

物种	SMAV /(μg/L)	lg SMAV /(μg/L)	秩次 R	秩次下物种数	累积频率 P	物种	SMAV /(μg/L)	lg SMAV /(μg/L)	秩次 R	秩次下物种数	累积频率 P
河蚬	6.87×10^3	3.837	1	1	0.02	细鳞大马哈鱼	86.19×10^3	4.935	28	1	0.52
中国鲈	9.94×10^3	3.997	2	1	0.04	昆明裂腹鱼	86.73×10^3	4.938	29	1	0.54
史氏鲟	16.41×10^3	4.215	3	1	0.06	鲤鱼	89.73×10^3	4.953	30	1	0.56
翘嘴鳜	18.38×10^3	4.264	4	1	0.07	老年低额溞	89.85×10^3	4.954	31	1	0.57
鲢鱼	22.27×10^3	4.348	5	1	0.09	中华绒螯蟹	91.18×10^3	4.960	32	1	0.59
辽宁棒花鱼	23.07×10^3	4.363	6	1	0.11	英勇剑水蚤	103.24×10^3	5.014	33	1	0.61
中华鲟	28.41×10^3	4.453	7	1	0.13	莫桑比克罗非鱼	112.21×10^3	5.050	34	1	0.63
鳙鱼	30.55×10^3	4.485	8	1	0.15	溪红点鲑	112.39×10^3	5.051	35	1	0.65
青萍	33.40×10^3	4.524	9	1	0.17	罗氏沼虾	114.36×10^3	5.058	36	1	0.67
麦穗鱼	34.64×10^3	4.540	10	1	0.19	棘胸蛙	128.64×10^3	5.109	37	1	0.69
尼罗罗非鱼	35.86×10^3	4.555	11	1	0.20	稀有鮈鲫	140.28×10^3	5.147	38	1	0.70
夹杂带丝蚓	36.20×10^3	4.559	12	1	0.22	霍甫水丝蚓	167.75×10^3	5.225	39	1	0.72
大口黑鲈	36.30×10^3	4.560	13	1	0.24	欧洲鳗鲡	176.29×10^3	5.246	40	1	0.74
青鱼	36.40×10^3	4.561	14	1	0.26	红螯螯虾	188.76×10^3	5.276	41	1	0.76
麦瑞加拉鲮鱼	37.03×10^3	4.569	15	1	0.28	中华小长臂虾	202.31×10^3	5.306	42	1	0.78
普栉鰕虎鱼	39.16×10^3	4.593	16	1	0.30	鲫鱼	218.48×10^3	5.339	43	1	0.80
黄颡鱼	51.82×10^3	4.714	17	1	0.31	团头鲂	231.03×10^3	5.364	44	1	0.81
虹鳟	52.94×10^3	4.724	18	1	0.33	黄鳝	246.62×10^3	5.392	45	1	0.83
白斑狗鱼	53.50×10^3	4.728	19	1	0.35	大刺鳅	251.41×10^3	5.400	46	1	0.85
蓝鳃太阳鱼	53.76×10^3	4.730	20	1	0.37	克氏瘤丽星介	437.45×10^3	5.641	47	1	0.87
条纹鲈	57.46×10^3	4.759	21	1	0.39	中国林蛙	439.81×10^3	5.643	48	1	0.89
日本沼虾	58.24×10^3	4.765	22	1	0.41	蒙古裸腹溞	441.14×10^3	5.645	49	1	0.91
大型溞	61.06×10^3	4.786	23	1	0.43	泥鳅	459.61×10^3	5.662	50	1	0.93
草鱼	62.99×10^3	4.799	24	1	0.44	中华大蟾蜍	520.01×10^3	5.716	51	1	0.94
加州鲈	66.85×10^3	4.825	25	1	0.46	溪流摇蚊	544.39×10^3	5.736	52	1	0.96
斑点叉尾鮰	77.56×10^3	4.890	26	1	0.48	中华圆田螺	1306.15×10^3	6.116	53	1	0.98
模糊网纹溞	79.83×10^3	4.902	27	1	0.50						

表 5-46 20℃、pH 7.6 条件下氨氮 SMAV

物种	SMAV /(μg/L)	lg SMAV /(μg/L)	秩次 R	秩次下物种数	累积频率 P	物种	SMAV /(μg/L)	lg SMAV /(μg/L)	秩次 R	秩次下物种数	累积频率 P
河蚬	5.10×10^3	3.708	1	1	0.02	细鳞大马哈鱼	63.91×10^3	4.806	28	1	0.52
中国鲈	7.37×10^3	3.867	2	1	0.04	昆明裂腹鱼	64.30×10^3	4.808	29	1	0.54
史氏鲟	12.17×10^3	4.085	3	1	0.06	鲤鱼	66.53×10^3	4.823	30	1	0.56
翘嘴鳜	13.62×10^3	4.134	4	1	0.07	老年低额溞	66.62×10^3	4.824	31	1	0.57
鲢鱼	16.51×10^3	4.218	5	1	0.09	中华绒螯蟹	67.60×10^3	4.830	32	1	0.59
辽宁棒花鱼	17.11×10^3	4.233	6	1	0.11	英勇剑水蚤	76.55×10^3	4.884	33	1	0.61
中华鲟	21.07×10^3	4.324	7	1	0.13	莫桑比克罗非鱼	83.20×10^3	4.920	34	1	0.63
鳙鱼	22.65×10^3	4.355	8	1	0.15	溪红点鲑	83.33×10^3	4.921	35	1	0.65
麦穗鱼	25.68×10^3	4.410	9	1	0.17	罗氏沼虾	84.79×10^3	4.928	36	1	0.67
尼罗罗非鱼	26.59×10^3	4.425	10	1	0.19	棘胸蛙	95.38×10^3	4.979	37	1	0.69
夹杂带丝蚓	26.84×10^3	4.429	11	1	0.20	稀有鮈鲫	104.01×10^3	5.017	38	1	0.70
大口黑鲈	26.91×10^3	4.430	12	1	0.22	霍甫水丝蚓	124.38×10^3	5.095	39	1	0.72
青鱼	26.99×10^3	4.431	13	1	0.24	欧洲鳗鲡	130.71×10^3	5.116	40	1	0.74
麦瑞加拉鲮鱼	27.46×10^3	4.439	14	1	0.26	红螯螯虾	139.95×10^3	5.146	41	1	0.76
普栉鰕虎鱼	29.03×10^3	4.463	15	1	0.28	中华小长臂虾	150.01×10^3	5.176	42	1	0.78
青萍	33.40×10^3	4.524	16	1	0.30	鲫鱼	161.99×10^3	5.209	43	1	0.80
黄颡鱼	38.42×10^3	4.585	17	1	0.31	团头鲂	171.29×10^3	5.234	44	1	0.81
虹鳟	39.25×10^3	4.594	18	1	0.33	黄鳝	182.86×10^3	5.262	45	1	0.83
白斑狗鱼	39.67×10^3	4.598	19	1	0.35	大刺鳅	186.41×10^3	5.270	46	1	0.85
蓝鳃太阳鱼	39.86×10^3	4.601	20	1	0.37	克氏瘤丽星介	324.35×10^3	5.511	47	1	0.87
条纹鲈	42.60×10^3	4.629	21	1	0.39	中国林蛙	326.10×10^3	5.513	48	1	0.89
日本沼虾	43.19×10^3	4.635	22	1	0.41	蒙古裸腹溞	327.08×10^3	5.515	49	1	0.91
大型溞	45.28×10^3	4.656	23	1	0.43	泥鳅	340.78×10^3	5.532	50	1	0.93
草鱼	46.71×10^3	4.669	24	1	0.44	中华大蟾蜍	385.56×10^3	5.586	51	1	0.94
加州鲈	49.57×10^3	4.695	25	1	0.46	溪流摇蚊	403.64×10^3	5.606	52	1	0.96
斑点叉尾鮰	57.50×10^3	4.760	26	1	0.48	中华圆田螺	968.45×10^3	5.986	53	1	0.98
模糊网纹溞	59.19×10^3	4.772	27	1	0.50						

表 5-47　20℃、pH 7.8 条件下氨氮 SMAV

物种	SMAV /(μg/L)	lg SMAV /(μg/L)	秩次 R	秩次下物种数	累积频率 P	物种	SMAV /(μg/L)	lg SMAV /(μg/L)	秩次 R	秩次下物种数	累积频率 P
河蚬	3.63×10^3	3.560	1	1	0.02	细鳞大马哈鱼	45.55×10^3	4.658	28	1	0.52
中国鲈	5.25×10^3	3.720	2	1	0.04	昆明裂腹鱼	45.83×10^3	4.661	29	1	0.54
史氏鲟	8.67×10^3	3.938	3	1	0.06	鲤鱼	47.42×10^3	4.676	30	1	0.56
翘嘴鳜	9.71×10^3	3.987	4	1	0.07	老年低额溞	47.48×10^3	4.677	31	1	0.57
鲢鱼	11.77×10^3	4.071	5	1	0.09	中华绒螯蟹	48.18×10^3	4.683	32	1	0.59
辽宁棒花鱼	12.19×10^3	4.086	6	1	0.11	英勇剑水蚤	54.55×10^3	4.737	33	1	0.61
中华鲟	15.01×10^3	4.176	7	1	0.13	莫桑比克罗非鱼	59.29×10^3	4.773	34	1	0.63
鳙鱼	16.14×10^3	4.208	8	1	0.15	溪红点鲑	59.39×10^3	4.774	35	1	0.65
麦穗鱼	18.30×10^3	4.262	9	1	0.17	罗氏沼虾	60.43×10^3	4.781	36	1	0.67
尼罗罗非鱼	18.95×10^3	4.278	10	1	0.19	棘胸蛙	67.98×10^3	4.832	37	1	0.69
夹杂带丝蚓	19.13×10^3	4.282	11	1	0.20	稀有鮈鲫	74.13×10^3	4.870	38	1	0.70
大口黑鲈	19.18×10^3	4.283	12	1	0.22	霍甫水丝蚓	88.64×10^3	4.948	39	1	0.72
青鱼	19.24×10^3	4.284	13	1	0.24	欧洲鳗鲡	93.16×10^3	4.969	40	1	0.74
麦瑞加拉鲮鱼	19.57×10^3	4.292	14	1	0.26	红螯螯虾	99.75×10^3	4.999	41	1	0.76
普栉鰕虎鱼	20.69×10^3	4.316	15	1	0.28	中华小长臂虾	106.91×10^3	5.029	42	1	0.78
黄颡鱼	27.38×10^3	4.437	16	1	0.30	鲫鱼	115.45×10^3	5.062	43	1	0.80
虹鳟	27.97×10^3	4.447	17	1	0.31	团头鲂	122.08×10^3	5.087	44	1	0.81
白斑狗鱼	28.27×10^3	4.451	18	1	0.33	黄鳝	130.32×10^3	5.115	45	1	0.83
蓝鳃太阳鱼	28.41×10^3	4.453	19	1	0.35	大刺鳅	132.86×10^3	5.123	46	1	0.85
条纹鲈	30.36×10^3	4.482	20	1	0.37	克氏瘤丽星介	231.16×10^3	5.364	47	1	0.87
日本沼虾	30.78×10^3	4.488	21	1	0.39	中国林蛙	232.41×10^3	5.366	48	1	0.89
大型溞	32.27×10^3	4.509	22	1	0.41	蒙古裸腹溞	233.11×10^3	5.368	49	1	0.91
草鱼	33.29×10^3	4.522	23	1	0.43	泥鳅	242.87×10^3	5.385	50	1	0.93
青萍	33.40×10^3	4.524	24	1	0.44	中华大蟾蜍	274.79×10^3	5.439	51	1	0.94
加州鲈	35.33×10^3	4.548	25	1	0.46	溪流摇蚊	287.67×10^3	5.459	52	1	0.96
斑点叉尾鮰	40.98×10^3	4.613	26	1	0.48	中华圆田螺	690.22×10^3	5.839	53	1	0.98
模糊网纹溞	42.19×10^3	4.625	27	1	0.50						

表 5-48 20℃、pH 8.0 条件下氨氮 SMAV

物种	SMAV /(μg/L)	lg SMAV /(μg/L)	秩次 R	秩次下物种数	累积频率 P	物种	SMAV /(μg/L)	lg SMAV /(μg/L)	秩次 R	秩次下物种数	累积频率 P
河蚬	2.52×10^3	3.401	1	1	0.02	昆明裂腹鱼	31.74×10^3	4.502	28	1	0.52
中国鲈	3.64×10^3	3.561	2	1	0.04	鲤鱼	32.84×10^3	4.516	29	1	0.54
史氏鲟	6.01×10^3	3.779	3	1	0.06	老年低额溞	32.88×10^3	4.517	30	1	0.56
翘嘴鳜	6.73×10^3	3.828	4	1	0.07	中华绒螯蟹	33.37×10^3	4.523	31	1	0.57
鲢鱼	8.15×10^3	3.911	5	1	0.09	青萍	33.40×10^3	4.524	32	1	0.59
辽宁棒花鱼	8.44×10^3	3.926	6	1	0.11	英勇剑水蚤	37.79×10^3	4.577	33	1	0.61
中华鲟	10.40×10^3	4.017	7	1	0.13	莫桑比克罗非鱼	41.07×10^3	4.614	34	1	0.63
鳙鱼	11.18×10^3	4.048	8	1	0.15	溪红点鲑	41.14×10^3	4.614	35	1	0.65
麦穗鱼	12.68×10^3	4.103	9	1	0.17	罗氏沼虾	41.86×10^3	4.622	36	1	0.67
尼罗罗非鱼	13.13×10^3	4.118	10	1	0.19	棘胸蛙	47.08×10^3	4.673	37	1	0.69
夹杂带丝蚓	13.25×10^3	4.122	11	1	0.20	稀有鮈鲫	51.34×10^3	4.710	38	1	0.70
大口黑鲈	13.29×10^3	4.124	12	1	0.22	霍甫水丝蚓	61.40×10^3	4.788	39	1	0.72
青鱼	13.32×10^3	4.125	13	1	0.24	欧洲鳗鲡	64.52×10^3	4.810	40	1	0.74
麦瑞加拉鲮鱼	13.55×10^3	4.132	14	1	0.26	红螯螯虾	69.09×10^3	4.839	41	1	0.76
普栉鰕虎鱼	14.33×10^3	4.156	15	1	0.28	中华小长臂虾	74.05×10^3	4.870	42	1	0.78
黄颡鱼	18.97×10^3	4.278	16	1	0.30	鲫鱼	79.97×10^3	4.903	43	1	0.80
虹鳟	19.38×10^3	4.287	17	1	0.31	团头鲂	84.56×10^3	4.927	44	1	0.81
白斑狗鱼	19.58×10^3	4.292	18	1	0.33	黄鳝	90.27×10^3	4.956	45	1	0.83
蓝鳃太阳鱼	19.68×10^3	4.294	19	1	0.35	大刺鳅	92.02×10^3	4.964	46	1	0.85
条纹鲈	21.03×10^3	4.323	20	1	0.37	克氏瘤丽星介	160.11×10^3	5.204	47	1	0.87
日本沼虾	21.32×10^3	4.329	21	1	0.39	中国林蛙	160.98×10^3	5.207	48	1	0.89
大型溞	22.35×10^3	4.349	22	1	0.41	蒙古裸腹溞	161.46×10^3	5.208	49	1	0.91
草鱼	23.06×10^3	4.363	23	1	0.43	泥鳅	168.22×10^3	5.226	50	1	0.93
加州鲈	24.47×10^3	4.389	24	1	0.44	中华大蟾蜍	190.33×10^3	5.280	51	1	0.94
斑点叉尾鮰	28.39×10^3	4.453	25	1	0.46	溪流摇蚊	199.25×10^3	5.299	52	1	0.96
模糊网纹溞	29.22×10^3	4.466	26	1	0.48	中华圆田螺	478.07×10^3	5.679	53	1	0.98
细鳞大马哈鱼	31.55×10^3	4.499	27	1	0.50						

表 5-49 20℃、pH 8.2 条件下氨氮 SMAV

物种	SMAV /(μg/L)	lg SMAV /(μg/L)	秩次 R	秩次下物种数	累积频率 P	物种	SMAV /(μg/L)	lg SMAV /(μg/L)	秩次 R	秩次下物种数	累积频率 P
河蚬	1.71×10^{3}	3.233	1	1	0.02	昆明裂腹鱼	21.62×10^{3}	4.335	28	1	0.52
中国鲈	2.48×10^{3}	3.394	2	1	0.04	鲤鱼	22.37×10^{3}	4.350	29	1	0.54
史氏鲟	4.09×10^{3}	3.612	3	1	0.06	老年低额溞	22.40×10^{3}	4.350	30	1	0.56
翘嘴鳜	4.58×10^{3}	3.661	4	1	0.07	中华绒螯蟹	22.73×10^{3}	4.357	31	1	0.57
鲢鱼	5.55×10^{3}	3.744	5	1	0.09	英勇剑水蚤	25.74×10^{3}	4.411	32	1	0.59
辽宁棒花鱼	5.75×10^{3}	3.760	6	1	0.11	莫桑比克罗非鱼	27.98×10^{3}	4.447	33	1	0.61
中华鲟	7.08×10^{3}	3.850	7	1	0.13	溪红点鲑	28.02×10^{3}	4.447	34	1	0.63
鳙鱼	7.62×10^{3}	3.882	8	1	0.15	罗氏沼虾	28.51×10^{3}	4.455	35	1	0.65
麦穗鱼	8.64×10^{3}	3.937	9	1	0.17	棘胸蛙	32.07×10^{3}	4.506	36	1	0.67
尼罗罗非鱼	8.94×10^{3}	3.951	10	1	0.19	青萍	33.40×10^{3}	4.524	37	1	0.69
夹杂带丝蚓	9.02×10^{3}	3.955	11	1	0.20	稀有鮈鲫	34.98×10^{3}	4.544	38	1	0.70
大口黑鲈	9.05×10^{3}	3.957	12	1	0.22	霍甫水丝蚓	41.82×10^{3}	4.621	39	1	0.72
青鱼	9.08×10^{3}	3.958	13	1	0.24	欧洲鳗鲡	43.95×10^{3}	4.643	40	1	0.74
麦瑞加拉鲮鱼	9.23×10^{3}	3.965	14	1	0.26	红螯螯虾	47.06×10^{3}	4.673	41	1	0.76
普栉鰕虎鱼	9.76×10^{3}	3.989	15	1	0.28	中华小长臂虾	50.44×10^{3}	4.703	42	1	0.78
黄颡鱼	12.92×10^{3}	4.111	16	1	0.30	鲫鱼	54.47×10^{3}	4.736	43	1	0.80
虹鳟	13.20×10^{3}	4.121	17	1	0.31	团头鲂	57.60×10^{3}	4.760	44	1	0.81
白斑狗鱼	13.34×10^{3}	4.125	18	1	0.33	黄鳝	61.49×10^{3}	4.789	45	1	0.83
蓝鳃太阳鱼	13.40×10^{3}	4.127	19	1	0.35	大刺鳅	62.68×10^{3}	4.797	46	1	0.85
条纹鲈	14.33×10^{3}	4.156	20	1	0.37	克氏瘤丽星介	109.07×10^{3}	5.038	47	1	0.87
日本沼虾	14.52×10^{3}	4.162	21	1	0.39	中国林蛙	109.66×10^{3}	5.040	48	1	0.89
大型溞	15.22×10^{3}	4.182	22	1	0.41	蒙古裸腹溞	109.99×10^{3}	5.041	49	1	0.91
草鱼	15.71×10^{3}	4.196	23	1	0.43	泥鳅	114.59×10^{3}	5.059	50	1	0.93
加州鲈	16.67×10^{3}	4.222	24	1	0.44	中华大蟾蜍	129.65×10^{3}	5.113	51	1	0.94
斑点叉尾鮰	19.34×10^{3}	4.286	25	1	0.46	溪流摇蚊	135.73×10^{3}	5.133	52	1	0.96
模糊网纹溞	19.90×10^{3}	4.299	26	1	0.48	中华圆田螺	325.66×10^{3}	5.513	53	1	0.98
细鳞大马哈鱼	21.49×10^{3}	4.332	27	1	0.50						

表 5-50 20℃、pH 8.4条件下氨氮SMAV

物种	SMAV /(μg/L)	lg SMAV /(μg/L)	秩次 R	秩次下物种数	累积频率 P	物种	SMAV /(μg/L)	lg SMAV /(μg/L)	秩次 R	秩次下物种数	累积频率 P
河蚬	1.16×10^3	3.064	1	1	0.02	昆明裂腹鱼	14.66×10^3	4.166	28	1	0.52
中国鲈	1.68×10^3	3.225	2	1	0.04	鲤鱼	15.17×10^3	4.181	29	1	0.54
史氏鲟	2.77×10^3	3.442	3	1	0.06	老年低额溞	15.19×10^3	4.182	30	1	0.56
翘嘴鳜	3.11×10^3	3.493	4	1	0.07	中华绒螯蟹	15.41×10^3	4.188	31	1	0.57
鲢鱼	3.76×10^3	3.575	5	1	0.09	英勇剑水蚤	17.45×10^3	4.242	32	1	0.59
辽宁棒花鱼	3.90×10^3	3.591	6	1	0.11	莫桑比克罗非鱼	18.97×10^3	4.278	33	1	0.61
中华鲟	4.80×10^3	3.681	7	1	0.13	溪红点鲑	19.00×10^3	4.279	34	1	0.63
鳙鱼	5.16×10^3	3.713	8	1	0.15	罗氏沼虾	19.33×10^3	4.286	35	1	0.65
麦穗鱼	5.85×10^3	3.767	9	1	0.17	棘胸蛙	21.74×10^3	4.337	36	1	0.67
尼罗罗非鱼	6.06×10^3	3.782	10	1	0.19	稀有鮈鲫	23.71×10^3	4.375	37	1	0.69
夹杂带丝蚓	6.12×10^3	3.787	11	1	0.20	霍甫水丝蚓	28.35×10^3	4.453	38	1	0.70
大口黑鲈	6.14×10^3	3.788	12	1	0.22	欧洲鳗鲡	29.80×10^3	4.474	39	1	0.72
青鱼	6.15×10^3	3.789	13	1	0.24	红螯螯虾	31.91×10^3	4.504	40	1	0.74
麦瑞加拉鲮鱼	6.26×10^3	3.797	14	1	0.26	青萍	33.40×10^3	4.524	41	1	0.76
普栉鰕虎鱼	6.62×10^3	3.821	15	1	0.28	中华小长臂虾	34.20×10^3	4.534	42	1	0.78
黄颡鱼	8.76×10^3	3.943	16	1	0.30	鲫鱼	36.93×10^3	4.567	43	1	0.80
虹鳟	8.95×10^3	3.952	17	1	0.31	团头鲂	39.05×10^3	4.592	44	1	0.81
白斑狗鱼	9.04×10^3	3.956	18	1	0.33	黄鳝	41.69×10^3	4.620	45	1	0.83
蓝鳃太阳鱼	9.09×10^3	3.959	19	1	0.35	大刺鳅	42.50×10^3	4.628	46	1	0.85
条纹鲈	9.71×10^3	3.987	20	1	0.37	克氏瘤丽星介	73.94×10^3	4.869	47	1	0.87
日本沼虾	9.85×10^3	3.993	21	1	0.39	中国林蛙	74.34×10^3	4.871	48	1	0.89
大型溞	10.32×10^3	4.014	22	1	0.41	蒙古裸腹溞	74.57×10^3	4.873	49	1	0.91
草鱼	10.65×10^3	4.027	23	1	0.43	泥鳅	77.69×10^3	4.890	50	1	0.93
加州鲈	11.30×10^3	4.053	24	1	0.44	中华大蟾蜍	87.90×10^3	4.944	51	1	0.94
斑点叉尾鮰	13.11×10^3	4.118	25	1	0.46	溪流摇蚊	92.02×10^3	4.964	52	1	0.96
模糊网纹溞	13.49×10^3	4.130	26	1	0.48	中华圆田螺	220.79×10^3	5.344	53	1	0.98
细鳞大马哈鱼	14.57×10^3	4.163	27	1	0.50						

表 5-51　20℃、pH 8.6 条件下氨氮 SMAV

物种	SMAV /(μg/L)	lg SMAV /(μg/L)	秩次 R	秩次下物种数	累积频率 P	物种	SMAV /(μg/L)	lg SMAV /(μg/L)	秩次 R	秩次下物种数	累积频率 P
河蚬	0.79×10^3	2.898	1	1	0.02	昆明裂腹鱼	10.01×10^3	4.000	28	1	0.52
中国鲈	1.15×10^3	3.061	2	1	0.04	鲤鱼	10.36×10^3	4.015	29	1	0.54
史氏鲟	1.89×10^3	3.276	3	1	0.06	老年低额溞	10.37×10^3	4.016	30	1	0.56
翘嘴鳜	2.12×10^3	3.326	4	1	0.07	中华绒螯蟹	10.52×10^3	4.022	31	1	0.57
鲢鱼	2.57×10^3	3.410	5	1	0.09	英勇剑水蚤	11.92×10^3	4.076	32	1	0.59
辽宁棒花鱼	2.66×10^3	3.425	6	1	0.11	莫桑比克罗非鱼	12.95×10^3	4.112	33	1	0.61
中华鲟	3.28×10^3	3.516	7	1	0.13	溪红点鲑	12.97×10^3	4.113	34	1	0.63
鳙鱼	3.53×10^3	3.548	8	1	0.15	罗氏沼虾	13.20×10^3	4.121	35	1	0.65
麦穗鱼	4.00×10^3	3.602	9	1	0.17	棘胸蛙	14.85×10^3	4.172	36	1	0.67
尼罗罗非鱼	4.14×10^3	3.617	10	1	0.19	稀有鮈鲫	16.19×10^3	4.209	37	1	0.69
夹杂带丝蚓	4.18×10^3	3.621	11	1	0.20	霍甫水丝蚓	19.36×10^3	4.287	38	1	0.70
大口黑鲈	4.19×10^3	3.622	12	1	0.22	欧洲鳗鲡	20.35×10^3	4.309	39	1	0.72
青鱼	4.20×10^3	3.623	13	1	0.24	红螯螯虾	21.79×10^3	4.338	40	1	0.74
麦瑞加拉鲮鱼	4.27×10^3	3.630	14	1	0.26	中华小长臂虾	23.35×10^3	4.368	41	1	0.76
普栉鰕虎鱼	4.52×10^3	3.655	15	1	0.28	鲫鱼	25.22×10^3	4.402	42	1	0.78
黄颡鱼	5.98×10^3	3.777	16	1	0.30	团头鲂	26.66×10^3	4.426	43	1	0.80
虹鳟	6.11×10^3	3.786	17	1	0.31	黄鳝	28.46×10^3	4.454	44	1	0.81
白斑狗鱼	6.17×10^3	3.790	18	1	0.33	大刺鳅	29.02×10^3	4.463	45	1	0.83
蓝鳃太阳鱼	6.20×10^3	3.792	19	1	0.35	青萍	33.40×10^3	4.524	46	1	0.85
条纹鲈	6.63×10^3	3.822	20	1	0.37	克氏瘤丽星介	50.49×10^3	4.703	47	1	0.87
日本沼虾	6.72×10^3	3.827	21	1	0.39	中国林蛙	50.76×10^3	4.706	48	1	0.89
大型溞	7.05×10^3	3.848	22	1	0.41	蒙古裸腹溞	50.92×10^3	4.707	49	1	0.91
草鱼	7.27×10^3	3.862	23	1	0.43	泥鳅	53.05×10^3	4.725	50	1	0.93
加州鲈	7.72×10^3	3.888	24	1	0.44	中华大蟾蜍	60.02×10^3	4.778	51	1	0.94
斑点叉尾鮰	8.95×10^3	3.952	25	1	0.46	溪流摇蚊	62.83×10^3	4.798	52	1	0.96
模糊网纹溞	9.21×10^3	3.964	26	1	0.48	中华圆田螺	150.75×10^3	5.178	53	1	0.98
细鳞大马哈鱼	9.95×10^3	3.998	27	1	0.50						

表 5-52 20℃、pH 9.0 条件下氨氮 SMAV

物种	SMAV /(μg/L)	lg SMAV /(μg/L)	秩次 R	秩次下物种数	累积频率 P	物种	SMAV /(μg/L)	lg SMAV /(μg/L)	秩次 R	秩次下物种数	累积频率 P
河蚬	0.40×10^3	2.602	1	1	0.02	昆明裂腹鱼	5.00×10^3	3.699	28	1	0.52
中国鲈	0.57×10^3	2.756	2	1	0.04	鲤鱼	5.17×10^3	3.713	29	1	0.54
史氏鲟	0.95×10^3	2.978	3	1	0.06	老年低额溞	5.18×10^3	3.714	30	1	0.56
翘嘴鳜	1.06×10^3	3.025	4	1	0.07	中华绒螯蟹	5.26×10^3	3.721	31	1	0.57
鲢鱼	1.28×10^3	3.107	5	1	0.09	英勇剑水蚤	5.95×10^3	3.775	32	1	0.59
辽宁棒花鱼	1.33×10^3	3.124	6	1	0.11	莫桑比克罗非鱼	6.47×10^3	3.811	33	1	0.61
中华鲟	1.64×10^3	3.215	7	1	0.13	溪红点鲑	6.48×10^3	3.812	34	1	0.63
鳙鱼	1.76×10^3	3.246	8	1	0.15	罗氏沼虾	6.59×10^3	3.819	35	1	0.65
麦穗鱼	2.00×10^3	3.301	9	1	0.17	棘胸蛙	7.42×10^3	3.870	36	1	0.67
尼罗罗非鱼	2.07×10^3	3.316	10	1	0.19	稀有鮈鲫	8.09×10^3	3.908	37	1	0.69
夹杂带丝蚓	2.09×10^3	3.320	11	1	0.20	霍甫水丝蚓	9.67×10^3	3.985	38	1	0.70
大口黑鲈	2.09×10^3	3.320	12	1	0.22	欧洲鳗鲡	10.16×10^3	4.007	39	1	0.72
青鱼	2.10×10^3	3.322	13	1	0.24	红螯螯虾	10.88×10^3	4.037	40	1	0.74
麦瑞加拉鲮鱼	2.13×10^3	3.328	14	1	0.26	中华小长臂虾	11.66×10^3	4.067	41	1	0.76
普栉鰕虎鱼	2.26×10^3	3.354	15	1	0.28	鲫鱼	12.60×10^3	4.100	42	1	0.78
黄颡鱼	2.99×10^3	3.476	16	1	0.30	团头鲂	13.32×10^3	4.125	43	1	0.80
虹鳟	3.05×10^3	3.484	17	1	0.31	黄鳝	14.22×10^3	4.153	44	1	0.81
白斑狗鱼	3.08×10^3	3.489	18	1	0.33	大刺鳅	14.49×10^3	4.161	45	1	0.83
蓝鳃太阳鱼	3.10×10^3	3.491	19	1	0.35	克氏瘤丽星介	25.22×10^3	4.402	46	1	0.85
条纹鲈	3.31×10^3	3.520	20	1	0.37	中国林蛙	25.36×10^3	4.404	47	1	0.87
日本沼虾	3.36×10^3	3.526	21	1	0.39	蒙古裸腹溞	25.43×10^3	4.405	48	1	0.89
大型溞	3.52×10^3	3.547	22	1	0.41	泥鳅	26.50×10^3	4.423	49	1	0.91
草鱼	3.63×10^3	3.560	23	1	0.43	中华大蟾蜍	29.98×10^3	4.477	50	1	0.93
加州鲈	3.85×10^3	3.585	24	1	0.44	溪流摇蚊	31.39×10^3	4.497	51	1	0.94
斑点叉尾鮰	4.47×10^3	3.650	25	1	0.46	青萍	33.40×10^3	4.524	52	1	0.96
模糊网纹溞	4.60×10^3	3.663	26	1	0.48	中华圆田螺	75.30×10^3	4.877	53	1	0.98
细鳞大马哈鱼	4.97×10^3	3.696	27	1	0.50						

表 5-53 25℃、pH 6.0 条件下氨氮 SMAV

物种	SMAV /(μg/L)	lg SMAV /(μg/L)	秩次 R	秩次下物种数	累积频率 P	物种	SMAV /(μg/L)	lg SMAV /(μg/L)	秩次 R	秩次下物种数	累积频率 P
河蚬	10.87×10^3	4.036	1	1	0.02	加州鲈	160.02×10^3	5.204	28	1	0.52
中国鲈	23.80×10^3	4.377	2	1	0.04	英勇剑水蚤	163.27×10^3	5.213	29	1	0.54
青萍	33.40×10^3	4.524	3	1	0.06	罗氏沼虾	180.86×10^3	5.257	30	1	0.56
史氏鲟	39.28×10^3	4.594	4	1	0.07	斑点叉尾鮰	185.65×10^3	5.269	31	1	0.57
翘嘴鳜	43.99×10^3	4.643	5	1	0.09	细鳞大马哈鱼	206.32×10^3	5.315	32	1	0.59
鲢鱼	53.31×10^3	4.727	6	1	0.11	昆明裂腹鱼	207.60×10^3	5.317	33	1	0.61
辽宁棒花鱼	55.23×10^3	4.742	7	1	0.13	鲤鱼	214.79×10^3	5.332	34	1	0.63
夹杂带丝蚓	57.25×10^3	4.758	8	1	0.15	霍甫水丝蚓	265.29×10^3	5.424	35	1	0.65
中华鲟	68.01×10^3	4.833	9	1	0.17	莫桑比克罗非鱼	268.59×10^3	5.429	36	1	0.67
鳙鱼	73.13×10^3	4.864	10	1	0.19	溪红点鲑	269.03×10^3	5.430	37	1	0.69
麦穗鱼	82.91×10^3	4.919	11	1	0.20	红螯螯虾	298.52×10^3	5.475	38	1	0.70
尼罗罗非鱼	85.84×10^3	4.934	12	1	0.22	棘胸蛙	307.93×10^3	5.488	39	1	0.72
大口黑鲈	86.89×10^3	4.939	13	1	0.24	中华小长臂虾	319.96×10^3	5.505	40	1	0.74
青鱼	87.13×10^3	4.940	14	1	0.26	稀有鮈鲫	335.79×10^3	5.526	41	1	0.76
麦瑞加拉鲮鱼	88.64×10^3	4.948	15	1	0.28	欧洲鳗鲡	421.98×10^3	5.625	42	1	0.78
日本沼虾	92.11×10^3	4.964	16	1	0.30	鲫鱼	522.98×10^3	5.718	43	1	0.80
普栉鰕虎鱼	93.73×10^3	4.972	17	1	0.31	团头鲂	553.01×10^3	5.743	44	1	0.81
大型溞	96.57×10^3	4.985	18	1	0.33	黄鳝	590.34×10^3	5.771	45	1	0.83
黄颡鱼	124.05×10^3	5.094	19	1	0.35	大刺鳅	601.81×10^3	5.779	46	1	0.85
模糊网纹溞	126.26×10^3	5.101	20	1	0.37	克氏瘤丽星介	691.83×10^3	5.840	47	1	0.87
虹鳟	126.71×10^3	5.103	21	1	0.39	蒙古裸腹溞	697.66×10^3	5.844	48	1	0.89
白斑狗鱼	128.06×10^3	5.107	22	1	0.41	溪流摇蚊	860.95×10^3	5.935	49	1	0.91
蓝鳃太阳鱼	128.68×10^3	5.110	23	1	0.43	中国林蛙	1052.78×10^3	6.022	50	1	0.93
条纹鲈	137.53×10^3	5.138	24	1	0.44	泥鳅	1100.17×10^3	6.041	51	1	0.94
老年低额溞	142.09×10^3	5.153	25	1	0.46	中华大蟾蜍	1244.75×10^3	6.095	52	1	0.96
中华绒螯蟹	144.20×10^3	5.159	26	1	0.48	中华圆田螺	2065.69×10^3	6.315	53	1	0.98
草鱼	150.79×10^3	5.178	27	1	0.50						

表 5-54 25℃、pH 6.5 条件下氨氮 SMAV

物种	SMAV /(μg/L)	lg SMAV /(μg/L)	秩次 R	秩次下物种数	累积频率 P	物种	SMAV /(μg/L)	lg SMAV /(μg/L)	秩次 R	秩次下物种数	累积频率 P
河蚬	9.65×10^3	3.985	1	1	0.02	加州鲈	142.09×10^3	5.153	28	1	0.52
中国鲈	21.13×10^3	4.325	2	1	0.04	英勇剑水蚤	144.98×10^3	5.161	29	1	0.54
青萍	33.40×10^3	4.524	3	1	0.06	罗氏沼虾	160.60×10^3	5.206	30	1	0.56
史氏鲟	34.88×10^3	4.543	4	1	0.07	斑点叉尾鮰	164.85×10^3	5.217	31	1	0.57
翘嘴鳜	39.06×10^3	4.592	5	1	0.09	细鳞大马哈鱼	183.21×10^3	5.263	32	1	0.59
鲢鱼	47.34×10^3	4.675	6	1	0.11	昆明裂腹鱼	184.34×10^3	5.266	33	1	0.61
辽宁棒花鱼	49.04×10^3	4.691	7	1	0.13	鲤鱼	190.73×10^3	5.280	34	1	0.63
夹杂带丝蚓	50.83×10^3	4.706	8	1	0.15	霍甫水丝蚓	235.57×10^3	5.372	35	1	0.65
中华鲟	60.39×10^3	4.781	9	1	0.17	莫桑比克罗非鱼	238.50×10^3	5.377	36	1	0.67
鳙鱼	64.94×10^3	4.813	10	1	0.19	溪红点鲑	238.89×10^3	5.378	37	1	0.69
麦穗鱼	73.62×10^3	4.867	11	1	0.20	红螯螯虾	265.08×10^3	5.423	38	1	0.70
尼罗罗非鱼	76.22×10^3	4.882	12	1	0.22	棘胸蛙	273.43×10^3	5.437	39	1	0.72
大口黑鲈	77.16×10^3	4.887	13	1	0.24	中华小长臂虾	284.12×10^3	5.454	40	1	0.74
青鱼	77.37×10^3	4.889	14	1	0.26	稀有鮈鲫	298.18×10^3	5.474	41	1	0.76
麦瑞加拉鲮鱼	78.71×10^3	4.896	15	1	0.28	欧洲鳗鲡	374.71×10^3	5.574	42	1	0.78
日本沼虾	81.80×10^3	4.913	16	1	0.30	鲫鱼	464.39×10^3	5.667	43	1	0.80
普栉鰕虎鱼	83.23×10^3	4.920	17	1	0.31	团头鲂	491.06×10^3	5.691	44	1	0.81
大型溞	85.76×10^3	4.933	18	1	0.33	黄鳝	524.20×10^3	5.719	45	1	0.83
黄颡鱼	110.15×10^3	5.042	19	1	0.35	大刺鳅	534.39×10^3	5.728	46	1	0.85
模糊网纹溞	112.12×10^3	5.050	20	1	0.37	克氏瘤丽星介	614.33×10^3	5.788	47	1	0.87
虹鳟	112.52×10^3	5.051	21	1	0.39	蒙古裸腹溞	619.51×10^3	5.792	48	1	0.89
白斑狗鱼	113.71×10^3	5.056	22	1	0.41	溪流摇蚊	764.51×10^3	5.883	49	1	0.91
蓝鳃太阳鱼	114.27×10^3	5.058	23	1	0.43	中国林蛙	934.85×10^3	5.971	50	1	0.93
条纹鲈	122.13×10^3	5.087	24	1	0.44	泥鳅	976.92×10^3	5.990	51	1	0.94
老年低额溞	126.18×10^3	5.101	25	1	0.46	中华大蟾蜍	1105.31×10^3	6.043	52	1	0.96
中华绒螯蟹	128.04×10^3	5.107	26	1	0.48	中华圆田螺	1834.29×10^3	6.263	53	1	0.98
草鱼	133.90×10^3	5.127	27	1	0.50						

表 5-55 25℃、pH 7.0 条件下氨氮 SMAV

物种	SMAV /(μg/L)	lg SMAV /(μg/L)	秩次 R	秩次下物种数	累积频率 P	物种	SMAV /(μg/L)	lg SMAV /(μg/L)	秩次 R	秩次下物种数	累积频率 P
河蚬	7.14×10^3	3.854	1	1	0.02	加州鲈	105.03×10^3	5.021	28	1	0.52
中国鲈	15.62×10^3	4.194	2	1	0.04	英勇剑水蚤	107.17×10^3	5.030	29	1	0.54
史氏鲟	25.78×10^3	4.411	3	1	0.06	罗氏沼虾	118.71×10^3	5.074	30	1	0.56
翘嘴鳜	28.87×10^3	4.460	4	1	0.07	斑点叉尾鮰	121.85×10^3	5.086	31	1	0.57
青萍	33.40×10^3	4.524	5	1	0.09	细鳞大马哈鱼	135.42×10^3	5.132	32	1	0.59
鲢鱼	34.99×10^3	4.544	6	1	0.11	昆明裂腹鱼	136.26×10^3	5.134	33	1	0.61
辽宁棒花鱼	36.25×10^3	4.559	7	1	0.13	鲤鱼	140.98×10^3	5.149	34	1	0.63
夹杂带丝蚓	37.57×10^3	4.575	8	1	0.15	霍甫水丝蚓	174.13×10^3	5.241	35	1	0.65
中华鲟	44.64×10^3	4.650	9	1	0.17	莫桑比克罗非鱼	176.30×10^3	5.246	36	1	0.67
鳙鱼	48.00×10^3	4.681	10	1	0.19	溪红点鲑	176.59×10^3	5.247	37	1	0.69
麦穗鱼	54.42×10^3	4.736	11	1	0.20	红螯螯虾	195.94×10^3	5.292	38	1	0.70
尼罗罗非鱼	56.34×10^3	4.751	12	1	0.22	棘胸蛙	202.12×10^3	5.306	39	1	0.72
大口黑鲈	57.03×10^3	4.756	13	1	0.24	中华小长臂虾	210.02×10^3	5.322	40	1	0.74
青鱼	57.19×10^3	4.757	14	1	0.26	稀有鮈鲫	220.41×10^3	5.343	41	1	0.76
麦瑞加拉鲮鱼	58.18×10^3	4.765	15	1	0.28	欧洲鳗鲡	276.98×10^3	5.442	42	1	0.78
日本沼虾	60.46×10^3	4.781	16	1	0.30	鲫鱼	343.27×10^3	5.536	43	1	0.80
普栉鰕虎鱼	61.52×10^3	4.789	17	1	0.31	团头鲂	362.98×10^3	5.560	44	1	0.81
大型溞	63.39×10^3	4.802	18	1	0.33	黄鳝	387.48×10^3	5.588	45	1	0.83
黄颡鱼	81.42×10^3	4.911	19	1	0.35	大刺鳅	395.01×10^3	5.597	46	1	0.85
模糊网纹溞	82.87×10^3	4.918	20	1	0.37	克氏瘤丽星介	454.10×10^3	5.657	47	1	0.87
虹鳟	83.17×10^3	4.920	21	1	0.39	蒙古裸腹溞	457.93×10^3	5.661	48	1	0.89
白斑狗鱼	84.05×10^3	4.925	22	1	0.41	溪流摇蚊	565.11×10^3	5.752	49	1	0.91
蓝鳃太阳鱼	84.46×10^3	4.927	23	1	0.43	中国林蛙	691.02×10^3	5.839	50	1	0.93
条纹鲈	90.27×10^3	4.956	24	1	0.44	泥鳅	722.12×10^3	5.859	51	1	0.94
老年低额溞	93.27×10^3	4.970	25	1	0.46	中华大蟾蜍	817.03×10^3	5.912	52	1	0.96
中华绒螯蟹	94.65×10^3	4.976	26	1	0.48	中华圆田螺	1355.87×10^3	6.132	53	1	0.98
草鱼	98.97×10^3	4.996	27	1	0.50						

表 5-56 25℃、pH 7.2 条件下氨氮 SMAV

物种	SMAV /(μg/L)	lg SMAV /(μg/L)	秩次 R	秩次下物种数	累积频率 P	物种	SMAV /(μg/L)	lg SMAV /(μg/L)	秩次 R	秩次下物种数	累积频率 P
河蚬	5.84×10³	3.766	1	1	0.02	加州鲈	85.96×10³	4.934	28	1	0.52
中国鲈	12.78×10³	4.107	2	1	0.04	英勇剑水蚤	87.71×10³	4.943	29	1	0.54
史氏鲟	21.10×10³	4.324	3	1	0.06	罗氏沼虾	97.16×10³	4.987	30	1	0.56
翘嘴鳜	23.63×10³	4.373	4	1	0.07	斑点叉尾鮰	99.73×10³	4.999	31	1	0.57
鲢鱼	28.64×10³	4.457	5	1	0.09	细鳞大马哈鱼	110.83×10³	5.045	32	1	0.59
辽宁棒花鱼	29.67×10³	4.472	6	1	0.11	昆明裂腹鱼	111.52×10³	5.047	33	1	0.61
夹杂带丝蚓	30.75×10³	4.488	7	1	0.13	鲤鱼	115.39×10³	5.062	34	1	0.63
青萍	33.40×10³	4.524	8	1	0.15	霍甫水丝蚓	142.51×10³	5.154	35	1	0.65
中华鲟	36.54×10³	4.563	9	1	0.17	莫桑比克罗非鱼	144.28×10³	5.159	36	1	0.67
鳙鱼	39.29×10³	4.594	10	1	0.19	溪红点鲑	144.52×10³	5.160	37	1	0.69
麦穗鱼	44.54×10³	4.649	11	1	0.20	红螯螯虾	160.36×10³	5.205	38	1	0.70
尼罗罗非鱼	46.11×10³	4.664	12	1	0.22	棘胸蛙	165.42×10³	5.219	39	1	0.72
大口黑鲈	46.68×10³	4.669	13	1	0.24	中华小长臂虾	171.88×10³	5.235	40	1	0.74
青鱼	46.81×10³	4.670	14	1	0.26	稀有鮈鲫	180.39×10³	5.256	41	1	0.76
麦瑞加拉鲮鱼	47.62×10³	4.678	15	1	0.28	欧洲鳗鲡	226.69×10³	5.355	42	1	0.78
日本沼虾	49.48×10³	4.694	16	1	0.30	鲫鱼	280.94×10³	5.449	43	1	0.80
普栉鰕虎鱼	50.35×10³	4.702	17	1	0.31	团头鲂	297.07×10³	5.473	44	1	0.81
大型溞	51.88×10³	4.715	18	1	0.33	黄鳝	317.12×10³	5.501	45	1	0.83
黄颡鱼	66.64×10³	4.824	19	1	0.35	大刺鳅	323.29×10³	5.510	46	1	0.85
模糊网纹溞	67.83×10³	4.831	20	1	0.37	克氏瘤丽星介	371.65×10³	5.570	47	1	0.87
虹鳟	68.07×10³	4.833	21	1	0.39	蒙古裸腹溞	374.78×10³	5.574	48	1	0.89
白斑狗鱼	68.79×10³	4.838	22	1	0.41	溪流摇蚊	462.50×10³	5.665	49	1	0.91
蓝鳃太阳鱼	69.13×10³	4.840	23	1	0.43	中国林蛙	565.55×10³	5.752	50	1	0.93
条纹鲈	73.88×10³	4.869	24	1	0.44	泥鳅	591.00×10³	5.772	51	1	0.94
老年低额溞	76.33×10³	4.883	25	1	0.46	中华大蟾蜍	668.67×10³	5.825	52	1	0.96
中华绒螯蟹	77.46×10³	4.889	26	1	0.48	中华圆田螺	1109.68×10³	6.045	53	1	0.98
草鱼	81.00×10³	4.908	27	1	0.50						

表 5-57 25℃、pH 7.4条件下氨氮SMAV

物种	SMAV /(μg/L)	lg SMAV /(μg/L)	秩次 R	秩次下物种数	累积频率 P	物种	SMAV /(μg/L)	lg SMAV /(μg/L)	秩次 R	秩次下物种数	累积频率 P
河蚬	4.54×10^3	3.657	1	1	0.02	加州鲈	66.85×10^3	4.825	28	1	0.52
中国鲈	9.94×10^3	3.997	2	1	0.04	英勇剑水蚤	68.21×10^3	4.834	29	1	0.54
史氏鲟	16.41×10^3	4.215	3	1	0.06	罗氏沼虾	75.56×10^3	4.878	30	1	0.56
翘嘴鳜	18.38×10^3	4.264	4	1	0.07	斑点叉尾鮰	77.56×10^3	4.890	31	1	0.57
鲢鱼	22.27×10^3	4.348	5	1	0.09	细鳞大马哈鱼	86.19×10^3	4.935	32	1	0.59
辽宁棒花鱼	23.07×10^3	4.363	6	1	0.11	昆明裂腹鱼	86.73×10^3	4.938	33	1	0.61
夹杂带丝蚓	23.92×10^3	4.379	7	1	0.13	鲤鱼	89.73×10^3	4.953	34	1	0.63
中华鲟	28.41×10^3	4.453	8	1	0.15	霍甫水丝蚓	110.83×10^3	5.045	35	1	0.65
鳙鱼	30.55×10^3	4.485	9	1	0.17	莫桑比克罗非鱼	112.21×10^3	5.050	36	1	0.67
青萍	33.40×10^3	4.524	10	1	0.19	溪红点鲑	112.39×10^3	5.051	37	1	0.69
麦穗鱼	34.64×10^3	4.540	11	1	0.20	红螯螯虾	124.71×10^3	5.096	38	1	0.70
尼罗罗非鱼	35.86×10^3	4.555	12	1	0.22	棘胸蛙	128.64×10^3	5.109	39	1	0.72
大口黑鲈	36.30×10^3	4.560	13	1	0.24	中华小长臂虾	133.67×10^3	5.126	40	1	0.74
青鱼	36.40×10^3	4.561	14	1	0.26	稀有鮈鲫	140.28×10^3	5.147	41	1	0.76
麦瑞加拉鲮鱼	37.03×10^3	4.569	15	1	0.28	欧洲鳗鲡	176.29×10^3	5.246	42	1	0.78
日本沼虾	38.48×10^3	4.585	16	1	0.30	鲫鱼	218.48×10^3	5.339	43	1	0.80
普栉鰕虎鱼	39.16×10^3	4.593	17	1	0.31	团头鲂	231.03×10^3	5.364	44	1	0.81
大型溞	40.34×10^3	4.606	18	1	0.33	黄鳝	246.62×10^3	5.392	45	1	0.83
黄颡鱼	51.82×10^3	4.714	19	1	0.35	大刺鳅	251.41×10^3	5.400	46	1	0.85
模糊网纹溞	52.75×10^3	4.722	20	1	0.37	克氏瘤丽星介	289.02×10^3	5.461	47	1	0.87
虹鳟	52.94×10^3	4.724	21	1	0.39	蒙古裸腹溞	291.46×10^3	5.465	48	1	0.89
白斑狗鱼	53.50×10^3	4.728	22	1	0.41	溪流摇蚊	359.67×10^3	5.556	49	1	0.91
蓝鳃太阳鱼	53.76×10^3	4.730	23	1	0.43	中国林蛙	439.81×10^3	5.643	50	1	0.93
条纹鲈	57.46×10^3	4.759	24	1	0.44	泥鳅	459.61×10^3	5.662	51	1	0.94
老年低额溞	59.36×10^3	4.773	25	1	0.46	中华大蟾蜍	520.01×10^3	5.716	52	1	0.96
中华绒螯蟹	60.24×10^3	4.780	26	1	0.48	中华圆田螺	862.97×10^3	5.936	53	1	0.98
草鱼	62.99×10^3	4.799	27	1	0.50						

表 5-58 25℃、pH 7.6 条件下氨氮 SMAV

物种	SMAV /(μg/L)	lg SMAV /(μg/L)	秩次 R	秩次下物种数	累积频率 P	物种	SMAV /(μg/L)	lg SMAV /(μg/L)	秩次 R	秩次下物种数	累积频率 P
河蚬	3.37×10^3	3.528	1	1	0.02	加州鲈	49.57×10^3	4.695	28	1	0.52
中国鲈	7.37×10^3	3.867	2	1	0.04	英勇剑水蚤	50.57×10^3	4.704	29	1	0.54
史氏鲟	12.17×10^3	4.085	3	1	0.06	罗氏沼虾	56.02×10^3	4.748	30	1	0.56
翘嘴鳜	13.62×10^3	4.134	4	1	0.07	斑点叉尾鮰	57.50×10^3	4.760	31	1	0.57
鲢鱼	16.51×10^3	4.218	5	1	0.09	细鳞大马哈鱼	63.91×10^3	4.806	32	1	0.59
辽宁棒花鱼	17.11×10^3	4.233	6	1	0.11	昆明裂腹鱼	64.30×10^3	4.808	33	1	0.61
夹杂带丝蚓	17.73×10^3	4.249	7	1	0.13	鲤鱼	66.53×10^3	4.823	34	1	0.63
中华鲟	21.07×10^3	4.324	8	1	0.15	霍甫水丝蚓	82.17×10^3	4.915	35	1	0.65
鳙鱼	22.65×10^3	4.355	9	1	0.17	莫桑比克罗非鱼	83.20×10^3	4.920	36	1	0.67
麦穗鱼	25.68×10^3	4.410	10	1	0.19	溪红点鲑	83.33×10^3	4.921	37	1	0.69
尼罗罗非鱼	26.59×10^3	4.425	11	1	0.20	红螯螯虾	92.47×10^3	4.966	38	1	0.70
大口黑鲈	26.91×10^3	4.430	12	1	0.22	棘胸蛙	95.38×10^3	4.979	39	1	0.72
青鱼	26.99×10^3	4.431	13	1	0.24	中华小长臂虾	99.11×10^3	4.996	40	1	0.74
麦瑞加拉鲮鱼	27.46×10^3	4.439	14	1	0.26	稀有鮈鲫	104.01×10^3	5.017	41	1	0.76
日本沼虾	28.53×10^3	4.455	15	1	0.28	欧洲鳗鲡	130.71×10^3	5.116	42	1	0.78
普栉鰕虎鱼	29.03×10^3	4.463	16	1	0.30	鲫鱼	161.99×10^3	5.209	43	1	0.80
大型溞	29.91×10^3	4.476	17	1	0.31	团头鲂	171.29×10^3	5.234	44	1	0.81
青萍	33.40×10^3	4.524	18	1	0.33	黄鳝	182.86×10^3	5.262	45	1	0.83
黄颡鱼	38.42×10^3	4.585	19	1	0.35	大刺鳅	186.41×10^3	5.270	46	1	0.85
模糊网纹溞	39.11×10^3	4.592	20	1	0.37	克氏瘤丽星介	214.29×10^3	5.331	47	1	0.87
虹鳟	39.25×10^3	4.594	21	1	0.39	蒙古裸腹溞	216.10×10^3	5.335	48	1	0.89
白斑狗鱼	39.67×10^3	4.598	22	1	0.41	溪流摇蚊	266.68×10^3	5.426	49	1	0.91
蓝鳃太阳鱼	39.86×10^3	4.601	23	1	0.43	中国林蛙	326.10×10^3	5.513	50	1	0.93
条纹鲈	42.60×10^3	4.629	24	1	0.44	泥鳅	340.78×10^3	5.532	51	1	0.94
老年低额溞	44.01×10^3	4.644	25	1	0.46	中华大蟾蜍	385.56×10^3	5.586	52	1	0.96
中华绒螯蟹	44.66×10^3	4.650	26	1	0.48	中华圆田螺	639.85×10^3	5.806	53	1	0.98
草鱼	46.71×10^3	4.669	27	1	0.50						

表 5-59 25℃、pH 7.8 条件下氨氮 SMAV

物种	SMAV /(μg/L)	lg SMAV /(μg/L)	秩次 R	秩次下物种数	累积频率 P	物种	SMAV /(μg/L)	lg SMAV /(μg/L)	秩次 R	秩次下物种数	累积频率 P
河蚬	2.40×10^3	3.380	1	1	0.02	加州鲈	35.33×10^3	4.548	28	1	0.52
中国鲈	5.25×10^3	3.720	2	1	0.04	英勇剑水蚤	36.04×10^3	4.557	29	1	0.54
史氏鲟	8.67×10^3	3.938	3	1	0.06	罗氏沼虾	39.93×10^3	4.601	30	1	0.56
翘嘴鳜	9.71×10^3	3.987	4	1	0.07	斑点叉尾鮰	40.98×10^3	4.613	31	1	0.57
鲢鱼	11.77×10^3	4.071	5	1	0.09	细鳞大马哈鱼	45.55×10^3	4.658	32	1	0.59
辽宁棒花鱼	12.19×10^3	4.086	6	1	0.11	昆明裂腹鱼	45.83×10^3	4.661	33	1	0.61
夹杂带丝蚓	12.64×10^3	4.102	7	1	0.13	鲤鱼	47.42×10^3	4.676	34	1	0.63
中华鲟	15.01×10^3	4.176	8	1	0.15	霍甫水丝蚓	58.57×10^3	4.768	35	1	0.65
鳙鱼	16.14×10^3	4.208	9	1	0.17	莫桑比克罗非鱼	59.29×10^3	4.773	36	1	0.67
麦穗鱼	18.30×10^3	4.262	10	1	0.19	溪红点鲑	59.39×10^3	4.774	37	1	0.69
尼罗罗非鱼	18.95×10^3	4.278	11	1	0.20	红螯螯虾	65.90×10^3	4.819	38	1	0.70
大口黑鲈	19.18×10^3	4.283	12	1	0.22	棘胸蛙	67.98×10^3	4.832	39	1	0.72
青鱼	19.24×10^3	4.284	13	1	0.24	中华小长臂虾	70.63×10^3	4.849	40	1	0.74
麦瑞加拉鲮鱼	19.57×10^3	4.292	14	1	0.26	稀有鮈鲫	74.13×10^3	4.870	41	1	0.76
日本沼虾	20.34×10^3	4.308	15	1	0.28	欧洲鳗鲡	93.16×10^3	4.969	42	1	0.78
普栉鰕虎鱼	20.69×10^3	4.316	16	1	0.30	鲫鱼	115.45×10^3	5.062	43	1	0.80
大型溞	21.32×10^3	4.329	17	1	0.31	团头鲂	122.08×10^3	5.087	44	1	0.81
黄颡鱼	27.38×10^3	4.437	18	1	0.33	黄鳝	130.32×10^3	5.115	45	1	0.83
模糊网纹溞	27.87×10^3	4.445	19	1	0.35	大刺鳅	132.86×10^3	5.123	46	1	0.85
虹鳟	27.97×10^3	4.447	20	1	0.37	克氏瘤丽星介	152.73×10^3	5.184	47	1	0.87
白斑狗鱼	28.27×10^3	4.451	21	1	0.39	蒙古裸腹溞	154.02×10^3	5.188	48	1	0.89
蓝鳃太阳鱼	28.41×10^3	4.453	22	1	0.41	溪流摇蚊	190.06×10^3	5.279	49	1	0.91
条纹鲈	30.36×10^3	4.482	23	1	0.43	中国林蛙	232.41×10^3	5.366	50	1	0.93
老年低额溞	31.37×10^3	4.497	24	1	0.44	泥鳅	242.87×10^3	5.385	51	1	0.94
中华绒螯蟹	31.83×10^3	4.503	25	1	0.46	中华大蟾蜍	274.79×10^3	5.439	52	1	0.96
草鱼	33.29×10^3	4.522	26	1	0.48	中华圆田螺	456.02×10^3	5.659	53	1	0.98
青萍	33.40×10^3	4.524	27	1	0.50						

表 5-60　25℃、pH 8.0 条件下氨氮 SMAV

物种	SMAV/(μg/L)	lg SMAV/(μg/L)	秩次 R	秩次下物种数	累积频率 P	物种	SMAV/(μg/L)	lg SMAV/(μg/L)	秩次 R	秩次下物种数	累积频率 P
河蚬	1.66×10^{3}	3.220	1	1	0.02	英勇剑水蚤	24.97×10^{3}	4.397	28	1	0.52
中国鲈	3.64×10^{3}	3.561	2	1	0.04	罗氏沼虾	27.65×10^{3}	4.442	29	1	0.54
史氏鲟	6.01×10^{3}	3.779	3	1	0.06	斑点叉尾鮰	28.39×10^{3}	4.453	30	1	0.56
翘嘴鳜	6.73×10^{3}	3.828	4	1	0.07	细鳞大马哈鱼	31.55×10^{3}	4.499	31	1	0.57
鲢鱼	8.15×10^{3}	3.911	5	1	0.09	昆明裂腹鱼	31.74×10^{3}	4.502	32	1	0.59
辽宁棒花鱼	8.44×10^{3}	3.926	6	1	0.11	鲤鱼	32.84×10^{3}	4.516	33	1	0.61
夹杂带丝蚓	8.75×10^{3}	3.942	7	1	0.13	青萍	33.40×10^{3}	4.524	34	1	0.63
中华鲟	10.40×10^{3}	4.017	8	1	0.15	霍甫水丝蚓	40.56×10^{3}	4.608	35	1	0.65
鳙鱼	11.18×10^{3}	4.048	9	1	0.17	莫桑比克罗非鱼	41.07×10^{3}	4.614	36	1	0.67
麦穗鱼	12.68×10^{3}	4.103	10	1	0.19	溪红点鲑	41.14×10^{3}	4.614	37	1	0.69
尼罗罗非鱼	13.13×10^{3}	4.118	11	1	0.20	红螯螯虾	45.65×10^{3}	4.659	38	1	0.70
大口黑鲈	13.29×10^{3}	4.124	12	1	0.22	棘胸蛙	47.08×10^{3}	4.673	39	1	0.72
青鱼	13.32×10^{3}	4.125	13	1	0.24	中华小长臂虾	48.92×10^{3}	4.689	40	1	0.74
麦瑞加拉鲮鱼	13.55×10^{3}	4.132	14	1	0.26	稀有鮈鲫	51.34×10^{3}	4.710	41	1	0.76
日本沼虾	14.08×10^{3}	4.149	15	1	0.28	欧洲鳗鲡	64.52×10^{3}	4.810	42	1	0.78
普栉鰕虎鱼	14.33×10^{3}	4.156	16	1	0.30	鲫鱼	79.97×10^{3}	4.903	43	1	0.80
大型溞	14.77×10^{3}	4.169	17	1	0.31	团头鲂	84.56×10^{3}	4.927	44	1	0.81
黄颡鱼	18.97×10^{3}	4.278	18	1	0.33	黄鳝	90.27×10^{3}	4.956	45	1	0.83
模糊网纹溞	19.31×10^{3}	4.286	19	1	0.35	大刺鳅	92.02×10^{3}	4.964	46	1	0.85
虹鳟	19.38×10^{3}	4.287	20	1	0.37	克氏瘤丽星介	105.78×10^{3}	5.024	47	1	0.87
白斑狗鱼	19.58×10^{3}	4.292	21	1	0.39	蒙古裸腹溞	106.68×10^{3}	5.028	48	1	0.89
蓝鳃太阳鱼	19.68×10^{3}	4.294	22	1	0.41	溪流摇蚊	131.64×10^{3}	5.119	49	1	0.91
条纹鲈	21.03×10^{3}	4.323	23	1	0.43	中国林蛙	160.98×10^{3}	5.207	50	1	0.93
老年低额溞	21.73×10^{3}	4.337	24	1	0.44	泥鳅	168.22×10^{3}	5.226	51	1	0.94
中华绒螯蟹	22.05×10^{3}	4.343	25	1	0.46	中华大蟾蜍	190.33×10^{3}	5.280	52	1	0.96
草鱼	23.06×10^{3}	4.363	26	1	0.48	中华圆田螺	315.86×10^{3}	5.499	53	1	0.98
加州鲈	24.47×10^{3}	4.389	27	1	0.50						

表 5-61 25℃、pH 8.2 条件下氨氮 SMAV

物种	SMAV /(μg/L)	lg SMAV /(μg/L)	秩次 R	秩次下物种数	累积频率 P	物种	SMAV /(μg/L)	lg SMAV /(μg/L)	秩次 R	秩次下物种数	累积频率 P
河蚬	1.13×10^3	3.053	1	1	0.02	英勇剑水蚤	17.01×10^3	4.231	28	1	0.52
中国鲈	2.48×10^3	3.394	2	1	0.04	罗氏沼虾	18.84×10^3	4.275	29	1	0.54
史氏鲟	4.09×10^3	3.612	3	1	0.06	斑点叉尾鮰	19.34×10^3	4.286	30	1	0.56
翘嘴鳜	4.58×10^3	3.661	4	1	0.07	细鳞大马哈鱼	21.49×10^3	4.332	31	1	0.57
鲢鱼	5.55×10^3	3.744	5	1	0.09	昆明裂腹鱼	21.62×10^3	4.335	32	1	0.59
辽宁棒花鱼	5.75×10^3	3.760	6	1	0.11	鲤鱼	22.37×10^3	4.350	33	1	0.61
夹杂带丝蚓	5.96×10^3	3.775	7	1	0.13	霍甫水丝蚓	27.63×10^3	4.441	34	1	0.63
中华鲟	7.08×10^3	3.850	8	1	0.15	莫桑比克罗非鱼	27.98×10^3	4.447	35	1	0.65
鳙鱼	7.62×10^3	3.882	9	1	0.17	溪红点鲑	28.02×10^3	4.447	36	1	0.67
麦穗鱼	8.64×10^3	3.937	10	1	0.19	红螯螯虾	31.09×10^3	4.493	37	1	0.69
尼罗罗非鱼	8.94×10^3	3.951	11	1	0.20	棘胸蛙	32.07×10^3	4.506	38	1	0.70
大口黑鲈	9.05×10^3	3.957	12	1	0.22	中华小长臂虾	33.33×10^3	4.523	39	1	0.72
青鱼	9.08×10^3	3.958	13	1	0.24	青萍	33.40×10^3	4.524	40	1	0.74
麦瑞加拉鲮鱼	9.23×10^3	3.965	14	1	0.26	稀有鮈鲫	34.98×10^3	4.544	41	1	0.76
日本沼虾	9.59×10^3	3.982	15	1	0.28	欧洲鳗鲡	43.95×10^3	4.643	42	1	0.78
普栉鰕虎鱼	9.76×10^3	3.989	16	1	0.30	鲫鱼	54.47×10^3	4.736	43	1	0.80
大型溞	10.06×10^3	4.003	17	1	0.31	团头鲂	57.60×10^3	4.760	44	1	0.81
黄颡鱼	12.92×10^3	4.111	18	1	0.33	黄鳝	61.49×10^3	4.789	45	1	0.83
模糊网纹溞	13.15×10^3	4.119	19	1	0.35	大刺鳅	62.68×10^3	4.797	46	1	0.85
虹鳟	13.20×10^3	4.121	20	1	0.37	克氏瘤丽星介	72.06×10^3	4.858	47	1	0.87
白斑狗鱼	13.34×10^3	4.125	21	1	0.39	蒙古裸腹溞	72.67×10^3	4.861	48	1	0.89
蓝鳃太阳鱼	13.40×10^3	4.127	22	1	0.41	溪流摇蚊	89.68×10^3	4.953	49	1	0.91
条纹鲈	14.33×10^3	4.156	23	1	0.43	中国林蛙	109.66×10^3	5.040	50	1	0.93
老年低额溞	14.80×10^3	4.170	24	1	0.44	泥鳅	114.59×10^3	5.059	51	1	0.94
中华绒螯蟹	15.02×10^3	4.177	25	1	0.46	中华大蟾蜍	129.65×10^3	5.113	52	1	0.96
草鱼	15.71×10^3	4.196	26	1	0.48	中华圆田螺	215.16×10^3	5.333	53	1	0.98
加州鲈	16.67×10^3	4.222	27	1	0.50						

表 5-62 25℃、pH 8.4 件下氨氮 SMAV

物种	SMAV /(μg/L)	lg SMAV /(μg/L)	秩次 R	秩次下物种数	累积频率 P	物种	SMAV /(μg/L)	lg SMAV /(μg/L)	秩次 R	秩次下物种数	累积频率 P
河蚬	0.77×10^3	2.886	1	1	0.02	英勇剑水蚤	11.53×10^3	4.062	28	1	0.52
中国鲈	1.68×10^3	3.225	2	1	0.04	罗氏沼虾	12.77×10^3	4.106	29	1	0.54
史氏鲟	2.77×10^3	3.442	3	1	0.06	斑点叉尾鮰	13.11×10^3	4.118	30	1	0.56
翘嘴鳜	3.11×10^3	3.493	4	1	0.07	细鳞大马哈鱼	14.57×10^3	4.163	31	1	0.57
鲢鱼	3.76×10^3	3.575	5	1	0.09	昆明裂腹鱼	14.66×10^3	4.166	32	1	0.59
辽宁棒花鱼	3.90×10^3	3.591	6	1	0.11	鲤鱼	15.17×10^3	4.181	33	1	0.61
夹杂带丝蚓	4.04×10^3	3.606	7	1	0.13	霍甫水丝蚓	18.73×10^3	4.273	34	1	0.63
中华鲟	4.80×10^3	3.681	8	1	0.15	莫桑比克罗非鱼	18.97×10^3	4.278	35	1	0.65
鳙鱼	5.16×10^3	3.713	9	1	0.17	溪红点鲑	19.00×10^3	4.279	36	1	0.67
麦穗鱼	5.85×10^3	3.767	10	1	0.19	红螯螯虾	21.08×10^3	4.324	37	1	0.69
尼罗罗非鱼	6.06×10^3	3.782	11	1	0.20	棘胸蛙	21.74×10^3	4.337	38	1	0.70
大口黑鲈	6.14×10^3	3.788	12	1	0.22	中华小长臂虾	22.59×10^3	4.354	39	1	0.72
青鱼	6.15×10^3	3.789	13	1	0.24	稀有鮈鲫	23.71×10^3	4.375	40	1	0.74
麦瑞加拉鲮鱼	6.26×10^3	3.797	14	1	0.26	欧洲鳗鲡	29.80×10^3	4.474	41	1	0.76
日本沼虾	6.50×10^3	3.813	15	1	0.28	青萍	33.40×10^3	4.524	42	1	0.78
普栉鰕虎鱼	6.62×10^3	3.821	16	1	0.30	鲫鱼	36.93×10^3	4.567	43	1	0.80
大型溞	6.82×10^3	3.834	17	1	0.31	团头鲂	39.05×10^3	4.592	44	1	0.81
黄颡鱼	8.76×10^3	3.943	18	1	0.33	黄鳝	41.69×10^3	4.620	45	1	0.83
模糊网纹溞	8.92×10^3	3.950	19	1	0.35	大刺鳅	42.50×10^3	4.628	46	1	0.85
虹鳟	8.95×10^3	3.952	20	1	0.37	克氏瘤丽星介	48.85×10^3	4.689	47	1	0.87
白斑狗鱼	9.04×10^3	3.956	21	1	0.39	蒙古裸腹溞	49.27×10^3	4.693	48	1	0.89
蓝鳃太阳鱼	9.09×10^3	3.959	22	1	0.41	溪流摇蚊	60.80×10^3	4.784	49	1	0.91
条纹鲈	9.71×10^3	3.987	23	1	0.43	中国林蛙	74.34×10^3	4.871	50	1	0.93
老年低额溞	10.03×10^3	4.001	24	1	0.44	泥鳅	77.69×10^3	4.890	51	1	0.94
中华绒螯蟹	10.18×10^3	4.008	25	1	0.46	中华大蟾蜍	87.90×10^3	4.944	52	1	0.96
草鱼	10.65×10^3	4.027	26	1	0.48	中华圆田螺	145.87×10^3	5.164	53	1	0.98
加州鲈	11.30×10^3	4.053	27	1	0.50						

表 5-63 25℃、pH 8.6 条件下氨氮 SMAV

物种	SMAV /(μg/L)	lg SMAV /(μg/L)	秩次 R	秩次下物种数	累积频率 P	物种	SMAV /(μg/L)	lg SMAV /(μg/L)	秩次 R	秩次下物种数	累积频率 P
河蚬	0.52×10^3	2.716	1	1	0.02	英勇剑水蚤	7.87×10^3	3.896	28	1	0.52
中国鲈	1.15×10^3	3.061	2	1	0.04	罗氏沼虾	8.72×10^3	3.941	29	1	0.54
史氏鲟	1.89×10^3	3.276	3	1	0.06	斑点叉尾鮰	8.95×10^3	3.952	30	1	0.56
翘嘴鳜	2.12×10^3	3.326	4	1	0.07	细鳞大马哈鱼	9.95×10^3	3.998	31	1	0.57
鲢鱼	2.57×10^3	3.410	5	1	0.09	昆明裂腹鱼	10.01×10^3	4.000	32	1	0.59
辽宁棒花鱼	2.66×10^3	3.425	6	1	0.11	鲤鱼	10.36×10^3	4.015	33	1	0.61
夹杂带丝蚓	2.76×10^3	3.441	7	1	0.13	霍甫水丝蚓	12.79×10^3	4.107	34	1	0.63
中华鲟	3.28×10^3	3.516	8	1	0.15	莫桑比克罗非鱼	12.95×10^3	4.112	35	1	0.65
鳙鱼	3.53×10^3	3.548	9	1	0.17	溪红点鲑	12.97×10^3	4.113	36	1	0.67
麦穗鱼	4.00×10^3	3.602	10	1	0.19	红螯螯虾	14.39×10^3	4.158	37	1	0.69
尼罗罗非鱼	4.14×10^3	3.617	11	1	0.20	棘胸蛙	14.85×10^3	4.172	38	1	0.70
大口黑鲈	4.19×10^3	3.622	12	1	0.22	中华小长臂虾	15.43×10^3	4.188	39	1	0.72
青鱼	4.20×10^3	3.623	13	1	0.24	稀有鮈鲫	16.19×10^3	4.209	40	1	0.74
麦瑞加拉鲮鱼	4.27×10^3	3.630	14	1	0.26	欧洲鳗鲡	20.35×10^3	4.309	41	1	0.76
日本沼虾	4.44×10^3	3.647	15	1	0.28	鲫鱼	25.22×10^3	4.402	42	1	0.78
普栉鰕虎鱼	4.52×10^3	3.655	16	1	0.30	团头鲂	26.66×10^3	4.426	43	1	0.80
大型溞	4.66×10^3	3.668	17	1	0.31	黄鳝	28.46×10^3	4.454	44	1	0.81
黄颡鱼	5.98×10^3	3.777	18	1	0.33	大刺鳅	29.02×10^3	4.463	45	1	0.83
模糊网纹溞	6.09×10^3	3.785	19	1	0.35	克氏瘤丽星介	33.36×10^3	4.523	46	1	0.85
虹鳟	6.11×10^3	3.786	20	1	0.37	青萍	33.40×10^3	4.524	47	1	0.87
白斑狗鱼	6.17×10^3	3.790	21	1	0.39	蒙古裸腹溞	33.64×10^3	4.527	48	1	0.89
蓝鳃太阳鱼	6.20×10^3	3.792	22	1	0.41	溪流摇蚊	41.51×10^3	4.618	49	1	0.91
条纹鲈	6.63×10^3	3.822	23	1	0.43	中国林蛙	50.76×10^3	4.706	50	1	0.93
老年低额溞	6.85×10^3	3.836	24	1	0.44	泥鳅	53.05×10^3	4.725	51	1	0.94
中华绒螯蟹	6.95×10^3	3.842	25	1	0.46	中华大蟾蜍	60.02×10^3	4.778	52	1	0.96
草鱼	7.27×10^3	3.862	26	1	0.48	中华圆田螺	99.60×10^3	4.998	53	1	0.98
加州鲈	7.72×10^3	3.888	27	1	0.50						

表 5-64 25℃、pH 9.0 条件下氨氮 SMAV

物种	SMAV /(μg/L)	lg SMAV /(μg/L)	秩次 R	秩次下物种数	累积频率 P	物种	SMAV /(μg/L)	lg SMAV /(μg/L)	秩次 R	秩次下物种数	累积频率 P
河蚬	0.26×10^3	2.415	1	1	0.02	英勇剑水蚤	3.93×10^3	3.594	28	1	0.52
中国鲈	0.57×10^3	2.756	2	1	0.04	罗氏沼虾	4.36×10^3	3.639	29	1	0.54
史氏鲟	0.95×10^3	2.978	3	1	0.06	斑点叉尾鮰	4.47×10^3	3.650	30	1	0.56
翘嘴鳜	1.06×10^3	3.025	4	1	0.07	细鳞大马哈鱼	4.97×10^3	3.696	31	1	0.57
鲑鱼	1.28×10^3	3.107	5	1	0.09	昆明裂腹鱼	5.00×10^3	3.699	32	1	0.59
辽宁棒花鱼	1.33×10^3	3.124	6	1	0.11	鲤鱼	5.17×10^3	3.713	33	1	0.61
夹杂带丝蚓	1.38×10^3	3.140	7	1	0.13	霍甫水丝蚓	6.39×10^3	3.806	34	1	0.63
中华鲟	1.64×10^3	3.215	8	1	0.15	莫桑比克罗非鱼	6.47×10^3	3.811	35	1	0.65
鳙鱼	1.76×10^3	3.246	9	1	0.17	溪红点鲑	6.48×10^3	3.812	36	1	0.67
麦穗鱼	2.00×10^3	3.301	10	1	0.19	红螯螯虾	7.19×10^3	3.857	37	1	0.69
尼罗罗非鱼	2.07×10^3	3.316	11	1	0.20	棘胸蛙	7.42×10^3	3.870	38	1	0.70
大口黑鲈	2.09×10^3	3.320	12	1	0.22	中华小长臂虾	7.71×10^3	3.887	39	1	0.72
青鱼	2.10×10^3	3.322	13	1	0.24	稀有鮈鲫	8.09×10^3	3.908	40	1	0.74
麦瑞加拉鲮鱼	2.13×10^3	3.328	14	1	0.26	欧洲鳗鲡	10.16×10^3	4.007	41	1	0.76
日本沼虾	2.22×10^3	3.346	15	1	0.28	鲫鱼	12.60×10^3	4.100	42	1	0.78
普栉鰕虎鱼	2.26×10^3	3.354	16	1	0.30	团头鲂	13.32×10^3	4.125	43	1	0.80
大型溞	2.33×10^3	3.367	17	1	0.31	黄鳝	14.22×10^3	4.153	44	1	0.81
黄颡鱼	2.99×10^3	3.476	18	1	0.33	大刺鳅	14.49×10^3	4.161	45	1	0.83
模糊网纹溞	3.04×10^3	3.483	19	1	0.35	克氏瘤丽星介	16.66×10^3	4.222	46	1	0.85
虹鳟	3.05×10^3	3.484	20	1	0.37	蒙古裸腹溞	16.80×10^3	4.225	47	1	0.87
白斑狗鱼	3.08×10^3	3.489	21	1	0.39	溪流摇蚊	20.74×10^3	4.317	48	1	0.89
蓝鳃太阳鱼	3.10×10^3	3.491	22	1	0.41	中国林蛙	25.36×10^3	4.404	49	1	0.91
条纹鲈	3.31×10^3	3.520	23	1	0.43	泥鳅	26.50×10^3	4.423	50	1	0.93
老年低额溞	3.42×10^3	3.534	24	1	0.44	中华大蟾蜍	29.98×10^3	4.477	51	1	0.94
中华绒螯蟹	3.47×10^3	3.540	25	1	0.46	青萍	33.40×10^3	4.524	52	1	0.96
草鱼	3.63×10^3	3.560	26	1	0.48	中华圆田螺	49.75×10^3	4.697	53	1	0.98
加州鲈	3.85×10^3	3.585	27	1	0.50						

表 5-65 30℃、pH 6.0 条件下氨氮 SMAV

物种	SMAV /(μg/L)	lg SMAV /(μg/L)	秩次 R	秩次下物种数	累积频率 P	物种	SMAV /(μg/L)	lg SMAV /(μg/L)	秩次 R	秩次下物种数	累积频率 P
河蚬	7.18×10³	3.856	1	1	0.02	条纹鲈	137.53×10³	5.138	28	1	0.52
中国鲈	23.80×10³	4.377	2	1	0.04	草鱼	150.79×10³	5.178	29	1	0.54
青萍	33.40×10³	4.524	3	1	0.06	加州鲈	160.02×10³	5.204	30	1	0.56
夹杂带丝蚓	37.82×10³	4.578	4	1	0.07	霍甫水丝蚓	175.28×10³	5.244	31	1	0.57
史氏鲟	39.28×10³	4.594	5	1	0.09	斑点叉尾鮰	185.65×10³	5.269	32	1	0.59
翘嘴鳜	43.99×10³	4.643	6	1	0.11	红螯螯虾	197.23×10³	5.295	33	1	0.61
鲢鱼	53.31×10³	4.727	7	1	0.13	细鳞大马哈鱼	206.32×10³	5.315	34	1	0.63
辽宁棒花鱼	55.23×10³	4.742	8	1	0.15	昆明裂腹鱼	207.60×10³	5.317	35	1	0.65
日本沼虾	60.86×10³	4.784	9	1	0.17	中华小长臂虾	211.40×10³	5.325	36	1	0.67
大型溞	63.81×10³	4.805	10	1	0.19	鲤鱼	214.79×10³	5.332	37	1	0.69
中华鲟	68.01×10³	4.833	11	1	0.20	莫桑比克罗非鱼	268.59×10³	5.429	38	1	0.70
鳙鱼	73.13×10³	4.864	12	1	0.22	溪红点鲑	269.03×10³	5.430	39	1	0.72
麦穗鱼	82.91×10³	4.919	13	1	0.24	棘胸蛙	307.93×10³	5.488	40	1	0.74
模糊网纹溞	83.42×10³	4.921	14	1	0.26	稀有鮈鲫	335.79×10³	5.526	41	1	0.76
尼罗罗非鱼	85.84×10³	4.934	15	1	0.28	欧洲鳗鲡	421.98×10³	5.625	42	1	0.78
大口黑鲈	86.89×10³	4.939	16	1	0.30	克氏瘤丽星介	457.09×10³	5.660	43	1	0.80
青鱼	87.13×10³	4.940	17	1	0.31	蒙古裸腹溞	460.94×10³	5.664	44	1	0.81
麦瑞加拉鲮鱼	88.64×10³	4.948	18	1	0.33	鲫鱼	522.98×10³	5.718	45	1	0.83
普栉鰕虎鱼	93.73×10³	4.972	19	1	0.35	团头鲂	553.01×10³	5.743	46	1	0.85
老年低额溞	93.88×10³	4.973	20	1	0.37	溪流摇蚊	568.83×10³	5.755	47	1	0.87
中华绒螯蟹	95.27×10³	4.979	21	1	0.39	黄鳝	590.34×10³	5.771	48	1	0.89
英勇剑水蚤	107.87×10³	5.033	22	1	0.41	大刺鳅	601.81×10³	5.779	49	1	0.91
罗氏沼虾	119.49×10³	5.077	23	1	0.43	中国林蛙	1052.78×10³	6.022	50	1	0.93
黄颡鱼	124.05×10³	5.094	24	1	0.44	泥鳅	1100.17×10³	6.041	51	1	0.94
虹鳟	126.71×10³	5.103	25	1	0.46	中华大蟾蜍	1244.75×10³	6.095	52	1	0.96
白斑狗鱼	128.06×10³	5.107	26	1	0.48	中华圆田螺	1364.79×10³	6.135	53	1	0.98
蓝鳃太阳鱼	128.68×10³	5.110	27	1	0.50						

表 5-66 30℃、pH 6.5 条件下氨氮 SMAV

物种	SMAV /(μg/L)	lg SMAV /(μg/L)	秩次 R	秩次下物种数	累积频率 P	物种	SMAV /(μg/L)	lg SMAV /(μg/L)	秩次 R	秩次下物种数	累积频率 P
河蚬	6.38×10^3	3.805	1	1	0.02	条纹鲈	122.13×10^3	5.087	28	1	0.52
中国鲈	21.13×10^3	4.325	2	1	0.04	草鱼	133.90×10^3	5.127	29	1	0.54
青萍	33.40×10^3	4.524	3	1	0.06	加州鲈	142.09×10^3	5.153	30	1	0.56
夹杂带丝蚓	33.59×10^3	4.526	4	1	0.07	霍甫水丝蚓	155.64×10^3	5.192	31	1	0.57
史氏鲟	34.88×10^3	4.543	5	1	0.09	斑点叉尾鮰	164.85×10^3	5.217	32	1	0.59
翘嘴鳜	39.06×10^3	4.592	6	1	0.11	红螯螯虾	175.14×10^3	5.243	33	1	0.61
鲢鱼	47.34×10^3	4.675	7	1	0.13	细鳞大马哈鱼	183.21×10^3	5.263	34	1	0.63
辽宁棒花鱼	49.04×10^3	4.691	8	1	0.15	昆明裂腹鱼	184.34×10^3	5.266	35	1	0.65
日本沼虾	54.04×10^3	4.733	9	1	0.17	中华小长臂虾	187.71×10^3	5.273	36	1	0.67
大型溞	56.66×10^3	4.753	10	1	0.19	鲤鱼	190.73×10^3	5.280	37	1	0.69
中华鲟	60.39×10^3	4.781	11	1	0.20	莫桑比克罗非鱼	238.50×10^3	5.377	38	1	0.70
鳙鱼	64.94×10^3	4.813	12	1	0.22	溪红点鲑	238.89×10^3	5.378	39	1	0.72
麦穗鱼	73.62×10^3	4.867	13	1	0.24	棘胸蛙	273.43×10^3	5.437	40	1	0.74
模糊网纹溞	74.07×10^3	4.870	14	1	0.26	稀有鮈鲫	298.18×10^3	5.474	41	1	0.76
尼罗罗非鱼	76.22×10^3	4.882	15	1	0.28	欧洲鳗鲡	374.71×10^3	5.574	42	1	0.78
大口黑鲈	77.16×10^3	4.887	16	1	0.30	克氏瘤丽星介	405.88×10^3	5.608	43	1	0.80
青鱼	77.37×10^3	4.889	17	1	0.31	蒙古裸腹溞	409.30×10^3	5.612	44	1	0.81
麦瑞加拉鲮鱼	78.71×10^3	4.896	18	1	0.33	鲫鱼	464.39×10^3	5.667	45	1	0.83
普栉鰕虎鱼	83.23×10^3	4.920	19	1	0.35	团头鲂	491.06×10^3	5.691	46	1	0.85
老年低额溞	83.36×10^3	4.921	20	1	0.37	溪流摇蚊	505.10×10^3	5.703	47	1	0.87
中华绒螯蟹	84.60×10^3	4.927	21	1	0.39	黄鳝	524.20×10^3	5.719	48	1	0.89
英勇剑水蚤	95.79×10^3	4.981	22	1	0.41	大刺鳅	534.39×10^3	5.728	49	1	0.91
罗氏沼虾	106.11×10^3	5.026	23	1	0.43	中国林蛙	934.85×10^3	5.971	50	1	0.93
黄颡鱼	110.15×10^3	5.042	24	1	0.44	泥鳅	976.92×10^3	5.990	51	1	0.94
虹鳟	112.52×10^3	5.051	25	1	0.46	中华大蟾蜍	1105.31×10^3	6.043	52	1	0.96
白斑狗鱼	113.71×10^3	5.056	26	1	0.48	中华圆田螺	1211.90×10^3	6.083	53	1	0.98
蓝鳃太阳鱼	114.27×10^3	5.058	27	1	0.50						

表 5-67 30℃、pH 7.0 条件下氨氮 SMAV

物种	SMAV /(μg/L)	lg SMAV /(μg/L)	秩次 R	秩次下物种数	累积频率 P	物种	SMAV /(μg/L)	lg SMAV /(μg/L)	秩次 R	秩次下物种数	累积频率 P
河蚬	4.71×10^3	3.673	1	1	0.02	条纹鲈	90.27×10^3	4.956	28	1	0.52
中国鲈	15.62×10^3	4.194	2	1	0.04	草鱼	98.97×10^3	4.996	29	1	0.54
夹杂带丝蚓	24.83×10^3	4.395	3	1	0.06	加州鲈	105.03×10^3	5.021	30	1	0.56
史氏鲟	25.78×10^3	4.411	4	1	0.07	霍甫水丝蚓	115.05×10^3	5.061	31	1	0.57
翘嘴鳜	28.87×10^3	4.460	5	1	0.09	斑点叉尾鮰	121.85×10^3	5.086	32	1	0.59
青萍	33.40×10^3	4.524	6	1	0.11	红螯螯虾	129.46×10^3	5.112	33	1	0.61
鲢鱼	34.99×10^3	4.544	7	1	0.13	细鳞大马哈鱼	135.42×10^3	5.132	34	1	0.63
辽宁棒花鱼	36.25×10^3	4.559	8	1	0.15	昆明裂腹鱼	136.26×10^3	5.134	35	1	0.65
日本沼虾	39.95×10^3	4.602	9	1	0.17	中华小长臂虾	138.76×10^3	5.142	36	1	0.67
大型溞	41.88×10^3	4.622	10	1	0.19	鲤鱼	140.98×10^3	5.149	37	1	0.69
中华鲟	44.64×10^3	4.650	11	1	0.20	莫桑比克罗非鱼	176.30×10^3	5.246	38	1	0.70
鳙鱼	48.00×10^3	4.681	12	1	0.22	溪红点鲑	176.59×10^3	5.247	39	1	0.72
麦穗鱼	54.42×10^3	4.736	13	1	0.24	棘胸蛙	202.12×10^3	5.306	40	1	0.74
模糊网纹溞	54.75×10^3	4.738	14	1	0.26	稀有鮈鲫	220.41×10^3	5.343	41	1	0.76
尼罗罗非鱼	56.34×10^3	4.751	15	1	0.28	欧洲鳗鲡	276.98×10^3	5.442	42	1	0.78
大口黑鲈	57.03×10^3	4.756	16	1	0.30	克氏瘤丽星介	300.02×10^3	5.477	43	1	0.80
青鱼	57.19×10^3	4.757	17	1	0.31	蒙古裸腹溞	302.55×10^3	5.481	44	1	0.81
麦瑞加拉鲮鱼	58.18×10^3	4.765	18	1	0.33	鲫鱼	343.27×10^3	5.536	45	1	0.83
普栉鰕虎鱼	61.52×10^3	4.789	19	1	0.35	团头鲂	362.98×10^3	5.560	46	1	0.85
老年低额溞	61.62×10^3	4.790	20	1	0.37	溪流摇蚊	373.36×10^3	5.572	47	1	0.87
中华绒螯蟹	62.53×10^3	4.796	21	1	0.39	黄鳝	387.48×10^3	5.588	48	1	0.89
英勇剑水蚤	70.81×10^3	4.850	22	1	0.41	大刺鳅	395.01×10^3	5.597	49	1	0.91
罗氏沼虾	78.43×10^3	4.894	23	1	0.43	中国林蛙	691.02×10^3	5.839	50	1	0.93
黄颡鱼	81.42×10^3	4.911	24	1	0.44	泥鳅	722.12×10^3	5.859	51	1	0.94
虹鳟	83.17×10^3	4.920	25	1	0.46	中华大蟾蜍	817.03×10^3	5.912	52	1	0.96
白斑狗鱼	84.05×10^3	4.925	26	1	0.48	中华圆田螺	895.82×10^3	5.952	53	1	0.98
蓝鳃太阳鱼	84.46×10^3	4.927	27	1	0.50						

表 5-68 30℃、pH 7.2 条件下氨氮 SMAV

物种	SMAV /(μg/L)	lg SMAV /(μg/L)	秩次 R	秩次下物种数	累积频率 P	物种	SMAV /(μg/L)	lg SMAV /(μg/L)	秩次 R	秩次下物种数	累积频率 P
河蚬	3.86×10^3	3.587	1	1	0.02	条纹鲈	73.88×10^3	4.869	28	1	0.52
中国鲈	12.78×10^3	4.107	2	1	0.04	草鱼	81.00×10^3	4.908	29	1	0.54
夹杂带丝蚓	20.32×10^3	4.308	3	1	0.06	加州鲈	85.96×10^3	4.934	30	1	0.56
史氏鲟	21.10×10^3	4.324	4	1	0.07	霍甫水丝蚓	94.16×10^3	4.974	31	1	0.57
翘嘴鳜	23.63×10^3	4.373	5	1	0.09	斑点叉尾鮰	99.73×10^3	4.999	32	1	0.59
鲢鱼	28.64×10^3	4.457	6	1	0.11	红螯螯虾	105.95×10^3	5.025	33	1	0.61
辽宁棒花鱼	29.67×10^3	4.472	7	1	0.13	细鳞大马哈鱼	110.83×10^3	5.045	34	1	0.63
日本沼虾	32.69×10^3	4.514	8	1	0.15	昆明裂腹鱼	111.52×10^3	5.047	35	1	0.65
青萍	33.40×10^3	4.524	9	1	0.17	中华小长臂虾	113.56×10^3	5.055	36	1	0.67
大型溞	34.28×10^3	4.535	10	1	0.19	鲤鱼	115.39×10^3	5.062	37	1	0.69
中华鲟	36.54×10^3	4.563	11	1	0.20	莫桑比克罗非鱼	144.28×10^3	5.159	38	1	0.70
鳙鱼	39.29×10^3	4.594	12	1	0.22	溪红点鲑	144.52×10^3	5.160	39	1	0.72
麦穗鱼	44.54×10^3	4.649	13	1	0.24	棘胸蛙	165.42×10^3	5.219	40	1	0.74
模糊网纹溞	44.81×10^3	4.651	14	1	0.26	稀有鮈鲫	180.39×10^3	5.256	41	1	0.76
尼罗罗非鱼	46.11×10^3	4.664	15	1	0.28	欧洲鳗鲡	226.69×10^3	5.355	42	1	0.78
大口黑鲈	46.68×10^3	4.669	16	1	0.30	克氏瘤丽星介	245.55×10^3	5.390	43	1	0.80
青鱼	46.81×10^3	4.670	17	1	0.31	蒙古裸腹溞	247.61×10^3	5.394	44	1	0.81
麦瑞加拉鲮鱼	47.62×10^3	4.678	18	1	0.33	鲫鱼	280.94×10^3	5.449	45	1	0.83
普栉鰕虎鱼	50.35×10^3	4.702	19	1	0.35	团头鲂	297.07×10^3	5.473	46	1	0.85
老年低额溞	50.43×10^3	4.703	20	1	0.37	溪流摇蚊	305.57×10^3	5.485	47	1	0.87
中华绒螯蟹	51.18×10^3	4.709	21	1	0.39	黄鳝	317.12×10^3	5.501	48	1	0.89
英勇剑水蚤	57.95×10^3	4.763	22	1	0.41	大刺鳅	323.29×10^3	5.510	49	1	0.91
罗氏沼虾	64.19×10^3	4.807	23	1	0.43	中国林蛙	565.55×10^3	5.752	50	1	0.93
黄颡鱼	66.64×10^3	4.824	24	1	0.44	泥鳅	591.00×10^3	5.772	51	1	0.94
虹鳟	68.07×10^3	4.833	25	1	0.46	中华大蟾蜍	668.67×10^3	5.825	52	1	0.96
白斑狗鱼	68.79×10^3	4.838	26	1	0.48	中华圆田螺	733.16×10^3	5.865	53	1	0.98
蓝鳃太阳鱼	69.13×10^3	4.840	27	1	0.50						

表 5-69　30℃、pH 7.4 条件下氨氮 SMAV

物种	SMAV /(μg/L)	lg SMAV /(μg/L)	秩次 R	秩次下物种数	累积频率 P	物种	SMAV /(μg/L)	lg SMAV /(μg/L)	秩次 R	秩次下物种数	累积频率 P
河蚬	3.00×10^3	3.477	1	1	0.02	条纹鲈	57.46×10^3	4.759	28	1	0.52
中国鲈	9.94×10^3	3.997	2	1	0.04	草鱼	62.99×10^3	4.799	29	1	0.54
夹杂带丝蚓	15.80×10^3	4.199	3	1	0.06	加州鲈	66.85×10^3	4.825	30	1	0.56
史氏鲟	16.41×10^3	4.215	4	1	0.07	霍甫水丝蚓	73.22×10^3	4.865	31	1	0.57
翘嘴鳜	18.38×10^3	4.264	5	1	0.09	斑点叉尾鮰	77.56×10^3	4.890	32	1	0.59
鲢鱼	22.27×10^3	4.348	6	1	0.11	红螯螯虾	82.40×10^3	4.916	33	1	0.61
辽宁棒花鱼	23.07×10^3	4.363	7	1	0.13	细鳞大马哈鱼	86.19×10^3	4.935	34	1	0.63
日本沼虾	25.42×10^3	4.405	8	1	0.15	昆明裂腹鱼	86.73×10^3	4.938	35	1	0.65
大型溞	26.66×10^3	4.426	9	1	0.17	中华小长臂虾	88.31×10^3	4.946	36	1	0.67
中华鲟	28.41×10^3	4.453	10	1	0.19	鲤鱼	89.73×10^3	4.953	37	1	0.69
鳙鱼	30.55×10^3	4.485	11	1	0.20	莫桑比克罗非鱼	112.21×10^3	5.050	38	1	0.70
青萍	33.40×10^3	4.524	12	1	0.22	溪红点鲑	112.39×10^3	5.051	39	1	0.72
麦穗鱼	34.64×10^3	4.540	13	1	0.24	棘胸蛙	128.64×10^3	5.109	40	1	0.74
模糊网纹溞	34.85×10^3	4.542	14	1	0.26	稀有鮈鲫	140.28×10^3	5.147	41	1	0.76
尼罗罗非鱼	35.86×10^3	4.555	15	1	0.28	欧洲鳗鲡	176.29×10^3	5.246	42	1	0.78
大口黑鲈	36.30×10^3	4.560	16	1	0.30	克氏瘤丽星介	190.95×10^3	5.281	43	1	0.80
青鱼	36.40×10^3	4.561	17	1	0.31	蒙古裸腹溞	192.56×10^3	5.285	44	1	0.81
麦瑞加拉鲮鱼	37.03×10^3	4.569	18	1	0.33	鲫鱼	218.48×10^3	5.339	45	1	0.83
普栉鰕虎鱼	39.16×10^3	4.593	19	1	0.35	团头鲂	231.03×10^3	5.364	46	1	0.85
老年低额溞	39.22×10^3	4.594	20	1	0.37	溪流摇蚊	237.63×10^3	5.376	47	1	0.87
中华绒螯蟹	39.80×10^3	4.600	21	1	0.39	黄鳝	246.62×10^3	5.392	48	1	0.89
英勇剑水蚤	45.07×10^3	4.654	22	1	0.41	大刺鳅	251.41×10^3	5.400	49	1	0.91
罗氏沼虾	49.92×10^3	4.698	23	1	0.43	中国林蛙	439.81×10^3	5.643	50	1	0.93
黄颡鱼	51.82×10^3	4.714	24	1	0.44	泥鳅	459.61×10^3	5.662	51	1	0.94
虹鳟	52.94×10^3	4.724	25	1	0.46	中华大蟾蜍	520.01×10^3	5.716	52	1	0.96
白斑狗鱼	53.50×10^3	4.728	26	1	0.48	中华圆田螺	570.16×10^3	5.756	53	1	0.98
蓝鳃太阳鱼	53.76×10^3	4.730	27	1	0.50						

表 5-70 30℃、pH 7.6 条件下氨氮 SMAV

物种	SMAV /(μg/L)	lg SMAV /(μg/L)	秩次 R	秩次下物种数	累积频率 P	物种	SMAV /(μg/L)	lg SMAV /(μg/L)	秩次 R	秩次下物种数	累积频率 P
河蚬	2.22×10^3	3.346	1	1	0.02	条纹鲈	42.60×10^3	4.629	28	1	0.52
中国鲈	7.37×10^3	3.867	2	1	0.04	草鱼	46.71×10^3	4.669	29	1	0.54
夹杂带丝蚓	11.72×10^3	4.069	3	1	0.06	加州鲈	49.57×10^3	4.695	30	1	0.56
史氏鲟	12.17×10^3	4.085	4	1	0.07	霍甫水丝蚓	54.29×10^3	4.735	31	1	0.57
翘嘴鳜	13.62×10^3	4.134	5	1	0.09	斑点叉尾鮰	57.50×10^3	4.760	32	1	0.59
鲢鱼	16.51×10^3	4.218	6	1	0.11	红螯螯虾	61.09×10^3	4.786	33	1	0.61
辽宁棒花鱼	17.11×10^3	4.233	7	1	0.13	细鳞大马哈鱼	63.91×10^3	4.806	34	1	0.63
日本沼虾	18.85×10^3	4.275	8	1	0.15	昆明裂腹鱼	64.30×10^3	4.808	35	1	0.65
大型溞	19.76×10^3	4.296	9	1	0.17	中华小长臂虾	65.48×10^3	4.816	36	1	0.67
中华鲟	21.07×10^3	4.324	10	1	0.19	鲤鱼	66.53×10^3	4.823	37	1	0.69
鳙鱼	22.65×10^3	4.355	11	1	0.20	莫桑比克罗非鱼	83.20×10^3	4.920	38	1	0.70
麦穗鱼	25.68×10^3	4.410	12	1	0.22	溪红点鲑	83.33×10^3	4.921	39	1	0.72
模糊网纹溞	25.84×10^3	4.412	13	1	0.24	棘胸蛙	95.38×10^3	4.979	40	1	0.74
尼罗罗非鱼	26.59×10^3	4.425	14	1	0.26	稀有鮈鲫	104.01×10^3	5.017	41	1	0.76
大口黑鲈	26.91×10^3	4.430	15	1	0.28	欧洲鳗鲡	130.71×10^3	5.116	42	1	0.78
青鱼	26.99×10^3	4.431	16	1	0.30	克氏瘤丽星介	141.58×10^3	5.151	43	1	0.80
麦瑞加拉鲮鱼	27.46×10^3	4.439	17	1	0.31	蒙古裸腹溞	142.78×10^3	5.155	44	1	0.81
普栉鰕虎鱼	29.03×10^3	4.463	18	1	0.33	鲫鱼	161.99×10^3	5.209	45	1	0.83
老年低额溞	29.08×10^3	4.464	19	1	0.35	团头鲂	171.29×10^3	5.234	46	1	0.85
中华绒螯蟹	29.51×10^3	4.470	20	1	0.37	溪流摇蚊	176.19×10^3	5.246	47	1	0.87
青萍	33.40×10^3	4.524	21	1	0.39	黄鳝	182.86×10^3	5.262	48	1	0.89
英勇剑水蚤	33.41×10^3	4.524	22	1	0.41	大刺鳅	186.41×10^3	5.270	49	1	0.91
罗氏沼虾	37.01×10^3	4.568	23	1	0.43	中国林蛙	326.10×10^3	5.513	50	1	0.93
黄颡鱼	38.42×10^3	4.585	24	1	0.44	泥鳅	340.78×10^3	5.532	51	1	0.94
虹鳟	39.25×10^3	4.594	25	1	0.46	中华大蟾蜍	385.56×10^3	5.586	52	1	0.96
白斑狗鱼	39.67×10^3	4.598	26	1	0.48	中华圆田螺	422.74×10^3	5.626	53	1	0.98
蓝鳃太阳鱼	39.86×10^3	4.601	27	1	0.50						

表 5-71 30℃、pH 7.8 条件下氨氮 SMAV

物种	SMAV /(μg/L)	lg SMAV /(μg/L)	秩次 R	秩次下物种数	累积频率 P	物种	SMAV /(μg/L)	lg SMAV /(μg/L)	秩次 R	秩次下物种数	累积频率 P
河蚬	1.59×10^3	3.201	1	1	0.02	草鱼	33.29×10^3	4.522	28	1	0.52
中国鲈	5.25×10^3	3.720	2	1	0.04	青萍	33.40×10^3	4.524	29	1	0.54
夹杂带丝蚓	8.35×10^3	3.922	3	1	0.06	加州鲈	35.33×10^3	4.548	30	1	0.56
史氏鲟	8.67×10^3	3.938	4	1	0.07	霍甫水丝蚓	38.69×10^3	4.588	31	1	0.57
翘嘴鳜	9.71×10^3	3.987	5	1	0.09	斑点叉尾鮰	40.98×10^3	4.613	32	1	0.59
鲢鱼	11.77×10^3	4.071	6	1	0.11	红螯螯虾	43.54×10^3	4.639	33	1	0.61
辽宁棒花鱼	12.19×10^3	4.086	7	1	0.13	细鳞大马哈鱼	45.55×10^3	4.658	34	1	0.63
日本沼虾	13.44×10^3	4.128	8	1	0.15	昆明裂腹鱼	45.83×10^3	4.661	35	1	0.65
大型溞	14.09×10^3	4.149	9	1	0.17	中华小长臂虾	46.67×10^3	4.669	36	1	0.67
中华鲟	15.01×10^3	4.176	10	1	0.19	鲤鱼	47.42×10^3	4.676	37	1	0.69
鳙鱼	16.14×10^3	4.208	11	1	0.20	莫桑比克罗非鱼	59.29×10^3	4.773	38	1	0.70
麦穗鱼	18.30×10^3	4.262	12	1	0.22	溪红点鲑	59.39×10^3	4.774	39	1	0.72
模糊网纹溞	18.42×10^3	4.265	13	1	0.24	棘胸蛙	67.98×10^3	4.832	40	1	0.74
尼罗罗非鱼	18.95×10^3	4.278	14	1	0.26	稀有鮈鲫	74.13×10^3	4.870	41	1	0.76
大口黑鲈	19.18×10^3	4.283	15	1	0.28	欧洲鳗鲡	93.16×10^3	4.969	42	1	0.78
青鱼	19.24×10^3	4.284	16	1	0.30	克氏瘤丽星介	100.91×10^3	5.004	43	1	0.80
麦瑞加拉鲮鱼	19.57×10^3	4.292	17	1	0.31	蒙古裸腹溞	101.76×10^3	5.008	44	1	0.81
普栉鰕虎鱼	20.69×10^3	4.316	18	1	0.33	鲫鱼	115.45×10^3	5.062	45	1	0.83
老年低额溞	20.72×10^3	4.316	19	1	0.35	团头鲂	122.08×10^3	5.087	46	1	0.85
中华绒螯蟹	21.03×10^3	4.323	20	1	0.37	溪流摇蚊	125.57×10^3	5.099	47	1	0.87
英勇剑水蚤	23.81×10^3	4.377	21	1	0.39	黄鳝	130.32×10^3	5.115	48	1	0.89
罗氏沼虾	26.38×10^3	4.421	22	1	0.41	大刺鳅	132.86×10^3	5.123	49	1	0.91
黄颡鱼	27.38×10^3	4.437	23	1	0.43	中国林蛙	232.41×10^3	5.366	50	1	0.93
虹鳟	27.97×10^3	4.447	24	1	0.44	泥鳅	242.87×10^3	5.385	51	1	0.94
白斑狗鱼	28.27×10^3	4.451	25	1	0.46	中华大蟾蜍	274.79×10^3	5.439	52	1	0.96
蓝鳃太阳鱼	28.41×10^3	4.453	26	1	0.48	中华圆田螺	301.29×10^3	5.479	53	1	0.98
条纹鲈	30.36×10^3	4.482	27	1	0.50						

表 5-72 30℃、pH 8.0 条件下氨氮 SMAV

物种	SMAV /(μg/L)	lg SMAV /(μg/L)	秩次 R	秩次下物种数	累积频率 P	物种	SMAV /(μg/L)	lg SMAV /(μg/L)	秩次 R	秩次下物种数	累积频率 P
河蚬	1.10×10^3	3.041	1	1	0.02	草鱼	23.06×10^3	4.363	28	1	0.52
中国鲈	3.64×10^3	3.561	2	1	0.04	加州鲈	24.47×10^3	4.389	29	1	0.54
夹杂带丝蚓	5.78×10^3	3.762	3	1	0.06	霍甫水丝蚓	26.80×10^3	4.428	30	1	0.56
史氏鲟	6.01×10^3	3.779	4	1	0.07	斑点叉尾鮰	28.39×10^3	4.453	31	1	0.57
翘嘴鳜	6.73×10^3	3.828	5	1	0.09	红螯螯虾	30.16×10^3	4.479	32	1	0.59
鲢鱼	8.15×10^3	3.911	6	1	0.11	细鳞大马哈鱼	31.55×10^3	4.499	33	1	0.61
辽宁棒花鱼	8.44×10^3	3.926	7	1	0.13	昆明裂腹鱼	31.74×10^3	4.502	34	1	0.63
日本沼虾	9.31×10^3	3.969	8	1	0.15	中华小长臂虾	32.32×10^3	4.509	35	1	0.65
大型溞	9.76×10^3	3.989	9	1	0.17	鲤鱼	32.84×10^3	4.516	36	1	0.67
中华鲟	10.40×10^3	4.017	10	1	0.19	青萍	33.40×10^3	4.524	37	1	0.69
鳙鱼	11.18×10^3	4.048	11	1	0.20	莫桑比克罗非鱼	41.07×10^3	4.614	38	1	0.70
麦穗鱼	12.68×10^3	4.103	12	1	0.22	溪红点鲑	41.14×10^3	4.614	39	1	0.72
模糊网纹溞	12.76×10^3	4.106	13	1	0.24	棘胸蛙	47.08×10^3	4.673	40	1	0.74
尼罗罗非鱼	13.13×10^3	4.118	14	1	0.26	稀有鮈鲫	51.34×10^3	4.710	41	1	0.76
大口黑鲈	13.29×10^3	4.124	15	1	0.28	欧洲鳗鲡	64.52×10^3	4.810	42	1	0.78
青鱼	13.32×10^3	4.125	16	1	0.30	克氏瘤丽星介	69.89×10^3	4.844	43	1	0.80
麦瑞加拉鲮鱼	13.55×10^3	4.132	17	1	0.31	蒙古裸腹溞	70.48×10^3	4.848	44	1	0.81
普栉鰕虎鱼	14.33×10^3	4.156	18	1	0.33	鲫鱼	79.97×10^3	4.903	45	1	0.83
老年低额溞	14.35×10^3	4.157	19	1	0.35	团头鲂	84.56×10^3	4.927	46	1	0.85
中华绒螯蟹	14.57×10^3	4.163	20	1	0.37	溪流摇蚊	86.98×10^3	4.939	47	1	0.87
英勇剑水蚤	16.49×10^3	4.217	21	1	0.39	黄鳝	90.27×10^3	4.956	48	1	0.89
罗氏沼虾	18.27×10^3	4.262	22	1	0.41	大刺鳅	92.02×10^3	4.964	49	1	0.91
黄颡鱼	18.97×10^3	4.278	23	1	0.43	中国林蛙	160.98×10^3	5.207	50	1	0.93
虹鳟	19.38×10^3	4.287	24	1	0.44	泥鳅	168.22×10^3	5.226	51	1	0.94
白斑狗鱼	19.58×10^3	4.292	25	1	0.46	中华大蟾蜍	190.33×10^3	5.280	52	1	0.96
蓝鳃太阳鱼	19.68×10^3	4.294	26	1	0.48	中华圆田螺	208.68×10^3	5.319	53	1	0.98
条纹鲈	21.03×10^3	4.323	27	1	0.50						

表 5-73 30℃、pH 8.2 条件下氨氮 SMAV

物种	SMAV /(μg/L)	lg SMAV /(μg/L)	秩次 R	秩次下物种数	累积频率 P	物种	SMAV /(μg/L)	lg SMAV /(μg/L)	秩次 R	秩次下物种数	累积频率 P
河蚬	0.75×10^3	2.875	1	1	0.02	草鱼	15.71×10^3	4.196	28	1	0.52
中国鲈	2.48×10^3	3.394	2	1	0.04	加州鲈	16.67×10^3	4.222	29	1	0.54
夹杂带丝蚓	3.94×10^3	3.595	3	1	0.06	霍甫水丝蚓	18.26×10^3	4.262	30	1	0.56
史氏鲟	4.09×10^3	3.612	4	1	0.07	斑点叉尾鮰	19.34×10^3	4.286	31	1	0.57
翘嘴鳜	4.58×10^3	3.661	5	1	0.09	红螯螯虾	20.54×10^3	4.313	32	1	0.59
鲢鱼	5.55×10^3	3.744	6	1	0.11	细鳞大马哈鱼	21.49×10^3	4.332	33	1	0.61
辽宁棒花鱼	5.75×10^3	3.760	7	1	0.13	昆明裂腹鱼	21.62×10^3	4.335	34	1	0.63
日本沼虾	6.34×10^3	3.802	8	1	0.15	中华小长臂虾	22.02×10^3	4.343	35	1	0.65
大型溞	6.65×10^3	3.823	9	1	0.17	鲤鱼	22.37×10^3	4.350	36	1	0.67
中华鲟	7.08×10^3	3.850	10	1	0.19	莫桑比克罗非鱼	27.98×10^3	4.447	37	1	0.69
鳙鱼	7.62×10^3	3.882	11	1	0.20	溪红点鲑	28.02×10^3	4.447	38	1	0.70
麦穗鱼	8.64×10^3	3.937	12	1	0.22	棘胸蛙	32.07×10^3	4.506	39	1	0.72
模糊网纹溞	8.69×10^3	3.939	13	1	0.24	青萍	33.40×10^3	4.524	40	1	0.74
尼罗罗非鱼	8.94×10^3	3.951	14	1	0.26	稀有鮈鲫	34.98×10^3	4.544	41	1	0.76
大口黑鲈	9.05×10^3	3.957	15	1	0.28	欧洲鳗鲡	43.95×10^3	4.643	42	1	0.78
青鱼	9.08×10^3	3.958	16	1	0.30	克氏瘤丽星介	47.61×10^3	4.678	43	1	0.80
麦瑞加拉鲮鱼	9.23×10^3	3.965	17	1	0.31	蒙古裸腹溞	48.01×10^3	4.681	44	1	0.81
普栉鰕虎鱼	9.76×10^3	3.989	18	1	0.33	鲫鱼	54.47×10^3	4.736	45	1	0.83
老年低额溞	9.78×10^3	3.990	19	1	0.35	团头鲂	57.60×10^3	4.760	46	1	0.85
中华绒螯蟹	9.92×10^3	3.997	20	1	0.37	溪流摇蚊	59.25×10^3	4.773	47	1	0.87
英勇剑水蚤	11.24×10^3	4.051	21	1	0.39	黄鳝	61.49×10^3	4.789	48	1	0.89
罗氏沼虾	12.45×10^3	4.095	22	1	0.41	大刺鳅	62.68×10^3	4.797	49	1	0.91
黄颡鱼	12.92×10^3	4.111	23	1	0.43	中国林蛙	109.66×10^3	5.040	50	1	0.93
虹鳟	13.20×10^3	4.121	24	1	0.44	泥鳅	114.59×10^3	5.059	51	1	0.94
白斑狗鱼	13.34×10^3	4.125	25	1	0.46	中华大蟾蜍	129.65×10^3	5.113	52	1	0.96
蓝鳃太阳鱼	13.40×10^3	4.127	26	1	0.48	中华圆田螺	142.15×10^3	5.153	53	1	0.98
条纹鲈	14.33×10^3	4.156	27	1	0.50						

表 5-74 30℃、pH 8.4 条件下氨氮 SMAV

物种	SMAV /(μg/L)	lg SMAV /(μg/L)	秩次 R	秩次下物种数	累积频率 P	物种	SMAV /(μg/L)	lg SMAV /(μg/L)	秩次 R	秩次下物种数	累积频率 P
河蚬	0.51×10^3	2.708	1	1	0.02	草鱼	10.65×10^3	4.027	28	1	0.52
中国鲈	1.68×10^3	3.225	2	1	0.04	加州鲈	11.30×10^3	4.053	29	1	0.54
夹杂带丝蚓	2.67×10^3	3.427	3	1	0.06	霍甫水丝蚓	12.38×10^3	4.093	30	1	0.56
史氏鲟	2.77×10^3	3.442	4	1	0.07	斑点叉尾鮰	13.11×10^3	4.118	31	1	0.57
翘嘴鳜	3.11×10^3	3.493	5	1	0.09	红螯螯虾	13.93×10^3	4.144	32	1	0.59
鲢鱼	3.76×10^3	3.575	6	1	0.11	细鳞大马哈鱼	14.57×10^3	4.163	33	1	0.61
辽宁棒花鱼	3.90×10^3	3.591	7	1	0.13	昆明裂腹鱼	14.66×10^3	4.166	34	1	0.63
日本沼虾	4.30×10^3	3.633	8	1	0.15	中华小长臂虾	14.93×10^3	4.174	35	1	0.65
大型溞	4.51×10^3	3.654	9	1	0.17	鲤鱼	15.17×10^3	4.181	36	1	0.67
中华鲟	4.80×10^3	3.681	10	1	0.19	莫桑比克罗非鱼	18.97×10^3	4.278	37	1	0.69
鳙鱼	5.16×10^3	3.713	11	1	0.20	溪红点鲑	19.00×10^3	4.279	38	1	0.70
麦穗鱼	5.85×10^3	3.767	12	1	0.22	棘胸蛙	21.74×10^3	4.337	39	1	0.72
模糊网纹溞	5.89×10^3	3.770	13	1	0.24	稀有鮈鲫	23.71×10^3	4.375	40	1	0.74
尼罗罗非鱼	6.06×10^3	3.782	14	1	0.26	欧洲鳗鲡	29.80×10^3	4.474	41	1	0.76
大口黑鲈	6.14×10^3	3.788	15	1	0.28	克氏瘤丽星介	32.28×10^3	4.509	42	1	0.78
青鱼	6.15×10^3	3.789	16	1	0.30	蒙古裸腹溞	32.55×10^3	4.513	43	1	0.80
麦瑞加拉鲮鱼	6.26×10^3	3.797	17	1	0.31	青萍	33.40×10^3	4.524	44	1	0.81
普栉鰕虎鱼	6.62×10^3	3.821	18	1	0.33	鲫鱼	36.93×10^3	4.567	45	1	0.83
老年低额溞	6.63×10^3	3.822	19	1	0.35	团头鲂	39.05×10^3	4.592	46	1	0.85
中华绒螯蟹	6.73×10^3	3.828	20	1	0.37	溪流摇蚊	40.17×10^3	4.604	47	1	0.87
英勇剑水蚤	7.62×10^3	3.882	21	1	0.39	黄鳝	41.69×10^3	4.620	48	1	0.89
罗氏沼虾	8.44×10^3	3.926	22	1	0.41	大刺鳅	42.50×10^3	4.628	49	1	0.91
黄颡鱼	8.76×10^3	3.943	23	1	0.43	中国林蛙	74.34×10^3	4.871	50	1	0.93
虹鳟	8.95×10^3	3.952	24	1	0.44	泥鳅	77.69×10^3	4.890	51	1	0.94
白斑狗鱼	9.04×10^3	3.956	25	1	0.46	中华大蟾蜍	87.90×10^3	4.944	52	1	0.96
蓝鳃太阳鱼	9.09×10^3	3.959	26	1	0.48	中华圆田螺	96.38×10^3	4.984	53	1	0.98
条纹鲈	9.71×10^3	3.987	27	1	0.50						

表 5-75 30℃、pH 8.6 条件下氨氮 SMAV

物种	SMAV /(μg/L)	lg SMAV /(μg/L)	秩次 R	秩次下物种数	累积频率 P	物种	SMAV /(μg/L)	lg SMAV /(μg/L)	秩次 R	秩次下物种数	累积频率 P
河蚬	0.35×10^3	2.544	1	1	0.02	草鱼	7.27×10^3	3.862	28	1	0.52
中国鲈	1.15×10^3	3.061	2	1	0.04	加州鲈	7.72×10^3	3.888	29	1	0.54
夹杂带丝蚓	1.82×10^3	3.260	3	1	0.06	霍甫水丝蚓	8.45×10^3	3.927	30	1	0.56
史氏鲟	1.89×10^3	3.276	4	1	0.07	斑点叉尾鮰	8.95×10^3	3.952	31	1	0.57
翘嘴鳜	2.12×10^3	3.326	5	1	0.09	红螯螯虾	9.51×10^3	3.978	32	1	0.59
鲢鱼	2.57×10^3	3.410	6	1	0.11	细鳞大马哈鱼	9.95×10^3	3.998	33	1	0.61
辽宁棒花鱼	2.66×10^3	3.425	7	1	0.13	昆明裂腹鱼	10.01×10^3	4.000	34	1	0.63
日本沼虾	2.93×10^3	3.467	8	1	0.15	中华小长臂虾	10.19×10^3	4.008	35	1	0.65
大型溞	3.08×10^3	3.489	9	1	0.17	鲤鱼	10.36×10^3	4.015	36	1	0.67
中华鲟	3.28×10^3	3.516	10	1	0.19	莫桑比克罗非鱼	12.95×10^3	4.112	37	1	0.69
鳙鱼	3.53×10^3	3.548	11	1	0.20	溪红点鲑	12.97×10^3	4.113	38	1	0.70
麦穗鱼	4.00×10^3	3.602	12	1	0.22	棘胸蛙	14.85×10^3	4.172	39	1	0.72
模糊网纹溞	4.02×10^3	3.604	13	1	0.24	稀有鮈鲫	16.19×10^3	4.209	40	1	0.74
尼罗罗非鱼	4.14×10^3	3.617	14	1	0.26	欧洲鳗鲡	20.35×10^3	4.309	41	1	0.76
大口黑鲈	4.19×10^3	3.622	15	1	0.28	克氏瘤丽星介	22.04×10^3	4.343	42	1	0.78
青鱼	4.20×10^3	3.623	16	1	0.30	蒙古裸腹溞	22.23×10^3	4.347	43	1	0.80
麦瑞加拉鲮鱼	4.27×10^3	3.630	17	1	0.31	鲫鱼	25.22×10^3	4.402	44	1	0.81
普栉鰕虎鱼	4.52×10^3	3.655	18	1	0.33	团头鲂	26.66×10^3	4.426	45	1	0.83
老年低额溞	4.53×10^3	3.656	19	1	0.35	溪流摇蚊	27.43×10^3	4.438	46	1	0.85
中华绒螯蟹	4.59×10^3	3.662	20	1	0.37	黄鳝	28.46×10^3	4.454	47	1	0.87
英勇剑水蚤	5.20×10^3	3.716	21	1	0.39	大刺鳅	29.02×10^3	4.463	48	1	0.89
罗氏沼虾	5.76×10^3	3.760	22	1	0.41	青萍	33.40×10^3	4.524	49	1	0.91
黄颡鱼	5.98×10^3	3.777	23	1	0.43	中国林蛙	50.76×10^3	4.706	50	1	0.93
虹鳟	6.11×10^3	3.786	24	1	0.44	泥鳅	53.05×10^3	4.725	51	1	0.94
白斑狗鱼	6.17×10^3	3.790	25	1	0.46	中华大蟾蜍	60.02×10^3	4.778	52	1	0.96
蓝鳃太阳鱼	6.20×10^3	3.792	26	1	0.48	中华圆田螺	65.81×10^3	4.818	53	1	0.98
条纹鲈	6.63×10^3	3.822	27	1	0.50						

表 5-76 30℃、pH 9.0 条件下氨氮 SMAV

物种	SMAV /(μg/L)	lg SMAV /(μg/L)	秩次 R	秩次下物种数	累积频率 P	物种	SMAV /(μg/L)	lg SMAV /(μg/L)	秩次 R	秩次下物种数	累积频率 P
河蚬	0.17×10^3	2.230	1	1	0.02	草鱼	3.63×10^3	3.560	28	1	0.52
中国鲈	0.57×10^3	2.756	2	1	0.04	加州鲈	3.85×10^3	3.585	29	1	0.54
夹杂带丝蚓	0.91×10^3	2.959	3	1	0.06	霍甫水丝蚓	4.22×10^3	3.625	30	1	0.56
史氏鲟	0.95×10^3	2.978	4	1	0.07	斑点叉尾鮰	4.47×10^3	3.650	31	1	0.57
翘嘴鳜	1.06×10^3	3.025	5	1	0.09	红螯螯虾	4.75×10^3	3.677	32	1	0.59
鲢鱼	1.28×10^3	3.107	6	1	0.11	细鳞大马哈鱼	4.97×10^3	3.696	33	1	0.61
辽宁棒花鱼	1.33×10^3	3.124	7	1	0.13	昆明裂腹鱼	5.00×10^3	3.699	34	1	0.63
日本沼虾	1.47×10^3	3.167	8	1	0.15	中华小长臂虾	5.09×10^3	3.707	35	1	0.65
大型溞	1.54×10^3	3.188	9	1	0.17	鲤鱼	5.17×10^3	3.713	36	1	0.67
中华鲟	1.64×10^3	3.215	10	1	0.19	莫桑比克罗非鱼	6.47×10^3	3.811	37	1	0.69
鳙鱼	1.76×10^3	3.246	11	1	0.20	溪红点鲑	6.48×10^3	3.812	38	1	0.70
麦穗鱼	2.00×10^3	3.301	12	1	0.22	棘胸蛙	7.42×10^3	3.870	39	1	0.72
模糊网纹溞	2.01×10^3	3.303	13	1	0.24	稀有鮈鲫	8.09×10^3	3.908	40	1	0.74
尼罗罗非鱼	2.07×10^3	3.316	14	1	0.26	欧洲鳗鲡	10.16×10^3	4.007	41	1	0.76
大口黑鲈	2.09×10^3	3.320	15	1	0.28	克氏瘤丽星介	11.01×10^3	4.042	42	1	0.78
青鱼	2.10×10^3	3.322	16	1	0.30	蒙古裸腹溞	11.10×10^3	4.045	43	1	0.80
麦瑞加拉鲮鱼	2.13×10^3	3.328	17	1	0.31	鲫鱼	12.60×10^3	4.100	44	1	0.81
普栉鰕虎鱼	2.26×10^3	3.354	18	1	0.33	团头鲂	13.32×10^3	4.125	45	1	0.83
老年低额溞	2.26×10^3	3.354	19	1	0.35	溪流摇蚊	13.70×10^3	4.137	46	1	0.85
中华绒螯蟹	2.29	3.360	20	1	0.37	黄鳝	14.22×10^3	4.153	47	1	0.87
英勇剑水蚤	2.60×10^3	3.415	21	1	0.39	大刺鳅	14.49×10^3	4.161	48	1	0.89
罗氏沼虾	2.88×10^3	3.459	22	1	0.41	中国林蛙	25.36×10^3	4.404	49	1	0.91
黄颡鱼	2.99×10^3	3.476	23	1	0.43	泥鳅	26.50×10^3	4.423	50	1	0.93
虹鳟	3.05×10^3	3.484	24	1	0.44	中华大蟾蜍	29.98×10^3	4.477	51	1	0.94
白斑狗鱼	3.08×10^3	3.489	25	1	0.46	中华圆田螺	32.87×10^3	4.517	52	1	0.96
蓝鳃太阳鱼	3.10×10^3	3.491	26	1	0.48	青萍	33.40×10^3	4.524	53	1	0.98
条纹鲈	3.31×10^3	3.520	27	1	0.50						

5.4 SMCV 外推

5.4.1 水体 pH 值和温度校正

对表 4-4 中的每条氨氮慢性毒性数据分别进行总氨氮毒性值的转换［依据式(2-1)］和水体 pH 值和/或温度校正［式(2-3) 和式(2-5)］，得到校正前的总氨氮毒性值以及基线水质条件下 CTV 校正值一并列于表 4-4。

5.4.2 基线水质条件下 SMCV 的计算

将得到的基线水质条件下慢性毒性数据分别代入式(2-8)、式(2-10) 和式(2-12)，计算得到基线水质条件下每个物种的 SMCV，见表 5-77。

表 5-77　基线水质条件下的氨氮 SMCV

物种	SMCV/(μg/L)	秩次 R
银鲈	3.54×10^3	1
静水椎实螺	5.20×10^3	2
斑点叉尾鮰	5.30×10^3	3
蓝鳃太阳鱼	5.83×10^3	4
短钝溞	6.46×10^3	5
尼罗罗非鱼	7.00×10^3	6
虹鳟	11.35×10^3	7
草鱼	15.66×10^3	8
中华锯齿米虾	22.54×10^3	9
大型溞	35.64×10^3	10
同形溞	43.49×10^3	11
拟同形溞	43.49×10^3	12
溪流摇蚊	48.80×10^3	13
固氮鱼腥藻	131.00×10^3	14
鲤鱼	171.06×10^3	15
铜绿微囊藻	186.60×10^3	16

5.4.3 SMCV 的外推

依据式(2-14)、式(2-16) 和式(2-18)，分别将基线水质条件下各物种 SMCV 外推至其他 71 组水质条件下，结果见表 5-78～表 5-149。

表 5-78 5℃、pH 6.0 条件下氨氮 SMCV

物种	SMCV/(μg/L)	lg SMCV/(μg/L)	秩次 R	秩次下物种数	累积频率 P
银鲈	4.16×10^3	3.619	1	1	0.06
斑点叉尾鮰	6.23×10^3	3.794	2	1	0.12
蓝鳃太阳鱼	6.86×10^3	3.836	3	1	0.18
尼罗罗非鱼	8.23×10^3	3.915	4	1	0.24
虹鳟	13.35×10^3	4.125	5	1	0.29
静水椎实螺	16.08×10^3	4.206	6	1	0.35
草鱼	18.41×10^3	4.265	7	1	0.41
短钝溞	19.98×10^3	4.301	8	1	0.47
中华锯齿米虾	69.71×10^3	4.843	9	1	0.53
大型溞	110.23×10^3	5.042	10	1	0.59
固氮鱼腥藻	131.00×10^3	5.117	11	1	0.65
拟同形溞	134.51×10^3	5.129	12	1	0.71
同形溞	134.51×10^3	5.129	13	1	0.76
溪流摇蚊	150.93×10^3	5.179	14	1	0.82
鲤鱼	155.82×10^3	5.193	15	1	0.88
铜绿微囊藻	186.60×10^3	5.271	16	1	0.94

表 5-79 5℃、pH 6.5 条件下氨氮 SMCV

物种	SMCV/(μg/L)	lg SMCV/(μg/L)	秩次 R	秩次下物种数	累积频率 P
银鲈	3.99×10^3	3.601	1	1	0.06
斑点叉尾鮰	5.98×10^3	3.777	2	1	0.12
蓝鳃太阳鱼	6.58×10^3	3.818	3	1	0.18
尼罗罗非鱼	7.90×10^3	3.898	4	1	0.24
虹鳟	12.80×10^3	4.107	5	1	0.29
静水椎实螺	15.43×10^3	4.188	6	1	0.35
草鱼	17.67×10^3	4.247	7	1	0.41
短钝溞	19.17×10^3	4.283	8	1	0.47
中华锯齿米虾	66.88×10^3	4.825	9	1	0.53
大型溞	105.75×10^3	5.024	10	1	0.59
拟同形溞	129.04×10^3	5.111	11	1	0.65
同形溞	129.04×10^3	5.111	12	1	0.71
固氮鱼腥藻	131.00×10^3	5.117	13	1	0.76
溪流摇蚊	144.79×10^3	5.161	14	1	0.82
鲤鱼	149.49×10^3	5.175	15	1	0.88
铜绿微囊藻	186.60×10^3	5.271	16	1	0.94

表 5-80　5℃、pH 7.0 条件下氨氮 SMCV

物种	SMCV/(μg/L)	lg SMCV/(μg/L)	秩次 R	秩次下物种数	累积频率 P
银鲈	3.54×10^3	3.549	1	1	0.06
斑点叉尾鮰	5.30×10^3	3.724	2	1	0.12
蓝鳃太阳鱼	5.83×10^3	3.766	3	1	0.18
尼罗罗非鱼	7.00×10^3	3.845	4	1	0.24
虹鳟	11.35×10^3	4.055	5	1	0.29
静水椎实螺	13.68×10^3	4.136	6	1	0.35
草鱼	15.66×10^3	4.195	7	1	0.41
短钝溞	16.99×10^3	4.230	8	1	0.47
中华锯齿米虾	59.29×10^3	4.773	9	1	0.53
大型溞	93.74×10^3	4.972	10	1	0.59
同形溞	114.39×10^3	5.058	11	1	0.65
拟同形溞	114.39×10^3	5.058	12	1	0.71
溪流摇蚊	128.36×10^3	5.108	13	1	0.76
固氮鱼腥藻	131.00×10^3	5.117	14	1	0.82
鲤鱼	132.52×10^3	5.122	15	1	0.88
铜绿微囊藻	186.60×10^3	5.271	16	1	0.94

表 5-81　5℃、pH 7.2 条件下氨氮 SMCV

物种	SMCV/(μg/L)	lg SMCV/(μg/L)	秩次 R	秩次下物种数	累积频率 P
银鲈	3.23×10^3	3.509	1	1	0.06
斑点叉尾鮰	4.83×10^3	3.684	2	1	0.12
蓝鳃太阳鱼	5.32×10^3	3.726	3	1	0.18
尼罗罗非鱼	6.38×10^3	3.805	4	1	0.24
虹鳟	10.35×10^3	4.015	5	1	0.29
静水椎实螺	12.47×10^3	4.096	6	1	0.35
草鱼	14.28×10^3	4.155	7	1	0.41
短钝溞	15.50×10^3	4.190	8	1	0.47
中华锯齿米虾	54.07×10^3	4.733	9	1	0.53
大型溞	85.49×10^3	4.932	10	1	0.59
同形溞	104.32×10^3	5.018	11	1	0.65
拟同形溞	104.32×10^3	5.018	12	1	0.71
溪流摇蚊	117.06×10^3	5.068	13	1	0.76
鲤鱼	120.85×10^3	5.082	14	1	0.82
固氮鱼腥藻	131.00×10^3	5.117	15	1	0.88
铜绿微囊藻	186.60×10^3	5.271	16	1	0.94

表 5-82　5℃、pH 7.4 条件下氨氮 SMCV

物种	SMCV/(μg/L)	lg SMCV/(μg/L)	秩次 R	秩次下物种数	累积频率 P
银鲈	2.84×10³	3.453	1	1	0.06
斑点叉尾鮰	4.25×10³	3.628	2	1	0.12
蓝鳃太阳鱼	4.67×10³	3.669	3	1	0.18
尼罗罗非鱼	5.61×10³	3.749	4	1	0.24
虹鳟	9.09×10³	3.959	5	1	0.29
静水椎实螺	10.96×10³	4.040	6	1	0.35
草鱼	12.54×10³	4.098	7	1	0.41
短钝溞	13.61×10³	4.134	8	1	0.47
中华锯齿米虾	47.49×10³	4.677	9	1	0.53
大型溞	75.09×10³	4.876	10	1	0.59
同形溞	91.63×10³	4.962	11	1	0.65
拟同形溞	91.63×10³	4.962	12	1	0.71
溪流摇蚊	102.82×10³	5.012	13	1	0.76
鲤鱼	106.15×10³	5.026	14	1	0.82
固氮鱼腥藻	131.00×10³	5.117	15	1	0.88
铜绿微囊藻	186.60×10³	5.271	16	1	0.94

表 5-83　5℃、pH 7.6 条件下氨氮 SMCV

物种	SMCV/(μg/L)	lg SMCV/(μg/L)	秩次 R	秩次下物种数	累积频率 P
银鲈	2.38×10³	3.377	1	1	0.06
斑点叉尾鮰	3.57×10³	3.553	2	1	0.12
蓝鳃太阳鱼	3.92×10³	3.593	3	1	0.18
尼罗罗非鱼	4.71×10³	3.673	4	1	0.24
虹鳟	7.64×10³	3.883	5	1	0.29
静水椎实螺	9.20×10³	3.964	6	1	0.35
草鱼	10.54×10³	4.023	7	1	0.41
短钝溞	11.43×10³	4.058	8	1	0.47
中华锯齿米虾	39.88×10³	4.601	9	1	0.53
大型溞	63.07×10³	4.800	10	1	0.59
同形溞	76.96×10³	4.886	11	1	0.65
拟同形溞	76.96×10³	4.886	12	1	0.71
溪流摇蚊	86.35×10³	4.936	13	1	0.76
鲤鱼	89.15×10³	4.950	14	1	0.82
固氮鱼腥藻	131.00×10³	5.117	15	1	0.88
铜绿微囊藻	186.60×10³	5.271	16	1	0.94

表 5-84　5℃、pH 7.8 条件下氨氮 SMCV

物种	SMCV/(μg/L)	lg SMCV/(μg/L)	秩次 R	秩次下物种数	累积频率 P
银鲈	1.91×10³	3.281	1	1	0.06
斑点叉尾鮰	2.85×10³	3.455	2	1	0.12
蓝鳃太阳鱼	3.14×10³	3.497	3	1	0.18
尼罗罗非鱼	3.77×10³	3.576	4	1	0.24
虹鳟	6.11×10³	3.786	5	1	0.29
静水椎实螺	7.37×10³	3.867	6	1	0.35
草鱼	8.43×10³	3.926	7	1	0.41
短钝溞	9.15×10³	3.961	8	1	0.47
中华锯齿米虾	31.92×10³	4.504	9	1	0.53
大型溞	50.48×10³	4.703	10	1	0.59
同形溞	61.60×10³	4.790	11	1	0.65
拟同形溞	61.60×10³	4.790	12	1	0.71
溪流摇蚊	69.12×10³	4.840	13	1	0.76
鲤鱼	71.36×10³	4.853	14	1	0.82
固氮鱼腥藻	131.00×10³	5.117	15	1	0.88
铜绿微囊藻	186.60×10³	5.271	16	1	0.94

表 5-85　5℃、pH 8.0 条件下氨氮 SMCV

物种	SMCV/(μg/L)	lg SMCV/(μg/L)	秩次 R	秩次下物种数	累积频率 P
银鲈	1.46×10³	3.164	1	1	0.06
斑点叉尾鮰	2.18×10³	3.338	2	1	0.12
蓝鳃太阳鱼	2.40×10³	3.380	3	1	0.18
尼罗罗非鱼	2.88×10³	3.459	4	1	0.24
虹鳟	4.67×10³	3.669	5	1	0.29
静水椎实螺	5.63×10³	3.751	6	1	0.35
草鱼	6.45×10³	3.810	7	1	0.41
短钝溞	7.00×10³	3.845	8	1	0.47
中华锯齿米虾	24.41×10³	4.388	9	1	0.53
大型溞	38.60×10³	4.587	10	1	0.59
同形溞	47.10×10³	4.673	11	1	0.65
拟同形溞	47.10×10³	4.673	12	1	0.71
溪流摇蚊	52.86×10³	4.723	13	1	0.76
鲤鱼	54.57×10³	4.737	14	1	0.82
固氮鱼腥藻	131.00×10³	5.117	15	1	0.88
铜绿微囊藻	186.60×10³	5.271	16	1	0.94

表 5-86　5℃、pH 8.2 条件下氨氮 SMCV

物种	SMCV/(μg/L)	lg SMCV/(μg/L)	秩次 R	秩次下物种数	累积频率 P
银鲈	1.07×10^3	3.029	1	1	0.06
斑点叉尾鮰	1.61×10^3	3.207	2	1	0.12
蓝鳃太阳鱼	1.77×10^3	3.248	3	1	0.18
尼罗罗非鱼	2.12×10^3	3.326	4	1	0.24
虹鳟	3.44×10^3	3.537	5	1	0.29
静水椎实螺	4.15×10^3	3.618	6	1	0.35
草鱼	4.75×10^3	3.677	7	1	0.41
短钝溞	5.16×10^3	3.713	8	1	0.47
中华锯齿米虾	17.99×10^3	4.255	9	1	0.53
大型溞	28.44×10^3	4.454	10	1	0.59
同形溞	34.71×10^3	4.540	11	1	0.65
拟同形溞	34.71×10^3	4.540	12	1	0.71
溪流摇蚊	38.95×10^3	4.591	13	1	0.76
鲤鱼	40.21×10^3	4.604	14	1	0.82
固氮鱼腥藻	131.00×10^3	5.117	15	1	0.88
铜绿微囊藻	186.60×10^3	5.271	16	1	0.94

表 5-87　5℃、pH 8.4 条件下氨氮 SMCV

物种	SMCV/(μg/L)	lg SMCV/(μg/L)	秩次 R	秩次下物种数	累积频率 P
银鲈	0.77×10^3	2.886	1	1	0.06
斑点叉尾鮰	1.16×10^3	3.064	2	1	0.12
蓝鳃太阳鱼	1.27×10^3	3.104	3	1	0.18
尼罗罗非鱼	1.53×10^3	3.185	4	1	0.24
虹鳟	2.48×10^3	3.394	5	1	0.29
静水椎实螺	2.98×10^3	3.474	6	1	0.35
草鱼	3.42×10^3	3.534	7	1	0.41
短钝溞	3.71×10^3	3.569	8	1	0.47
中华锯齿米虾	12.94×10^3	4.112	9	1	0.53
大型溞	20.46×10^3	4.311	10	1	0.59
同形溞	24.96×10^3	4.397	11	1	0.65
拟同形溞	24.96×10^3	4.397	12	1	0.71
溪流摇蚊	28.01×10^3	4.447	13	1	0.76
鲤鱼	28.92×10^3	4.461	14	1	0.82
固氮鱼腥藻	131.00×10^3	5.117	15	1	0.88
铜绿微囊藻	186.60×10^3	5.271	16	1	0.94

表 5-88 5℃、pH 8.6 条件下氨氮 SMCV

物种	SMCV/(μg/L)	lg SMCV/(μg/L)	秩次 R	秩次下物种数	累积频率 P
银鲈	0.55×10^3	2.740	1	1	0.06
斑点叉尾鮰	0.82×10^3	2.914	2	1	0.12
蓝鳃太阳鱼	0.91×10^3	2.959	3	1	0.18
尼罗罗非鱼	1.09×10^3	3.037	4	1	0.24
虹鳟	1.77×10^3	3.248	5	1	0.29
静水椎实螺	2.13×10^3	3.328	6	1	0.35
草鱼	2.44×10^3	3.387	7	1	0.41
短钝溞	2.64×10^3	3.422	8	1	0.47
中华锯齿米虾	9.23×10^3	3.965	9	1	0.53
大型溞	14.59×10^3	4.164	10	1	0.59
同形溞	17.80×10^3	4.250	11	1	0.65
拟同形溞	17.80×10^3	4.250	12	1	0.71
溪流摇蚊	19.98×10^3	4.301	13	1	0.76
鲤鱼	20.62×10^3	4.314	14	1	0.82
固氮鱼腥藻	131.00×10^3	5.117	15	1	0.88
铜绿微囊藻	186.60×10^3	5.271	16	1	0.94

表 5-89 5℃、pH 9.0 条件下氨氮 SMCV

物种	SMCV/(μg/L)	lg SMCV/(μg/L)	秩次 R	秩次下物种数	累积频率 P
银鲈	0.29×10^3	2.462	1	1	0.06
斑点叉尾鮰	0.44×10^3	2.643	2	1	0.12
蓝鳃太阳鱼	0.48×10^3	2.681	3	1	0.18
尼罗罗非鱼	0.58×10^3	2.763	4	1	0.24
虹鳟	0.93×10^3	2.968	5	1	0.29
静水椎实螺	1.13×10^3	3.053	6	1	0.35
草鱼	1.29×10^3	3.111	7	1	0.41
短钝溞	1.40×10^3	3.146	8	1	0.47
中华锯齿米虾	4.88×10^3	3.688	9	1	0.53
大型溞	7.71×10^3	3.887	10	1	0.59
同形溞	9.41×10^3	3.974	11	1	0.65
拟同形溞	9.41×10^3	3.974	12	1	0.71
溪流摇蚊	10.56×10^3	4.024	13	1	0.76
鲤鱼	10.90×10^3	4.037	14	1	0.82
固氮鱼腥藻	131.00×10^3	5.117	15	1	0.88
铜绿微囊藻	186.60×10^3	5.271	16	1	0.94

表 5-90 10℃、pH 6.0 条件下氨氮 SMCV

物种	SMCV/(μg/L)	lg SMCV/(μg/L)	秩次 R	秩次下物种数	累积频率 P
银鲈	4.16×10^3	3.619	1	1	0.06
斑点叉尾鮰	6.23×10^3	3.794	2	1	0.12
蓝鳃太阳鱼	6.86×10^3	3.836	3	1	0.18
尼罗罗非鱼	8.23×10^3	3.915	4	1	0.24
静水椎实螺	11.65×10^3	4.066	5	1	0.29
虹鳟	13.35×10^3	4.125	6	1	0.35
短钝溞	14.47×10^3	4.160	7	1	0.41
草鱼	18.41×10^3	4.265	8	1	0.47
中华锯齿米虾	50.50×10^3	4.703	9	1	0.53
大型溞	79.85×10^3	4.902	10	1	0.59
同形溞	97.44×10^3	4.989	11	1	0.65
拟同形溞	97.44×10^3	4.989	12	1	0.71
溪流摇蚊	109.34×10^3	5.039	13	1	0.76
固氮鱼腥藻	131.00×10^3	5.117	14	1	0.82
鲤鱼	155.82×10^3	5.193	15	1	0.88
铜绿微囊藻	186.60×10^3	5.271	16	1	0.94

表 5-91 10℃、pH 6.5 条件下氨氮 SMCV

物种	SMCV/(μg/L)	lg SMCV/(μg/L)	秩次 R	秩次下物种数	累积频率 P
银鲈	3.99×10^3	3.601	1	1	0.06
斑点叉尾鮰	5.98×10^3	3.777	2	1	0.12
蓝鳃太阳鱼	6.58×10^3	3.818	3	1	0.18
尼罗罗非鱼	7.90×10^3	3.898	4	1	0.24
静水椎实螺	11.18×10^3	4.048	5	1	0.29
虹鳟	12.80×10^3	4.107	6	1	0.35
短钝溞	13.89×10^3	4.143	7	1	0.41
草鱼	17.67×10^3	4.247	8	1	0.47
中华锯齿米虾	48.45×10^3	4.685	9	1	0.53
大型溞	76.61×10^3	4.884	10	1	0.59
同形溞	93.48×10^3	4.971	11	1	0.65
拟同形溞	93.48×10^3	4.971	12	1	0.71
溪流摇蚊	104.89×10^3	5.021	13	1	0.76
固氮鱼腥藻	131.00×10^3	5.117	14	1	0.82
鲤鱼	149.49×10^3	5.175	15	1	0.88
铜绿微囊藻	186.60×10^3	5.271	16	1	0.94

表 5-92　10℃、pH 7.0 条件下氨氮 SMCV

物种	SMCV/(μg/L)	lg SMCV/(μg/L)	秩次 R	秩次下物种数	累积频率 P
银鲈	3.54×10^3	3.549	1	1	0.06
斑点叉尾鮰	5.30×10^3	3.724	2	1	0.12
蓝鳃太阳鱼	5.83×10^3	3.766	3	1	0.18
尼罗罗非鱼	7.00×10^3	3.845	4	1	0.24
静水椎实螺	9.91×10^3	3.996	5	1	0.29
虹鳟	11.35×10^3	4.055	6	1	0.35
短钝溞	12.31×10^3	4.090	7	1	0.41
草鱼	15.66×10^3	4.195	8	1	0.47
中华锯齿米虾	42.95×10^3	4.633	9	1	0.53
大型溞	67.91×10^3	4.832	10	1	0.59
同形溞	82.87×10^3	4.918	11	1	0.65
拟同形溞	82.87×10^3	4.918	12	1	0.71
溪流摇蚊	92.99×10^3	4.968	13	1	0.76
固氮鱼腥藻	131.00×10^3	5.117	14	1	0.82
鲤鱼	132.52×10^3	5.122	15	1	0.88
铜绿微囊藻	186.60×10^3	5.271	16	1	0.94

表 5-93　10℃、pH 7.2 条件下氨氮 SMCV

物种	SMCV/(μg/L)	lg SMCV/(μg/L)	秩次 R	秩次下物种数	累积频率 P
银鲈	3.23×10^3	3.509	1	1	0.06
斑点叉尾鮰	4.83×10^3	3.684	2	1	0.12
蓝鳃太阳鱼	5.32×10^3	3.726	3	1	0.18
尼罗罗非鱼	6.38×10^3	3.805	4	1	0.24
静水椎实螺	9.04×10^3	3.956	5	1	0.29
虹鳟	10.35×10^3	4.015	6	1	0.35
短钝溞	11.23×10^3	4.050	7	1	0.41
草鱼	14.28×10^3	4.155	8	1	0.47
中华锯齿米虾	39.17×10^3	4.593	9	1	0.53
大型溞	61.93×10^3	4.792	10	1	0.59
同形溞	75.57×10^3	4.878	11	1	0.65
拟同形溞	75.57×10^3	4.878	12	1	0.71
溪流摇蚊	84.80×10^3	4.928	13	1	0.76
鲤鱼	120.85×10^3	5.082	14	1	0.82
固氮鱼腥藻	131.00×10^3	5.117	15	1	0.88
铜绿微囊藻	186.60×10^3	5.271	16	1	0.94

表 5-94 10℃、pH 7.4 条件下氨氮 SMCV

物种	SMCV/(μg/L)	lg SMCV/(μg/L)	秩次 R	秩次下物种数	累积频率 P
银鲈	2.84×10^3	3.453	1	1	0.06
斑点叉尾鮰	4.25×10^3	3.628	2	1	0.12
蓝鳃太阳鱼	4.67×10^3	3.669	3	1	0.18
尼罗罗非鱼	5.61×10^3	3.749	4	1	0.24
静水椎实螺	7.94×10^3	3.900	5	1	0.29
虹鳟	9.09×10^3	3.959	6	1	0.35
短钝溞	9.86×10^3	3.994	7	1	0.41
草鱼	12.54×10^3	4.098	8	1	0.47
中华锯齿米虾	34.40×10^3	4.537	9	1	0.53
大型溞	54.40×10^3	4.736	10	1	0.59
同形溞	66.38×10^3	4.822	11	1	0.65
拟同形溞	66.38×10^3	4.822	12	1	0.71
溪流摇蚊	74.48×10^3	4.872	13	1	0.76
鲤鱼	106.15×10^3	5.026	14	1	0.82
固氮鱼腥藻	131.00×10^3	5.117	15	1	0.88
铜绿微囊藻	186.60×10^3	5.271	16	1	0.94

表 5-95 10℃、pH 7.6 条件下氨氮 SMCV

物种	SMCV/(μg/L)	lg SMCV/(μg/L)	秩次 R	秩次下物种数	累积频率 P
银鲈	2.38×10^3	3.377	1	1	0.06
斑点叉尾鮰	3.57×10^3	3.553	2	1	0.12
蓝鳃太阳鱼	3.92×10^3	3.593	3	1	0.18
尼罗罗非鱼	4.71×10^3	3.673	4	1	0.24
静水椎实螺	6.67×10^3	3.824	5	1	0.29
虹鳟	7.64×10^3	3.883	6	1	0.35
短钝溞	8.28×10^3	3.918	7	1	0.41
草鱼	10.54×10^3	4.023	8	1	0.47
中华锯齿米虾	28.89×10^3	4.461	9	1	0.53
大型溞	45.69×10^3	4.660	10	1	0.59
同形溞	55.75×10^3	4.746	11	1	0.65
拟同形溞	55.75×10^3	4.746	12	1	0.71
溪流摇蚊	62.56×10^3	4.796	13	1	0.76
鲤鱼	89.15×10^3	4.950	14	1	0.82
固氮鱼腥藻	131.00×10^3	5.117	15	1	0.88
铜绿微囊藻	186.60×10^3	5.271	16	1	0.94

表 5-96　10℃、pH 7.8 条件下氨氮 SMCV

物种	SMCV/(μg/L)	lg SMCV/(μg/L)	秩次 R	秩次下物种数	累积频率 P
银鲈	1.91×10^3	3.281	1	1	0.06
斑点叉尾鮰	2.85×10^3	3.455	2	1	0.12
蓝鳃太阳鱼	3.14×10^3	3.497	3	1	0.18
尼罗罗非鱼	3.77×10^3	3.576	4	1	0.24
静水椎实螺	5.34×10^3	3.728	5	1	0.29
虹鳟	6.11×10^3	3.786	6	1	0.35
短钝溞	6.63×10^3	3.822	7	1	0.41
草鱼	8.43×10^3	3.926	8	1	0.47
中华锯齿米虾	23.13×10^3	4.364	9	1	0.53
大型溞	36.57×10^3	4.563	10	1	0.59
同形溞	44.62×10^3	4.650	11	1	0.65
拟同形溞	44.62×10^3	4.650	12	1	0.71
溪流摇蚊	50.07×10^3	4.700	13	1	0.76
鲤鱼	71.36×10^3	4.853	14	1	0.82
固氮鱼腥藻	131.00×10^3	5.117	15	1	0.88
铜绿微囊藻	186.60×10^3	5.271	16	1	0.94

表 5-97　10℃、pH 8.0 条件下氨氮 SMCV

物种	SMCV/(μg/L)	lg SMCV/(μg/L)	秩次 R	秩次下物种数	累积频率 P
银鲈	1.46×10^3	3.164	1	1	0.06
斑点叉尾鮰	2.18×10^3	3.338	2	1	0.12
蓝鳃太阳鱼	2.40×10^3	3.380	3	1	0.18
尼罗罗非鱼	2.88×10^3	3.459	4	1	0.24
静水椎实螺	4.08×10^3	3.611	5	1	0.29
虹鳟	4.67×10^3	3.669	6	1	0.35
短钝溞	5.07×10^3	3.705	7	1	0.41
草鱼	6.45×10^3	3.810	8	1	0.47
中华锯齿米虾	17.69×10^3	4.248	9	1	0.53
大型溞	27.96×10^3	4.447	10	1	0.59
同形溞	34.12×10^3	4.533	11	1	0.65
拟同形溞	34.12×10^3	4.533	12	1	0.71
溪流摇蚊	38.29×10^3	4.583	13	1	0.76
鲤鱼	54.57×10^3	4.737	14	1	0.82
固氮鱼腥藻	131.00×10^3	5.117	15	1	0.88
铜绿微囊藻	186.60×10^3	5.271	16	1	0.94

表 5-98　10℃、pH 8.2 条件下氨氮 SMCV

物种	SMCV/(μg/L)	lg SMCV/(μg/L)	秩次 R	秩次下物种数	累积频率 P
银鲈	1.07×10³	3.029	1	1	0.06
斑点叉尾鮰	1.61×10³	3.207	2	1	0.12
蓝鳃太阳鱼	1.77×10³	3.248	3	1	0.18
尼罗罗非鱼	2.12×10³	3.326	4	1	0.24
静水椎实螺	3.01×10³	3.479	5	1	0.29
虹鳟	3.44×10³	3.537	6	1	0.35
短钝溞	3.73×10³	3.572	7	1	0.41
草鱼	4.75×10³	3.677	8	1	0.47
中华锯齿米虾	13.03×10³	4.115	9	1	0.53
大型溞	20.61×10³	4.314	10	1	0.59
同形溞	25.14×10³	4.400	11	1	0.65
拟同形溞	25.14×10³	4.400	12	1	0.71
溪流摇蚊	28.21×10³	4.450	13	1	0.76
鲤鱼	40.21×10³	4.604	14	1	0.82
固氮鱼腥藻	131.00×10³	5.117	15	1	0.88
铜绿微囊藻	186.60×10³	5.271	16	1	0.94

表 5-99　10℃、pH 8.4 条件下氨氮 SMCV

物种	SMCV/(μg/L)	lg SMCV/(μg/L)	秩次 R	秩次下物种数	累积频率 P
银鲈	0.77×10³	2.886	1	1	0.06
斑点叉尾鮰	1.16×10³	3.064	2	1	0.12
蓝鳃太阳鱼	1.27×10³	3.104	3	1	0.18
尼罗罗非鱼	1.53×10³	3.185	4	1	0.24
静水椎实螺	2.16×10³	3.334	5	1	0.29
虹鳟	2.48×10³	3.394	6	1	0.35
短钝溞	2.69×10³	3.430	7	1	0.41
草鱼	3.42×10³	3.534	8	1	0.47
中华锯齿米虾	9.37×10³	3.972	9	1	0.53
大型溞	14.82×10³	4.171	10	1	0.59
同形溞	18.08×10³	4.257	11	1	0.65
拟同形溞	18.08×10³	4.257	12	1	0.71
溪流摇蚊	20.29×10³	4.307	13	1	0.76
鲤鱼	28.92×10³	4.461	14	1	0.82
固氮鱼腥藻	131.00×10³	5.117	15	1	0.88
铜绿微囊藻	186.60×10³	5.271	16	1	0.94

表 5-100 10℃、pH 8.6 条件下氨氮 SMCV

物种	SMCV/(μg/L)	lg SMCV/(μg/L)	秩次 R	秩次下物种数	累积频率 P
银鲈	0.55×10^3	2.740	1	1	0.06
斑点叉尾鮰	0.82×10^3	2.914	2	1	0.12
蓝鳃太阳鱼	0.91×10^3	2.959	3	1	0.18
尼罗罗非鱼	1.09×10^3	3.037	4	1	0.24
静水椎实螺	1.54×10^3	3.188	5	1	0.29
虹鳟	1.77×10^3	3.248	6	1	0.35
短钝溞	1.92×10^3	3.283	7	1	0.41
草鱼	2.44×10^3	3.387	8	1	0.47
中华锯齿米虾	6.68×10^3	3.825	9	1	0.53
大型溞	10.57×10^3	4.024	10	1	0.59
同形溞	12.90×10^3	4.111	11	1	0.65
拟同形溞	12.90×10^3	4.111	12	1	0.71
溪流摇蚊	14.47×10^3	4.160	13	1	0.76
鲤鱼	20.62×10^3	4.314	14	1	0.82
固氮鱼腥藻	131.00×10^3	5.117	15	1	0.88
铜绿微囊藻	186.60×10^3	5.271	16	1	0.94

表 5-101 10℃、pH 9.0 条件下氨氮 SMCV

物种	SMCV/(μg/L)	lg SMCV/(μg/L)	秩次 R	秩次下物种数	累积频率 P
银鲈	0.29×10^3	2.462	1	1	0.06
斑点叉尾鮰	0.44×10^3	2.643	2	1	0.12
蓝鳃太阳鱼	0.48×10^3	2.681	3	1	0.18
尼罗罗非鱼	0.58×10^3	2.763	4	1	0.24
静水椎实螺	0.82×10^3	2.914	5	1	0.29
虹鳟	0.93×10^3	2.968	6	1	0.35
短钝溞	1.01×10^3	3.004	7	1	0.41
草鱼	1.29×10^3	3.111	8	1	0.47
中华锯齿米虾	3.53×10^3	3.548	9	1	0.53
大型溞	5.59×10^3	3.747	10	1	0.59
同形溞	6.82×10^3	3.834	11	1	0.65
拟同形溞	6.82×10^3	3.834	12	1	0.71
溪流摇蚊	7.65×10^3	3.884	13	1	0.76
鲤鱼	10.90×10^3	4.037	14	1	0.82
固氮鱼腥藻	131.00×10^3	5.117	15	1	0.88
铜绿微囊藻	186.60×10^3	5.271	16	1	0.94

表 5-102 15℃、pH 6.0 条件下氨氮 SMCV

物种	SMCV/(μg/L)	lg SMCV/(μg/L)	秩次 R	秩次下物种数	累积频率 P
银鲈	4.16×10^3	3.619	1	1	0.06
斑点叉尾鮰	6.23×10^3	3.794	2	1	0.12
蓝鳃太阳鱼	6.86×10^3	3.836	3	1	0.18
尼罗罗非鱼	8.23×10^3	3.915	4	1	0.24
静水椎实螺	8.44×10^3	3.926	5	1	0.29
短钝溞	10.49×10^3	4.021	6	1	0.35
虹鳟	13.35×10^3	4.125	7	1	0.41
草鱼	18.41×10^3	4.265	8	1	0.47
中华锯齿米虾	36.59×10^3	4.563	9	1	0.53
大型溞	57.85×10^3	4.762	10	1	0.59
同形溞	70.59×10^3	4.849	11	1	0.65
拟同形溞	70.59×10^3	4.849	12	1	0.71
溪流摇蚊	79.21×10^3	4.899	13	1	0.76
固氮鱼腥藻	131.00×10^3	5.117	14	1	0.82
鲤鱼	155.82×10^3	5.193	15	1	0.88
铜绿微囊藻	186.60×10^3	5.271	16	1	0.94

表 5-103 15℃、pH 6.5 条件下氨氮 SMCV

物种	SMCV/(μg/L)	lg SMCV/(μg/L)	秩次 R	秩次下物种数	累积频率 P
银鲈	3.99×10^3	3.601	1	1	0.06
斑点叉尾鮰	5.98×10^3	3.777	2	1	0.12
蓝鳃太阳鱼	6.58×10^3	3.818	3	1	0.18
尼罗罗非鱼	7.90×10^3	3.898	4	1	0.24
静水椎实螺	8.10×10^3	3.908	5	1	0.29
短钝溞	10.06×10^3	4.003	6	1	0.35
虹鳟	12.80×10^3	4.107	7	1	0.41
草鱼	17.67×10^3	4.247	8	1	0.47
中华锯齿米虾	35.10×10^3	4.545	9	1	0.53
大型溞	55.50×10^3	4.744	10	1	0.59
同形溞	67.72×10^3	4.831	11	1	0.65
拟同形溞	67.72×10^3	4.831	12	1	0.71
溪流摇蚊	75.99×10^3	4.881	13	1	0.76
固氮鱼腥藻	131.00×10^3	5.117	14	1	0.82
鲤鱼	149.49×10^3	5.175	15	1	0.88
铜绿微囊藻	186.60×10^3	5.271	16	1	0.94

表 5-104 15℃、pH 7.0 条件下氨氮 SMCV

物种	SMCV/(μg/L)	lg SMCV/(μg/L)	秩次 R	秩次下物种数	累积频率 P
银鲈	3.54×10^3	3.549	1	1	0.06
斑点叉尾鮰	5.30×10^3	3.724	2	1	0.12
蓝鳃太阳鱼	5.83×10^3	3.766	3	1	0.18
尼罗罗非鱼	7.00×10^3	3.845	4	1	0.24
静水椎实螺	7.18×10^3	3.856	5	1	0.29
短钝溞	8.92×10^3	3.950	6	1	0.35
虹鳟	11.35×10^3	4.055	7	1	0.41
草鱼	15.66×10^3	4.195	8	1	0.47
中华锯齿米虾	31.11×10^3	4.493	9	1	0.53
大型溞	49.20×10^3	4.692	10	1	0.59
同形溞	60.03×10^3	4.778	11	1	0.65
拟同形溞	60.03×10^3	4.778	12	1	0.71
溪流摇蚊	67.36×10^3	4.828	13	1	0.76
固氮鱼腥藻	131.00×10^3	5.117	14	1	0.82
鲤鱼	132.52×10^3	5.122	15	1	0.88
铜绿微囊藻	186.60×10^3	5.271	16	1	0.94

表 5-105 15℃、pH 7.2 条件下氨氮 SMCV

物种	SMCV/(μg/L)	lg SMCV/(μg/L)	秩次 R	秩次下物种数	累积频率 P
银鲈	3.23×10^3	3.509	1	1	0.06
斑点叉尾鮰	4.83×10^3	3.684	2	1	0.12
蓝鳃太阳鱼	5.32×10^3	3.726	3	1	0.18
尼罗罗非鱼	6.38×10^3	3.805	4	1	0.24
静水椎实螺	6.55×10^3	3.816	5	1	0.29
短钝溞	8.13×10^3	3.910	6	1	0.35
虹鳟	10.35×10^3	4.015	7	1	0.41
草鱼	14.28×10^3	4.155	8	1	0.47
中华锯齿米虾	28.37×10^3	4.453	9	1	0.53
大型溞	44.87×10^3	4.652	10	1	0.59
同形溞	54.75×10^3	4.738	11	1	0.65
拟同形溞	54.75×10^3	4.738	12	1	0.71
溪流摇蚊	61.43×10^3	4.788	13	1	0.76
鲤鱼	120.85×10^3	5.082	14	1	0.82
固氮鱼腥藻	131.00×10^3	5.117	15	1	0.88
铜绿微囊藻	186.60×10^3	5.271	16	1	0.94

表 5-106 15℃、pH 7.4 条件下氨氮 SMCV

物种	SMCV/(μg/L)	lg SMCV/(μg/L)	秩次 R	秩次下物种数	累积频率 P
银鲈	2.84×10^3	3.453	1	1	0.06
斑点叉尾鮰	4.25×10^3	3.628	2	1	0.12
蓝鳃太阳鱼	4.67×10^3	3.669	3	1	0.18
尼罗罗非鱼	5.61×10^3	3.749	4	1	0.24
静水椎实螺	5.75×10^3	3.760	5	1	0.29
短钝溞	7.14×10^3	3.854	6	1	0.35
虹鳟	9.09×10^3	3.959	7	1	0.41
草鱼	12.54×10^3	4.098	8	1	0.47
中华锯齿米虾	24.92×10^3	4.397	9	1	0.53
大型溞	39.41×10^3	4.596	10	1	0.59
同形溞	48.09×10^3	4.682	11	1	0.65
拟同形溞	48.09×10^3	4.682	12	1	0.71
溪流摇蚊	53.96×10^3	4.732	13	1	0.76
鲤鱼	106.15×10^3	5.026	14	1	0.82
固氮鱼腥藻	131.00×10^3	5.117	15	1	0.88
铜绿微囊藻	186.60×10^3	5.271	16	1	0.94

表 5-107 15℃、pH 7.6 条件下氨氮 SMCV

物种	SMCV/(μg/L)	lg SMCV/(μg/L)	秩次 R	秩次下物种数	累积频率 P
银鲈	2.38×10^3	3.377	1	1	0.06
斑点叉尾鮰	3.57×10^3	3.553	2	1	0.12
蓝鳃太阳鱼	3.92×10^3	3.593	3	1	0.18
尼罗罗非鱼	4.71×10^3	3.673	4	1	0.24
静水椎实螺	4.83×10^3	3.684	5	1	0.29
短钝溞	6.00×10^3	3.778	6	1	0.35
虹鳟	7.64×10^3	3.883	7	1	0.41
草鱼	10.54×10^3	4.023	8	1	0.47
中华锯齿米虾	20.93×10^3	4.321	9	1	0.53
大型溞	33.10×10^3	4.520	10	1	0.59
同形溞	40.39×10^3	4.606	11	1	0.65
拟同形溞	40.39×10^3	4.606	12	1	0.71
溪流摇蚊	45.32×10^3	4.656	13	1	0.76
鲤鱼	89.15×10^3	4.950	14	1	0.82
固氮鱼腥藻	131.00×10^3	5.117	15	1	0.88
铜绿微囊藻	186.60×10^3	5.271	16	1	0.94

表 5-108　15℃、pH 7.8 条件下氨氮 SMCV

物种	SMCV/(μg/L)	lg SMCV/(μg/L)	秩次 R	秩次下物种数	累积频率 P
银鲈	1.91×10^3	3.281	1	1	0.06
斑点叉尾鮰	2.85×10^3	3.455	2	1	0.12
蓝鳃太阳鱼	3.14×10^3	3.497	3	1	0.18
尼罗罗非鱼	3.77×10^3	3.576	4	1	0.24
静水椎实螺	3.87×10^3	3.588	5	1	0.29
短钝溞	4.80×10^3	3.681	6	1	0.35
虹鳟	6.11×10^3	3.786	7	1	0.41
草鱼	8.43×10^3	3.926	8	1	0.47
中华锯齿米虾	16.75×10^3	4.224	9	1	0.53
大型溞	26.49×10^3	4.423	10	1	0.59
同形溞	32.33×10^3	4.510	11	1	0.65
拟同形溞	32.33×10^3	4.510	12	1	0.71
溪流摇蚊	36.27×10^3	4.560	13	1	0.76
鲤鱼	71.36×10^3	4.853	14	1	0.82
固氮鱼腥藻	131.00×10^3	5.117	15	1	0.88
铜绿微囊藻	186.60×10^3	5.271	16	1	0.94

表 5-109　15℃、pH 8.0 条件下氨氮 SMCV

物种	SMCV/(μg/L)	lg SMCV/(μg/L)	秩次 R	秩次下物种数	累积频率 P
银鲈	1.46×10^3	3.164	1	1	0.06
斑点叉尾鮰	2.18×10^3	3.338	2	1	0.12
蓝鳃太阳鱼	2.40×10^3	3.380	3	1	0.18
尼罗罗非鱼	2.88×10^3	3.459	4	1	0.24
静水椎实螺	2.96×10^3	3.471	5	1	0.29
短钝溞	3.67×10^3	3.565	6	1	0.35
虹鳟	4.67×10^3	3.669	7	1	0.41
草鱼	6.45×10^3	3.810	8	1	0.47
中华锯齿米虾	12.81×10^3	4.108	9	1	0.53
大型溞	20.26×10^3	4.307	10	1	0.59
同形溞	24.72×10^3	4.393	11	1	0.65
拟同形溞	24.72×10^3	4.393	12	1	0.71
溪流摇蚊	27.74×10^3	4.443	13	1	0.76
鲤鱼	54.57×10^3	4.737	14	1	0.82
固氮鱼腥藻	131.00×10^3	5.117	15	1	0.88
铜绿微囊藻	186.60×10^3	5.271	16	1	0.94

表 5-110 15℃、pH 8.2 条件下氨氮 SMCV

物种	SMCV/(μg/L)	lg SMCV/(μg/L)	秩次 R	秩次下物种数	累积频率 P
银鲈	1.07×10^3	3.029	1	1	0.06
斑点叉尾鮰	1.61×10^3	3.207	2	1	0.12
蓝鳃太阳鱼	1.77×10^3	3.248	3	1	0.18
尼罗罗非鱼	2.12×10^3	3.326	4	1	0.24
静水椎实螺	2.18×10^3	3.338	5	1	0.29
短钝溞	2.71×10^3	3.433	6	1	0.35
虹鳟	3.44×10^3	3.537	7	1	0.41
草鱼	4.75×10^3	3.677	8	1	0.47
中华锯齿米虾	9.44×10^3	3.975	9	1	0.53
大型溞	14.93×10^3	4.174	10	1	0.59
同形溞	18.21×10^3	4.260	11	1	0.65
拟同形溞	18.21×10^3	4.260	12	1	0.71
溪流摇蚊	20.44×10^3	4.310	13	1	0.76
鲤鱼	40.21×10^3	4.604	14	1	0.82
固氮鱼腥藻	131.00×10^3	5.117	15	1	0.88
铜绿微囊藻	186.60×10^3	5.271	16	1	0.94

表 5-111 15℃、pH 8.4 条件下氨氮 SMCV

物种	SMCV/(μg/L)	lg SMCV/(μg/L)	秩次 R	秩次下物种数	累积频率 P
银鲈	0.77×10^3	2.886	1	1	0.06
斑点叉尾鮰	1.16×10^3	3.064	2	1	0.12
蓝鳃太阳鱼	1.27×10^3	3.104	3	1	0.18
尼罗罗非鱼	1.53×10^3	3.185	4	1	0.24
静水椎实螺	1.57×10^3	3.196	5	1	0.29
短钝溞	1.95×10^3	3.290	6	1	0.35
虹鳟	2.48×10^3	3.394	7	1	0.41
草鱼	3.42×10^3	3.534	8	1	0.47
中华锯齿米虾	6.79×10^3	3.832	9	1	0.53
大型溞	10.74×10^3	4.031	10	1	0.59
同形溞	13.10×10^3	4.117	11	1	0.65
拟同形溞	13.10×10^3	4.117	12	1	0.71
溪流摇蚊	14.70×10^3	4.167	13	1	0.76
鲤鱼	28.92×10^3	4.461	14	1	0.82
固氮鱼腥藻	131.00×10^3	5.117	15	1	0.88
铜绿微囊藻	186.60×10^3	5.271	16	1	0.94

表 5-112 15℃、pH 8.6 条件下氨氮 SMCV

物种	SMCV/(μg/L)	lg SMCV/(μg/L)	秩次 R	秩次下物种数	累积频率 P
银鲈	0.55×10^3	2.740	1	1	0.06
斑点叉尾鮰	0.82×10^3	2.914	2	1	0.12
蓝鳃太阳鱼	0.91×10^3	2.959	3	1	0.18
尼罗罗非鱼	1.09×10^3	3.037	4	1	0.24
静水椎实螺	1.12×10^3	3.049	5	1	0.29
短钝溞	1.39×10^3	3.143	6	1	0.35
虹鳟	1.77×10^3	3.248	7	1	0.41
草鱼	2.44×10^3	3.387	8	1	0.47
中华锯齿米虾	4.84×10^3	3.685	9	1	0.53
大型溞	7.66×10^3	3.884	10	1	0.59
同形溞	9.34×10^3	3.970	11	1	0.65
拟同形溞	9.34×10^3	3.970	12	1	0.71
溪流摇蚊	10.48×10^3	4.020	13	1	0.76
鲤鱼	20.62×10^3	4.314	14	1	0.82
固氮鱼腥藻	131.00×10^3	5.117	15	1	0.88
铜绿微囊藻	186.60×10^3	5.271	16	1	0.94

表 5-113 15℃、pH 9.0 条件下氨氮 SMCV

物种	SMCV/(μg/L)	lg SMCV/(μg/L)	秩次 R	秩次下物种数	累积频率 P
银鲈	0.29×10^3	2.462	1	1	0.06
斑点叉尾鮰	0.44×10^3	2.643	2	1	0.12
蓝鳃太阳鱼	0.48×10^3	2.681	3	1	0.18
尼罗罗非鱼	0.58×10^3	2.763	4	1	0.24
静水椎实螺	0.59×10^3	2.771	5	1	0.29
短钝溞	0.73×10^3	2.863	6	1	0.35
虹鳟	0.93×10^3	2.968	7	1	0.41
草鱼	1.29×10^3	3.111	8	1	0.47
中华锯齿米虾	2.56×10^3	3.408	9	1	0.53
大型溞	4.05×10^3	3.607	10	1	0.59
同形溞	4.94×10^3	3.694	11	1	0.65
拟同形溞	4.94×10^3	3.694	12	1	0.71
溪流摇蚊	5.54×10^3	3.744	13	1	0.76
鲤鱼	10.90×10^3	4.037	14	1	0.82
固氮鱼腥藻	131.00×10^3	5.117	15	1	0.88
铜绿微囊藻	186.60×10^3	5.271	16	1	0.94

表 5-114 20℃、pH 6.0 条件下氨氮 SMCV

物种	SMCV/(μg/L)	lg SMCV/(μg/L)	秩次 R	秩次下物种数	累积频率 P
银鲈	4.16×10^3	3.619	1	1	0.06
静水椎实螺	6.11×10^3	3.786	2	1	0.12
斑点叉尾鮰	6.23×10^3	3.794	3	1	0.18
蓝鳃太阳鱼	6.86×10^3	3.836	4	1	0.24
短钝溞	7.60×10^3	3.881	5	1	0.29
尼罗罗非鱼	8.23×10^3	3.915	6	1	0.35
虹鳟	13.35×10^3	4.125	7	1	0.41
草鱼	18.41×10^3	4.265	8	1	0.47
中华锯齿米虾	26.50×10^3	4.423	9	1	0.53
大型溞	41.91×10^3	4.622	10	1	0.59
同形溞	51.14×10^3	4.709	11	1	0.65
拟同形溞	51.14×10^3	4.709	12	1	0.71
溪流摇蚊	57.38×10^3	4.759	13	1	0.76
固氮鱼腥藻	131.00×10^3	5.117	14	1	0.82
鲤鱼	155.82×10^3	5.193	15	1	0.88
铜绿微囊藻	186.60×10^3	5.271	16	1	0.94

表 5-115 20℃、pH 6.5 条件下氨氮 SMCV

物种	SMCV/(μg/L)	lg SMCV/(μg/L)	秩次 R	秩次下物种数	累积频率 P
银鲈	3.99×10^3	3.601	1	1	0.06
静水椎实螺	5.87×10^3	3.769	2	1	0.12
斑点叉尾鮰	5.98×10^3	3.777	3	1	0.18
蓝鳃太阳鱼	6.58×10^3	3.818	4	1	0.24
短钝溞	7.29×10^3	3.863	5	1	0.29
尼罗罗非鱼	7.90×10^3	3.898	6	1	0.35
虹鳟	12.80×10^3	4.107	7	1	0.41
草鱼	17.67×10^3	4.247	8	1	0.47
中华锯齿米虾	25.43×10^3	4.405	9	1	0.53
大型溞	40.20×10^3	4.604	10	1	0.59
同形溞	49.06×10^3	4.691	11	1	0.65
拟同形溞	49.06×10^3	4.691	12	1	0.71
溪流摇蚊	55.05×10^3	4.741	13	1	0.76
固氮鱼腥藻	131.00×10^3	5.117	14	1	0.82
鲤鱼	149.49×10^3	5.175	15	1	0.88
铜绿微囊藻	186.60×10^3	5.271	16	1	0.94

表 5-116　20℃、pH 7.0 条件下氨氮 SMCV

物种	SMCV/(μg/L)	lg SMCV/(μg/L)	秩次 R	秩次下物种数	累积频率 P
银鲈	3.54×10^3	3.549	1	1	0.06
静水椎实螺	5.20×10^3	3.716	2	1	0.12
斑点叉尾鮰	5.30×10^3	3.724	3	1	0.18
蓝鳃太阳鱼	5.83×10^3	3.766	4	1	0.24
短钝溞	6.46×10^3	3.810	5	1	0.29
尼罗罗非鱼	7.00×10^3	3.845	6	1	0.35
虹鳟	11.35×10^3	4.055	7	1	0.41
草鱼	15.66×10^3	4.195	8	1	0.47
中华锯齿米虾	22.54×10^3	4.353	9	1	0.53
大型溞	35.64×10^3	4.552	10	1	0.59
同形溞	43.49×10^3	4.638	11	1	0.65
拟同形溞	43.49×10^3	4.638	12	1	0.71
溪流摇蚊	48.80×10^3	4.688	13	1	0.76
固氮鱼腥藻	131.00×10^3	5.117	14	1	0.82
鲤鱼	132.52×10^3	5.122	15	1	0.88
铜绿微囊藻	186.60×10^3	5.271	16	1	0.94

表 5-117　20℃、pH 7.2 条件下氨氮 SMCV

物种	SMCV/(μg/L)	lg SMCV/(μg/L)	秩次 R	秩次下物种数	累积频率 P
银鲈	3.23×10^3	3.509	1	1	0.06
静水椎实螺	4.74×10^3	3.676	2	1	0.12
斑点叉尾鮰	4.83×10^3	3.684	3	1	0.18
蓝鳃太阳鱼	5.32×10^3	3.726	4	1	0.24
短钝溞	5.89×10^3	3.770	5	1	0.29
尼罗罗非鱼	6.38×10^3	3.805	6	1	0.35
虹鳟	10.35×10^3	4.015	7	1	0.41
草鱼	14.28×10^3	4.155	8	1	0.47
中华锯齿米虾	20.56×10^3	4.313	9	1	0.53
大型溞	32.50×10^3	4.512	10	1	0.59
同形溞	39.66×10^3	4.598	11	1	0.65
拟同形溞	39.66×10^3	4.598	12	1	0.71
溪流摇蚊	44.50×10^3	4.648	13	1	0.76
鲤鱼	120.85×10^3	5.082	14	1	0.82
固氮鱼腥藻	131.00×10^3	5.117	15	1	0.88
铜绿微囊藻	186.60×10^3	5.271	16	1	0.94

表 5-118 20℃、pH 7.4 条件下氨氮 SMCV

物种	SMCV/(μg/L)	lg SMCV/(μg/L)	秩次 R	秩次下物种数	累积频率 P
银鲈	2.84×10^3	3.453	1	1	0.06
静水椎实螺	4.17×10^3	3.620	2	1	0.12
斑点叉尾鮰	4.25×10^3	3.628	3	1	0.18
蓝鳃太阳鱼	4.67×10^3	3.669	4	1	0.24
短钝溞	5.17×10^3	3.713	5	1	0.29
尼罗罗非鱼	5.61×10^3	3.749	6	1	0.35
虹鳟	9.09×10^3	3.959	7	1	0.41
草鱼	12.54×10^3	4.098	8	1	0.47
中华锯齿米虾	18.05×10^3	4.256	9	1	0.53
大型溞	28.55×10^3	4.456	10	1	0.59
同形溞	34.84×10^3	4.542	11	1	0.65
拟同形溞	34.84×10^3	4.542	12	1	0.71
溪流摇蚊	39.09×10^3	4.592	13	1	0.76
鲤鱼	106.15×10^3	5.026	14	1	0.82
固氮鱼腥藻	131.00×10^3	5.117	15	1	0.88
铜绿微囊藻	186.60×10^3	5.271	16	1	0.94

表 5-119 20℃、pH 7.6 条件下氨氮 SMCV

物种	SMCV/(μg/L)	lg SMCV/(μg/L)	秩次 R	秩次下物种数	累积频率 P
银鲈	2.38×10^3	3.377	1	1	0.06
静水椎实螺	3.50×10^3	3.544	2	1	0.12
斑点叉尾鮰	3.57×10^3	3.553	3	1	0.18
蓝鳃太阳鱼	3.92×10^3	3.593	4	1	0.24
短钝溞	4.35×10^3	3.638	5	1	0.29
尼罗罗非鱼	4.71×10^3	3.673	6	1	0.35
虹鳟	7.64×10^3	3.883	7	1	0.41
草鱼	10.54×10^3	4.023	8	1	0.47
中华锯齿米虾	15.16×10^3	4.181	9	1	0.53
大型溞	23.98×10^3	4.380	10	1	0.59
同形溞	29.26×10^3	4.466	11	1	0.65
拟同形溞	29.26×10^3	4.466	12	1	0.71
溪流摇蚊	32.83×10^3	4.516	13	1	0.76
鲤鱼	89.15×10^3	4.950	14	1	0.82
固氮鱼腥藻	131.00×10^3	5.117	15	1	0.88
铜绿微囊藻	186.60×10^3	5.271	16	1	0.94

表 5-120　20℃、pH 7.8 条件下氨氮 SMCV

物种	SMCV/(μg/L)	lg SMCV/(μg/L)	秩次 R	秩次下物种数	累积频率 P
银鲈	1.91×10^3	3.281	1	1	0.06
静水椎实螺	2.80×10^3	3.447	2	1	0.12
斑点叉尾鮰	2.85×10^3	3.455	3	1	0.18
蓝鳃太阳鱼	3.14×10^3	3.497	4	1	0.24
短钝溞	3.48×10^3	3.542	5	1	0.29
尼罗罗非鱼	3.77×10^3	3.576	6	1	0.35
虹鳟	6.11×10^3	3.786	7	1	0.41
草鱼	8.43×10^3	3.926	8	1	0.47
中华锯齿米虾	12.14×10^3	4.084	9	1	0.53
大型溞	19.19×10^3	4.283	10	1	0.59
同形溞	23.42×10^3	4.370	11	1	0.65
拟同形溞	23.42×10^3	4.370	12	1	0.71
溪流摇蚊	26.28×10^3	4.420	13	1	0.76
鲤鱼	71.36×10^3	4.853	14	1	0.82
固氮鱼腥藻	131.00×10^3	5.117	15	1	0.88
铜绿微囊藻	186.60×10^3	5.271	16	1	0.94

表 5-121　20℃、pH 8.0 条件下氨氮 SMCV

物种	SMCV/(μg/L)	lg SMCV/(μg/L)	秩次 R	秩次下物种数	累积频率 P
银鲈	1.46×10^3	3.164	1	1	0.06
静水椎实螺	2.14×10^3	3.330	2	1	0.12
斑点叉尾鮰	2.18×10^3	3.338	3	1	0.18
蓝鳃太阳鱼	2.40×10^3	3.380	4	1	0.24
短钝溞	2.66×10^3	3.425	5	1	0.29
尼罗罗非鱼	2.88×10^3	3.459	6	1	0.35
虹鳟	4.67×10^3	3.669	7	1	0.41
草鱼	6.45×10^3	3.810	8	1	0.47
中华锯齿米虾	9.28×10^3	3.968	9	1	0.53
大型溞	14.68×10^3	4.167	10	1	0.59
同形溞	17.91×10^3	4.253	11	1	0.65
拟同形溞	17.91×10^3	4.253	12	1	0.71
溪流摇蚊	20.10×10^3	4.303	13	1	0.76
鲤鱼	54.57×10^3	4.737	14	1	0.82
固氮鱼腥藻	131.00×10^3	5.117	15	1	0.88
铜绿微囊藻	186.60×10^3	5.271	16	1	0.94

表 5-122　20℃、pH 8.2 条件下氨氮 SMCV

物种	SMCV/(μg/L)	lg SMCV/(μg/L)	秩次 R	秩次下物种数	累积频率 P
银鲈	1.07×10^3	3.029	1	1	0.06
静水椎实螺	1.58×10^3	3.199	2	1	0.12
斑点叉尾鮰	1.61×10^3	3.207	3	1	0.18
蓝鳃太阳鱼	1.77×10^3	3.248	4	1	0.24
短钝溞	1.96×10^3	3.292	5	1	0.29
尼罗罗非鱼	2.12×10^3	3.326	6	1	0.35
虹鳟	3.44×10^3	3.537	7	1	0.41
草鱼	4.75×10^3	3.677	8	1	0.47
中华锯齿米虾	6.84×10^3	3.835	9	1	0.53
大型溞	10.81×10^3	4.034	10	1	0.59
同形溞	13.20×10^3	4.121	11	1	0.65
拟同形溞	13.20×10^3	4.121	12	1	0.71
溪流摇蚊	14.81×10^3	4.171	13	1	0.76
鲤鱼	40.21×10^3	4.604	14	1	0.82
固氮鱼腥藻	131.00×10^3	5.117	15	1	0.88
铜绿微囊藻	186.60×10^3	5.271	16	1	0.94

表 5-123　20℃、pH 8.4 条件下氨氮 SMCV

物种	SMCV/(μg/L)	lg SMCV/(μg/L)	秩次 R	秩次下物种数	累积频率 P
银鲈	0.77×10^3	2.886	1	1	0.06
静水椎实螺	1.13×10^3	3.053	2	1	0.12
斑点叉尾鮰	1.16×10^3	3.064	3	1	0.18
蓝鳃太阳鱼	1.27×10^3	3.104	4	1	0.24
短钝溞	1.41×10^3	3.149	5	1	0.29
尼罗罗非鱼	1.53×10^3	3.185	6	1	0.35
虹鳟	2.48×10^3	3.394	7	1	0.41
草鱼	3.42×10^3	3.534	8	1	0.47
中华锯齿米虾	4.92×10^3	3.692	9	1	0.53
大型溞	7.78×10^3	3.891	10	1	0.59
同形溞	9.49×10^3	3.977	11	1	0.65
拟同形溞	9.49×10^3	3.977	12	1	0.71
溪流摇蚊	10.65×10^3	4.027	13	1	0.76
鲤鱼	28.92×10^3	4.461	14	1	0.82
固氮鱼腥藻	131.00×10^3	5.117	15	1	0.88
铜绿微囊藻	186.60×10^3	5.271	16	1	0.94

表 5-124　20℃、pH 8.6 条件下氨氮 SMCV

物种	SMCV/(μg/L)	lg SMCV/(μg/L)	秩次 R	秩次下物种数	累积频率 P
银鲈	0.55×10^3	2.740	1	1	0.06
静水椎实螺	0.81×10^3	2.908	2	1	0.12
斑点叉尾鮰	0.82×10^3	2.914	3	1	0.18
蓝鳃太阳鱼	0.91×10^3	2.959	4	1	0.24
短钝溞	1.01×10^3	3.004	5	1	0.29
尼罗罗非鱼	1.09×10^3	3.037	6	1	0.35
虹鳟	1.77×10^3	3.248	7	1	0.41
草鱼	2.44×10^3	3.387	8	1	0.47
中华锯齿米虾	3.51×10^3	3.545	9	1	0.53
大型溞	5.55×10^3	3.744	10	1	0.59
同形溞	6.77×10^3	3.831	11	1	0.65
拟同形溞	6.77×10^3	3.831	12	1	0.71
溪流摇蚊	7.59×10^3	3.880	13	1	0.76
鲤鱼	20.62×10^3	4.314	14	1	0.82
固氮鱼腥藻	131.00×10^3	5.117	15	1	0.88
铜绿微囊藻	186.60×10^3	5.271	16	1	0.94

表 5-125　20℃、pH 9.0 条件下氨氮 SMCV

物种	SMCV/(μg/L)	lg SMCV/(μg/L)	秩次 R	秩次下物种数	累积频率 P
银鲈	0.29×10^3	2.462	1	1	0.06
静水椎实螺	0.43×10^3	2.633	2	1	0.12
斑点叉尾鮰	0.44×10^3	2.643	3	1	0.18
蓝鳃太阳鱼	0.48×10^3	2.681	4	1	0.24
短钝溞	0.53×10^3	2.724	5	1	0.29
尼罗罗非鱼	0.58×10^3	2.763	6	1	0.35
虹鳟	0.93×10^3	2.968	7	1	0.41
草鱼	1.29×10^3	3.111	8	1	0.47
中华锯齿米虾	1.85×10^3	3.267	9	1	0.53
大型溞	2.93×10^3	3.467	10	1	0.59
同形溞	3.58×10^3	3.554	11	1	0.65
拟同形溞	3.58×10^3	3.554	12	1	0.71
溪流摇蚊	4.01×10^3	3.603	13	1	0.76
鲤鱼	10.90×10^3	4.037	14	1	0.82
固氮鱼腥藻	131.00×10^3	5.117	15	1	0.88
铜绿微囊藻	186.60×10^3	5.271	16	1	0.94

表 5-126　25℃、pH 6.0 条件下氨氮 SMCV

物种	SMCV/(μg/L)	lg SMCV/(μg/L)	秩次 R	秩次下物种数	累积频率 P
银鲈	4.16×10^3	3.619	1	1	0.06
静水椎实螺	4.43×10^3	3.646	2	1	0.12
短钝溞	5.50×10^3	3.740	3	1	0.18
斑点叉尾鮰	6.23×10^3	3.794	4	1	0.24
蓝鳃太阳鱼	6.86×10^3	3.836	5	1	0.29
尼罗罗非鱼	8.23×10^3	3.915	6	1	0.35
虹鳟	13.35×10^3	4.125	7	1	0.41
草鱼	18.41×10^3	4.265	8	1	0.47
中华锯齿米虾	19.20×10^3	4.283	9	1	0.53
大型溞	30.36×10^3	4.482	10	1	0.59
同形溞	37.05×10^3	4.569	11	1	0.65
拟同形溞	37.05×10^3	4.569	12	1	0.71
溪流摇蚊	41.57×10^3	4.619	13	1	0.76
固氮鱼腥藻	131.00×10^3	5.117	14	1	0.82
鲤鱼	155.82×10^3	5.193	15	1	0.88
铜绿微囊藻	186.60×10^3	5.271	16	1	0.94

表 5-127　25℃、pH 6.5 条件下氨氮 SMCV

物种	SMCV/(μg/L)	lg SMCV/(μg/L)	秩次 R	秩次下物种数	累积频率 P
银鲈	3.99×10^3	3.601	1	1	0.06
静水椎实螺	4.25×10^3	3.628	2	1	0.12
短钝溞	5.28×10^3	3.723	3	1	0.18
斑点叉尾鮰	5.98×10^3	3.777	4	1	0.24
蓝鳃太阳鱼	6.58×10^3	3.818	5	1	0.29
尼罗罗非鱼	7.90×10^3	3.898	6	1	0.35
虹鳟	12.80×10^3	4.107	7	1	0.41
草鱼	17.67×10^3	4.247	8	1	0.47
中华锯齿米虾	18.42×10^3	4.265	9	1	0.53
大型溞	29.12×10^3	4.464	10	1	0.59
同形溞	35.54×10^3	4.551	11	1	0.65
拟同形溞	35.54×10^3	4.551	12	1	0.71
溪流摇蚊	39.88×10^3	4.601	13	1	0.76
固氮鱼腥藻	131.00×10^3	5.117	14	1	0.82
鲤鱼	149.49×10^3	5.175	15	1	0.88
铜绿微囊藻	186.60×10^3	5.271	16	1	0.94

表 5-128 25℃、pH 7.0 条件下氨氮 SMCV

物种	SMCV/(μg/L)	lg SMCV/(μg/L)	秩次 R	秩次下物种数	累积频率 P
银鲈	3.54×10^3	3.549	1	1	0.06
静水椎实螺	3.77×10^3	3.576	2	1	0.12
短钝溞	4.68×10^3	3.670	3	1	0.18
斑点叉尾鮰	5.30×10^3	3.724	4	1	0.24
蓝鳃太阳鱼	5.83×10^3	3.766	5	1	0.29
尼罗罗非鱼	7.00×10^3	3.845	6	1	0.35
虹鳟	11.35×10^3	4.055	7	1	0.41
草鱼	15.66×10^3	4.195	8	1	0.47
中华锯齿米虾	16.33×10^3	4.213	9	1	0.53
大型溞	25.82×10^3	4.412	10	1	0.59
同形溞	31.51×10^3	4.498	11	1	0.65
拟同形溞	31.51×10^3	4.498	12	1	0.71
溪流摇蚊	35.35×10^3	4.548	13	1	0.76
固氮鱼腥藻	131.00×10^3	5.117	14	1	0.82
鲤鱼	132.52×10^3	5.122	15	1	0.88
铜绿微囊藻	186.60×10^3	5.271	16	1	0.94

表 5-129 25℃、pH 7.2 条件下氨氮 SMCV

物种	SMCV/(μg/L)	lg SMCV/(μg/L)	秩次 R	秩次下物种数	累积频率 P
银鲈	3.23×10^3	3.509	1	1	0.06
静水椎实螺	3.44×10^3	3.537	2	1	0.12
短钝溞	4.27×10^3	3.630	3	1	0.18
斑点叉尾鮰	4.83×10^3	3.684	4	1	0.24
蓝鳃太阳鱼	5.32×10^3	3.726	5	1	0.29
尼罗罗非鱼	6.38×10^3	3.805	6	1	0.35
虹鳟	10.35×10^3	4.015	7	1	0.41
草鱼	14.28×10^3	4.155	8	1	0.47
中华锯齿米虾	14.89×10^3	4.173	9	1	0.53
大型溞	23.55×10^3	4.372	10	1	0.59
同形溞	28.73×10^3	4.458	11	1	0.65
拟同形溞	28.73×10^3	4.458	12	1	0.71
溪流摇蚊	32.24×10^3	4.508	13	1	0.76
固氮鱼腥藻	131.00×10^3	5.117	14	1	0.82
鲤鱼	120.85×10^3	5.082	15	1	0.88
铜绿微囊藻	186.60×10^3	5.271	16	1	0.94

表 5-130 25℃、pH 7.4 条件下氨氮 SMCV

物种	SMCV/(μg/L)	lg SMCV/(μg/L)	秩次 R	秩次下物种数	累积频率 P
银鲈	2.84×10^3	3.453	1	1	0.06
静水椎实螺	3.02×10^3	3.480	2	1	0.12
短钝溞	3.75×10^3	3.574	3	1	0.18
斑点叉尾鮰	4.25×10^3	3.628	4	1	0.24
蓝鳃太阳鱼	4.67×10^3	3.669	5	1	0.29
尼罗罗非鱼	5.61×10^3	3.749	6	1	0.35
虹鳟	9.09×10^3	3.959	7	1	0.41
草鱼	12.54×10^3	4.098	8	1	0.47
中华锯齿米虾	13.08×10^3	4.117	9	1	0.53
大型溞	20.68×10^3	4.316	10	1	0.59
同形溞	25.24×10^3	4.402	11	1	0.65
拟同形溞	25.24×10^3	4.402	12	1	0.71
溪流摇蚊	28.32×10^3	4.452	13	1	0.76
鲤鱼	106.15×10^3	5.026	14	1	0.82
固氮鱼腥藻	131.00×10^3	5.117	15	1	0.88
铜绿微囊藻	186.60×10^3	5.271	16	1	0.94

表 5-131 25℃、pH 7.6 条件下氨氮 SMCV

物种	SMCV/(μg/L)	lg SMCV/(μg/L)	秩次 R	秩次下物种数	累积频率 P
银鲈	2.38×10^3	3.377	1	1	0.06
静水椎实螺	2.53×10^3	3.403	2	1	0.12
短钝溞	3.15×10^3	3.498	3	1	0.18
斑点叉尾鮰	3.57×10^3	3.553	4	1	0.24
蓝鳃太阳鱼	3.92×10^3	3.593	5	1	0.29
尼罗罗非鱼	4.71×10^3	3.673	6	1	0.35
虹鳟	7.64×10^3	3.883	7	1	0.41
草鱼	10.54×10^3	4.023	8	1	0.47
中华锯齿米虾	10.99×10^3	4.041	9	1	0.53
大型溞	17.37×10^3	4.240	10	1	0.59
同形溞	21.20×10^3	4.326	11	1	0.65
拟同形溞	21.20×10^3	4.326	12	1	0.71
溪流摇蚊	23.78×10^3	4.376	13	1	0.76
鲤鱼	89.15×10^3	4.950	14	1	0.82
固氮鱼腥藻	131.00×10^3	5.117	15	1	0.88
铜绿微囊藻	186.60×10^3	5.271	16	1	0.94

表 5-132　25℃、pH 7.8 条件下氨氮 SMCV

物种	SMCV/(μg/L)	lg SMCV/(μg/L)	秩次 R	秩次下物种数	累积频率 P
银鲈	1.91×10^3	3.281	1	1	0.06
静水椎实螺	2.03×10^3	3.307	2	1	0.12
短钝溞	2.52×10^3	3.401	3	1	0.18
斑点叉尾鮰	2.85×10^3	3.455	4	1	0.24
蓝鳃太阳鱼	3.14×10^3	3.497	5	1	0.29
尼罗罗非鱼	3.77×10^3	3.576	6	1	0.35
虹鳟	6.11×10^3	3.786	7	1	0.41
草鱼	8.43×10^3	3.926	8	1	0.47
中华锯齿米虾	8.79×10^3	3.944	9	1	0.53
大型溞	13.90×10^3	4.143	10	1	0.59
同形溞	16.97×10^3	4.230	11	1	0.65
拟同形溞	16.97×10^3	4.230	12	1	0.71
溪流摇蚊	19.04×10^3	4.280	13	1	0.76
鲤鱼	71.36×10^3	4.853	14	1	0.82
固氮鱼腥藻	131.00×10^3	5.117	15	1	0.88
铜绿微囊藻	186.60×10^3	5.271	16	1	0.94

表 5-133　25℃、pH 8.0 条件下氨氮 SMCV

物种	SMCV/(μg/L)	lg SMCV/(μg/L)	秩次 R	秩次下物种数	累积频率 P
银鲈	1.46×10^3	3.164	1	1	0.06
静水椎实螺	1.55×10^3	3.190	2	1	0.12
短钝溞	1.93×10^3	3.286	3	1	0.18
斑点叉尾鮰	2.18×10^3	3.338	4	1	0.24
蓝鳃太阳鱼	2.40×10^3	3.380	5	1	0.29
尼罗罗非鱼	2.88×10^3	3.459	6	1	0.35
虹鳟	4.67×10^3	3.669	7	1	0.41
草鱼	6.45×10^3	3.810	8	1	0.47
中华锯齿米虾	6.72×10^3	3.827	9	1	0.53
大型溞	10.63×10^3	4.027	10	1	0.59
同形溞	12.97×10^3	4.113	11	1	0.65
拟同形溞	12.97×10^3	4.113	12	1	0.71
溪流摇蚊	14.56×10^3	4.163	13	1	0.76
鲤鱼	54.57×10^3	4.737	14	1	0.82
固氮鱼腥藻	131.00×10^3	5.117	15	1	0.88
铜绿微囊藻	186.60×10^3	5.271	16	1	0.94

表 5-134 25℃、pH 8.2 条件下氨氮 SMCV

物种	SMCV/(μg/L)	lg SMCV/(μg/L)	秩次 R	秩次下物种数	累积频率 P
银鲈	1.07×10^3	3.029	1	1	0.06
静水椎实螺	1.14×10^3	3.057	2	1	0.12
短钝溞	1.42×10^3	3.152	3	1	0.18
斑点叉尾鮰	1.61×10^3	3.207	4	1	0.24
蓝鳃太阳鱼	1.77×10^3	3.248	5	1	0.29
尼罗罗非鱼	2.12×10^3	3.326	6	1	0.35
虹鳟	3.44×10^3	3.537	7	1	0.41
草鱼	4.75×10^3	3.677	8	1	0.47
中华锯齿米虾	4.95	3.695×10^3	9	1	0.53
大型溞	7.83×10^3	3.894	10	1	0.59
同形溞	9.56×10^3	3.980	11	1	0.65
拟同形溞	9.56×10^3	3.980	12	1	0.71
溪流摇蚊	10.73×10^3	4.031	13	1	0.76
鲤鱼	40.21×10^3	4.604	14	1	0.82
固氮鱼腥藻	131.00×10^3	5.117	15	1	0.88
铜绿微囊藻	186.60×10^3	5.271	16	1	0.94

表 5-135 25℃、pH 8.4 条件下氨氮 SMCV

物种	SMCV/(μg/L)	lg SMCV/(μg/L)	秩次 R	秩次下物种数	累积频率 P
银鲈	0.77×10^3	2.886	1	1	0.06
静水椎实螺	0.82×10^3	2.914	2	1	0.12
短钝溞	1.02×10^3	3.009	3	1	0.18
斑点叉尾鮰	1.16×10^3	3.064	4	1	0.24
蓝鳃太阳鱼	1.27×10^3	3.104	5	1	0.29
尼罗罗非鱼	1.53×10^3	3.185	6	1	0.35
虹鳟	2.48×10^3	3.394	7	1	0.41
草鱼	3.42×10^3	3.534	8	1	0.47
中华锯齿米虾	3.56×10^3	3.551	9	1	0.53
大型溞	5.63×10^3	3.751	10	1	0.59
同形溞	6.88×10^3	3.838	11	1	0.65
拟同形溞	6.88×10^3	3.838	12	1	0.71
溪流摇蚊	7.72×10^3	3.888	13	1	0.76
鲤鱼	28.92×10^3	4.461	14	1	0.82
固氮鱼腥藻	131.00×10^3	5.117	15	1	0.88
铜绿微囊藻	186.60×10^3	5.271	16	1	0.94

表 5-136　25℃、pH 8.6 条件下氨氮 SMCV

物种	SMCV/(μg/L)	lg SMCV/(μg/L)	秩次 R	秩次下物种数	累积频率 P
银鲈	0.55×10^3	2.740	1	1	0.06
静水椎实螺	0.59×10^3	2.771	2	1	0.12
短钝溞	0.73×10^3	2.863	3	1	0.18
斑点叉尾鮰	0.82×10^3	2.914	4	1	0.24
蓝鳃太阳鱼	0.91×10^3	2.959	5	1	0.29
尼罗罗非鱼	1.09×10^3	3.037	6	1	0.35
虹鳟	1.77×10^3	3.248	7	1	0.41
草鱼	2.44×10^3	3.387	8	1	0.47
中华锯齿米虾	2.54×10^3	3.405	9	1	0.53
大型溞	4.02×10^3	3.604	10	1	0.59
同形溞	4.90×10^3	3.690	11	1	0.65
拟同形溞	4.90×10^3	3.690	12	1	0.71
溪流摇蚊	5.50×10^3	3.740	13	1	0.76
鲤鱼	20.62×10^3	4.314	14	1	0.82
固氮鱼腥藻	131.00×10^3	5.117	15	1	0.88
铜绿微囊藻	186.60×10^3	5.271	16	1	0.94

表 5-137　25℃、pH 9.0 条件下氨氮 SMCV

物种	SMCV/(μg/L)	lg SMCV/(μg/L)	秩次 R	秩次下物种数	累积频率 P
银鲈	0.29×10^3	2.462	1	1	0.06
静水椎实螺	0.31×10^3	2.491	2	1	0.12
短钝溞	0.38×10^3	2.580	3	1	0.18
斑点叉尾鮰	0.44×10^3	2.643	4	1	0.24
蓝鳃太阳鱼	0.48×10^3	2.681	5	1	0.29
尼罗罗非鱼	0.58×10^3	2.763	6	1	0.35
虹鳟	0.93×10^3	2.968	7	1	0.41
草鱼	1.29×10^3	3.111	8	1	0.47
中华锯齿米虾	1.34×10^3	3.127	9	1	0.53
大型溞	2.12×10^3	3.326	10	1	0.59
同形溞	2.59×10^3	3.413	11	1	0.65
拟同形溞	2.59×10^3	3.413	12	1	0.71
溪流摇蚊	2.91×10^3	3.464	13	1	0.76
鲤鱼	10.90×10^3	4.037	14	1	0.82
固氮鱼腥藻	131.00×10^3	5.117	15	1	0.88
铜绿微囊藻	186.60×10^3	5.271	16	1	0.94

表 5-138 30℃、pH 6.0 条件下氨氮 SMCV

物种	SMCV/(μg/L)	lg SMCV/(μg/L)	秩次 R	秩次下物种数	累积频率 P
静水椎实螺	3.21×10³	3.507	1	1	0.06
短钝溞	3.99×10³	3.601	2	1	0.12
银鲈	4.16×10³	3.619	3	1	0.18
斑点叉尾鮰	6.23×10³	3.794	4	1	0.24
蓝鳃太阳鱼	6.86×10³	3.836	5	1	0.29
尼罗罗非鱼	8.23×10³	3.915	6	1	0.35
虹鳟	13.35×10³	4.125	7	1	0.41
中华锯齿米虾	13.91×10³	4.143	8	1	0.47
草鱼	18.41×10³	4.265	9	1	0.53
大型溞	21.99×10³	4.342	10	1	0.59
同形溞	26.84×10³	4.429	11	1	0.65
拟同形溞	26.84×10³	4.429	12	1	0.71
溪流摇蚊	30.11×10³	4.479	13	1	0.76
固氮鱼腥藻	131.00×10³	5.117	14	1	0.82
鲤鱼	155.82×10³	5.193	15	1	0.88
铜绿微囊藻	186.60×10³	5.271	16	1	0.94

表 5-139 30℃、pH 6.5 条件下氨氮 SMCV

物种	SMCV/(μg/L)	lg SMCV/(μg/L)	秩次 R	秩次下物种数	累积频率 P
静水椎实螺	3.08×10³	3.489	1	1	0.06
短钝溞	3.82×10³	3.582	2	1	0.12
银鲈	3.99×10³	3.601	3	1	0.18
斑点叉尾鮰	5.98×10³	3.777	4	1	0.24
蓝鳃太阳鱼	6.58×10³	3.818	5	1	0.29
尼罗罗非鱼	7.90×10³	3.898	6	1	0.35
虹鳟	12.80×10³	4.107	7	1	0.41
中华锯齿米虾	13.34×10³	4.125	8	1	0.47
草鱼	17.67×10³	4.247	9	1	0.53
大型溞	21.10×10³	4.324	10	1	0.59
同形溞	25.75×10³	4.411	11	1	0.65
拟同形溞	25.75×10³	4.411	12	1	0.71
溪流摇蚊	28.89×10³	4.461	13	1	0.76
固氮鱼腥藻	131.00×10³	5.117	14	1	0.82
鲤鱼	149.49×10³	5.175	15	1	0.88
铜绿微囊藻	186.60×10³	5.271	16	1	0.94

表 5-140　30℃、pH 7.0 条件下氨氮 SMCV

物种	SMCV/(μg/L)	lg SMCV/(μg/L)	秩次 R	秩次下物种数	累积频率 P
静水椎实螺	2.73×10^3	3.436	1	1	0.06
短钝溞	3.39×10^3	3.530	2	1	0.12
银鲈	3.54×10^3	3.549	3	1	0.18
斑点叉尾鮰	5.30×10^3	3.724	4	1	0.24
蓝鳃太阳鱼	5.83×10^3	3.766	5	1	0.29
尼罗罗非鱼	7.00×10^3	3.845	6	1	0.35
虹鳟	11.35×10^3	4.055	7	1	0.41
中华锯齿米虾	11.83×10^3	4.073	8	1	0.47
草鱼	15.66×10^3	4.195	9	1	0.53
大型溞	18.70×10^3	4.272	10	1	0.59
同形溞	22.82×10^3	4.358	11	1	0.65
拟同形溞	22.82×10^3	4.358	12	1	0.71
溪流摇蚊	25.61×10^3	4.408	13	1	0.76
固氮鱼腥藻	131.00×10^3	5.117	14	1	0.82
鲤鱼	132.52×10^3	5.122	15	1	0.88
铜绿微囊藻	186.60×10^3	5.271	16	1	0.94

表 5-141　30℃、pH 7.2 条件下氨氮 SMCV

物种	SMCV/(μg/L)	lg SMCV/(μg/L)	秩次 R	秩次下物种数	累积频率 P
静水椎实螺	2.49×10^3	3.396	1	1	0.06
短钝溞	3.09×10^3	3.490	2	1	0.12
银鲈	3.23×10^3	3.509	3	1	0.18
斑点叉尾鮰	4.83×10^3	3.684	4	1	0.24
蓝鳃太阳鱼	5.32×10^3	3.726	5	1	0.29
尼罗罗非鱼	6.38×10^3	3.805	6	1	0.35
虹鳟	10.35×10^3	4.015	7	1	0.41
中华锯齿米虾	10.79×10^3	4.033	8	1	0.47
草鱼	14.28×10^3	4.155	9	1	0.53
大型溞	17.06×10^3	4.232	10	1	0.59
同形溞	20.81×10^3	4.318	11	1	0.65
拟同形溞	20.81×10^3	4.318	12	1	0.71
溪流摇蚊	23.36×10^3	4.368	13	1	0.76
鲤鱼	120.85×10^3	5.082	14	1	0.82
固氮鱼腥藻	131.00×10^3	5.117	15	1	0.88
铜绿微囊藻	186.60×10^3	5.271	16	1	0.94

表 5-142 30℃、pH 7.4 条件下氨氮 SMCV

物种	SMCV/(μg/L)	lg SMCV/(μg/L)	秩次 R	秩次下物种数	累积频率 P
静水椎实螺	2.19×10^3	3.340	1	1	0.06
短钝溞	2.72×10^3	3.435	2	1	0.12
银鲈	2.84×10^3	3.453	3	1	0.18
斑点叉尾鮰	4.25×10^3	3.628	4	1	0.24
蓝鳃太阳鱼	4.67×10^3	3.669	5	1	0.29
尼罗罗非鱼	5.61×10^3	3.749	6	1	0.35
虹鳟	9.09×10^3	3.959	7	1	0.41
中华锯齿米虾	9.48×10^3	3.977	8	1	0.47
草鱼	12.54×10^3	4.098	9	1	0.53
大型溞	14.98×10^3	4.176	10	1	0.59
同形溞	18.28×10^3	4.262	11	1	0.65
拟同形溞	18.28×10^3	4.262	12	1	0.71
溪流摇蚊	20.51×10^3	4.312	13	1	0.76
鲤鱼	106.15×10^3	5.026	14	1	0.82
固氮鱼腥藻	131.00×10^3	5.117	15	1	0.88
铜绿微囊藻	186.60×10^3	5.271	16	1	0.94

表 5-143 30℃、pH 7.6 条件下氨氮 SMCV

物种	SMCV/(μg/L)	lg SMCV/(μg/L)	秩次 R	秩次下物种数	累积频率 P
静水椎实螺	1.84×10^3	3.265	1	1	0.06
短钝溞	2.28×10^3	3.358	2	1	0.12
银鲈	2.38×10^3	3.377	3	1	0.18
斑点叉尾鮰	3.57×10^3	3.553	4	1	0.24
蓝鳃太阳鱼	3.92×10^3	3.593	5	1	0.29
尼罗罗非鱼	4.71×10^3	3.673	6	1	0.35
虹鳟	7.64×10^3	3.883	7	1	0.41
中华锯齿米虾	7.96×10^3	3.901	8	1	0.47
草鱼	10.54×10^3	4.023	9	1	0.53
大型溞	12.58×10^3	4.100	10	1	0.59
同形溞	15.35×10^3	4.186	11	1	0.65
拟同形溞	15.35×10^3	4.186	12	1	0.71
溪流摇蚊	17.23×10^3	4.236	13	1	0.76
鲤鱼	89.15×10^3	4.950	14	1	0.82
固氮鱼腥藻	131.00×10^3	5.117	15	1	0.88
铜绿微囊藻	186.60×10^3	5.271	16	1	0.94

表 5-144　30℃、pH 7.8 条件下氨氮 SMCV

物种	SMCV/(μg/L)	lg SMCV/(μg/L)	秩次 R	秩次下物种数	累积频率 P
静水椎实螺	1.47×10^3	3.167	1	1	0.06
短钝溞	1.83×10^3	3.262	2	1	0.12
银鲈	1.91×10^3	3.281	3	1	0.18
斑点叉尾鮰	2.85×10^3	3.455	4	1	0.24
蓝鳃太阳鱼	3.14×10^3	3.497	5	1	0.29
尼罗罗非鱼	3.77×10^3	3.576	6	1	0.35
虹鳟	6.11×10^3	3.786	7	1	0.41
中华锯齿米虾	6.37×10^3	3.804	8	1	0.47
草鱼	8.43×10^3	3.926	9	1	0.53
大型溞	10.07×10^3	4.003	10	1	0.59
同形溞	12.29×10^3	4.090	11	1	0.65
拟同形溞	12.29×10^3	4.090	12	1	0.71
溪流摇蚊	13.79×10^3	4.140	13	1	0.76
鲤鱼	71.36×10^3	4.853	14	1	0.82
固氮鱼腥藻	131.00×10^3	5.117	15	1	0.88
铜绿微囊藻	186.60×10^3	5.271	16	1	0.94

表 5-145　30℃、pH 8.0 条件下氨氮 SMCV

物种	SMCV/(μg/L)	lg SMCV/(μg/L)	秩次 R	秩次下物种数	累积频率 P
静水椎实螺	1.12×10^3	3.049	1	1	0.06
短钝溞	1.40×10^3	3.146	2	1	0.12
银鲈	1.46×10^3	3.164	3	1	0.18
斑点叉尾鮰	2.18×10^3	3.338	4	1	0.24
蓝鳃太阳鱼	2.40×10^3	3.380	5	1	0.29
尼罗罗非鱼	2.88×10^3	3.459	6	1	0.35
虹鳟	4.67×10^3	3.669	7	1	0.41
中华锯齿米虾	4.87×10^3	3.688	8	1	0.47
草鱼	6.45×10^3	3.810	9	1	0.53
大型溞	7.70×10^3	3.886	10	1	0.59
同形溞	9.40×10^3	3.973	11	1	0.65
拟同形溞	9.40×10^3	3.973	12	1	0.71
溪流摇蚊	10.55×10^3	4.023	13	1	0.76
鲤鱼	54.57×10^3	4.737	14	1	0.82
固氮鱼腥藻	131.00×10^3	5.117	15	1	0.88
铜绿微囊藻	186.60×10^3	5.271	16	1	0.94

表 5-146 30℃、pH 8.2 条件下氨氮 SMCV

物种	SMCV/(μg/L)	lg SMCV/(μg/L)	秩次 R	秩次下物种数	累积频率 P
静水椎实螺	0.83×10³	2.919	1	1	0.06
短钝溞	1.03×10³	3.013	2	1	0.12
银鲈	1.07×10³	3.029	3	1	0.18
斑点叉尾鮰	1.61×10³	3.207	4	1	0.24
蓝鳃太阳鱼	1.77×10³	3.248	5	1	0.29
尼罗罗非鱼	2.12×10³	3.326	6	1	0.35
虹鳟	3.44×10³	3.537	7	1	0.41
中华锯齿米虾	3.59×10³	3.555	8	1	0.47
草鱼	4.75×10³	3.677	9	1	0.53
大型溞	5.68×10³	3.754	10	1	0.59
同形溞	6.93×10³	3.841	11	1	0.65
拟同形溞	6.93×10³	3.841	12	1	0.71
溪流摇蚊	7.77×10³	3.890	13	1	0.76
鲤鱼	40.21×10³	4.604	14	1	0.82
固氮鱼腥藻	131.00×10³	5.117	15	1	0.88
铜绿微囊藻	186.60×10³	5.271	16	1	0.94

表 5-147 30℃、pH 8.4 条件下氨氮 SMCV

物种	SMCV/(μg/L)	lg SMCV/(μg/L)	秩次 R	秩次下物种数	累积频率 P
静水椎实螺	0.60×10³	2.778	1	1	0.06
短钝溞	0.74×10³	2.869	2	1	0.12
银鲈	0.77×10³	2.886	3	1	0.18
斑点叉尾鮰	1.16×10³	3.064	4	1	0.24
蓝鳃太阳鱼	1.27×10³	3.104	5	1	0.29
尼罗罗非鱼	1.53×10³	3.185	6	1	0.35
虹鳟	2.48×10³	3.394	7	1	0.41
中华锯齿米虾	2.58×10³	3.412	8	1	0.47
草鱼	3.42×10³	3.534	9	1	0.53
大型溞	4.08×10³	3.611	10	1	0.59
同形溞	4.98×10³	3.697	11	1	0.65
拟同形溞	4.98×10³	3.697	12	1	0.71
溪流摇蚊	5.59×10³	3.747	13	1	0.76
鲤鱼	28.92×10³	4.461	14	1	0.82
固氮鱼腥藻	131.00×10³	5.117	15	1	0.88
铜绿微囊藻	186.60×10³	5.271	16	1	0.94

表 5-148 30℃、pH 8.6 条件下氨氮 SMCV

物种	SMCV/(μg/L)	lg SMCV/(μg/L)	秩次 R	秩次下物种数	累积频率 P
静水椎实螺	0.42×10^3	2.623	1	1	0.06
短钝溞	0.53×10^3	2.724	2	1	0.12
银鲈	0.55×10^3	2.740	3	1	0.18
斑点叉尾鮰	0.82×10^3	2.914	4	1	0.24
蓝鳃太阳鱼	0.91×10^3	2.959	5	1	0.29
尼罗罗非鱼	1.09×10^3	3.037	6	1	0.35
虹鳟	1.77×10^3	3.248	7	1	0.41
中华锯齿米虾	1.84×10^3	3.265	8	1	0.47
草鱼	2.44×10^3	3.387	9	1	0.53
大型溞	2.91×10^3	3.464	10	1	0.59
同形溞	3.55×10^3	3.550	11	1	0.65
拟同形溞	3.55×10^3	3.550	12	1	0.71
溪流摇蚊	3.99×10^3	3.601	13	1	0.76
鲤鱼	20.62×10^3	4.314	14	1	0.82
固氮鱼腥藻	131.00×10^3	5.117	15	1	0.88
铜绿微囊藻	186.60×10^3	5.271	16	1	0.94

表 5-149 30℃、pH 9.0 条件下氨氮 SMCV

物种	SMCV/(μg/L)	lg SMCV/(μg/L)	秩次 R	秩次下物种数	累积频率 P
静水椎实螺	0.22×10^3	2.342	1	1	0.06
短钝溞	0.28×10^3	2.447	2	1	0.12
银鲈	0.29×10^3	2.462	3	1	0.18
斑点叉尾鮰	0.44×10^3	2.643	4	1	0.24
蓝鳃太阳鱼	0.48×10^3	2.681	5	1	0.29
尼罗罗非鱼	0.58×10^3	2.763	6	1	0.35
虹鳟	0.93×10^3	2.968	7	1	0.41
中华锯齿米虾	0.97×10^3	2.987	8	1	0.47
草鱼	1.29×10^3	3.111	9	1	0.53
大型溞	1.54×10^3	3.188	10	1	0.59
同形溞	1.88×10^3	3.274	11	1	0.65
拟同形溞	1.88×10^3	3.274	12	1	0.71
溪流摇蚊	2.11×10^3	3.324	13	1	0.76
鲤鱼	10.90×10^3	4.037	14	1	0.82
固氮鱼腥藻	131.00×10^3	5.117	15	1	0.88
铜绿微囊藻	186.60×10^3	5.271	16	1	0.94

第6章 氨氮毒性数据模型拟合与评价

6.1 急性毒性数据拟合与评价

6.1.1 急性毒性数据正态分布检验

对获得的72组水质条件下SMAV分别进行正态分布检验，发现均不符合正态分布，对lg SMAV进行正态检验，结果表明全部符合正态分布，同时对数转换也使数据实现了归一化，满足SSD模型拟合要求，结果见表6-1～表6-6。

6.1.2 急性毒性数据拟合

经常用对数转换后的72组水质条件下SMAV拟合结果见表6-7～表6-12。通过r^2、RMSE、SSE和P值（K-S检验）的比较可知，72组水质条件下均是对数正态分布模型为最优拟合模型，拟合曲线见图6-1～图6-72。

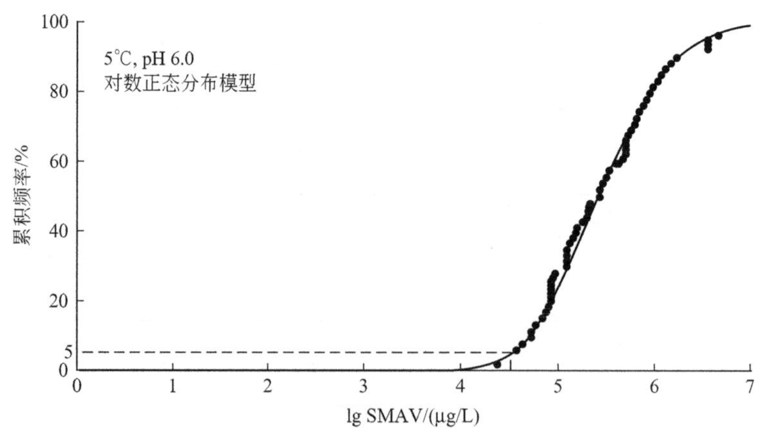

图6-1 氨氮急性毒性-累积频率拟合SSD曲线（5℃，pH 6.0）

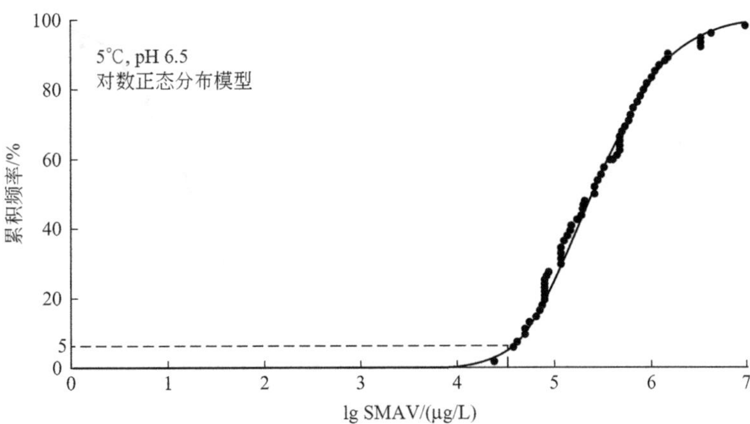

图 6-2　氨氮急性毒性-累积频率拟合 SSD 曲线（5℃，pH 6.5）

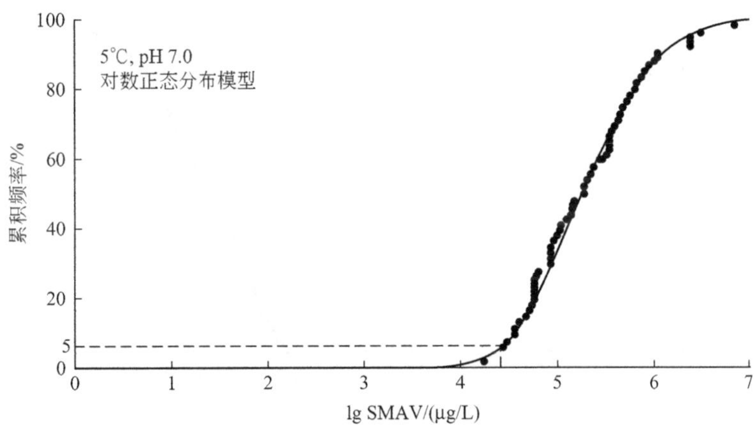

图 6-3　氨氮急性毒性-累积频率拟合 SSD 曲线（5℃，pH 7.0）

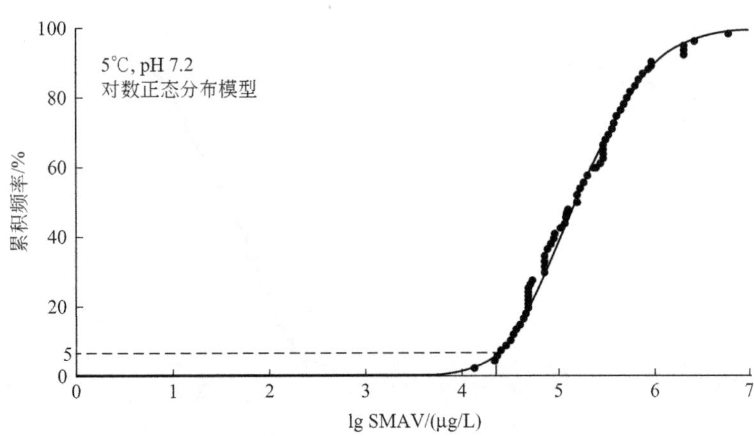

图 6-4　氨氮急性毒性-累积频率拟合 SSD 曲线（5℃，pH 7.2）

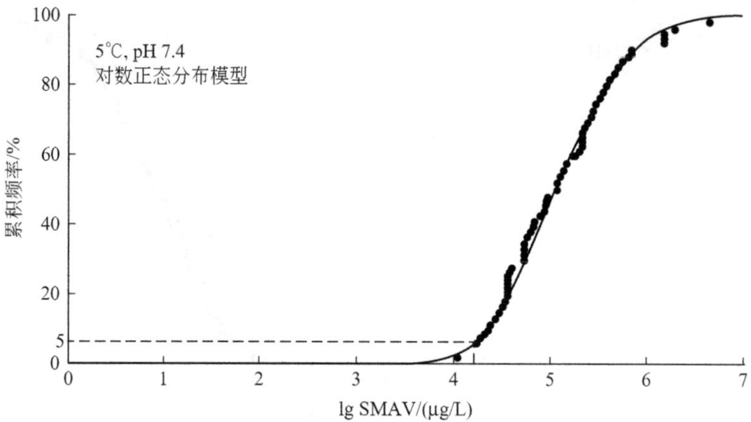

图 6-5 氨氮急性毒性-累积频率拟合 SSD 曲线（5℃，pH 7.4）

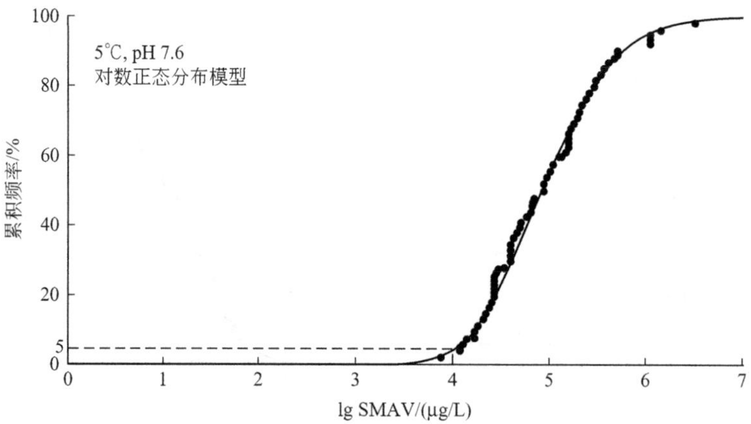

图 6-6 氨氮急性毒性-累积频率拟合 SSD 曲线（5℃，pH 7.6）

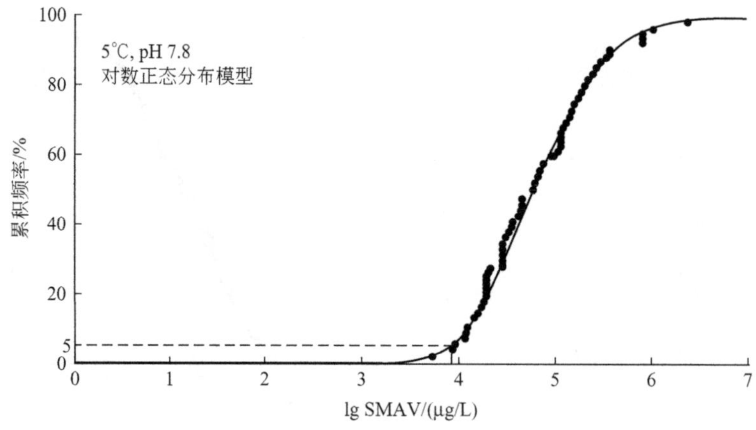

图 6-7 氨氮急性毒性-累积频率拟合 SSD 曲线（5℃，pH 7.8）

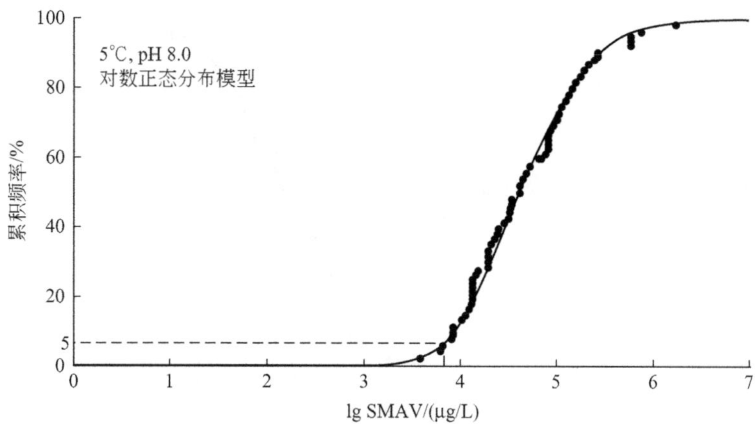

图 6-8　氨氮急性毒性-累积频率拟合 SSD 曲线（5℃，pH 8.0）

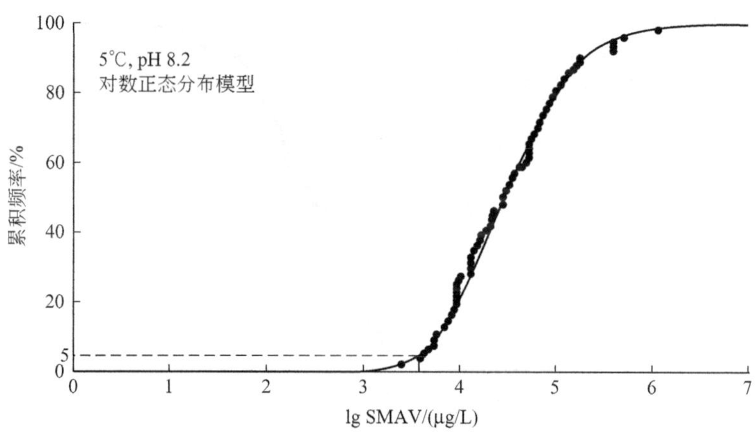

图 6-9　氨氮急性毒性-累积频率拟合 SSD 曲线（5℃，pH 8.2）

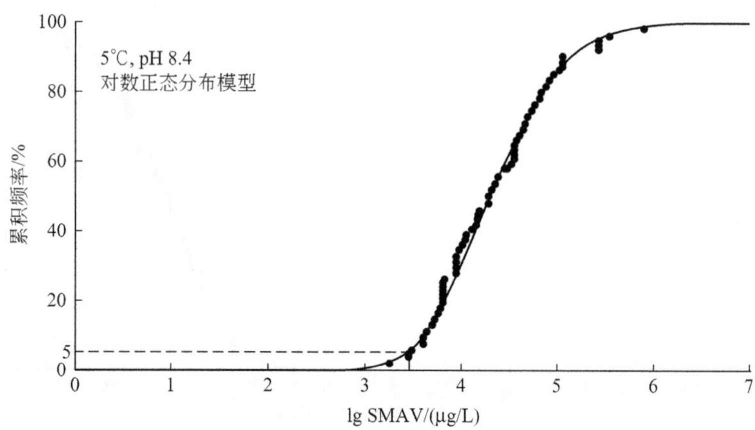

图 6-10　氨氮急性毒性-累积频率拟合 SSD 曲线（5℃，pH 8.4）

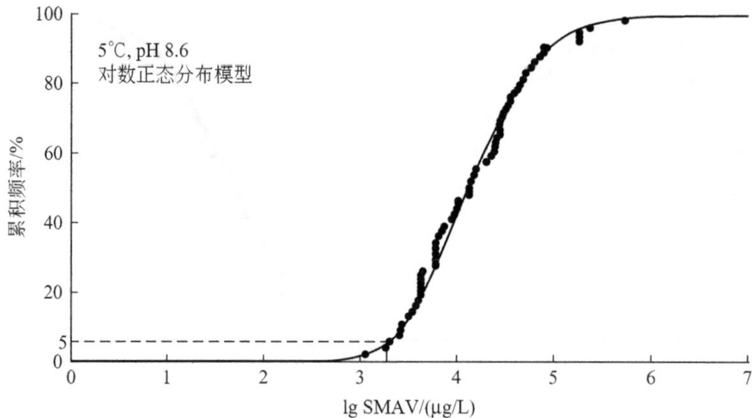

图 6-11 氨氮急性毒性-累积频率拟合 SSD 曲线（5℃，pH 8.6）

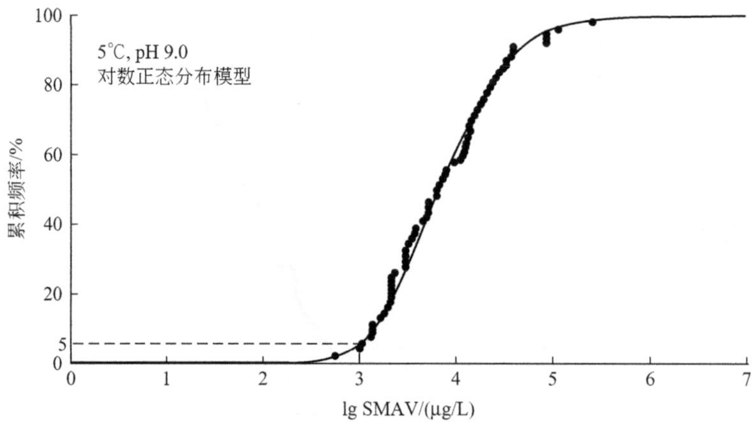

图 6-12 氨氮急性毒性-累积频率拟合 SSD 曲线（5℃，pH 9.0）

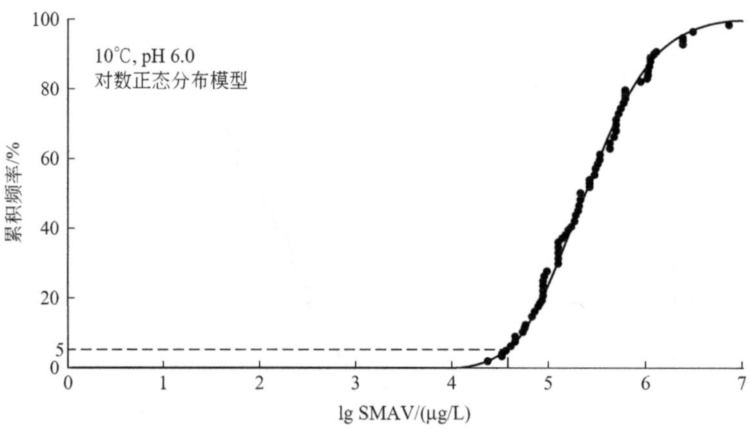

图 6-13 氨氮急性毒性-累积频率拟合 SSD 曲线（10℃，pH 6.0）

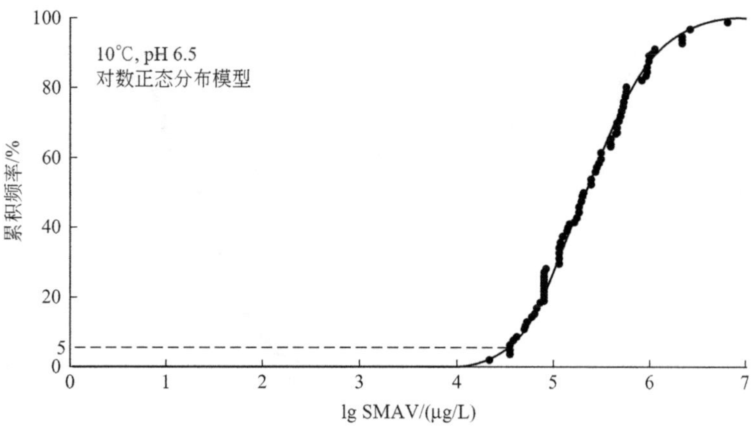

图 6-14　氨氮急性毒性-累积频率拟合 SSD 曲线（10℃，pH 6.5）

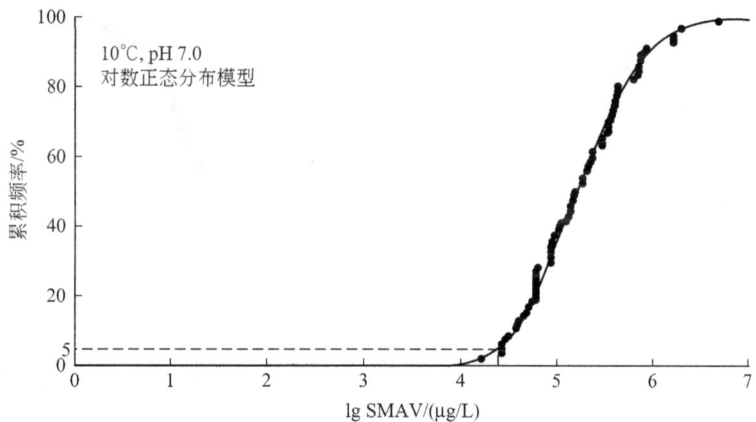

图 6-15　氨氮急性毒性-累积频率拟合 SSD 曲线（10℃，pH 7.0）

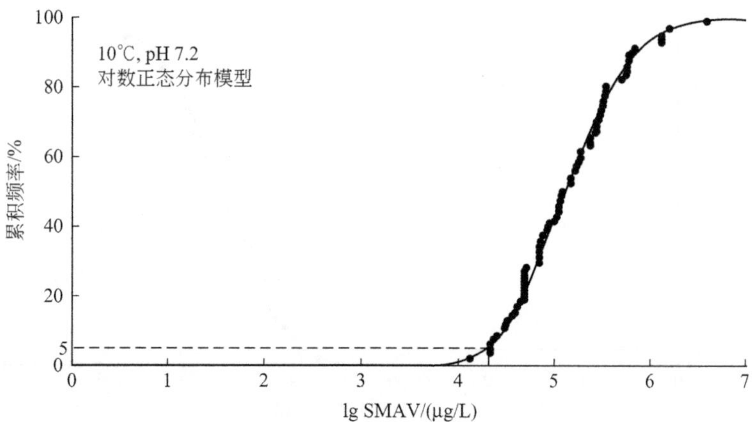

图 6-16　氨氮急性毒性-累积频率拟合 SSD 曲线（10℃，pH 7.2）

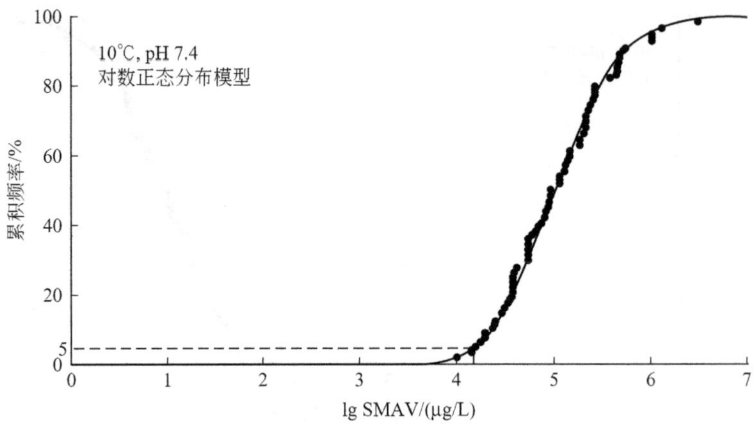

图 6-17 氨氮急性毒性-累积频率拟合 SSD 曲线（10℃，pH 7.4）

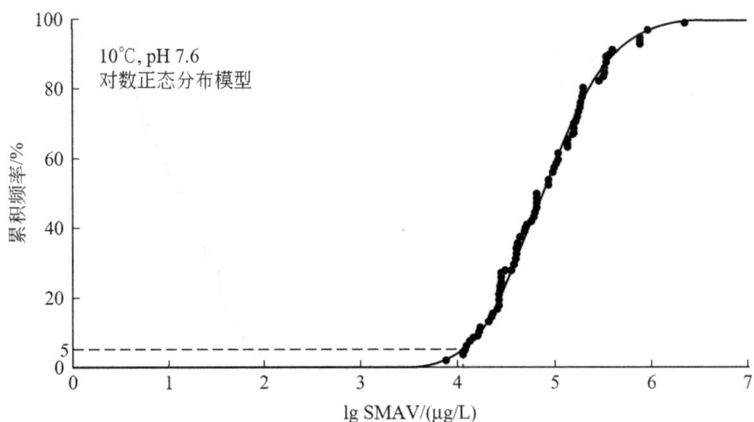

图 6-18 氨氮急性毒性-累积频率拟合 SSD 曲线（10℃，pH 7.6）

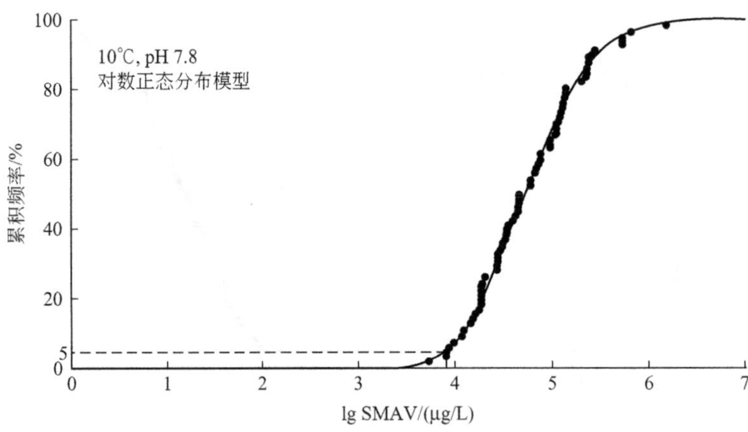

图 6-19 氨氮急性毒性-累积频率拟合 SSD 曲线（10℃，pH 7.8）

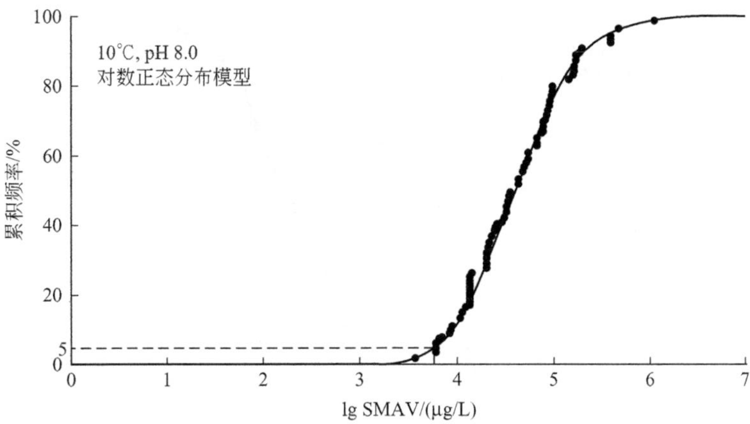

图 6-20　氨氮急性毒性-累积频率拟合 SSD 曲线（10℃，pH 8.0）

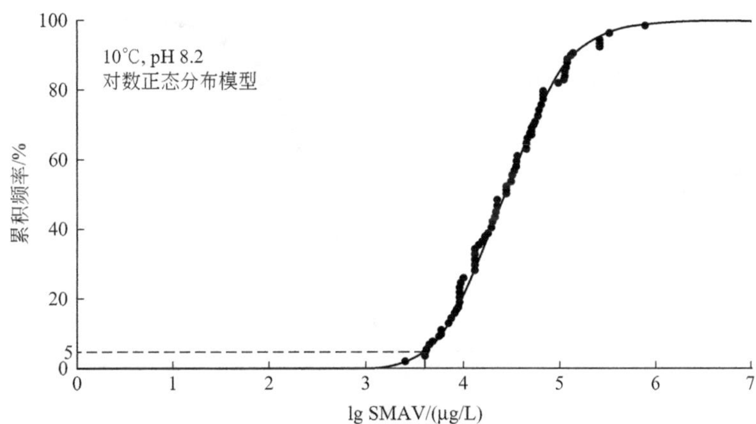

图 6-21　氨氮急性毒性-累积频率拟合 SSD 曲线（10℃，pH 8.2）

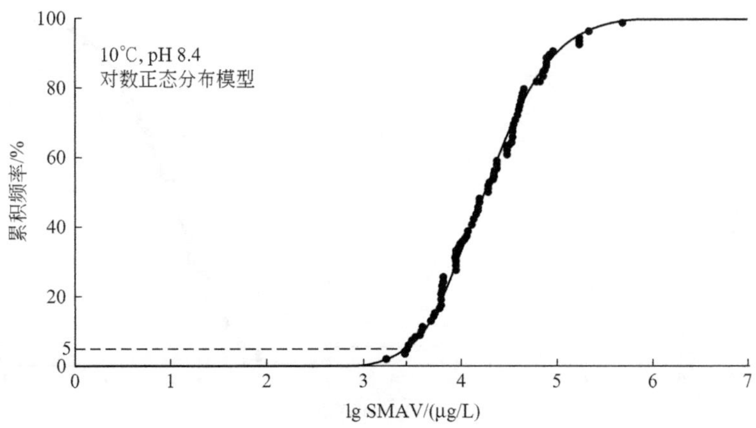

图 6-22　氨氮急性毒性-累积频率拟合 SSD 曲线（10℃，pH 8.4）

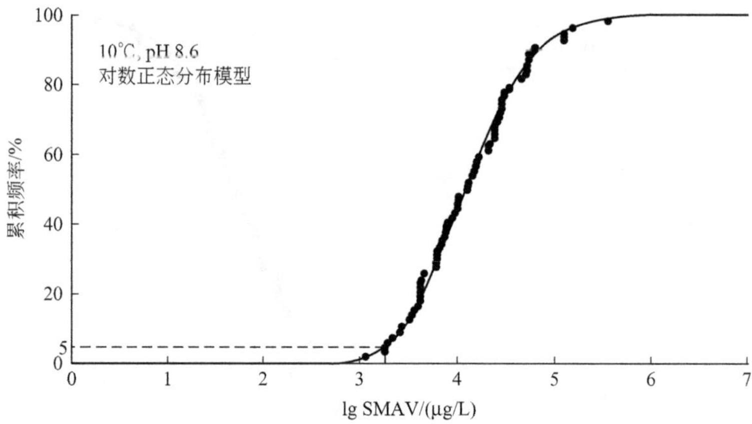

图 6-23 氨氮急性毒性-累积频率拟合 SSD 曲线（10℃，pH 8.6）

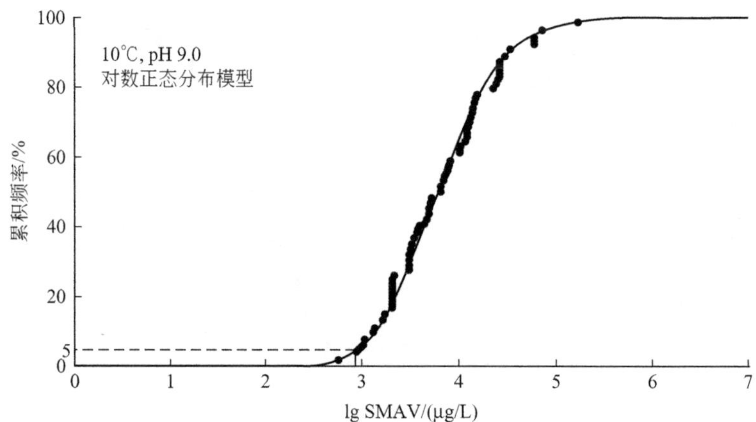

图 6-24 氨氮急性毒性-累积频率拟合 SSD 曲线（10℃，pH 9.0）

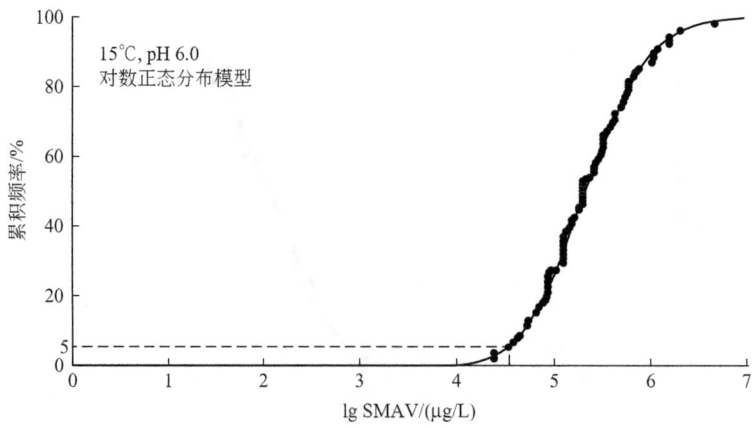

图 6-25 氨氮急性毒性-累积频率拟合 SSD 曲线（15℃，pH 6.0）

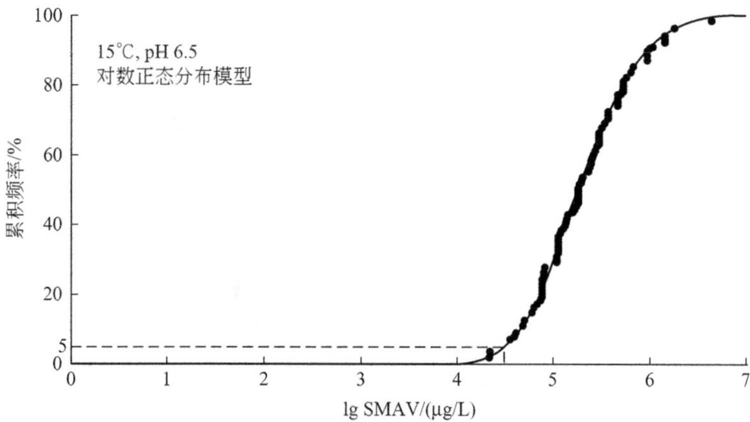

图 6-26　氨氮急性毒性-累积频率拟合 SSD 曲线（15℃，pH 6.5）

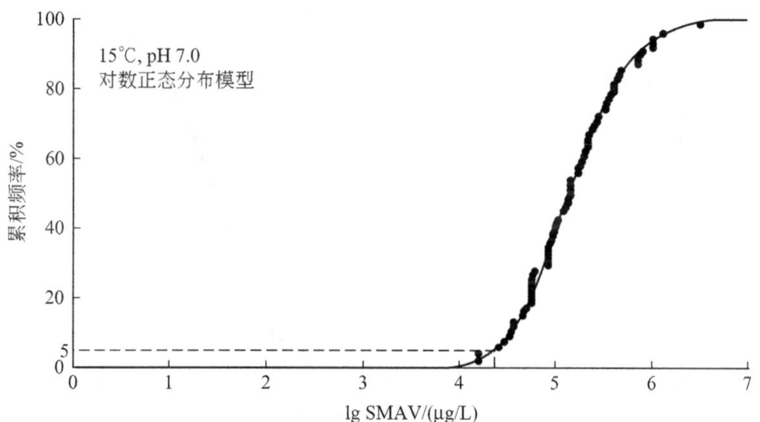

图 6-27　氨氮急性毒性-累积频率拟合 SSD 曲线（15℃，pH 7.0）

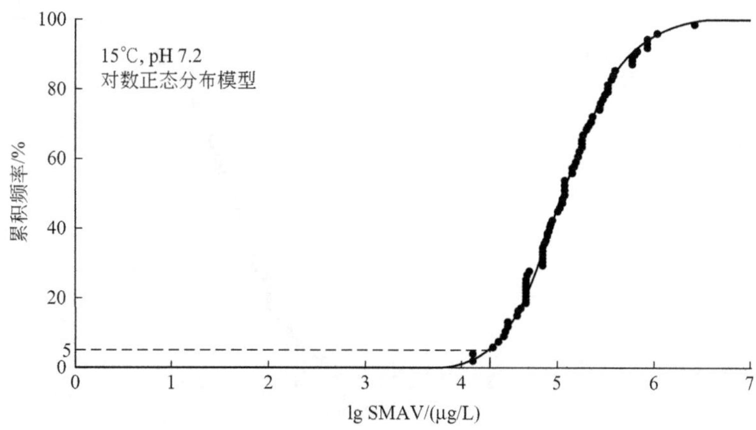

图 6-28　氨氮急性毒性-累积频率拟合 SSD 曲线（15℃，pH 7.2）

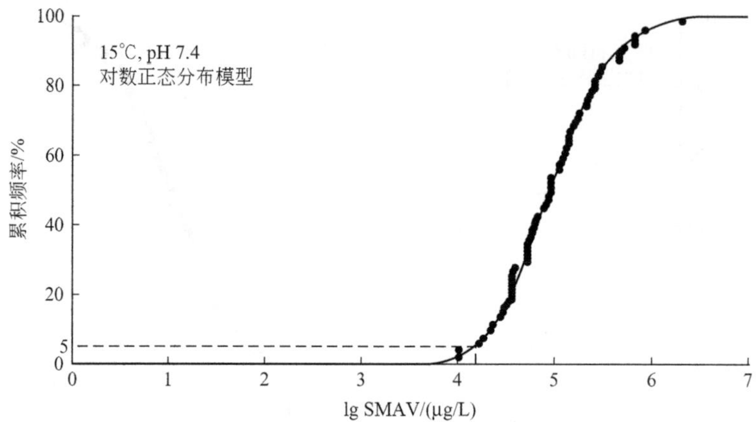

图 6-29 氨氮急性毒性-累积频率拟合 SSD 曲线（15℃，pH 7.4）

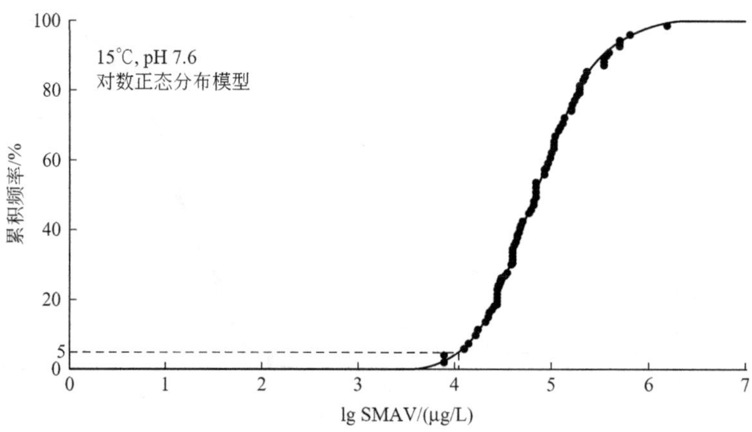

图 6-30 氨氮急性毒性-累积频率拟合 SSD 曲线（15℃，pH 7.6）

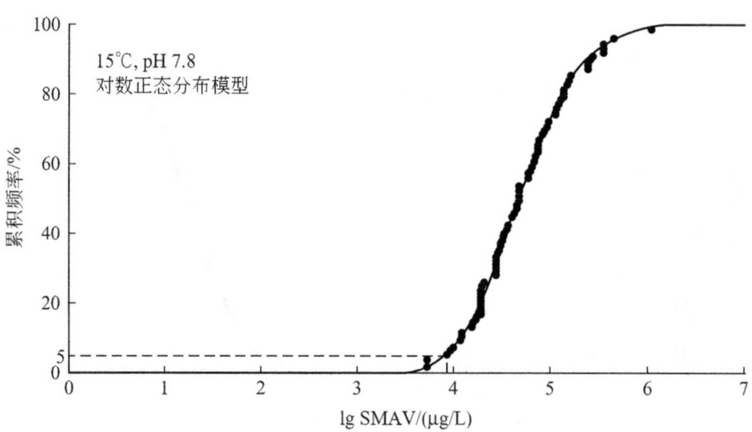

图 6-31 氨氮急性毒性-累积频率拟合 SSD 曲线（15℃，pH 7.8）

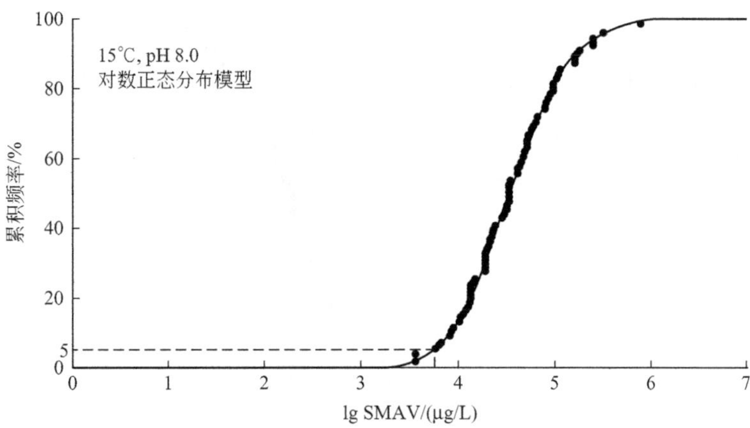

图 6-32　氨氮急性毒性-累积频率拟合 SSD 曲线（15℃，pH 8.0）

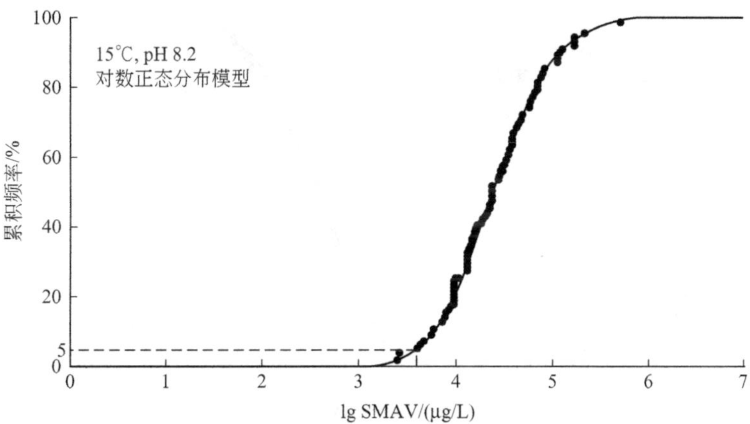

图 6-33　氨氮急性毒性-累积频率拟合 SSD 曲线（15℃，pH 8.2）

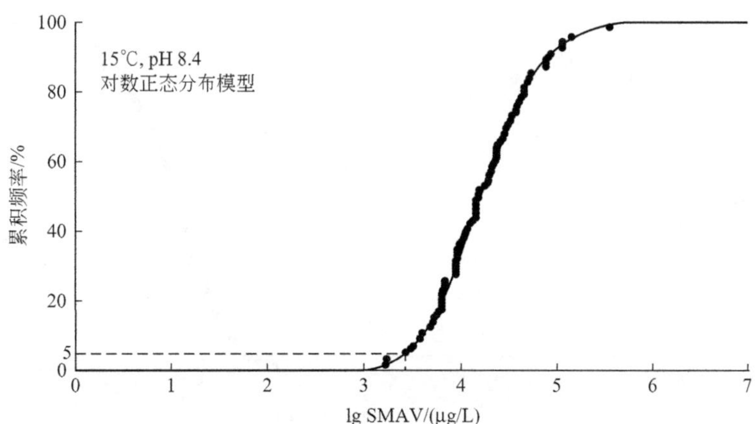

图 6-34　氨氮急性毒性-累积频率拟合 SSD 曲线（15℃，pH 8.4）

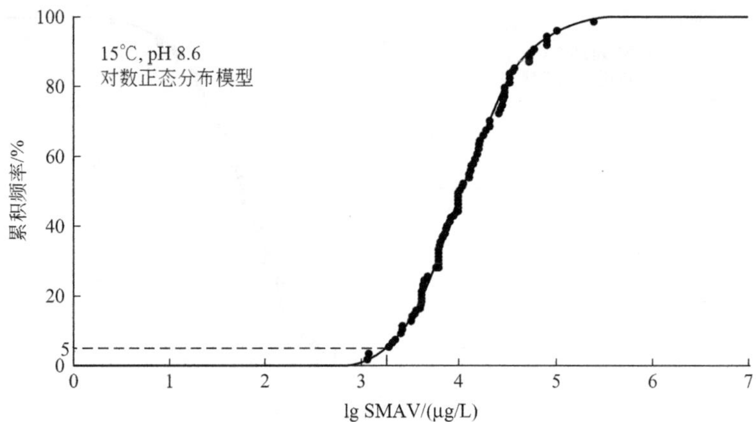

图 6-35 氨氮急性毒性-累积频率拟合 SSD 曲线（15℃，pH 8.6）

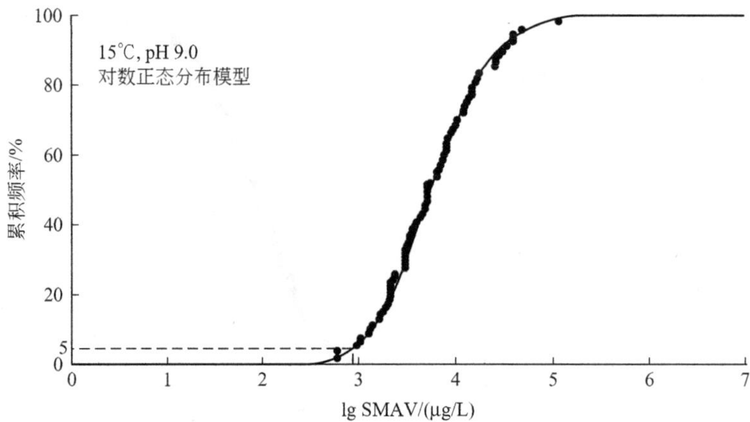

图 6-36 氨氮急性毒性-累积频率拟合 SSD 曲线（15℃，pH 9.0）

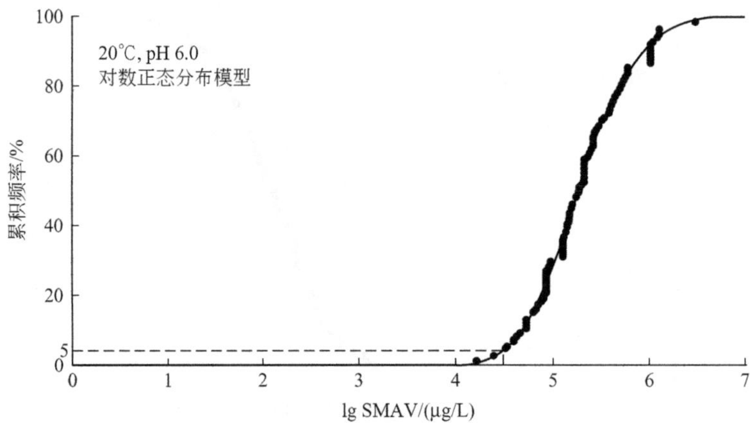

图 6-37 氨氮急性毒性-累积频率拟合 SSD 曲线（20℃，pH 6.0）

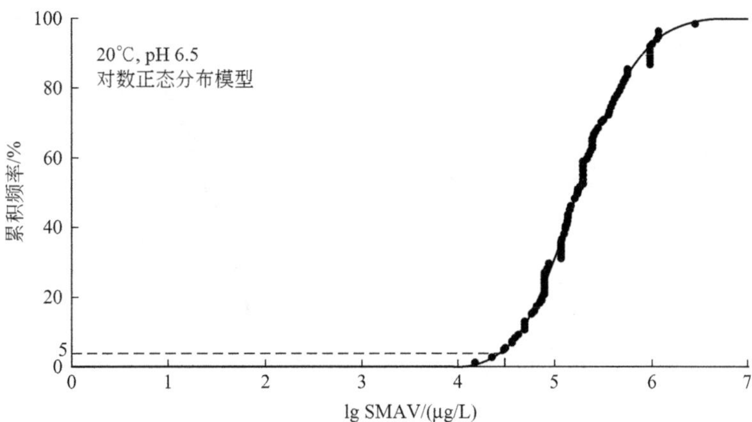

图 6-38　氨氮急性毒性-累积频率拟合 SSD 曲线（20℃，pH 6.5）

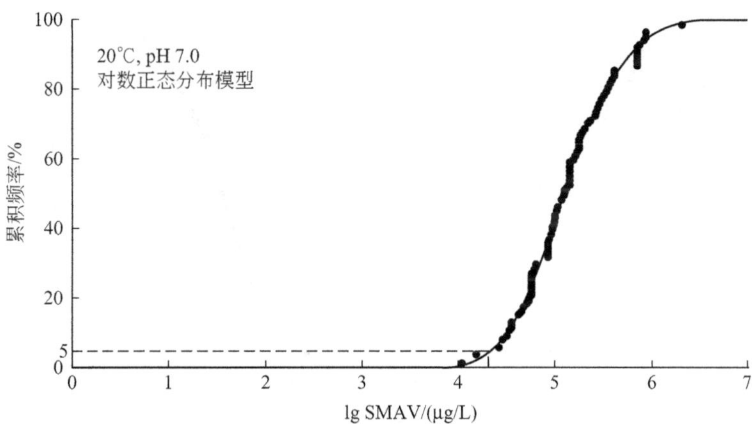

图 6-39　氨氮急性毒性-累积频率拟合 SSD 曲线（20℃，pH 7.0）

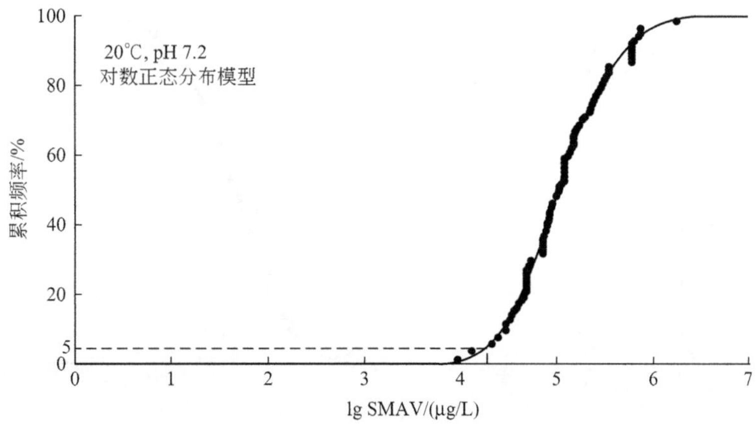

图 6-40　氨氮急性毒性-累积频率拟合 SSD 曲线（20℃，pH 7.2）

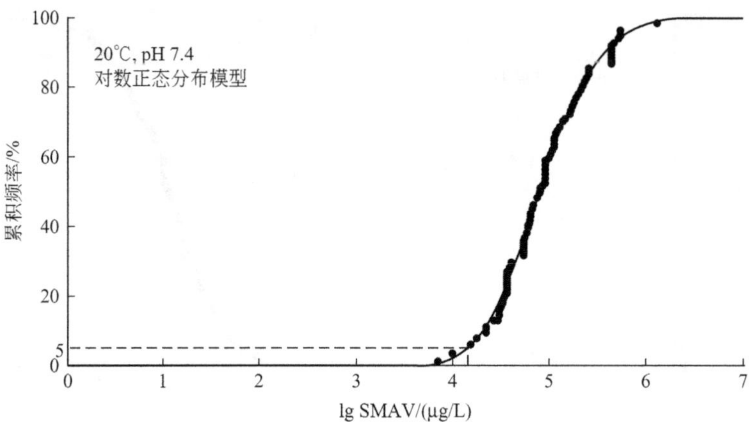

图 6-41 氨氮急性毒性-累积频率拟合 SSD 曲线（20℃，pH 7.4）

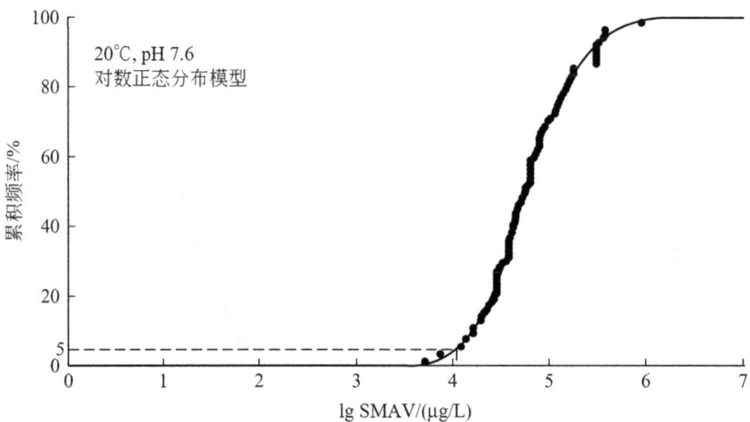

图 6-42 氨氮急性毒性-累积频率拟合 SSD 曲线（20℃，pH 7.6）

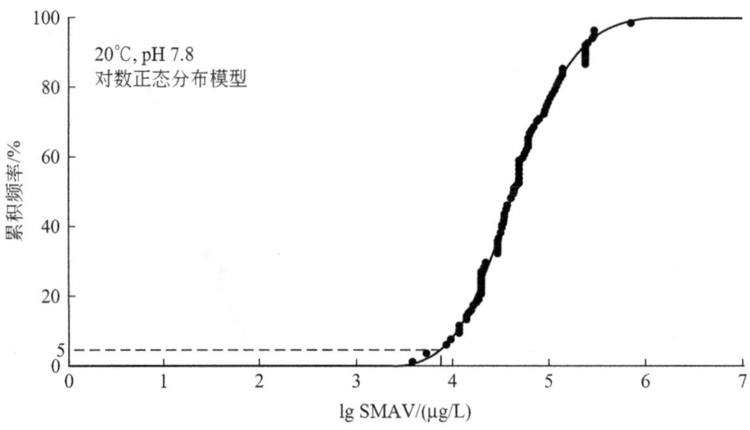

图 6-43 氨氮急性毒性-累积频率拟合 SSD 曲线（20℃，pH 7.8）

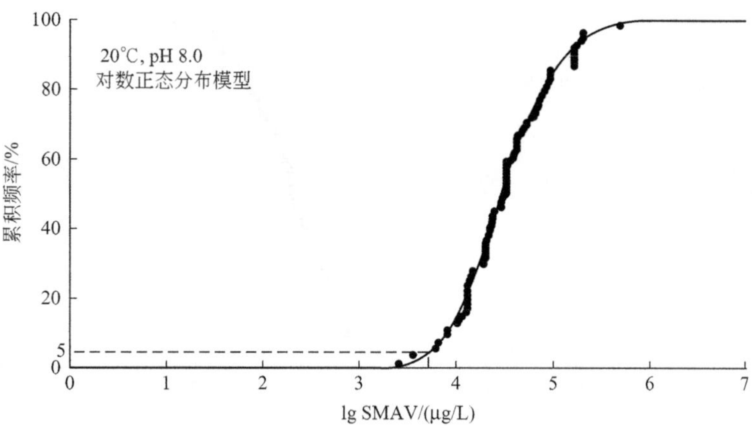

图 6-44　氨氮急性毒性-累积频率拟合 SSD 曲线（20℃，pH 8.0）

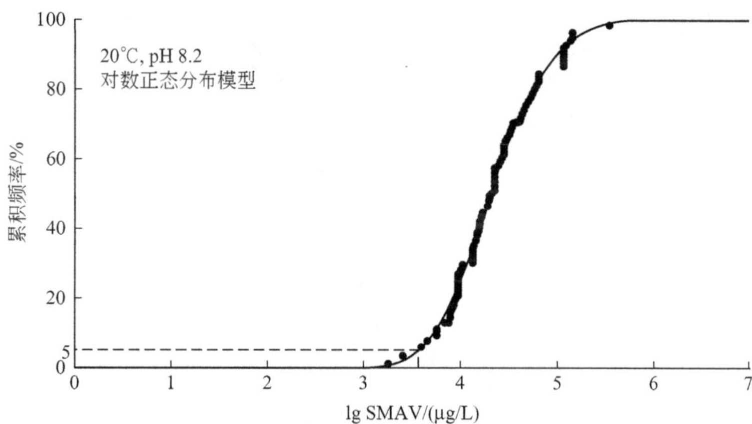

图 6-45　氨氮急性毒性-累积频率拟合 SSD 曲线（20℃，pH 8.2）

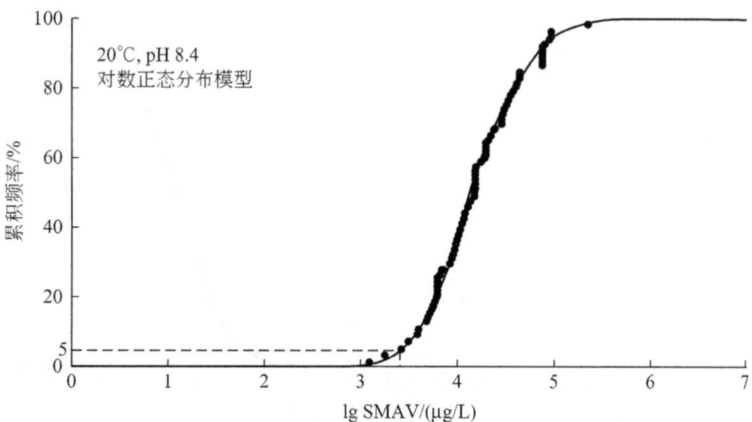

图 6-46　氨氮急性毒性-累积频率拟合 SSD 曲线（20℃，pH 8.4）

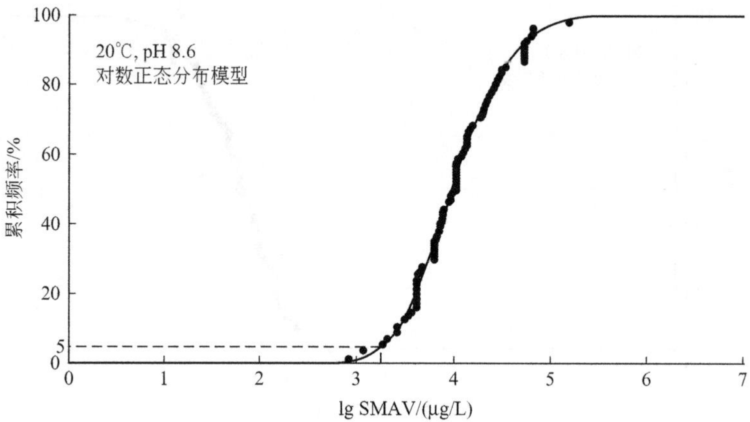

图 6-47 氨氮急性毒性-累积频率拟合 SSD 曲线（20℃，pH 8.6）

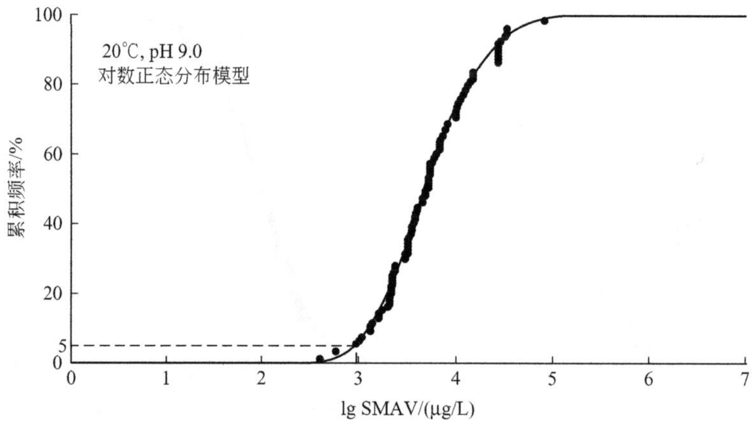

图 6-48 氨氮急性毒性-累积频率拟合 SSD 曲线（20℃，pH 9.0）

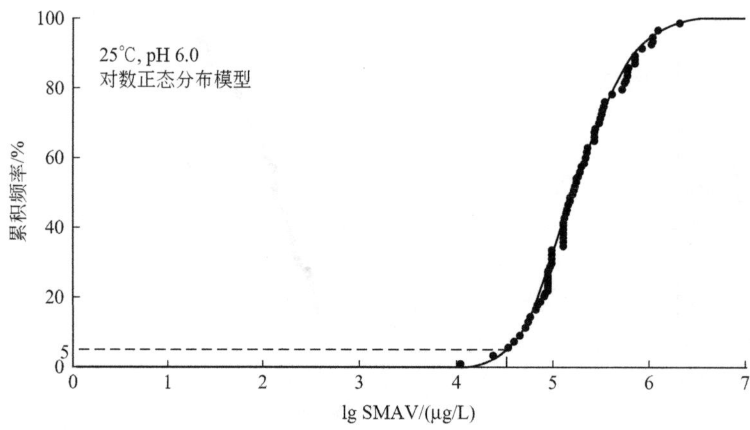

图 6-49 氨氮急性毒性-累积频率拟合 SSD 曲线（25℃，pH 6.0）

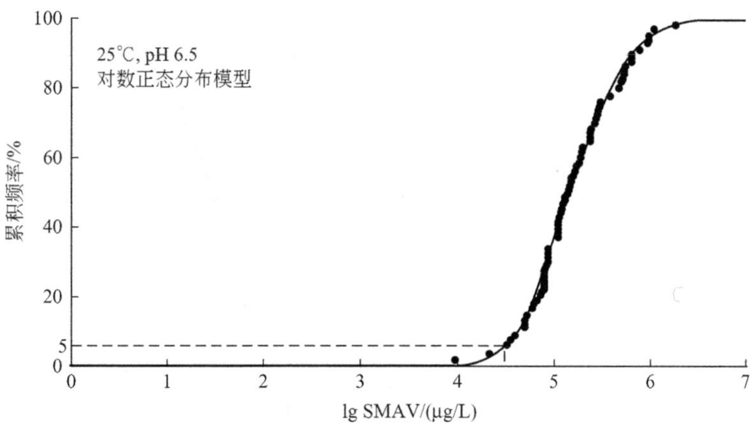

图 6-50　氨氮急性毒性-累积频率拟合 SSD 曲线（25℃，pH 6.5）

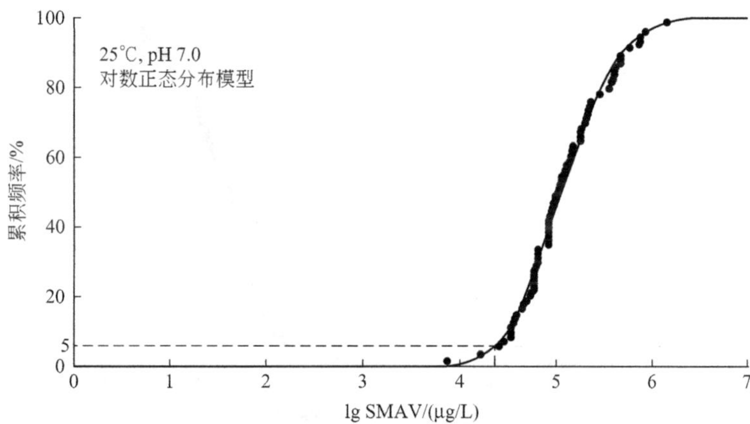

图 6-51　氨氮急性毒性-累积频率拟合 SSD 曲线（25℃，pH 7.0）

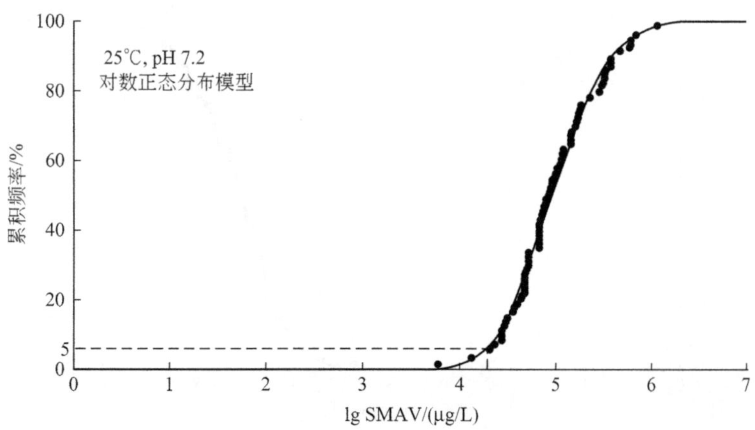

图 6-52　氨氮急性毒性-累积频率拟合 SSD 曲线（25℃，pH 7.2）

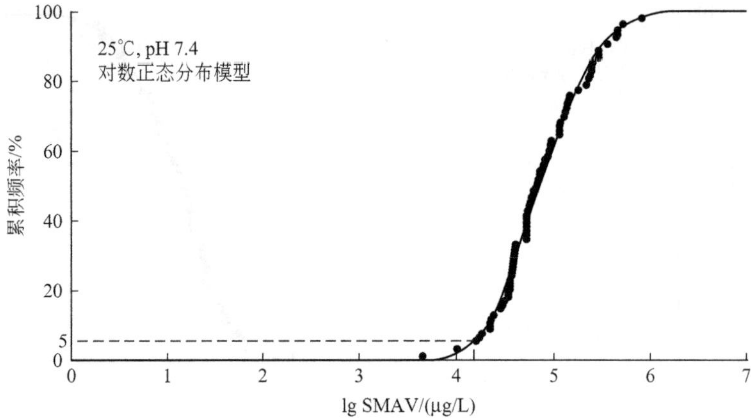

图 6-53 氨氮急性毒性-累积频率拟合 SSD 曲线（25℃，pH 7.4）

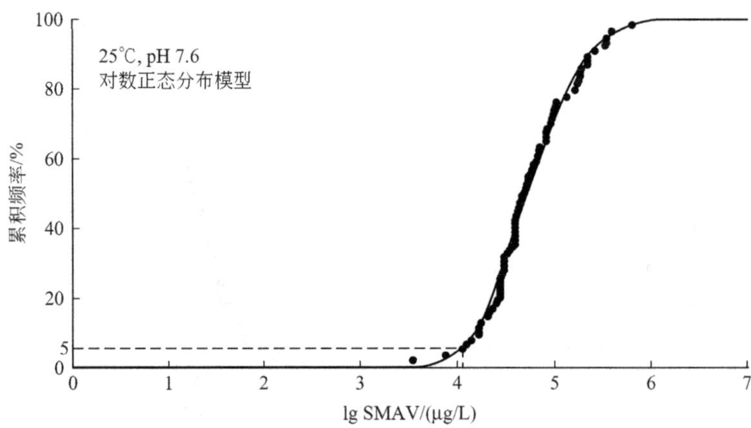

图 6-54 氨氮急性毒性-累积频率拟合 SSD 曲线（25℃，pH 7.6）

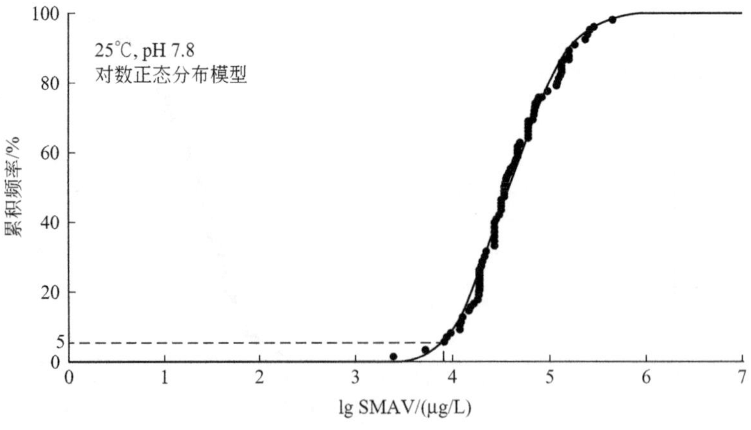

图 6-55 氨氮急性毒性-累积频率拟合 SSD 曲线（25℃，pH 7.8）

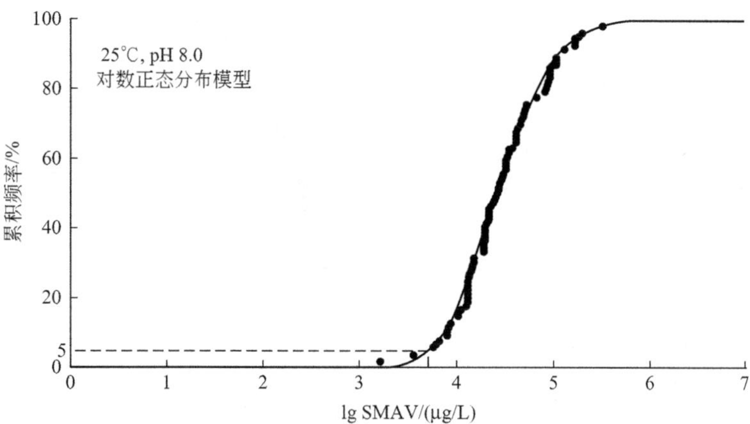

图 6-56　氨氮急性毒性-累积频率拟合 SSD 曲线（25℃，pH 8.0）

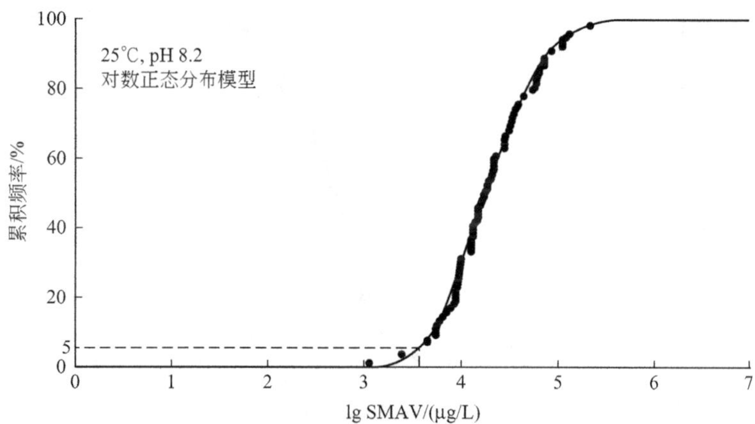

图 6-57　氨氮急性毒性-累积频率拟合 SSD 曲线（25℃，pH 8.2）

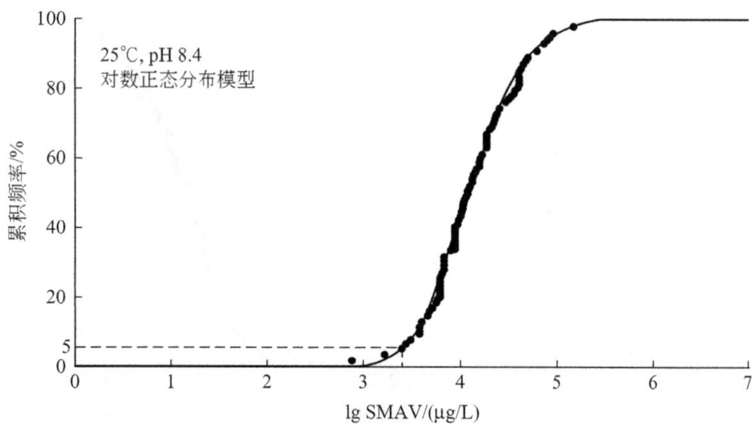

图 6-58　氨氮急性毒性-累积频率拟合 SSD 曲线（25℃，pH 8.4）

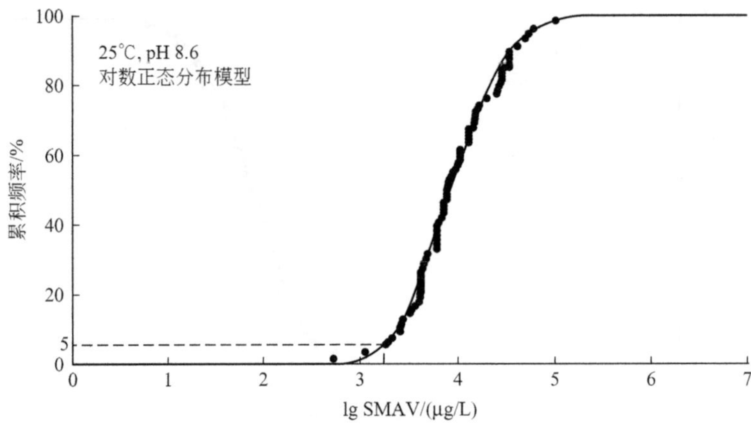

图 6-59 氨氮急性毒性-累积频率拟合 SSD 曲线（25℃，pH 8.6）

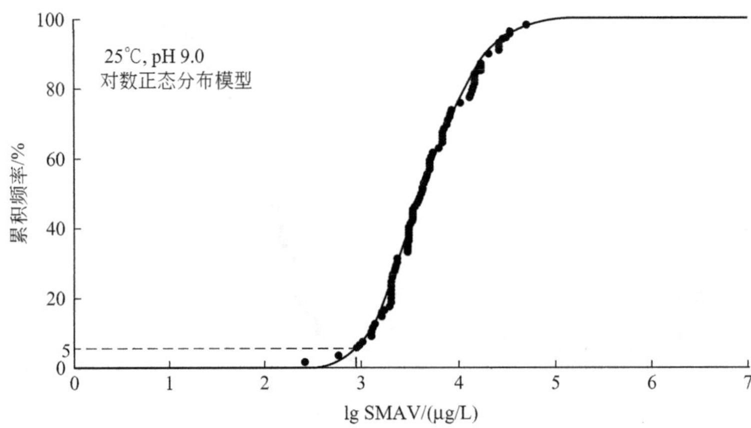

图 6-60 氨氮急性毒性-累积频率拟合 SSD 曲线（25℃，pH 9.0）

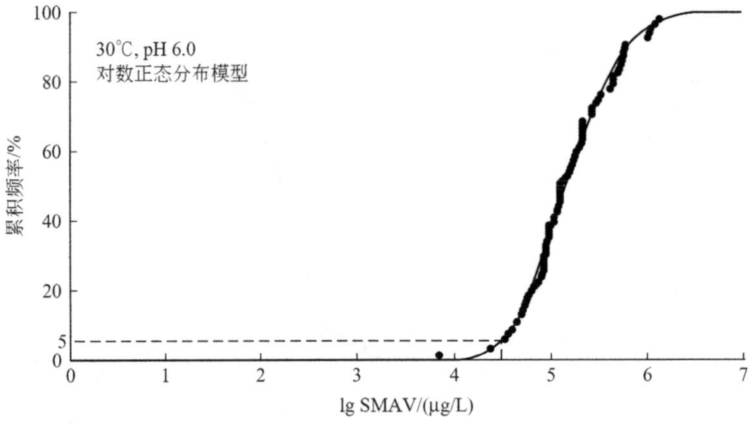

图 6-61 氨氮急性毒性-累积频率拟合 SSD 曲线（30℃，pH 6.0）

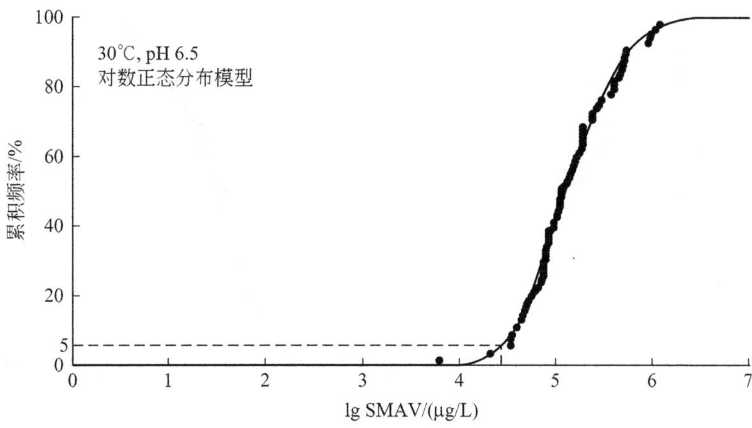

图 6-62　氨氮急性毒性-累积频率拟合 SSD 曲线（30℃，pH 6.5）

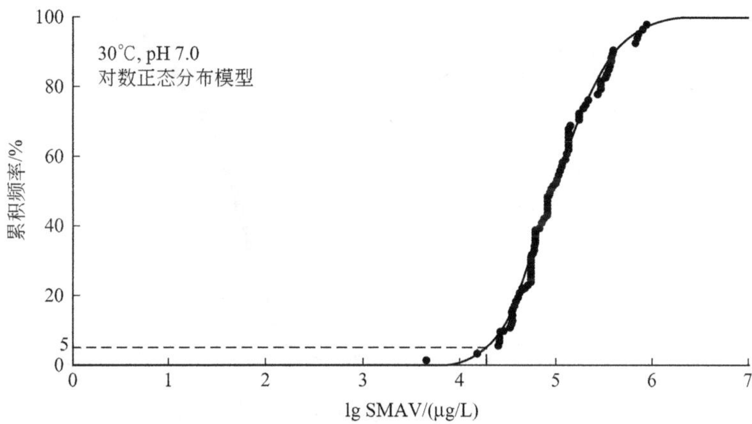

图 6-63　氨氮急性毒性-累积频率拟合 SSD 曲线（30℃，pH 7.0）

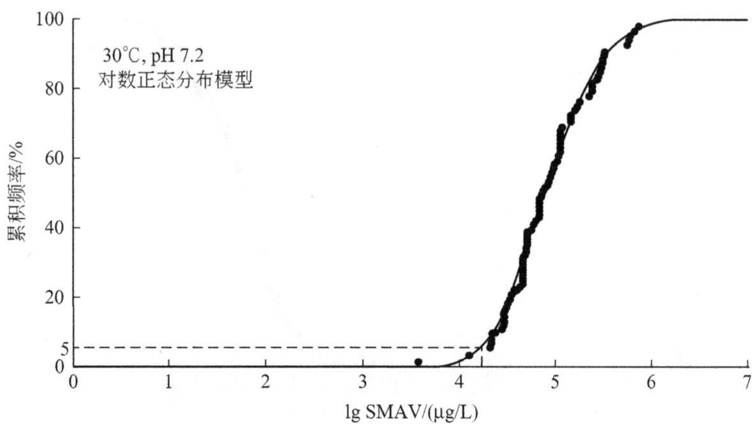

图 6-64　氨氮急性毒性-累积频率拟合 SSD 曲线（30℃，pH 7.2）

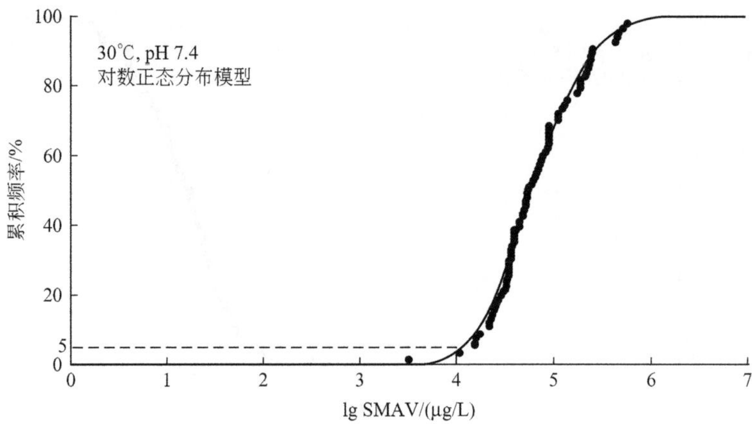

图 6-65 氨氮急性毒性-累积频率拟合 SSD 曲线（30℃，pH 7.4）

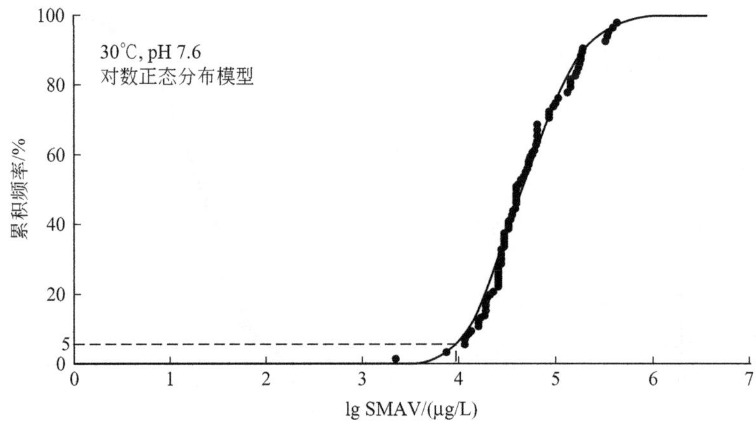

图 6-66 氨氮急性毒性-累积频率拟合 SSD 曲线（30℃，pH 7.6）

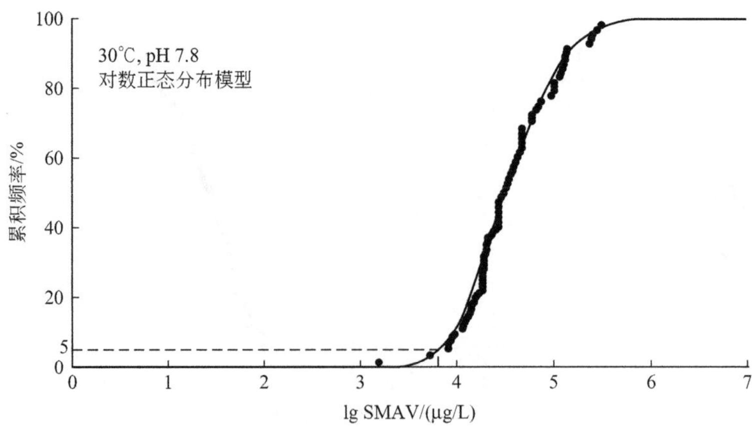

图 6-67 氨氮急性毒性-累积频率拟合 SSD 曲线（30℃，pH 7.8）

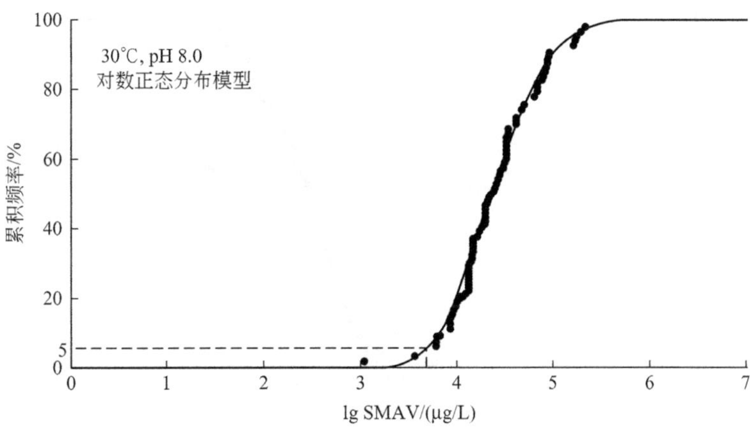

图 6-68　氨氮急性毒性-累积频率拟合 SSD 曲线（30℃，pH 8.0）

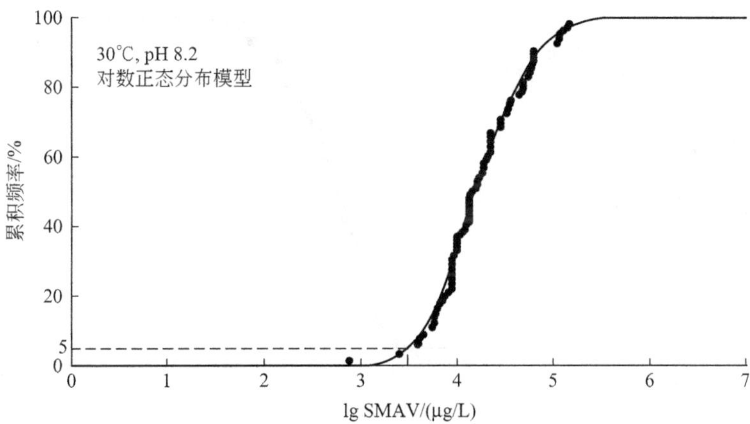

图 6-69　氨氮急性毒性-累积频率拟合 SSD 曲线（30℃，pH 8.2）

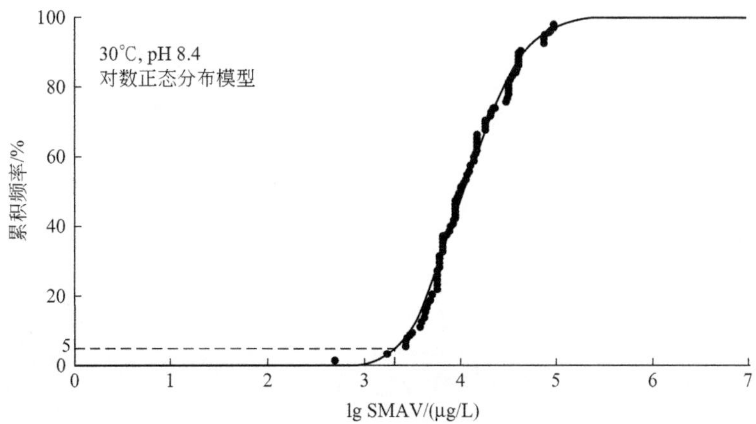

图 6-70　氨氮急性毒性-累积频率拟合 SSD 曲线（30℃，pH 8.4）

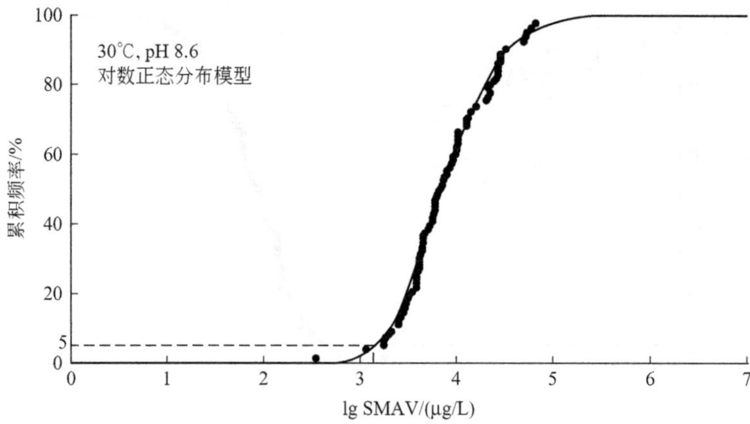

图 6-71 氨氮急性毒性-累积频率拟合 SSD 曲线（30℃，pH 8.6）

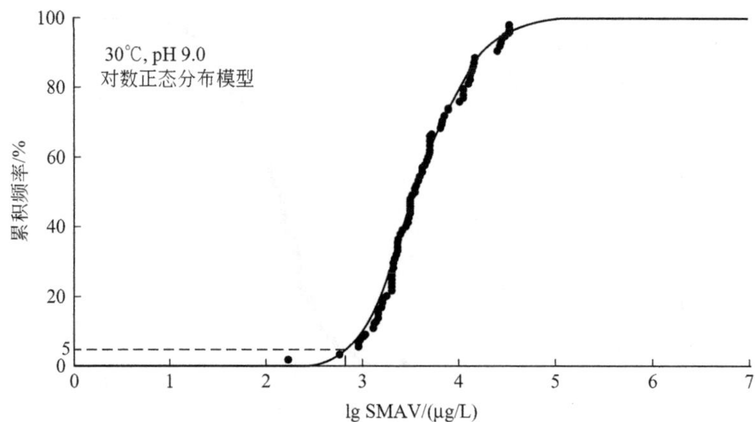

图 6-72 氨氮急性毒性-累积频率拟合 SSD 曲线（30℃，pH 9.0）

表 6-1 SMAV 的正态性检验结果（5℃）

pH 值	数据类别	百分位数/(μg/L)							算术平均值/(μg/L)	标准差/(μg/L)	峰度	偏度	P 值(K-S 检验)
		P_5	P_{10}	P_{25}	P_{50}	P_{75}	P_{90}	P_{95}					
6.0	SMAV(×10^3)	37.51	54.08	87.89	268.6	751.2	1634	3918	803.1	1684	24.97	4.61	0.00002
	lg SMAV	4.573	4.733	4.944	5.429	5.876	6.213	6.591	5.458	0.5993	−0.27	0.45	0.95627
6.5	SMAV(×10^3)	34.43	48.02	78.04	238.5	667.1	1451	3480	713.2	1495	24.97	4.61	0.00002
	lg SMAV	4.537	4.681	4.892	5.377	5.824	6.161	6.539	5.407	0.5977	−0.27	0.46	0.93892
7.0	SMAV(×10^3)	27.94	35.50	57.69	176.3	493.1	1073	2572	527.3	1105	24.98	4.61	0.00002
	lg SMAV	4.446	4.550	4.761	5.246	5.693	6.030	6.408	5.279	0.5943	−0.26	0.48	0.89691
7.2	SMAV(×10^3)	22.87	30.06	47.21	144.3	403.6	877.9	2105	431.7	904.3	24.98	4.61	0.00002
	lg SMAV	4.359	4.478	4.674	5.159	5.606	5.943	6.321	5.193	0.5923	−0.25	0.49	0.87079
7.4	SMAV(×10^3)	17.79	23.38	36.72	112.2	313.8	682.7	1637	335.9	703.2	24.99	4.61	0.00002
	lg SMAV	4.249	4.369	4.565	5.050	5.497	5.834	6.212	5.086	0.5901	−0.23	0.49	0.84002
7.6	SMAV(×10^3)	13.19	17.33	28.24	83.20	232.7	506.2	1214	249.2	521.3	25.00	4.61	0.00002
	lg SMAV	4.120	4.239	4.451	4.920	5.367	5.704	6.082	4.959	0.5880	−0.21	0.49	0.80637
7.8	SMAV(×10^3)	9.398	12.35	20.13	59.29	165.8	360.8	865.0	177.8	371.5	25.01	4.61	0.00002
	lg SMAV	3.972	4.092	4.304	4.773	5.220	5.557	5.935	4.814	0.5862	−0.19	0.49	0.79633
8.0	SMAV(×10^3)	6.510	8.556	13.94	41.07	114.9	249.9	599.2	123.3	257.2	25.03	4.61	0.00002
	lg SMAV	3.813	3.932	4.144	4.614	5.060	5.397	5.775	4.658	0.5851	−0.18	0.48	0.94396
8.2	SMAV(×10^3)	4.434	5.829	9.498	28.02	78.25	170.2	408.1	84.21	175.1	25.05	4.62	0.00002
	lg SMAV	3.646	3.766	3.977	4.447	4.893	5.231	5.609	4.494	0.5848	−0.18	0.46	1.00000
8.4	SMAV(×10^3)	3.006	3.952	6.439	19.00	53.05	115.4	276.7	57.30	118.7	25.06	4.62	0.00003
	lg SMAV	3.477	3.597	3.809	4.279	4.725	5.062	5.440	4.329	0.5854	−0.20	0.44	0.98876
8.6	SMAV(×10^3)	2.053	2.698	4.397	12.97	36.22	78.80	188.9	39.32	81.02	25.05	4.61	0.00003
	lg SMAV	3.312	3.431	3.643	4.113	4.559	4.896	5.274	4.166	0.5869	−0.24	0.43	0.96678
9.0	SMAV(×10^3)	1.025	1.348	2.196	6.480	19.43	39.36	94.38	19.96	40.51	24.78	4.58	0.00003
	lg SMAV	3.010	3.130	3.342	3.812	4.288	4.595	4.973	3.870	0.5919	−0.33	0.41	0.94024

表 6-2　SMAV 的正态性检验结果（10℃）

pH 值	数据类别	百分位数/(μg/L)							算术平均值/(μg/L)	标准差/(μg/L)	峰度	偏度	P 值（K-S 检验）
		P_5	P_{10}	P_{25}	P_{50}	P_{75}	P_{90}	P_{95}					
6.0	SMAV(×10³)	36.41	47.71	87.89	214.8	578.2	1191	2589	594.3	1109	24.18	4.49	0.00008
	lg SMAV	4.561	4.677	4.944	5.332	5.762	6.075	6.411	5.404	0.5502	−0.23	0.36	1.00000
6.5	SMAV(×10³)	33.45	42.37	78.04	190.7	513.5	1057	2299	527.8	984.7	24.18	4.49	0.00008
	lg SMAV	4.524	4.625	4.892	5.280	5.710	6.023	6.359	5.353	0.5486	−0.23	0.37	1.00000
7.0	SMAV(×10³)	25.47	34.04	57.69	141.0	379.5	781.5	1699	390.3	727.8	24.19	4.49	0.00008
	lg SMAV	4.406	4.532	4.761	5.149	5.579	5.892	6.228	5.224	0.5451	−0.22	0.40	1.00000
7.2	SMAV(×10³)	20.84	29.05	47.21	115.4	310.6	639.6	1391	319.6	595.6	24.20	4.49	0.00008
	lg SMAV	4.319	4.463	4.674	5.062	5.492	5.805	6.141	5.139	0.5431	−0.21	0.40	1.00000
7.4	SMAV(×10³)	16.21	22.59	36.72	89.73	241.6	497.4	1082	248.6	463.1	24.21	4.49	0.00008
	lg SMAV	4.210	4.354	4.565	4.953	5.383	5.696	6.032	5.032	0.5409	−0.19	0.41	1.00000
7.6	SMAV(×10³)	12.02	16.75	28.24	66.53	179.1	368.8	801.9	184.5	343.3	24.22	4.49	0.00008
	lg SMAV	4.080	4.224	4.451	4.823	5.253	5.566	5.902	4.904	0.5388	−0.16	0.41	1.00000
7.8	SMAV(×10³)	8.566	11.94	20.13	47.42	127.7	262.8	571.5	131.7	244.6	24.24	4.50	0.00008
	lg SMAV	3.933	4.077	4.304	4.676	5.106	5.419	5.755	4.760	0.5372	−0.14	0.40	1.00000
8.0	SMAV(×10³)	5.933	8.269	13.94	33.40	88.41	182.1	395.9	91.41	169.3	24.27	4.50	0.00009
	lg SMAV	3.773	3.917	4.144	4.524	4.946	5.260	5.595	4.603	0.5363	−0.13	0.39	1.00000
8.2	SMAV(×10³)	4.042	5.633	9.498	27.98	60.23	124.0	269.7	62.47	115.3	24.29	4.50	0.00009
	lg SMAV	3.606	3.751	3.977	4.447	4.780	5.093	5.429	4.440	0.5363	−0.14	0.37	1.00000
8.4	SMAV(×10³)	2.740	3.819	6.439	18.97	40.83	84.08	182.8	42.55	78.13	24.30	4.50	0.00008
	lg SMAV	3.438	3.582	3.809	4.278	4.611	4.924	5.260	4.274	0.5373	−0.17	0.35	1.00000
8.6	SMAV(×10³)	1.871	2.607	4.397	12.95	28.74	57.41	124.8	29.26	53.34	24.23	4.49	0.00011
	lg SMAV	3.272	3.416	3.643	4.112	4.458	4.758	5.094	4.112	0.5393	−0.21	0.34	1.00000
9.0	SMAV(×10³)	0.9346	1.302	2.196	6.469	14.36	32.03	62.35	14.93	26.77	23.51	4.40	0.00013
	lg SMAV	2.971	3.115	3.342	3.811	4.157	4.505	4.793	3.816	0.5453	−0.30	0.33	1.00000

表 6-3　SMAV 的正态性检验结果（15℃）

pH 值	数据类别	百分位数/(μg/L)							算术平均值/(μg/L)	标准差/(μg/L)	峰度	偏度	P 值(K-S 检验)
		P_5	P_{10}	P_{25}	P_{50}	P_{75}	P_{90}	P_{95}					
6.0	SMAV(×10³)	30.85	47.71	87.89	211.0	538.0	1187	1710	456.4	739.8	21.61	4.16	0.00038
	lg SMAV	4.486	4.677	4.944	5.324	5.731	6.074	6.231	5.349	0.5101	−0.20	0.27	1.00000
6.5	SMAV(×10³)	30.01	42.37	78.04	187.4	477.7	1054	1519	405.3	656.9	21.61	4.16	0.00038
	lg SMAV	4.470	4.625	4.892	5.273	5.679	6.022	6.179	5.299	0.5085	−0.20	0.28	1.00000
7.0	SMAV(×10³)	22.95	34.04	57.69	138.5	353.1	779.1	1123	299.8	485.5	21.63	4.16	0.00038
	lg SMAV	4.352	4.532	4.761	5.141	5.548	5.891	6.048	5.170	0.5050	−0.19	0.30	1.00000
7.2	SMAV(×10³)	18.78	29.05	47.21	113.4	289.0	637.6	918.9	245.5	397.3	21.64	4.16	0.00038
	lg SMAV	4.265	4.463	4.674	5.054	5.461	5.804	5.961	5.085	0.5030	−0.17	0.31	1.00000
7.4	SMAV(×10³)	14.61	22.59	36.72	88.16	224.8	495.8	714.6	191.0	308.9	21.65	4.17	0.00039
	lg SMAV	4.156	4.354	4.565	4.945	5.352	5.695	5.852	4.977	0.5009	−0.15	0.32	1.00000
7.6	SMAV(×10³)	10.83	16.75	28.24	65.36	166.6	367.6	529.8	141.8	228.9	21.67	4.17	0.00040
	lg SMAV	4.026	4.224	4.451	4.815	5.222	5.565	5.722	4.850	0.4989	−0.12	0.31	1.00000
7.8	SMAV(×10³)	7.719	11.94	20.13	46.59	118.8	262.0	377.6	101.2	163.1	21.70	4.17	0.00041
	lg SMAV	3.879	4.077	4.304	4.668	5.075	5.418	5.575	4.706	0.4975	−0.09	0.30	1.00000
8.0	SMAV(×10³)	5.346	8.269	13.94	32.84	82.26	181.5	261.5	70.32	112.9	21.74	4.18	0.00043
	lg SMAV	3.719	3.917	4.144	4.516	4.915	5.258	5.415	4.549	0.4968	−0.08	0.29	1.00000
8.2	SMAV(×10³)	3.642	5.633	9.498	22.37	56.04	123.6	178.2	48.10	76.84	21.76	4.18	0.00045
	lg SMAV	3.552	3.751	3.977	4.350	4.748	5.091	5.249	4.386	0.4972	−0.10	0.27	1.00000
8.4	SMAV(×10³)	2.469	3.819	6.439	15.17	37.99	83.82	120.8	32.81	52.07	21.72	4.17	0.00049
	lg SMAV	3.384	3.582	3.809	4.181	4.580	4.923	5.080	4.220	0.4986	−0.14	0.25	1.00000
8.6	SMAV(×10³)	1.686	2.607	4.397	10.36	27.56	57.23	82.47	22.61	35.59	21.53	4.14	0.00055
	lg SMAV	3.218	3.416	3.643	4.015	4.440	4.757	4.914	4.057	0.5011	−0.19	0.24	1.00000
9.0	SMAV(×10³)	0.8422	1.302	2.196	5.173	13.77	32.03	41.20	11.61	18.02	19.97	3.96	0.00066
	lg SMAV	2.917	3.115	3.342	3.714	4.139	4.505	4.613	3.762	0.5081	−0.27	0.25	1.00000

表 6-4 SMAV 的正态性检验结果（20℃）

pH 值	数据类别	百分位数/(μg/L)							算术平均值/(μg/L)	标准差/(μg/L)	峰度	偏度	P 值(K-S 检验)
		P_5	P_{10}	P_{25}	P_{50}	P_{75}	P_{90}	P_{95}					
6.0	SMAV(×10^3)	30.52	47.71	87.01	191.1	436.9	1055	1262	365.3	511.1	16.00	3.50	0.00201
	lg SMAV	4.480	4.677	4.940	5.281	5.640	6.023	6.101	5.295	0.4812	−0.14	0.17	1.00000
6.5	SMAV(×10^3)	29.72	42.37	77.26	169.7	388.0	936.5	1121	324.4	453.8	16.01	3.50	0.00198
	lg SMAV	4.464	4.625	4.888	5.230	5.589	5.972	6.049	5.244	0.4797	−0.13	0.18	1.00000
7.0	SMAV(×10^3)	22.73	34.04	57.11	125.4	286.8	692.2	828.5	240.0	335.3	16.03	3.50	0.00193
	lg SMAV	4.346	4.532	4.757	5.098	5.457	5.840	5.918	5.116	0.4762	−0.11	0.20	1.00000
7.2	SMAV(×10^3)	18.60	29.05	46.74	102.7	234.7	566.6	678.1	196.5	274.4	16.04	3.50	0.00186
	lg SMAV	4.259	4.463	4.670	5.011	5.370	5.753	5.831	5.030	0.4743	−0.09	0.21	1.00000
7.4	SMAV(×10^3)	14.47	22.59	36.35	79.83	182.5	440.6	527.3	153.0	213.3	16.06	3.51	0.00175
	lg SMAV	4.150	4.354	4.561	4.902	5.261	5.644	5.722	4.923	0.4723	−0.06	0.21	0.97823
7.6	SMAV(×10^3)	10.73	16.75	27.22	59.19	135.3	326.7	391.0	113.6	158.0	16.09	3.51	0.00286
	lg SMAV	4.020	4.224	4.435	4.772	5.131	5.514	5.592	4.796	0.4705	−0.02	0.20	1.00000
7.8	SMAV(×10^3)	7.646	11.94	19.40	42.19	96.45	232.8	278.7	81.13	112.6	16.12	3.52	0.00331
	lg SMAV	3.873	4.077	4.288	4.625	4.984	5.367	5.445	4.651	0.4693	0.00	0.19	1.00000
8.0	SMAV(×10^3)	5.296	8.269	13.44	31.55	66.81	161.3	193.0	56.38	77.89	16.15	3.52	0.00340
	lg SMAV	3.713	3.917	4.128	4.499	4.825	5.208	5.285	4.495	0.4690	0.01	0.17	1.00000
8.2	SMAV(×10^3)	3.607	5.633	9.154	21.49	45.51	109.9	131.5	38.61	53.02	16.15	3.52	0.00232
	lg SMAV	3.547	3.751	3.962	4.332	4.658	5.041	5.119	4.331	0.4697	−0.02	0.15	1.00000
8.4	SMAV(×10^3)	2.446	3.819	6.206	14.57	32.65	74.48	89.14	26.38	35.95	16.05	3.49	0.00201
	lg SMAV	3.378	3.582	3.793	4.163	4.514	4.872	4.950	4.166	0.4716	−0.07	0.14	1.00000
8.6	SMAV(×10^3)	1.670	2.607	4.238	9.948	22.57	50.85	60.86	18.21	24.63	15.67	3.44	0.00198
	lg SMAV	3.212	3.416	3.627	3.998	4.353	4.706	4.784	4.003	0.4746	−0.12	0.13	1.00000
9.0	SMAV(×10^3)	0.8342	1.302	2.117	4.969	11.27	26.07	31.99	9.412	12.71	13.32	3.18	0.00193
	lg SMAV	2.911	3.115	3.326	3.696	4.052	4.416	4.505	3.707	0.4827	−0.18	0.16	1.00000

表 6-5　SMAV 的正态性检验结果（25℃）

pH 值	数据类别	百分位数/(μg/L)							算术平均值/(μg/L)	标准差/(μg/L)	峰度	偏度	P 值（K-S 检验）
		P_{5}	P_{10}	P_{25}	P_{50}	P_{75}	P_{90}	P_{95}					
6.0	SMAV(×10³)	30.52	47.71	87.01	150.79	327.88	795.64	1144	305.1	379.6	8.60	2.65	0.00335
	lg SMAV	4.480	4.677	4.940	5.178	5.516	5.898	6.058	5.241	0.4657	0.02	0.07	1.00000
6.5	SMAV(×10³)	29.72	42.37	77.26	133.90	291.15	706.51	1015	271.0	337.1	8.60	2.65	0.00334
	lg SMAV	4.464	4.625	4.888	5.127	5.464	5.847	6.006	5.190	0.4643	0.03	0.08	1.00000
7.0	SMAV(×10³)	22.73	34.04	57.11	98.97	215.21	522.24	750.6	200.4	249.0	8.62	2.66	0.00329
	lg SMAV	4.346	4.532	4.757	4.996	5.333	5.716	5.875	5.061	0.4610	0.07	0.09	1.00000
7.2	SMAV(×10³)	18.60	29.05	46.74	81.00	176.13	427.41	614.3	164.2	203.7	8.63	2.66	0.00326
	lg SMAV	4.259	4.463	4.670	4.908	5.246	5.629	5.788	4.976	0.4592	0.10	0.10	1.00000
7.4	SMAV(×10³)	14.47	22.59	36.35	62.99	136.97	332.39	477.7	127.8	158.3	8.64	2.66	0.00320
	lg SMAV	4.150	4.354	4.561	4.799	5.137	5.519	5.678	4.869	0.4574	0.13	0.10	1.00000
7.6	SMAV(×10³)	10.73	16.75	27.22	46.71	101.56	246.45	354.2	94.93	117.3	8.66	2.66	0.00311
	lg SMAV	4.020	4.224	4.435	4.669	5.007	5.389	5.549	4.741	0.4558	0.17	0.09	0.96718
7.8	SMAV(×10³)	7.646	11.94	19.40	33.40	72.38	175.64	252.4	67.84	83.52	8.69	2.67	0.00297
	lg SMAV	3.873	4.077	4.288	4.524	4.860	5.242	5.401	4.597	0.4549	0.19	0.07	0.92518
8.0	SMAV(×10³)	5.296	8.269	13.44	24.47	50.13	121.66	174.9	47.18	57.79	8.70	2.67	0.00277
	lg SMAV	3.713	3.917	4.128	4.389	4.700	5.083	5.242	4.440	0.4550	0.19	0.05	1.00000
8.2	SMAV(×10³)	3.607	5.633	9.154	16.67	34.19	82.87	119.1	32.34	39.34	8.67	2.65	0.00249
	lg SMAV	3.547	3.751	3.962	4.222	4.534	4.916	5.075	4.277	0.4561	0.16	0.03	1.00000
8.4	SMAV(×10³)	2.446	3.819	6.206	11.30	26.76	56.18	80.75	22.13	26.72	8.50	2.62	0.00570
	lg SMAV	3.378	3.582	3.793	4.053	4.425	4.747	4.906	4.111	0.4585	0.10	0.02	1.00000
8.6	SMAV(×10³)	1.670	2.607	4.2377	7.716	18.27	38.36	55.14	15.31	18.39	8.04	2.54	0.00452
	lg SMAV	3.212	3.416	3.627	3.887	4.259	4.582	4.741	3.949	0.4619	0.04	0.02	1.00000
9.0	SMAV(×10³)	0.8342	1.302	2.117	3.854	9.126	23.51	31.01	7.962	9.770	6.28	2.36	0.00214
	lg SMAV	2.911	3.115	3.326	3.586	3.957	4.369	4.491	3.653	0.4709	0.01	0.08	1.00000

表 6-6 SMAV 的正态性检验结果（30℃）

pH 值	数据类别	百分位数/(μg/L)							算术平均值/(μg/L)	标准差/(μg/L)	峰度	偏度	P 值(K-S 检验)
		P_5	P_{10}	P_{25}	P_{50}	P_{75}	P_{90}	P_{95}					
6.0	SMAV(×10^3)	30.52	41.16	83.17	128.7	321.9	597.2	1144	265.3	313.3	4.30	2.14	0.00106
	lg SMAV	4.480	4.614	4.920	5.110	5.507	5.776	6.058	5.186	0.4649	0.28	−0.03	1.00000
6.5	SMAV(×10^3)	29.72	36.55	73.85	114.3	285.8	530.3	1015	235.6	278.2	4.30	2.14	0.00105
	lg SMAV	4.464	4.562	4.868	5.058	5.456	5.725	6.006	5.136	0.4636	0.30	−0.02	1.00000
7.0	SMAV(×10^3)	22.06	30.68	54.59	84.46	211.3	392.0	750.6	174.3	205.5	4.31	2.15	0.00103
	lg SMAV	4.335	4.486	4.737	4.927	5.324	5.593	5.875	5.007	0.4606	0.35	−0.02	0.98805
7.2	SMAV(×10^3)	18.06	25.63	44.68	69.13	172.9	320.8	614.3	142.8	168.1	4.32	2.15	0.00101
	lg SMAV	4.248	4.407	4.650	4.840	5.237	5.506	5.788	4.922	0.4590	0.38	−0.02	0.96005
7.4	SMAV(×10^3)	14.04	19.93	34.74	53.76	134.5	249.5	477.7	111.2	130.7	4.33	2.15	0.00099
	lg SMAV	4.138	4.298	4.541	4.730	5.128	5.397	5.678	4.814	0.4574	0.42	−0.02	0.92619
7.6	SMAV(×10^3)	10.41	14.78	26.21	39.86	99.70	185.0	354.2	82.61	96.78	4.34	2.15	0.00094
	lg SMAV	4.008	4.168	4.418	4.601	4.998	5.267	5.549	4.687	0.4562	0.46	−0.04	0.88791
7.8	SMAV(×10^3)	7.421	10.53	18.68	30.36	71.05	131.8	252.4	59.05	68.89	4.35	2.15	0.00089
	lg SMAV	3.861	4.021	4.271	4.482	4.851	5.120	5.401	4.543	0.4556	0.48	−0.05	0.91339
8.0	SMAV(×10^3)	5.140	7.296	12.94	21.03	49.21	91.32	174.9	41.10	47.67	4.34	2.15	0.00105
	lg SMAV	3.702	3.861	4.112	4.323	4.692	4.961	5.242	4.386	0.4560	0.47	−0.07	0.97233
8.2	SMAV(×10^3)	3.501	4.970	8.815	14.33	34.19	62.21	119.1	28.20	32.47	4.28	2.13	0.00205
	lg SMAV	3.535	3.694	3.945	4.156	4.534	4.794	5.075	4.223	0.4575	0.42	−0.09	1.00000
8.4	SMAV(×10^3)	2.374	3.369	5.976	9.712	26.76	42.17	80.75	19.32	22.10	4.09	2.08	0.00170
	lg SMAV	3.366	3.526	3.776	3.987	4.425	4.625	4.906	4.057	0.4603	0.36	−0.09	1.00000
8.6	SMAV(×10^3)	1.621	2.301	4.081	6.631	18.27	31.65	55.14	13.39	15.29	3.67	2.00	0.00135
	lg SMAV	3.201	3.360	3.611	3.822	4.259	4.499	4.741	3.894	0.4640	0.30	−0.08	1.00000
9.0	SMAV(×10^3)	0.8096	1.149	2.038	3.313	9.126	21.01	30.85	7.004	8.367	3.43	2.02	0.00085
	lg SMAV	2.899	3.058	3.309	3.520	3.957	4.307	4.489	3.599	0.4737	0.28	−0.01	0.91050

表 6-7　氨氮 SMAV 的模型拟合结果（5℃）

pH 值	拟合模型	r^2	RMSE	SSE	P 值(K-S 检验)
6.0	正态分布模型	0.9856	0.0340	0.0613	0.8553
	对数正态分布模型	0.9884	0.0305	0.0494	0.9207
	逻辑斯谛分布模型	0.9834	0.0365	0.0708	0.8894
	对数逻辑斯谛分布模型	0.9841	0.0358	0.0678	0.8617
6.5	正态分布模型	0.9850	0.0347	0.0637	0.8449
	对数正态分布模型	0.9879	0.0312	0.0514	0.9107
	逻辑斯谛分布模型	0.9829	0.0370	0.0726	0.8839
	对数逻辑斯谛分布模型	0.9836	0.0362	0.0696	0.8590
7.0	正态分布模型	0.9836	0.0362	0.0696	0.8184
	对数正态分布模型	0.9867	0.0326	0.0564	0.8846
	逻辑斯谛分布模型	0.9818	0.0382	0.0774	0.8680
	对数逻辑斯谛分布模型	0.9826	0.0374	0.0742	0.8538
7.2	正态分布模型	0.9829	0.0371	0.0728	0.8009
	对数正态分布模型	0.9862	0.0333	0.0588	0.8674
	逻辑斯谛分布模型	0.9812	0.0389	0.0800	0.8557
	对数逻辑斯谛分布模型	0.9820	0.0380	0.0766	0.8522
7.4	正态分布模型	0.9821	0.0379	0.0762	0.7794
	对数正态分布模型	0.9856	0.0340	0.0612	0.8464
	逻辑斯谛分布模型	0.9805	0.0396	0.0830	0.8379
	对数逻辑斯谛分布模型	0.9814	0.0386	0.0791	0.8315
7.6	正态分布模型	0.9825	0.0374	0.0742	0.7549
	对数正态分布模型	0.9865	0.0330	0.0576	0.8664
	逻辑斯谛分布模型	0.9811	0.0390	0.0805	0.8133
	对数逻辑斯谛分布模型	0.9822	0.0378	0.0757	0.8528
7.8	正态分布模型	0.9837	0.0361	0.0692	0.7474
	对数正态分布模型	0.9878	0.0313	0.0518	0.8981
	逻辑斯谛分布模型	0.9824	0.0376	0.0750	0.8256
	对数逻辑斯谛分布模型	0.9836	0.0363	0.0697	0.8705
8.0	正态分布模型	0.9857	0.0338	0.0606	0.8480
	对数正态分布模型	0.9896	0.0289	0.0442	0.9493
	逻辑斯谛分布模型	0.9844	0.0354	0.0665	0.9311
	对数逻辑斯谛分布模型	0.9854	0.0342	0.0619	0.8905
8.2	正态分布模型	0.9871	0.0322	0.0549	0.8886
	对数正态分布模型	0.9902	0.0280	0.0416	0.9404
	逻辑斯谛分布模型	0.9853	0.0344	0.0625	0.9089
	对数逻辑斯谛分布模型	0.9858	0.0337	0.0603	0.9078

续表

pH 值	拟合模型	r^2	RMSE	SSE	P 值(K-S 检验)
8.4	正态分布模型	0.9866	0.0328	0.0569	0.8737
	对数正态分布模型	0.9890	0.0297	0.0468	0.9336
	逻辑斯谛分布模型	0.9840	0.0358	0.0679	0.8889
	对数逻辑斯谛分布模型	0.9842	0.0357	0.0674	0.8222
8.6	正态分布模型	0.9855	0.0341	0.0616	0.8614
	对数正态分布模型	0.9876	0.0315	0.0527	0.9191
	逻辑斯谛分布模型	0.9824	0.0376	0.0750	0.8752
	对数逻辑斯谛分布模型	0.9825	0.0375	0.0745	0.7878
9.0	正态分布模型	0.9847	0.0351	0.0652	0.8457
	对数正态分布模型	0.9873	0.0319	0.0541	0.9279
	逻辑斯谛分布模型	0.9817	0.0383	0.0776	0.8671
	对数逻辑斯谛分布模型	0.9823	0.0377	0.0752	0.8311

注：表中不同 pH 值下的最优拟合模型以加粗字体表示。

表 6-8 氨氮 SMAV 的模型拟合结果（10℃）

pH 值	拟合模型	r^2	RMSE	SSE	P 值(K-S 检验)
6.0	正态分布模型	0.9907	0.0273	0.0396	0.9597
	对数正态分布模型	0.9924	0.0247	0.0324	0.9735
	逻辑斯谛分布模型	0.9882	0.0307	0.0500	0.9437
	对数逻辑斯谛分布模型	0.9885	0.0304	0.0491	0.9296
6.5	正态分布模型	0.9902	0.0280	0.0415	0.9536
	对数正态分布模型	0.9920	0.0253	0.0339	0.9677
	逻辑斯谛分布模型	0.9879	0.0312	0.0516	0.9392
	对数逻辑斯谛分布模型	0.9881	0.0309	0.0506	0.9236
7.0	正态分布模型	0.9894	0.0292	0.0452	0.9366
	对数正态分布模型	0.9914	0.0262	0.0364	0.9512
	逻辑斯谛分布模型	0.9871	0.0321	0.0547	0.9258
	对数逻辑斯谛分布模型	0.9874	0.0317	0.0534	0.9058
7.2	正态分布模型	0.9889	0.0299	0.0473	0.9246
	对数正态分布模型	0.9912	0.0266	0.0375	0.9393
	逻辑斯谛分布模型	0.9867	0.0326	0.0564	0.9152
	对数逻辑斯谛分布模型	0.9871	0.0321	0.0547	0.8919
7.4	正态分布模型	0.9881	0.0308	0.0504	0.9091
	对数正态分布模型	0.9907	0.0273	0.0394	0.9239
	逻辑斯谛分布模型	0.9861	0.0334	0.0590	0.8997
	对数逻辑斯谛分布模型	0.9866	0.0327	0.0568	0.8718

续表

pH 值	拟合模型	r^2	RMSE	SSE	P 值(K-S 检验)
7.6	正态分布模型	0.9887	0.0301	0.0482	0.9252
	对数正态分布模型	0.9916	0.0259	0.0356	0.9800
	逻辑斯谛分布模型	0.9868	0.0325	0.0561	0.9301
	对数逻辑斯谛分布模型	0.9875	0.0316	0.0530	0.9399
7.8	正态分布模型	0.9896	0.0289	0.0442	0.9308
	对数正态分布模型	0.9926	0.0244	0.0316	0.9892
	逻辑斯谛分布模型	0.9879	0.0311	0.0514	0.9676
	对数逻辑斯谛分布模型	0.9887	0.0301	0.0480	0.9477
8.0	正态分布模型	0.9910	0.0269	0.0383	0.9501
	对数正态分布模型	0.9935	0.0228	0.0276	0.9849
	逻辑斯谛分布模型	0.9894	0.0292	0.0453	0.9683
	对数逻辑斯谛分布模型	0.9899	0.0285	0.0432	0.9483
8.2	正态分布模型	0.9914	0.0262	0.0364	0.9736
	对数正态分布模型	0.9932	0.0234	0.0291	0.9809
	逻辑斯谛分布模型	0.9893	0.0293	0.0454	0.9571
	对数逻辑斯谛分布模型	0.9893	0.0293	0.0456	0.9333
8.4	正态分布模型	0.9907	0.0273	0.0394	0.9687
	对数正态分布模型	0.9919	0.0255	0.0346	0.9779
	逻辑斯谛分布模型	0.9879	0.0312	0.0516	0.9493
	对数逻辑斯谛分布模型	0.9876	0.0315	0.0527	0.9180
8.6	正态分布模型	0.9906	0.0274	0.0398	0.9653
	对数正态分布模型	0.9916	0.0259	0.0356	0.9716
	逻辑斯谛分布模型	0.9874	0.0318	0.0537	0.9413
	对数逻辑斯谛分布模型	0.9872	0.0320	0.0544	0.8978
9.0	正态分布模型	0.9899	0.0284	0.0429	0.9638
	对数正态分布模型	0.9917	0.0257	0.0351	0.9769
	逻辑斯谛分布模型	0.9872	0.0320	0.0544	0.9520
	对数逻辑斯谛分布模型	0.9876	0.0316	0.0529	0.9248

注：表中不同 pH 值下的最优拟合模型以加粗字体表示。

表 6-9　氨氮 SMAV 的模型拟合结果（15℃）

pH 值	拟合模型	r^2	RMSE	SSE	P 值(K-S 检验)
6.0	正态分布模型	0.9941	0.0217	0.0250	0.9921
	对数正态分布模型	0.9958	0.0184	0.0180	0.9992
	逻辑斯谛分布模型	0.9926	0.0244	0.0315	0.9857
	对数逻辑斯谛分布模型	0.9931	0.0236	0.0295	0.9825

续表

pH 值	拟合模型	r^2	RMSE	SSE	P 值(K-S 检验)
6.5	正态分布模型	0.9938	0.0222	0.0262	0.9901
	对数正态分布模型	0.9956	0.0187	0.0185	0.9987
	逻辑斯谛分布模型	0.9924	0.0248	0.0325	0.9837
	对数逻辑斯谛分布模型	0.9928	0.0240	0.0304	0.9797
7.0	正态分布模型	0.9931	0.0235	0.0292	0.9834
	对数正态分布模型	0.9954	0.0193	0.0197	0.9965
	逻辑斯谛分布模型	0.9918	0.0257	0.0350	0.9770
	对数逻辑斯谛分布模型	0.9924	0.0247	0.0325	0.9708
7.2	正态分布模型	0.9927	0.0242	0.0310	0.9778
	对数正态分布模型	0.9952	0.0196	0.0203	0.9943
	逻辑斯谛分布模型	0.9914	0.0262	0.0365	0.9711
	对数逻辑斯谛分布模型	0.9921	0.0251	0.0334	0.9629
7.4	正态分布模型	0.9920	0.0254	0.0342	0.9696
	对数正态分布模型	0.9948	0.0205	0.0222	0.9907
	逻辑斯谛分布模型	0.9908	0.0272	0.0391	0.9617
	对数逻辑斯谛分布模型	0.9917	0.0258	0.0354	0.9504
7.6	正态分布模型	0.9923	0.0249	0.0327	0.9584
	对数正态分布模型	0.9954	0.0192	0.0195	0.9965
	逻辑斯谛分布模型	0.9914	0.0263	0.0366	0.9533
	对数逻辑斯谛分布模型	0.9925	0.0245	0.0319	0.9775
7.8	正态分布模型	0.9929	0.0239	0.0303	0.9832
	对数正态分布模型	0.9959	0.0182	0.0175	0.9999
	逻辑斯谛分布模型	0.9922	0.0250	0.0330	0.9907
	对数逻辑斯谛分布模型	0.9934	0.0231	0.0283	0.9931
8.0	正态分布模型	0.9935	0.0228	0.0275	0.9754
	对数正态分布模型	0.9959	0.0180	0.0172	0.9995
	逻辑斯谛分布模型	0.9929	0.0239	0.0304	0.9926
	对数逻辑斯谛分布模型	0.9936	0.0226	0.0272	0.9872
8.2	正态分布模型	0.9940	0.0219	0.0254	0.9943
	对数正态分布模型	0.9957	0.0186	0.0184	0.9996
	逻辑斯谛分布模型	0.9927	0.0242	0.0310	0.9860
	对数逻辑斯谛分布模型	0.9930	0.0236	0.0296	0.9811
8.4	正态分布模型	0.9945	0.0210	0.0233	0.9916
	对数正态分布模型	0.9958	0.0184	0.0180	0.9994
	逻辑斯谛分布模型	0.9925	0.0246	0.0321	0.9796
	对数逻辑斯谛分布模型	0.9927	0.0242	0.0310	0.9777

续表

pH 值	拟合模型	r^2	RMSE	SSE	P 值(K-S 检验)
8.6	正态分布模型	0.9938	0.0223	0.0264	0.9889
	对数正态分布模型	0.9953	0.0195	0.0201	0.9994
	逻辑斯谛分布模型	0.9915	0.0261	0.0361	0.9759
	对数逻辑斯谛分布模型	0.9921	0.0252	0.0337	0.9774
9.0	正态分布模型	0.9927	0.0241	0.0309	0.9850
	对数正态分布模型	0.9953	0.0193	0.0198	0.9995
	逻辑斯谛分布模型	0.9913	0.0264	0.0370	0.9761
	对数逻辑斯谛分布模型	0.9924	0.0247	0.0323	0.9812

注：表中不同 pH 值下的最优拟合模型以加粗字体表示。

表 6-10　氨氮 SMAV 的模型拟合结果（20℃）

pH 值	拟合模型	r^2	RMSE	SSE	P 值(K-S 检验)
6.0	正态分布模型	0.9918	0.0257	0.0349	0.9564
	对数正态分布模型	0.9945	0.0211	0.0235	0.9872
	逻辑斯谛分布模型	0.9918	0.0257	0.0350	0.9493
	对数逻辑斯谛分布模型	0.9932	0.0234	0.0291	0.9843
6.5	正态分布模型	0.9915	0.0261	0.0360	0.9527
	对数正态分布模型	0.9944	0.0211	0.0237	0.9863
	逻辑斯谛分布模型	0.9915	0.0261	0.0360	0.9470
	对数逻辑斯谛分布模型	0.9930	0.0237	0.0298	0.9831
7.0	正态分布模型	0.9908	0.0271	0.0390	0.9421
	对数正态分布模型	0.9943	0.0214	0.0243	0.9845
	逻辑斯谛分布模型	0.9910	0.0269	0.0384	0.9412
	对数逻辑斯谛分布模型	0.9926	0.0244	0.0315	0.9761
7.2	正态分布模型	0.9903	0.0279	0.0412	0.9340
	对数正态分布模型	0.9941	0.0218	0.0251	0.9838
	逻辑斯谛分布模型	0.9906	0.0275	0.0402	0.9376
	对数逻辑斯谛分布模型	0.9924	0.0248	0.0325	0.9688
7.4	正态分布模型	0.9892	0.0294	0.0460	0.9228
	对数正态分布模型	0.9933	0.0232	0.0285	0.9836
	逻辑斯谛分布模型	0.9897	0.0288	0.0439	0.9339
	对数逻辑斯谛分布模型	0.9917	0.0259	0.0355	0.9565
7.6	正态分布模型	0.9894	0.0291	0.0450	0.9077
	对数正态分布模型	0.9937	0.0224	0.0266	0.9841
	逻辑斯谛分布模型	0.9902	0.0280	0.0416	0.9313
	对数逻辑斯谛分布模型	0.9924	0.0246	0.0321	0.9766

续表

pH 值	拟合模型	r^2	RMSE	SSE	P 值(K-S 检验)
7.8	正态分布模型	0.9894	0.0291	0.0450	0.8884
	对数正态分布模型	0.9935	0.0229	0.0278	0.9858
	逻辑斯谛分布模型	0.9904	0.0277	0.0407	0.9320
	对数逻辑斯谛分布模型	0.9926	0.0244	0.0315	0.9782
8.0	正态分布模型	0.9903	0.0278	0.0411	0.8679
	对数正态分布模型	0.9937	0.0224	0.0266	0.9875
	逻辑斯谛分布模型	0.9911	0.0268	0.0379	0.9377
	对数逻辑斯谛分布模型	0.9929	0.0239	0.0302	0.9825
8.2	正态分布模型	0.9924	0.0248	0.0325	0.9643
	对数正态分布模型	0.9951	0.0198	0.0208	0.9917
	逻辑斯谛分布模型	0.9922	0.0249	0.0330	0.9477
	对数逻辑斯谛分布模型	0.9938	0.0224	0.0265	0.9837
8.4	正态分布模型	0.9918	0.0256	0.0347	0.9629
	对数正态分布模型	0.9946	0.0208	0.0230	0.9948
	逻辑斯谛分布模型	0.9909	0.0270	0.0386	0.9589
	对数逻辑斯谛分布模型	0.9927	0.0243	0.0312	0.9815
8.6	正态分布模型	0.9912	0.0265	0.0373	0.9483
	对数正态分布模型	0.9945	0.0210	0.0234	0.9958
	逻辑斯谛分布模型	0.9902	0.0280	0.0415	0.9687
	对数逻辑斯谛分布模型	0.9924	0.0247	0.0324	0.9822
9.0	正态分布模型	0.9892	0.0294	0.0457	0.8980
	对数正态分布模型	0.9939	0.0221	0.0259	0.9646
	逻辑斯谛分布模型	0.9895	0.0291	0.0448	0.8585
	对数逻辑斯谛分布模型	0.9922	0.0250	0.0331	0.9513

注：表中不同 pH 值下的最优拟合模型以加粗字体表示。

表 6-11 氨氮 SMAV 的模型拟合结果（25℃）

pH 值	拟合模型	r^2	RMSE	SSE	P 值(K-S 检验)
6.0	正态分布模型	0.9888	0.0300	0.0478	0.9353
	对数正态分布模型	0.9927	0.0243	0.0313	0.9708
	逻辑斯谛分布模型	0.9892	0.0294	0.0458	0.9223
	对数逻辑斯谛分布模型	0.9917	0.0258	0.0353	0.9560
6.5	正态分布模型	0.9884	0.0305	0.0492	0.9291
	对数正态分布模型	0.9926	0.0244	0.0315	0.9764
	逻辑斯谛分布模型	0.9890	0.0298	0.0469	0.9184
	对数逻辑斯谛分布模型	0.9915	0.0261	0.0361	0.9530

续表

pH 值	拟合模型	r^2	RMSE	SSE	P 值(K-S 检验)
7.0	正态分布模型	0.9874	0.0317	0.0534	0.9119
	对数正态分布模型	0.9922	0.0250	0.0331	0.9865
	逻辑斯谛分布模型	0.9881	0.0309	0.0504	0.9093
	对数逻辑斯谛分布模型	0.9909	0.0270	0.0386	0.9462
7.2	正态分布模型	0.9867	0.0326	0.0565	0.8994
	对数正态分布模型	0.9918	0.0256	0.0347	0.9906
	逻辑斯谛分布模型	0.9876	0.0316	0.0528	0.9044
	对数逻辑斯谛分布模型	0.9906	0.0275	0.0402	0.9426
7.4	正态分布模型	0.9854	0.0342	0.0621	0.8827
	对数正态分布模型	0.9907	0.0272	0.0393	0.9770
	逻辑斯谛分布模型	0.9865	0.0329	0.0574	0.9005
	对数逻辑斯谛分布模型	0.9897	0.0288	0.0439	0.9403
7.6	正态分布模型	0.9853	0.0343	0.0625	0.8616
	对数正态分布模型	0.9907	0.0273	0.0395	0.9288
	逻辑斯谛分布模型	0.9867	0.0326	0.0564	0.9007
	对数逻辑斯谛分布模型	0.9901	0.0282	0.0421	0.9418
7.8	正态分布模型	0.9858	0.0338	0.0606	0.8365
	对数正态分布模型	0.9908	0.0272	0.0393	0.9418
	逻辑斯谛分布模型	0.9873	0.0320	0.0542	0.9090
	对数逻辑斯谛分布模型	0.9905	0.0276	0.0404	0.9499
8.0	正态分布模型	0.9884	0.0305	0.0492	0.9481
	对数正态分布模型	0.9928	0.0241	0.0307	0.9509
	逻辑斯谛分布模型	0.9894	0.0291	0.0449	0.9261
	对数逻辑斯谛分布模型	0.9923	0.0248	0.0326	0.9635
8.2	正态分布模型	0.9892	0.0294	0.0459	0.9491
	对数正态分布模型	0.9932	0.0234	0.0289	0.9561
	逻辑斯谛分布模型	0.9890	0.0297	0.0467	0.9472
	对数逻辑斯谛分布模型	0.9919	0.0255	0.0346	0.9775
8.4	正态分布模型	0.9888	0.0300	0.0476	0.9331
	对数正态分布模型	0.9931	0.0235	0.0293	0.9579
	逻辑斯谛分布模型	0.9879	0.0311	0.0513	0.9623
	对数逻辑斯谛分布模型	0.9912	0.0266	0.0375	0.9876
8.6	正态分布模型	0.9869	0.0324	0.0558	0.9159
	对数正态分布模型	0.9920	0.0253	0.0340	0.9570
	逻辑斯谛分布模型	0.9863	0.0331	0.0581	0.8483
	对数逻辑斯谛分布模型	0.9901	0.0282	0.0422	0.9081

续表

pH 值	拟合模型	r^2	RMSE	SSE	*P* 值(K-S 检验)
9.0	正态分布模型	0.9855	0.0341	0.0617	0.8830
	对数正态分布模型	0.9920	0.0254	0.0341	0.9490
	逻辑斯谛分布模型	0.9862	0.0332	0.0585	0.8957
	对数逻辑斯谛分布模型	0.9906	0.0275	0.0401	0.9437

注：表中不同 pH 值下的最优拟合模型以加粗字体表示。

表 6-12 氨氮 SMAV 的模型拟合结果（30℃）

pH 值	拟合模型	r^2	RMSE	SSE	*P* 值(K-S 检验)
6.0	正态分布模型	0.9873	0.0320	0.0542	0.9041
	对数正态分布模型	0.9915	0.0261	0.0360	0.9515
	逻辑斯谛分布模型	0.9871	0.0321	0.0547	0.8995
	对数逻辑斯谛分布模型	0.9901	0.0282	0.0421	0.9321
6.5	正态分布模型	0.9868	0.0325	0.0561	0.8962
	对数正态分布模型	0.9913	0.0264	0.0369	0.9584
	逻辑斯谛分布模型	0.9867	0.0326	0.0564	0.8925
	对数逻辑斯谛分布模型	0.9898	0.0286	0.0435	0.9261
7.0	正态分布模型	0.9857	0.0339	0.0608	0.8734
	对数正态分布模型	0.9908	0.0272	0.0391	0.9721
	逻辑斯谛分布模型	0.9858	0.0338	0.0605	0.8708
	对数逻辑斯谛分布模型	0.9891	0.0296	0.0463	0.9070
7.2	正态分布模型	0.9846	0.0351	0.0654	0.8575
	对数正态分布模型	0.9900	0.0284	0.0427	0.9737
	逻辑斯谛分布模型	0.9849	0.0348	0.0643	0.8529
	对数逻辑斯谛分布模型	0.9884	0.0305	0.0494	0.8907
7.4	正态分布模型	0.9833	0.0366	0.0710	0.8371
	对数正态分布模型	0.9887	0.0301	0.0479	0.9586
	逻辑斯谛分布模型	0.9838	0.0361	0.0689	0.8263
	对数逻辑斯谛分布模型	0.9875	0.0317	0.0533	0.8660
7.6	正态分布模型	0.9839	0.0360	0.0686	0.8125
	对数正态分布模型	0.9891	0.0295	0.0462	0.8860
	逻辑斯谛分布模型	0.9847	0.0351	0.0653	0.8462
	对数逻辑斯谛分布模型	0.9884	0.0305	0.0492	0.9210
7.8	正态分布模型	0.9859	0.0337	0.0602	0.8290
	对数正态分布模型	0.9906	0.0275	0.0399	0.9008
	逻辑斯谛分布模型	0.9867	0.0327	0.0568	0.9077
	对数逻辑斯谛分布模型	0.9902	0.0280	0.0416	0.9448

续表

pH 值	拟合模型	r^2	RMSE	SSE	P 值(K-S 检验)
8.0	正态分布模型	0.9875	0.0317	0.0532	0.8646
	对数正态分布模型	0.9916	0.0259	0.0356	0.9113
	逻辑斯谛分布模型	0.9874	0.0318	0.0536	0.9072
	对数逻辑斯谛分布模型	0.9907	0.0273	0.0396	0.9377
8.2	正态分布模型	0.9883	0.0306	0.0497	0.9200
	对数正态分布模型	0.9923	0.0249	0.0328	0.9173
	逻辑斯谛分布模型	0.9871	0.0322	0.0550	0.8891
	对数逻辑斯谛分布模型	0.9905	0.0277	0.0406	0.9255
8.4	正态分布模型	0.9864	0.0330	0.0577	0.9024
	对数正态分布模型	0.9911	0.0268	0.0380	0.9190
	逻辑斯谛分布模型	0.9849	0.0349	0.0644	0.8251
	对数逻辑斯谛分布模型	0.9888	0.0300	0.0477	0.8801
8.6	正态分布模型	0.9854	0.0342	0.0619	0.8856
	对数正态分布模型	0.9909	0.0271	0.0389	0.9170
	逻辑斯谛分布模型	0.9842	0.0356	0.0670	0.8588
	对数逻辑斯谛分布模型	0.9886	0.0302	0.0484	0.9077
9.0	正态分布模型	0.9840	0.0359	0.0681	0.8272
	对数正态分布模型	0.9906	0.0274	0.0399	0.9046
	逻辑斯谛分布模型	0.9843	0.0356	0.0670	0.8833
	对数逻辑斯谛分布模型	0.9892	0.0295	0.0461	0.9354

注：表中不同 pH 值下的最优拟合模型以加粗字体表示。

6.2 慢性毒性数据拟合与评价

6.2.1 急性毒性数据正态分布检验

对获得的 72 组水质条件下 SMCV 分别进行正态分布检验，结果表明部分水质条件下的 SMCV 不符合正态分布，对不符合正态分布的 SMCV 取常用对数后再次进行检验，结果表明 lg SMCV 全部符合正态分布。对全部 SMCV 取常用对数进行归一化，正态性检验结果见表 6-13～表 6-18，满足 SSD 模型拟合要求。

6.2.2 慢性毒性数据拟合

经常用对数转换后的 72 组水质条件下 SMCV 拟合结果见表 6-19～表 6-24。通过 r^2、RMSE、SSE 和 P 值（K-S 检验）的比较可知，72 组水质条件下最优拟合模型为对数正态分布模型或对数逻辑斯谛分布模型，拟合曲线见图 6-73～图 6-144。

表 6-13 SMCV 的正态性检验结果（5℃）

pH 值	数据类别	百分位数/(μg/L)							算术平均值/(μg/L)	标准差/(μg/L)	峰度	偏度	P 值(K-S 检验)
		P_5	P_{10}	P_{25}	P_{50}	P_{75}	P_{90}	P_{95}①					
6.0	SMCV	4.163	5.611	9.510	44.85	134.5	165.1	—	72.91	67.59	−1.74	0.33	0.12531
	lg SMCV	3.619	3.742	3.968	4.572	5.129	5.216	—	4.560	0.6021	−1.76	−0.20	0.33761
6.5	SMCV	3.993	5.383	9.123	43.02	130.5	160.6	—	70.76	66.02	−1.65	0.36	0.12661
	lg SMCV	3.549	3.672	3.898	4.502	5.096	5.167	—	4.545	0.6046	−1.76	−0.20	0.34838
7.0	SMCV	3.228	4.352	7.376	34.78	113.9	147.7	—	64.98	62.13	−1.27	0.49	0.13327
	lg SMCV	3.509	3.632	3.858	4.462	5.056	5.163	—	4.499	0.6123	−1.75	−0.18	0.38144
7.2	SMCV	2.836	3.823	6.478	30.55	100.1	147.7	—	61.00	59.75	−0.87	0.62	0.14147
	lg SMCV	3.453	3.575	3.801	4.405	5.000	5.163	—	4.464	0.6185	−1.74	−0.16	0.40853
7.4	SMCV	2.382	3.210	5.441	25.66	84.00	147.7	—	56.00	57.13	−0.14	0.85	0.15796
	lg SMCV	3.377	3.500	3.725	4.330	4.924	5.163	—	4.415	0.6276	−1.72	−0.13	0.44934
7.6	SMCV	1.906	2.570	4.355	20.54	67.24	147.7	—	50.21	54.71	1.00	1.18	0.18980
	lg SMCV	3.280	3.403	3.629	4.233	4.827	5.163	—	4.348	0.6406	−1.67	−0.09	0.50900
7.8	SMCV	1.458	1.965	3.330	15.71	51.42	147.7	—	44.15	52.98	2.47	1.60	0.24624
	lg SMCV	3.164	3.286	3.512	4.116	4.711	5.163	—	4.264	0.6582	−1.58	−0.02	0.59246
8.0	SMCV	1.074	1.448	2.454	11.57	37.89	147.7	—	38.43	52.16	3.92	2.00	0.21536
	lg SMCV	3.031	3.154	3.380	3.984	4.578	5.163	—	4.162	0.6810	−1.44	0.08	0.64023
8.2	SMCV	0.7725	1.041	1.765	8.323	27.25	147.7	—	33.54	52.12	5.02	2.30	0.05373
	lg SMCV	2.888	3.011	3.237	3.841	4.435	5.163	—	4.046	0.7087	−1.23	0.20	0.62596
8.4	SMCV	0.5509	0.7426	1.259	5.935	19.43	147.7	—	29.70	52.52	5.67	2.49	0.01349
	lg SMCV	2.741	2.864	3.090	3.694	4.288	5.163	—	3.920	0.7406	−0.98	0.33	0.61535
8.6	SMCV	0.2912	0.3926	0.6653	3.137	10.27	147.7	—	26.87	53.04	6.01	2.59	0.00425
	lg SMCV	2.464	2.587	2.813	3.417	4.011	5.163	—	3.792	0.7752	−0.70	0.47	0.60852
9.0	SMCV	3.549	3.672	3.898	4.502	5.096	5.167	—	23.56	53.91	6.23	2.66	0.00099
	lg SMCV	3.228	4.352	7.376	34.78	113.9	147.7	—	3.550	0.8446	−0.13	0.72	0.60375

① 因数据量不足，无法获得 P_{95}。

表 6-14　SMCV 的正态性检验结果（10℃）

pH 值	数据类别	百分位数/(μg/L)							算术平均值/(μg/L)	标准差/(μg/L)	峰度	偏度	P 值（K-S 检验）
		P_5	P_{10}	P_{25}	P_{50}	P_{75}	P_{90}	P_{95}①					
6.0	SMCV	4.163	5.611	9.086	34.46	106.4	165.1	—	61.96	60.96	−0.76	0.73	0.18405
	lg SMCV	3.619	3.742	3.953	4.484	5.026	5.216	—	4.499	0.5762	−1.73	−0.08	0.52039
6.5	SMCV	3.993	5.383	8.716	33.06	102.0	160.6	—	60.25	59.94	−0.60	0.78	0.18809
	lg SMCV	3.601	3.724	3.935	4.466	5.008	5.204	—	4.483	0.5792	−1.73	−0.07	0.53654
7.0	SMCV	3.540	4.772	7.727	29.30	90.46	148.7	—	55.66	57.48	−0.02	0.96	0.20354
	lg SMCV	3.549	3.672	3.883	4.414	4.956	5.167	—	4.438	0.5879	−1.70	−0.05	0.58533
7.2	SMCV	3.228	4.352	7.047	26.72	82.49	147.7	—	52.51	56.02	0.51	1.11	0.21911
	lg SMCV	3.509	3.632	3.843	4.374	4.916	5.163	—	4.403	0.5949	−1.67	−0.02	0.62447
7.4	SMCV	2.836	3.823	6.190	23.47	72.46	147.7	—	48.54	54.49	1.33	1.33	0.24641
	lg SMCV	3.453	3.575	3.787	4.318	4.860	5.163	—	4.353	0.6051	−1.61	0.02	0.68222
7.6	SMCV	2.382	3.210	5.198	19.71	60.85	147.7	—	43.94	53.18	2.43	1.63	0.29218
	lg SMCV	3.377	3.500	3.711	4.242	4.784	5.163	—	4.287	0.6196	−1.53	0.08	0.75347
7.8	SMCV	1.906	2.570	4.161	15.78	48.71	147.7	—	39.13	52.38	3.66	1.95	0.27606
	lg SMCV	3.280	3.403	3.614	4.145	4.687	5.163	—	4.202	0.6390	−1.39	0.16	0.73527
8.0	SMCV	1.458	1.965	3.182	12.07	37.25	147.7	—	34.60	52.17	4.74	2.24	0.12283
	lg SMCV	3.164	3.286	3.498	4.029	4.571	5.163	—	4.100	0.6639	−1.19	0.27	0.71793
8.2	SMCV	1.074	1.448	2.345	8.891	27.45	147.7	—	30.72	52.42	5.48	2.44	0.04547
	lg SMCV	3.031	3.154	3.365	3.896	4.438	5.163	—	3.984	0.6939	−0.93	0.40	0.70320
8.4	SMCV	0.7725	1.041	1.686	6.395	19.74	147.7	—	27.67	52.90	5.91	2.56	0.01891
	lg SMCV	2.888	3.011	3.222	3.753	4.295	5.163	—	3.859	0.7280	−0.62	0.54	0.69206
8.6	SMCV	0.5509	0.7426	1.203	4.561	14.08	147.7	—	25.42	53.40	6.12	2.62	0.00589
	lg SMCV	2.741	2.864	3.075	3.606	4.148	5.163	—	3.731	0.7647	−0.30	0.69	0.68462
9.0	SMCV	0.2912	0.3926	0.6357	2.411	7.441	147.7	—	22.80	54.15	6.25	2.66	0.00121
	lg SMCV	2.464	2.587	2.798	3.329	3.871	5.163	—	3.488	0.8377	0.31	0.94	0.67842

① 因数据量不足，无法获得 P_{95}。

表 6-15 SMCV 的正态性检验结果（15℃）

pH 值	数据类别	百分位数/(μg/L)							算术平均值/(μg/L)	标准差/(μg/L)	峰度	偏度	P 值(K-S 检验)
		P_5	P_{10}	P_{25}	P_{50}	P_{75}	P_{90}	P_{95}①					
6.0	SMCV	4.163	5.611	8.283	27.50	77.05	165.1	—	54.03	58.51	0.41	1.19	0.32325
	lg SMCV	3.619	3.742	3.918	4.414	4.886	5.216	—	4.438	0.5585	−1.59	0.08	0.82534
6.5	SMCV	3.993	5.383	7.946	26.38	73.92	160.6	—	52.64	57.77	0.57	1.24	0.32866
	lg SMCV	3.601	3.724	3.900	4.396	4.868	5.204	—	4.422	0.5618	−1.58	0.09	0.84760
7.0	SMCV	3.540	4.772	7.044	23.39	65.53	148.7	—	48.91	55.99	1.13	1.39	0.34835
	lg SMCV	3.549	3.672	3.848	4.344	4.816	5.167	—	4.376	0.5715	−1.52	0.13	0.88249
7.2	SMCV	3.228	4.352	6.424	21.33	59.76	147.7	—	46.36	54.96	1.62	1.51	0.36704
	lg SMCV	3.509	3.632	3.808	4.304	4.776	5.163	—	4.341	0.5793	−1.47	0.16	0.87903
7.4	SMCV	2.836	3.823	5.643	18.73	52.49	147.7	—	43.13	53.91	2.36	1.69	0.30227
	lg SMCV	3.453	3.575	3.752	4.248	4.720	5.163	—	4.292	0.5906	−1.40	0.21	0.87540
7.6	SMCV	2.382	3.210	4.739	15.73	44.09	147.7	—	39.40	53.05	3.30	1.92	0.16634
	lg SMCV	3.377	3.500	3.676	4.172	4.644	5.163	—	4.226	0.6064	−1.27	0.28	0.87256
7.8	SMCV	1.906	2.570	3.793	12.59	35.29	147.7	—	35.50	52.59	4.29	2.16	0.07832
	lg SMCV	3.280	3.403	3.579	4.075	4.547	5.163	—	4.141	0.6275	−1.09	0.37	0.87185
8.0	SMCV	1.458	1.965	2.901	9.630	26.98	147.7	—	31.82	52.56	5.13	2.36	0.03450
	lg SMCV	3.164	3.286	3.463	3.959	4.431	5.163	—	4.039	0.6542	−0.85	0.49	0.87455
8.2	SMCV	1.074	1.448	2.137	7.096	19.88	147.7	—	28.67	52.85	5.69	2.51	0.01601
	lg SMCV	3.031	3.154	3.330	3.826	4.298	5.163	—	3.923	0.6862	−0.55	0.62	0.88127
8.4	SMCV	0.7725	1.041	1.537	5.104	14.30	147.7	—	26.19	53.29	6.00	2.59	0.00850
	lg SMCV	2.888	3.011	3.187	3.683	4.155	5.163	—	3.798	0.7224	−0.21	0.76	0.89174
8.6	SMCV	0.5509	0.7426	1.096	3.640	10.20	147.7	—	24.37	53.72	6.16	2.64	0.00529
	lg SMCV	2.741	2.864	3.040	3.536	4.008	5.163	—	3.669	0.7609	0.13	0.90	0.90490
9.0	SMCV	0.291	0.3926	0.5795	1.924	5.391	147.7	—	22.24	54.34	6.26	2.67	0.00139
	lg SMCV	2.464	2.587	2.763	3.259	3.731	5.163	—	3.427	0.8370	0.75	1.13	0.75345

① 因数据量不足，无法获得 P_{95}。

表 6-16　SMCV 的正态性检验结果（20℃）

pH 值	数据类别	百分位数/(μg/L)							算术平均值/(μg/L)	标准差/(μg/L)	峰度	偏度	P 值(K-S 检验)
		P_5	P_{10}	P_{25}	P_{50}	P_{75}	P_{90}	P_{95}①					
6.0	SMCV	4.163	5.529	7.040	22.46	55.82	165.1	—	48.28	58.16	1.23	1.53	0.22748
	lg SMCV	3.619	3.736	3.847	4.344	4.746	5.216	—	4.377	0.5496	−1.31	0.27	0.67793
6.5	SMCV	3.993	5.304	6.754	21.55	53.55	160.6	—	47.12	57.52	1.36	1.56	0.20030
	lg SMCV	3.601	3.718	3.829	4.326	4.728	5.204	—	4.361	0.5532	−1.29	0.28	0.68105
7.0	SMCV	3.540	4.702	5.988	19.10	47.47	148.7	—	44.03	56.00	1.83	1.67	0.13710
	lg SMCV	3.549	3.666	3.777	4.274	4.676	5.167	—	4.315	0.5639	−1.22	0.32	0.69079
7.2	SMCV	3.228	4.288	5.460	17.42	43.29	147.7	—	41.90	55.12	2.26	1.76	0.10217
	lg SMCV	3.509	3.626	3.737	4.234	4.636	5.163	—	4.280	0.5723	−1.16	0.36	0.69887
7.4	SMCV	2.836	3.766	4.796	15.30	38.03	147.7	—	39.22	54.22	2.90	1.90	0.06783
	lg SMCV	3.453	3.570	3.681	4.178	4.580	5.163	—	4.231	0.5845	−1.07	0.41	0.71109
7.6	SMCV	2.382	3.163	4.028	12.85	31.94	147.7	—	36.11	53.49	3.71	2.07	0.04013
	lg SMCV	3.377	3.494	3.605	4.102	4.504	5.163	—	4.164	0.6015	−0.92	0.48	0.72887
7.8	SMCV	1.906	2.532	3.224	10.29	25.56	147.7	—	32.87	53.08	4.57	2.26	0.02201
	lg SMCV	3.280	3.397	3.508	4.005	4.407	5.163	—	4.080	0.6240	−0.72	0.58	0.75341
8.0	SMCV	1.458	1.936	2.466	7.865	19.55	147.7	—	29.81	53.03	5.29	2.42	0.01205
	lg SMCV	3.164	3.281	3.392	3.889	4.291	5.163	—	3.978	0.6524	−0.45	0.70	0.78509
8.2	SMCV	1.074	1.427	1.817	5.795	14.40	147.7	—	27.19	53.26	5.77	2.54	0.00708
	lg SMCV	3.031	3.148	3.259	3.756	4.158	5.163	—	3.862	0.6861	−0.14	0.83	0.82306
8.4	SMCV	0.7725	1.026	1.307	4.168	10.36	147.7	—	25.13	53.62	6.04	2.61	0.00465
	lg SMCV	2.888	3.005	3.116	3.613	4.015	5.163	—	3.737	0.7238	0.21	0.96	0.82892
8.6	SMCV	0.5509	0.7317	0.9318	2.972	7.388	147.7	—	23.61	53.97	6.17	2.64	0.00342
	lg SMCV	2.741	2.858	2.969	3.466	3.868	5.163	—	3.608	0.7639	0.55	1.09	0.68674
9.0	SMCV	0.2912	0.3868	0.4926	1.571	3.905	147.7	—	21.84	54.48	6.26	2.67	0.00154
	lg SMCV	2.464	2.581	2.692	3.189	3.591	5.163	—	3.366	0.8423	1.15	1.30	0.48062

① 因数据量不足，无法获得 P_{95}。

表 6-17 SMCV 的正态性检验结果（25℃）

pH 值	数据类别	百分位数/(μg/L)							算术平均值/(μg/L)	标准差/(μg/L)	峰度	偏度	P 值(K-S 检验)
		P_5	P_{10}	P_{25}	P_{50}	P_{75}	P_{90}	P_{95}①					
6.0	SMCV	4.163	4.349	6.388	18.81	40.44	165.1	—	44.11	58.67	1.67	1.71	0.04730
	lg SMCV	3.619	3.638	3.805	4.274	4.606	5.216	—	4.315	0.5500	−0.93	0.45	0.96610
6.5	SMCV	3.993	4.173	6.128	18.04	38.79	160.6	—	43.13	58.05	1.77	1.74	0.04219
	lg SMCV	3.601	3.620	3.787	4.256	4.588	5.204	—	4.300	0.5538	−0.90	0.46	0.96897
7.0	SMCV	3.540	3.699	5.432	15.99	34.39	148.7	—	40.48	56.58	2.18	1.81	0.03048
	lg SMCV	3.549	3.568	3.735	4.204	4.536	5.167	—	4.254	0.5653	−0.83	0.51	0.97793
7.2	SMCV	3.228	3.373	4.954	14.59	31.36	147.7	—	38.67	55.72	2.56	1.89	0.02401
	lg SMCV	3.509	3.528	3.695	4.164	4.496	5.163	—	4.219	0.5742	−0.77	0.55	0.98536
7.4	SMCV	2.836	2.963	4.352	12.81	27.55	147.7	—	36.38	54.83	3.14	2.00	0.01750
	lg SMCV	3.453	3.472	3.638	4.108	4.440	5.163	—	4.170	0.5872	−0.67	0.60	0.99658
7.6	SMCV	2.382	2.489	3.655	10.76	23.14	147.7	—	33.73	54.07	3.88	2.14	0.01193
	lg SMCV	3.377	3.396	3.563	4.032	4.364	5.163	—	4.103	0.6051	−0.52	0.67	0.99473
7.8	SMCV	1.906	1.992	2.925	8.6127	18.52	147.7	—	30.96	53.60	4.67	2.30	0.00790
	lg SMCV	3.280	3.299	3.466	3.935	4.267	5.163	—	4.019	0.6288	−0.31	0.76	0.87316
8.0	SMCV	1.458	1.523	2.237	6.586	14.16	147.7	—	28.35	53.48	5.34	2.44	0.00533
	lg SMCV	3.164	3.183	3.349	3.819	4.151	5.163	—	3.917	0.6584	−0.05	0.88	0.74139
8.2	SMCV	1.074	1.122	1.648	4.853	10.43	147.7	—	26.11	53.62	5.79	2.55	0.00383
	lg SMCV	3.031	3.050	3.217	3.686	4.018	5.163	—	3.801	0.6933	0.26	1.00	0.61314
8.4	SMCV	0.7725	0.8072	1.186	3.491	7.505	147.7	—	24.35	53.88	6.04	2.61	0.00297
	lg SMCV	2.888	2.907	3.074	3.543	3.875	5.163	—	3.675	0.7323	0.59	1.12	0.49892
8.6	SMCV	0.5509	0.5756	0.8454	2.489	5.352	147.7	—	23.06	54.17	6.17	2.64	0.00248
	lg SMCV	2.741	2.760	2.927	3.396	3.728	5.163	—	3.547	0.7735	0.92	1.24	0.40433
9.0	SMCV	0.2912	0.3043	0.4469	1.316	2.829	147.7	—	21.55	54.59	6.25	2.67	0.00165
	lg SMCV	2.464	2.483	2.650	3.119	3.451	5.163	—	3.305	0.8537	1.49	1.43	0.27602

① 因数据量不足，无法获得 P_{95}。

表 6-18　SMCV 的正态性检验结果（30℃）

pH 值	数据类别	百分位数/(μg/L)							算术平均值/(μg/L)	标准差/(μg/L)	峰度	偏度	P 值 (K-S 检验)
		P_5	P_{10}	P_{25}	P_{50}	P_{75}	P_{90}	P_{95}①					
6.0	SMCV	3.209	3.753	6.388	16.16	29.30	165.1	—	41.10	59.43	1.87	1.81	0.01183
	lg SMCV	3.506	3.572	3.805	4.204	4.466	5.216	—	4.254	0.5596	−0.51	0.60	0.82822
6.5	SMCV	3.078	3.601	6.128	15.50	28.10	160.6	—	40.23	58.80	1.96	1.82	0.01086
	lg SMCV	3.488	3.554	3.787	4.186	4.448	5.204	—	4.238	0.5637	−0.49	0.61	0.80583
7.0	SMCV	2.729	3.192	5.432	13.74	24.91	148.7	—	37.92	57.29	2.33	1.89	0.00858
	lg SMCV	3.436	3.502	3.735	4.134	4.396	5.167	—	4.193	0.5757	−0.42	0.66	0.74345
7.2	SMCV	2.489	2.911	4.954	12.53	22.72	147.7	—	36.33	56.40	2.68	1.95	0.00727
	lg SMCV	3.396	3.462	3.695	4.094	4.356	5.163	—	4.158	0.5850	−0.36	0.70	0.69845
7.4	SMCV	2.186	2.557	4.352	11.01	19.96	147.7	—	34.32	55.46	3.23	2.04	0.00589
	lg SMCV	3.340	3.406	3.638	4.038	4.300	5.163	—	4.108	0.5985	−0.27	0.75	0.63914
7.6	SMCV	1.836	2.147	3.655	9.247	16.76	147.7	—	32.01	54.63	3.94	2.17	0.00462
	lg SMCV	3.264	3.330	3.563	3.962	4.224	5.163	—	4.042	0.6171	−0.14	0.82	0.56661
7.8	SMCV	1.470	1.719	2.925	7.401	13.42	147.7	—	29.58	54.07	4.70	2.32	0.00361
	lg SMCV	3.167	3.233	3.466	3.865	4.127	5.163	—	3.957	0.6416	0.06	0.90	0.48520
8.0	SMCV	1.124	1.314	2.237	5.660	10.26	147.7	—	27.29	53.85	5.34	2.45	0.00290
	lg SMCV	3.051	3.117	3.349	3.749	4.011	5.163	—	3.855	0.6720	0.30	1.01	0.40255
8.2	SMCV	0.8280	0.9685	1.648	4.170	7.559	147.7	—	25.33	53.90	5.78	2.55	0.00243
	lg SMCV	2.918	2.984	3.217	3.616	3.878	5.163	—	3.739	0.7078	0.59	1.12	0.32651
8.4	SMCV	0.5956	0.6966	1.186	3.000	5.437	147.7	—	23.79	54.09	6.04	2.61	0.00214
	lg SMCV	2.775	2.841	3.074	3.473	3.735	5.163	—	3.614	0.7476	0.90	1.23	0.26221
8.6	SMCV	0.4247	0.4967	0.8454	2.139	3.877	147.7	—	22.66	54.32	6.16	2.64	0.00196
	lg SMCV	2.628	2.694	2.927	3.326	3.588	5.163	—	3.486	0.7895	1.20	1.34	0.21119
9.0	SMCV	0.2245	0.2626	0.4469	1.131	2.050	147.7	—	21.34	54.67	6.25	2.67	0.00174
	lg SMCV	2.351	2.417	2.650	3.049	3.311	5.163	—	3.243	0.8709	1.72	1.52	0.14440

① 因数据量不足，无法获得 P_{95}。

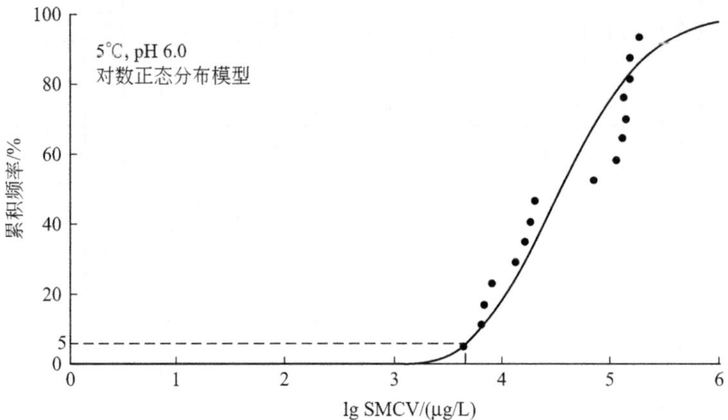

图 6-73 氨氮慢性毒性-累积频率拟合 SSD 曲线（5℃，pH 6.0）

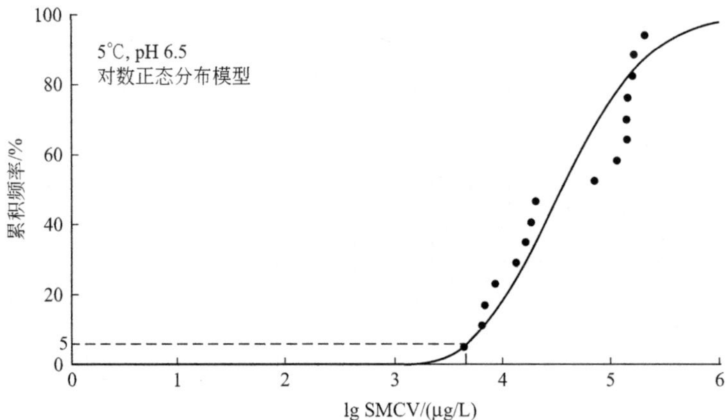

图 6-74 氨氮慢性毒性-累积频率拟合 SSD 曲线（5℃，pH 6.5）

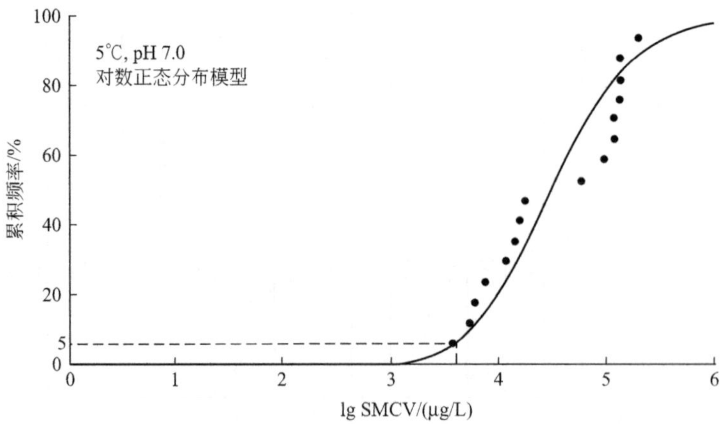

图 6-75 氨氮慢性毒性-累积频率拟合 SSD 曲线（5℃，pH 7.0）

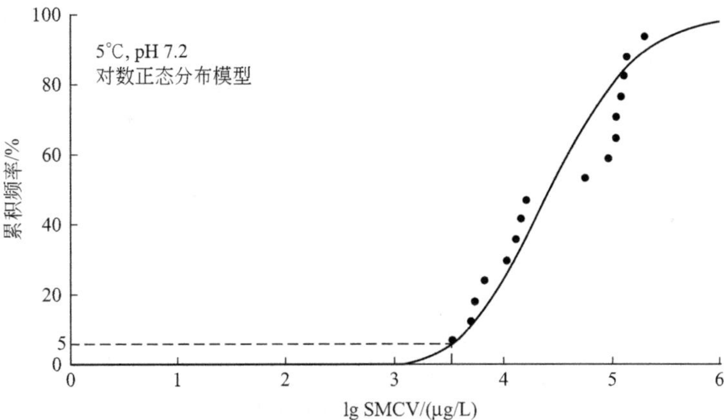

图 6-76 氨氮慢性毒性-累积频率拟合 SSD 曲线（5℃，pH 7.2）

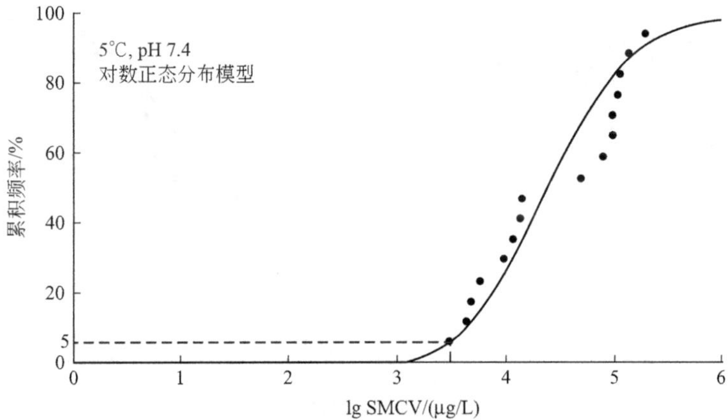

图 6-77 氨氮慢性毒性-累积频率拟合 SSD 曲线（5℃，pH 7.4）

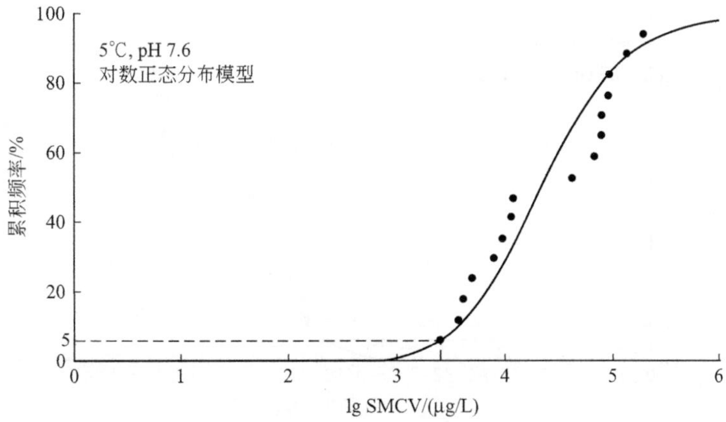

图 6-78 氨氮慢性毒性-累积频率拟合 SSD 曲线（5℃，pH 7.6）

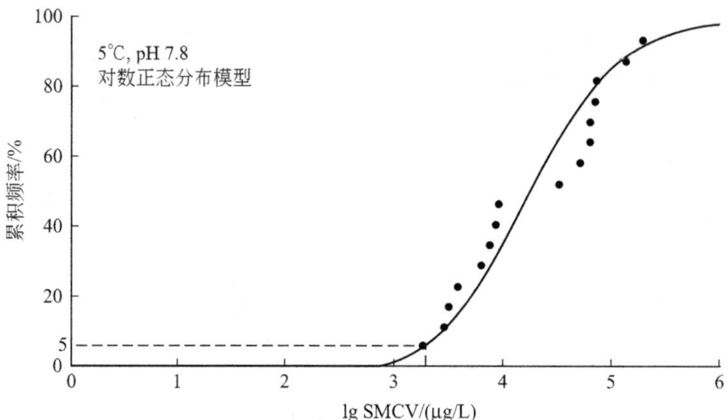

图 6-79 氨氮慢性毒性-累积频率拟合 SSD 曲线（5℃，pH 7.8）

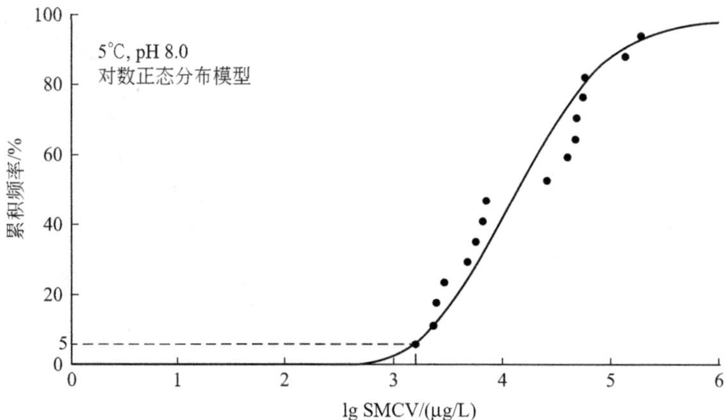

图 6-80 氨氮慢性毒性-累积频率拟合 SSD 曲线（5℃，pH 8.0）

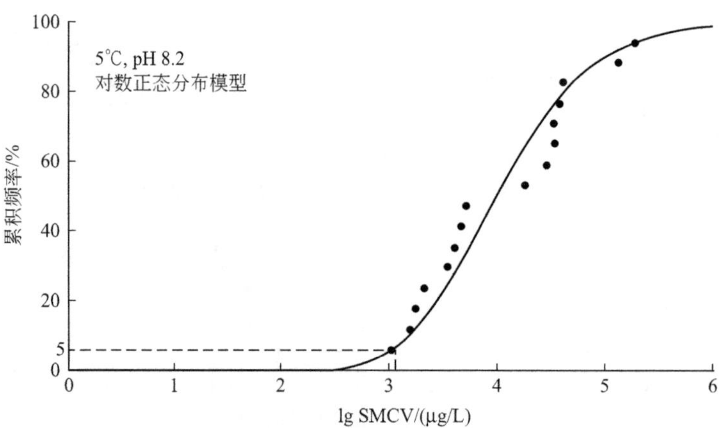

图 6-81 氨氮慢性毒性-累积频率拟合 SSD 曲线（5℃，pH 8.2）

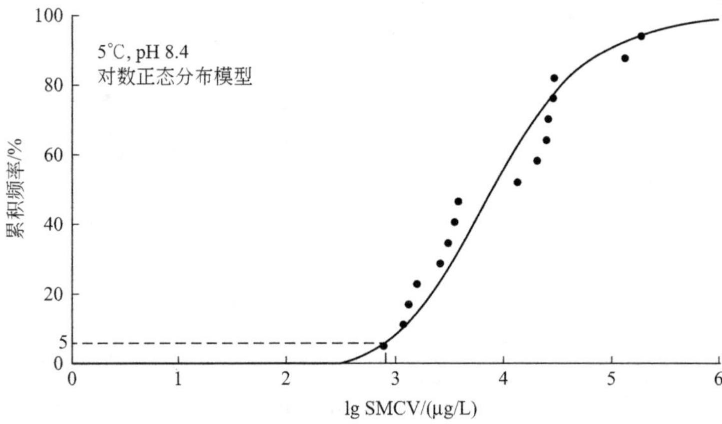

图 6-82　氨氮慢性毒性-累积频率拟合 SSD 曲线（5℃，pH 8.4）

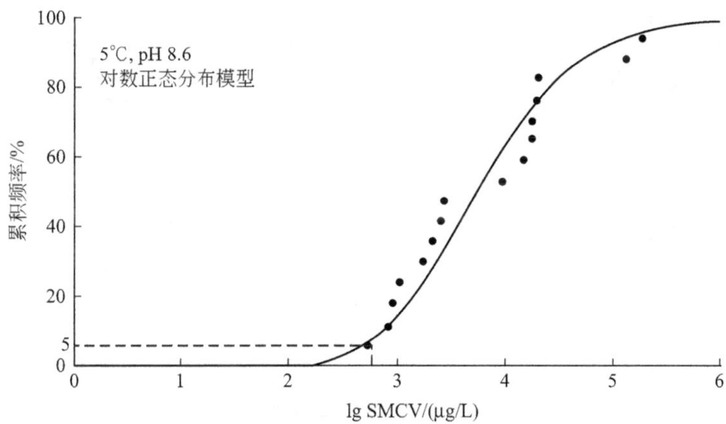

图 6-83　氨氮慢性毒性-累积频率拟合 SSD 曲线（5℃，pH 8.6）

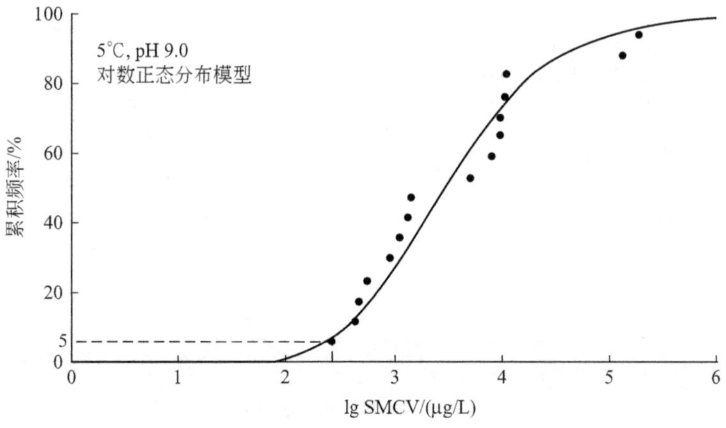

图 6-84　氨氮慢性毒性-累积频率拟合 SSD 曲线（5℃，pH 9.0）

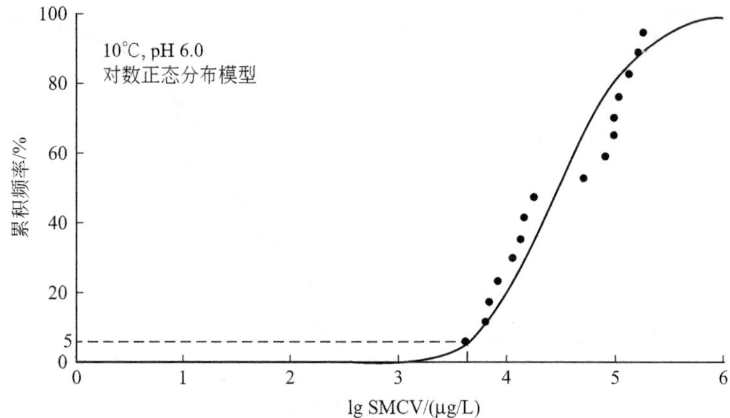

图 6-85 氨氮慢性毒性-累积频率拟合 SSD 曲线（10℃，pH 6.0）

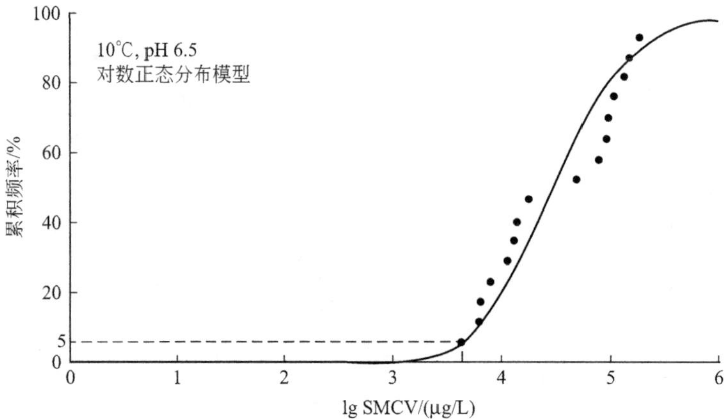

图 6-86 氨氮慢性毒性-累积频率拟合 SSD 曲线（10℃，pH 6.5）

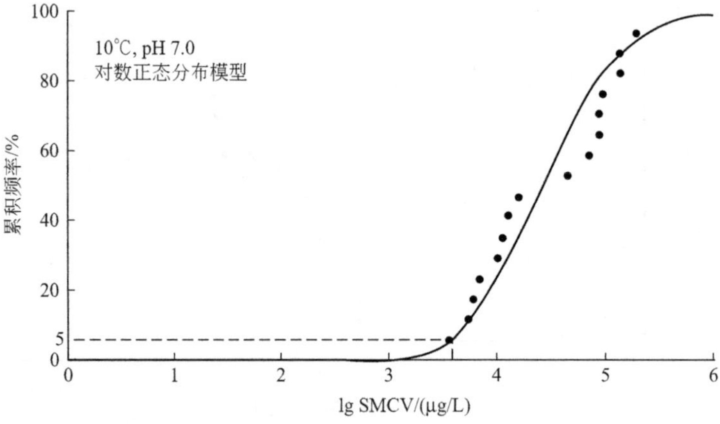

图 6-87 氨氮慢性毒性-累积频率拟合 SSD 曲线（10℃，pH 7.0）

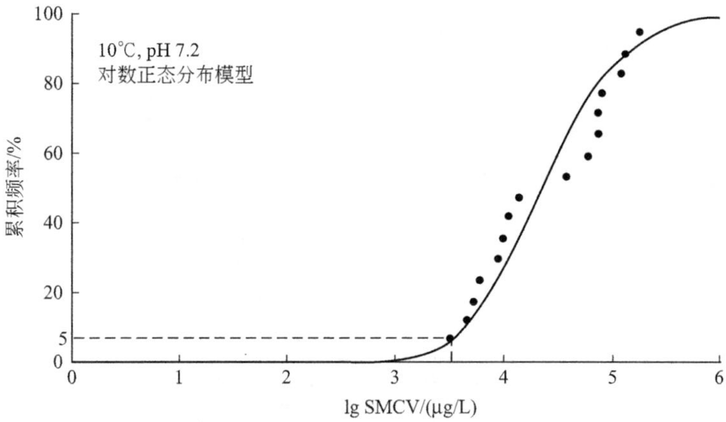

图 6-88　氨氮慢性毒性-累积频率拟合 SSD 曲线（10℃，pH 7.2）

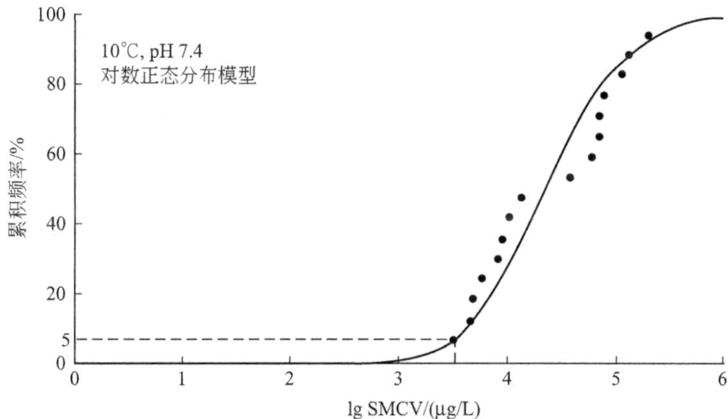

图 6-89　氨氮慢性毒性-累积频率拟合 SSD 曲线（10℃，pH 7.4）

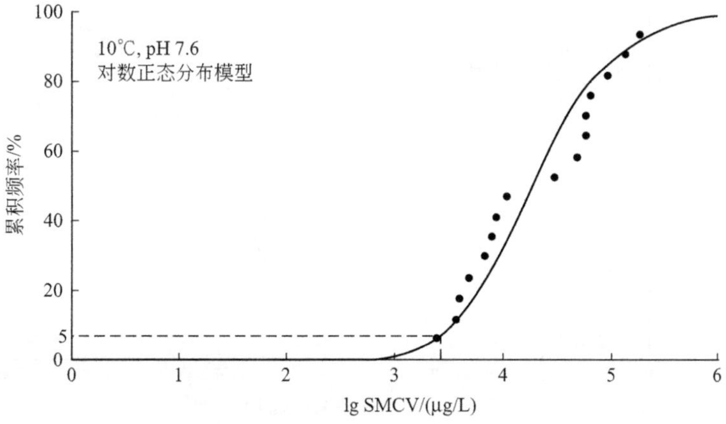

图 6-90　氨氮慢性毒性-累积频率拟合 SSD 曲线（10℃，pH 7.6）

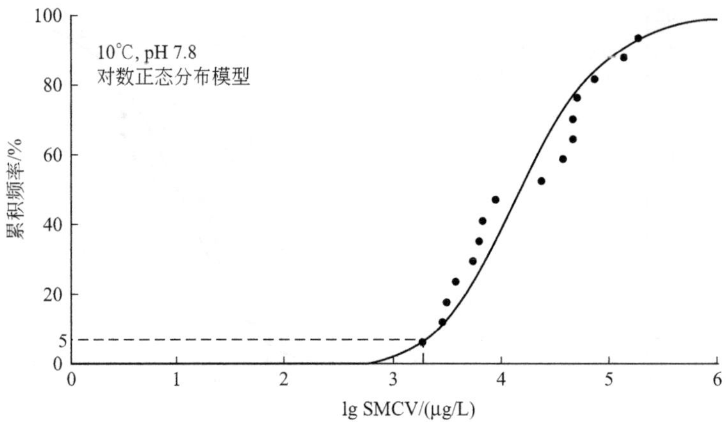

图 6-91　氨氮慢性毒性-累积频率拟合 SSD 曲线（10℃，pH 7.8）

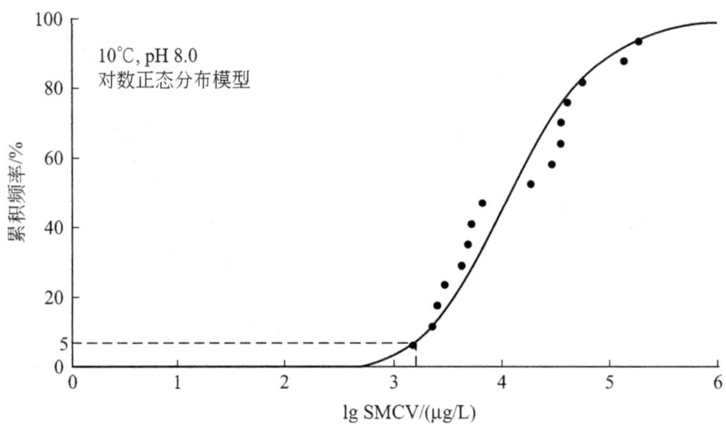

图 6-92　氨氮慢性毒性-累积频率拟合 SSD 曲线（10℃，pH 8.0）

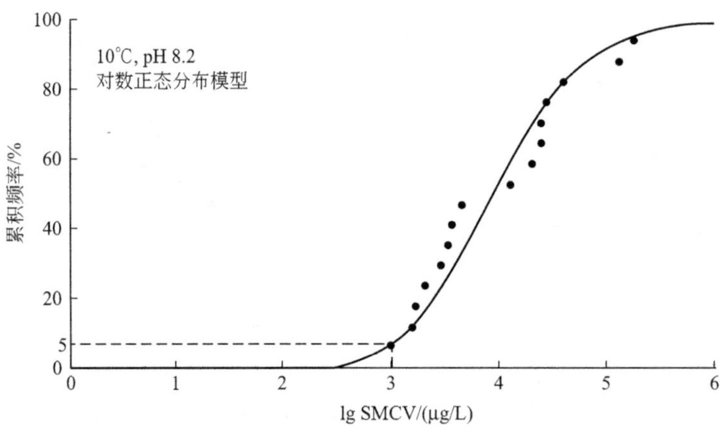

图 6-93　氨氮慢性毒性-累积频率拟合 SSD 曲线（10℃，pH 8.2）

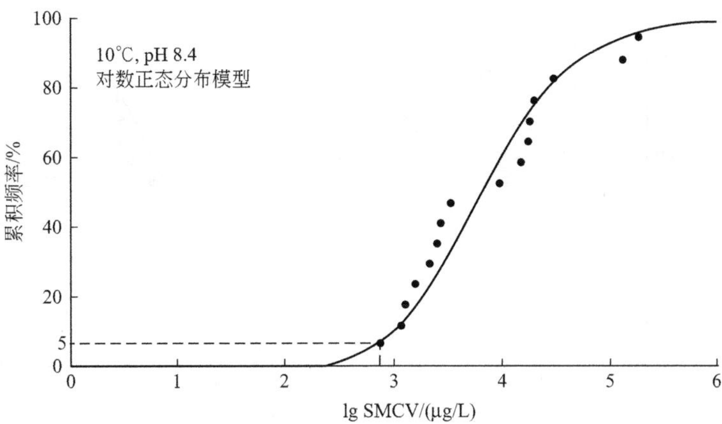

图 6-94　氨氮慢性毒性-累积频率拟合 SSD 曲线（10℃，pH 8.4）

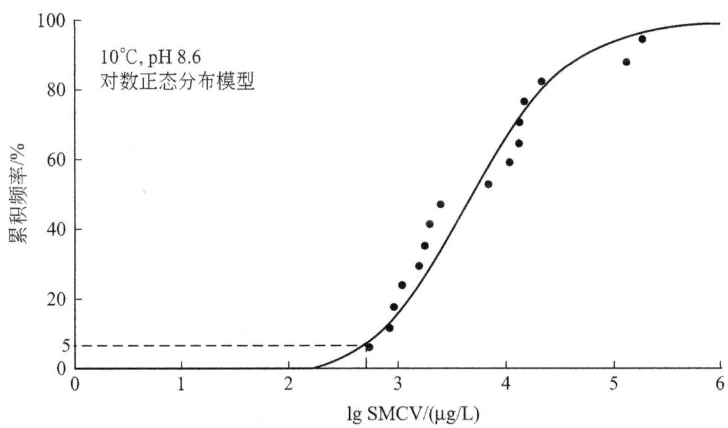

图 6-95　氨氮慢性毒性-累积频率拟合 SSD 曲线（10℃，pH 8.6）

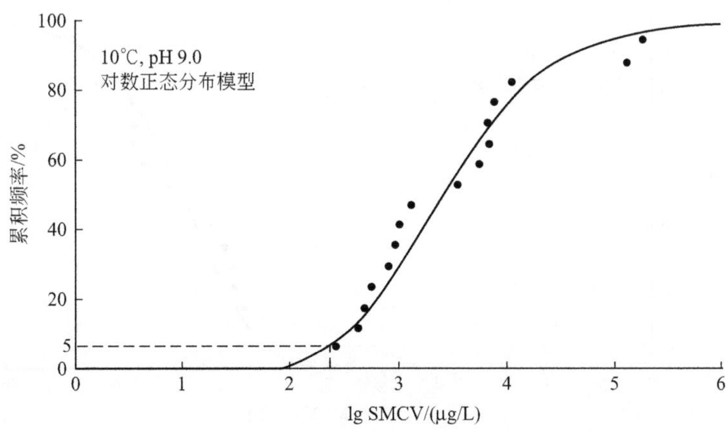

图 6-96　氨氮慢性毒性-累积频率拟合 SSD 曲线（10℃，pH 9.0）

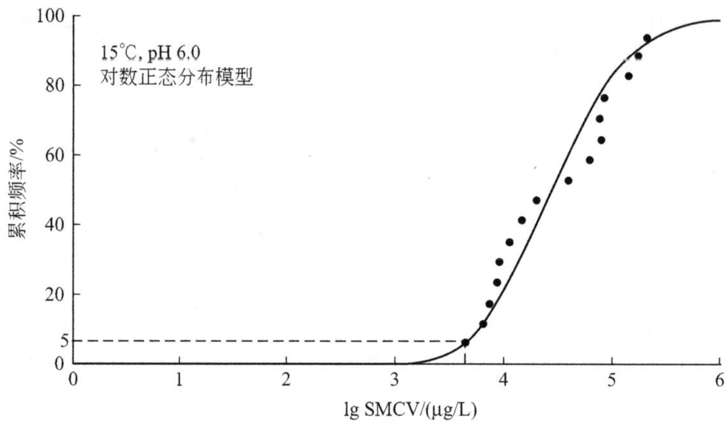

图 6-97 氨氮慢性毒性-累积频率拟合 SSD 曲线（15℃，pH 6.0）

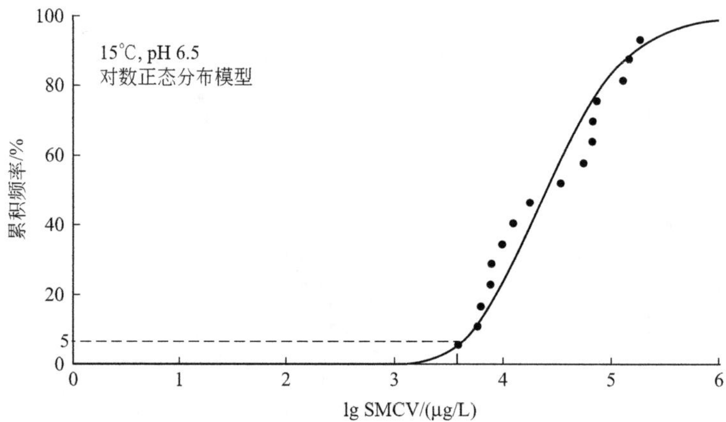

图 6-98 氨氮慢性毒性-累积频率拟合 SSD 曲线（15℃，pH 6.5）

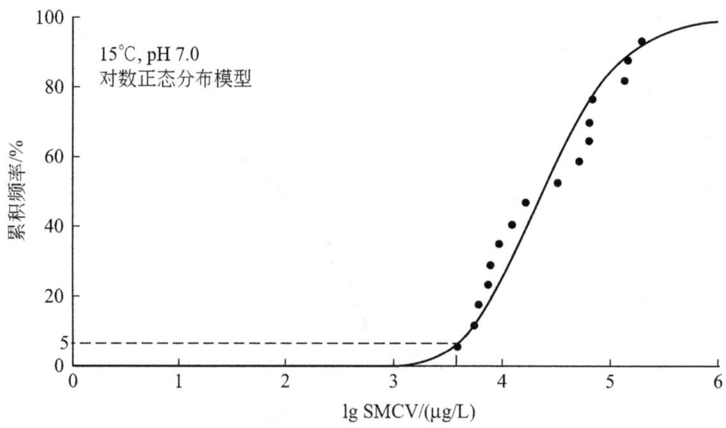

图 6-99 氨氮慢性毒性-累积频率拟合 SSD 曲线（15℃，pH 7.0）

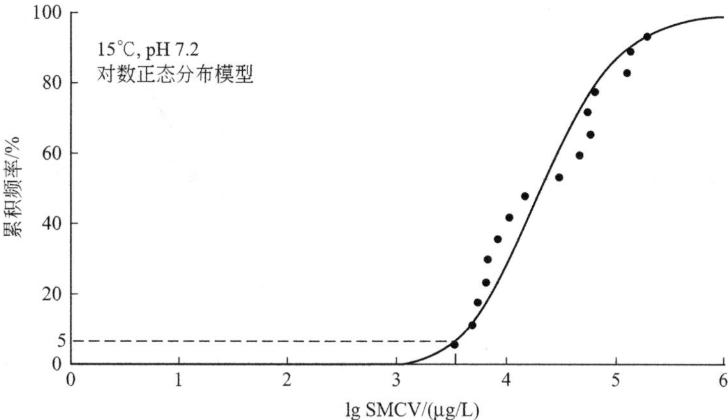

图 6-100　氨氮慢性毒性-累积频率拟合 SSD 曲线（15℃，pH 7.2）

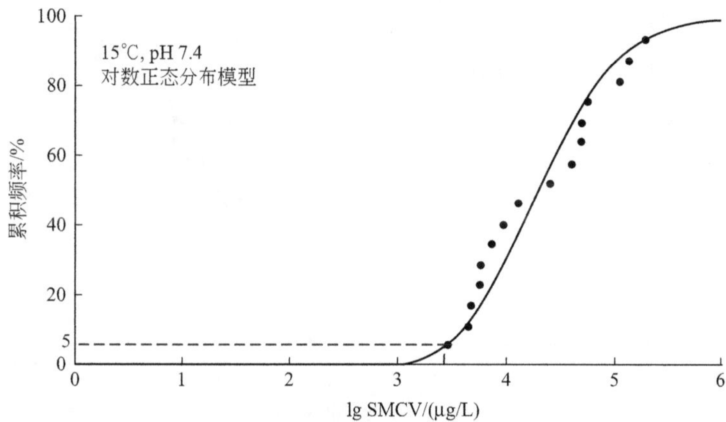

图 6-101　氨氮慢性毒性-累积频率拟合 SSD 曲线（15℃，pH 7.4）

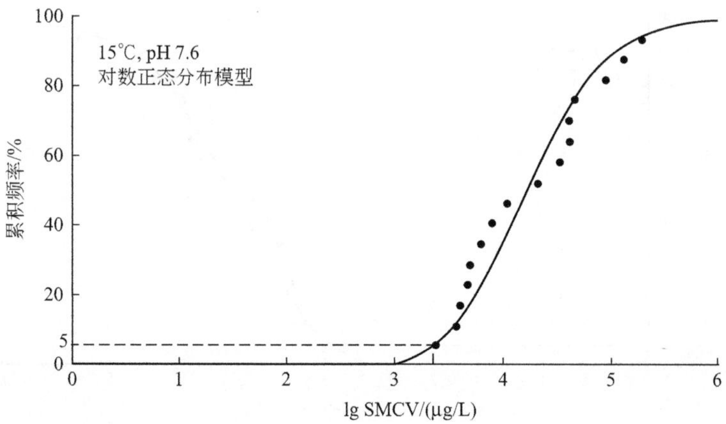

图 6-102　氨氮慢性毒性-累积频率拟合 SSD 曲线（15℃，pH 7.6）

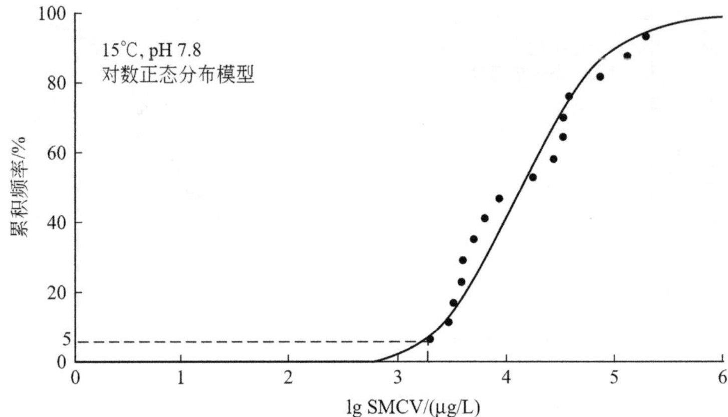

图 6-103 氨氮慢性毒性-累积频率拟合 SSD 曲线（15℃，pH 7.8）

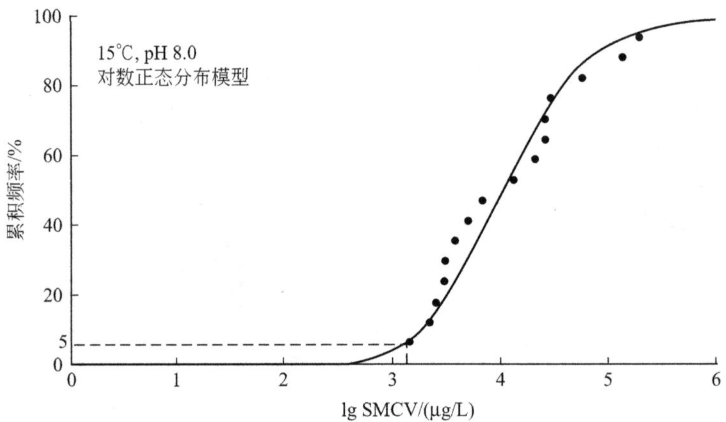

图 6-104 氨氮慢性毒性-累积频率拟合 SSD 曲线（15℃，pH 8.0）

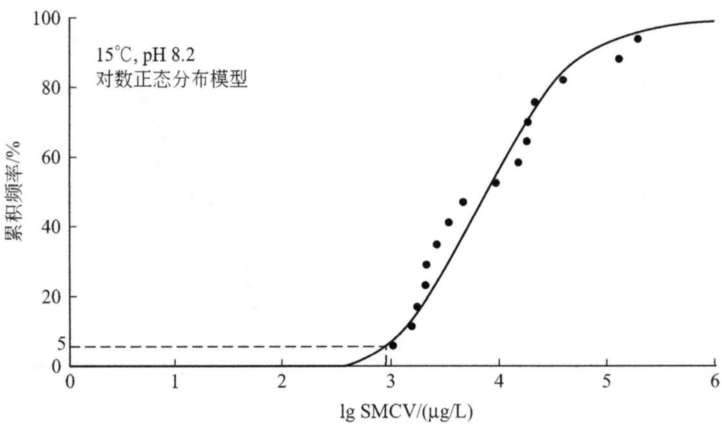

图 6-105 氨氮慢性毒性-累积频率拟合 SSD 曲线（15℃，pH 8.2）

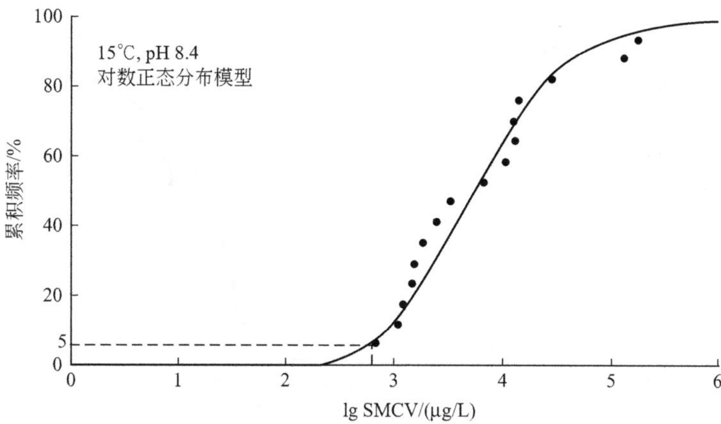

图 6-106　氨氮慢性毒性-累积频率拟合 SSD 曲线（15℃，pH 8.4）

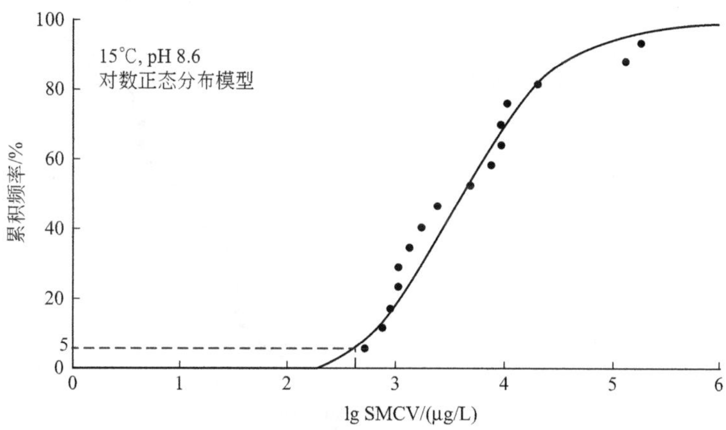

图 6-107　氨氮慢性毒性-累积频率拟合 SSD 曲线（15℃，pH 8.6）

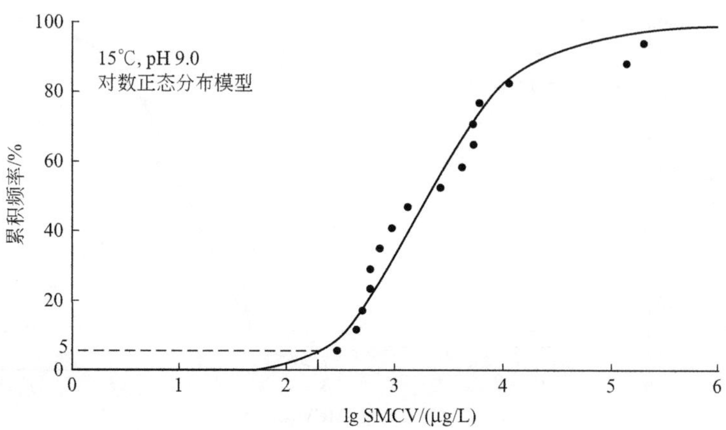

图 6-108　氨氮慢性毒性-累积频率拟合 SSD 曲线（15℃，pH 9.0）

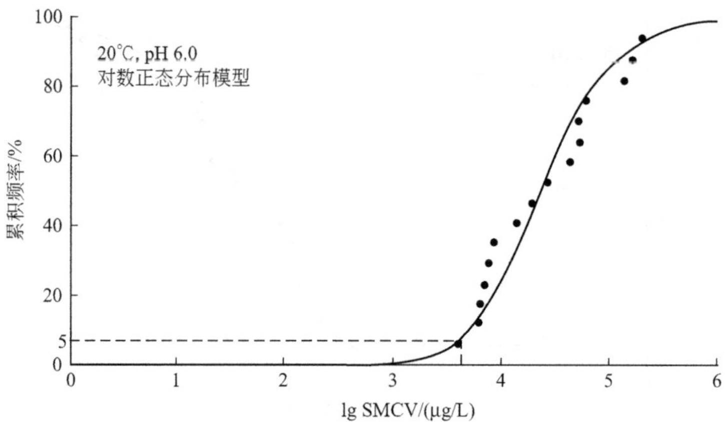

图 6-109 氨氮慢性毒性-累积频率拟合 SSD 曲线（20℃，pH 6.0）

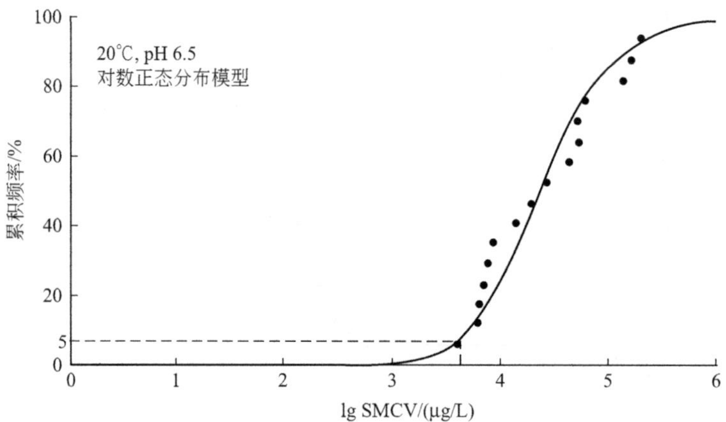

图 6-110 氨氮慢性毒性-累积频率拟合 SSD 曲线（20℃，pH 6.5）

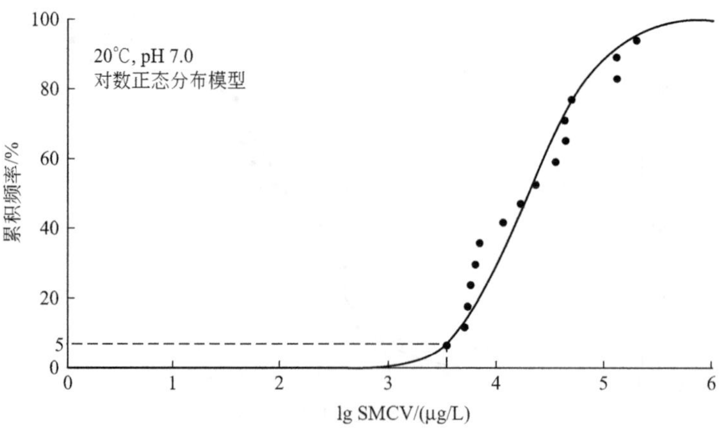

图 6-111 氨氮慢性毒性-累积频率拟合 SSD 曲线（20℃，pH 7.0）

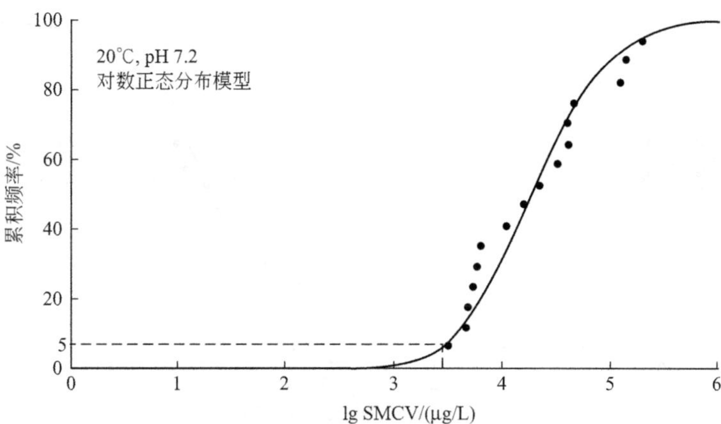

图 6-112 氨氮慢性毒性-累积频率拟合 SSD 曲线（20℃，pH 7.2）

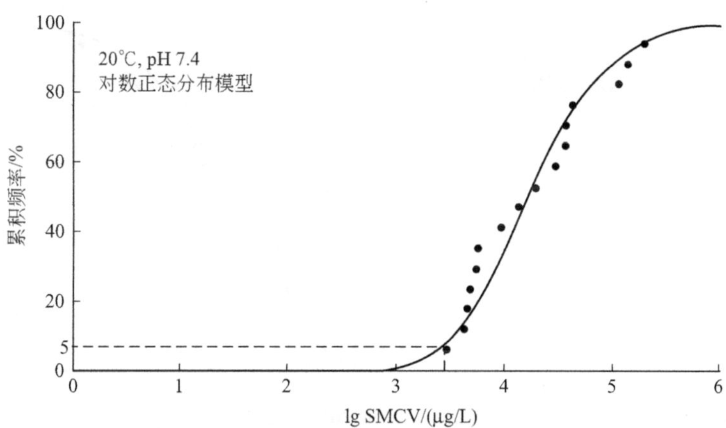

图 6-113 氨氮慢性毒性-累积频率拟合 SSD 曲线（20℃，pH 7.4）

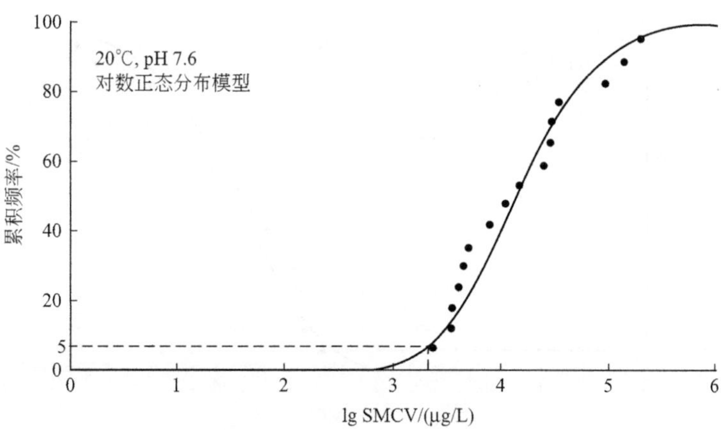

图 6-114 氨氮慢性毒性-累积频率拟合 SSD 曲线（20℃，pH 7.6）

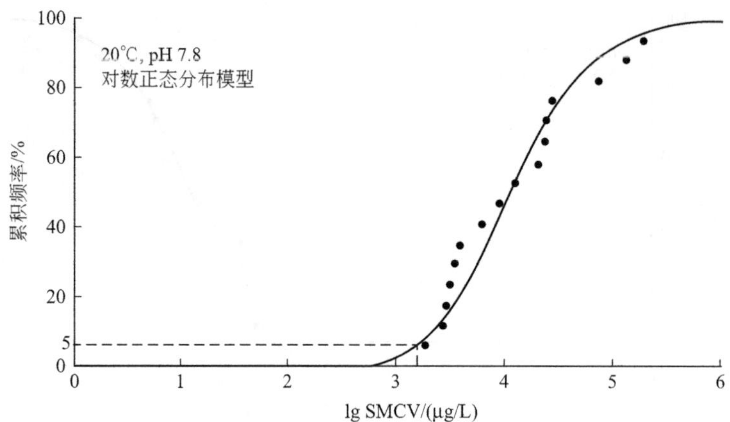

图 6-115　氨氮慢性毒性-累积频率拟合 SSD 曲线（20℃，pH 7.8）

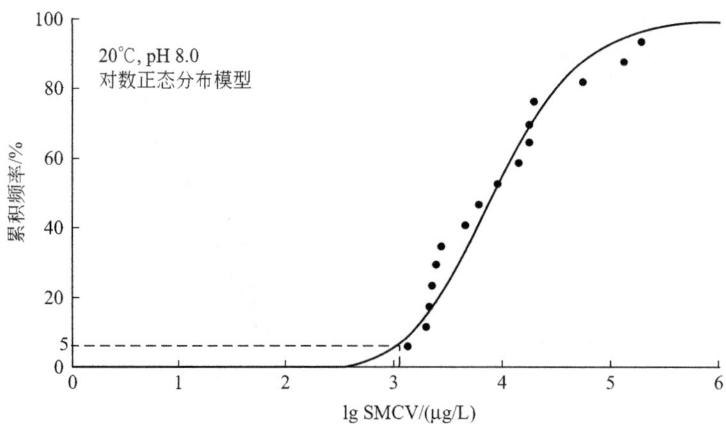

图 6-116　氨氮慢性毒性-累积频率拟合 SSD 曲线（20℃，pH 8.0）

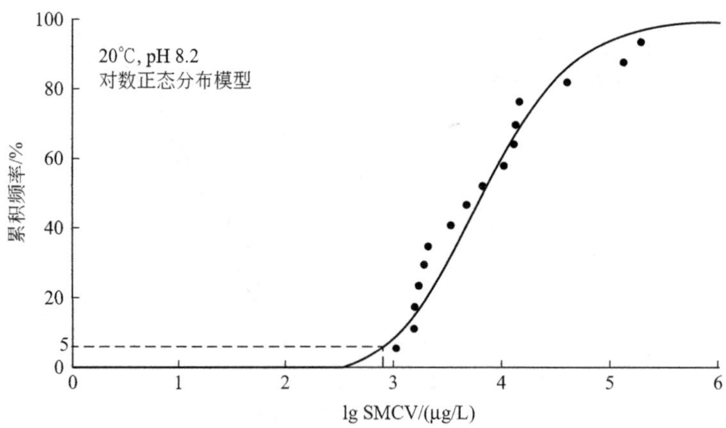

图 6-117　氨氮慢性毒性-累积频率拟合 SSD 曲线（20℃，pH 8.2）

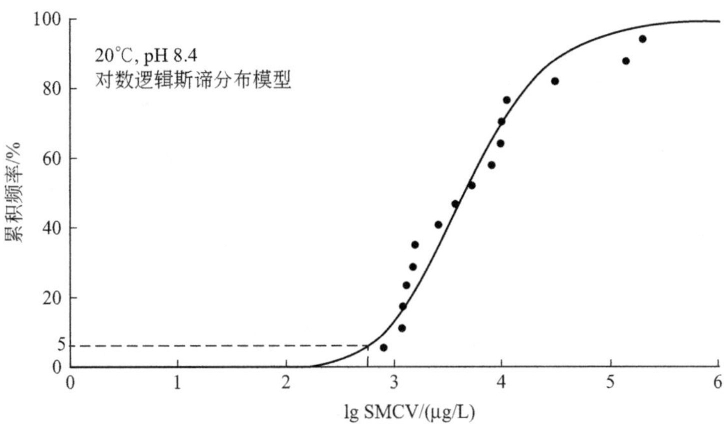

图 6-118　氨氮慢性毒性-累积频率拟合 SSD 曲线（20℃，pH 8.4）

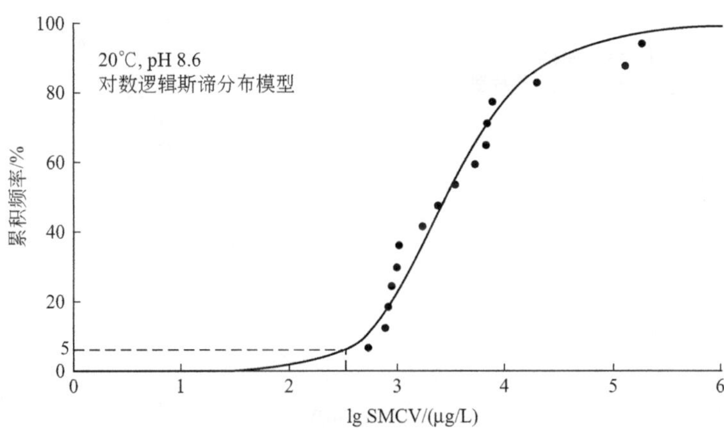

图 6-119　氨氮慢性毒性-累积频率拟合 SSD 曲线（20℃，pH 8.6）

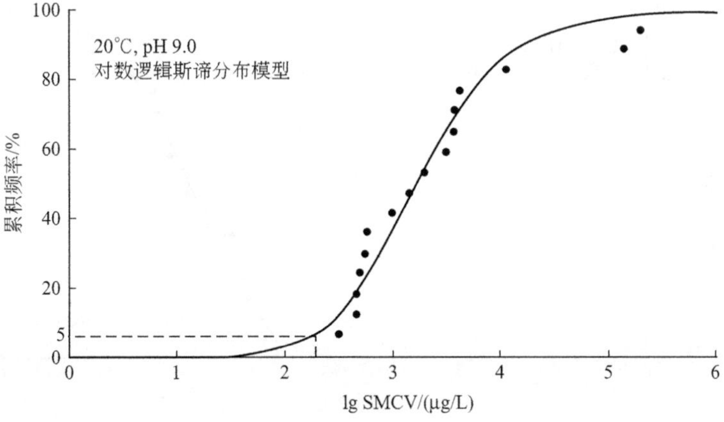

图 6-120　氨氮慢性毒性-累积频率拟合 SSD 曲线（20℃，pH 9.0）

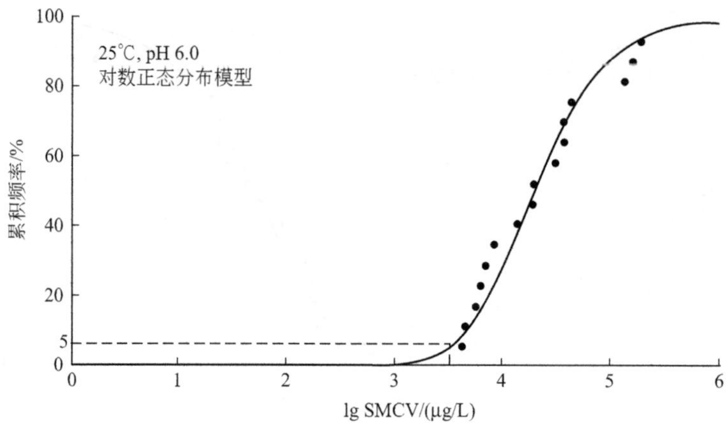

图 6-121 氨氮慢性毒性-累积频率拟合 SSD 曲线（25℃，pH 6.0）

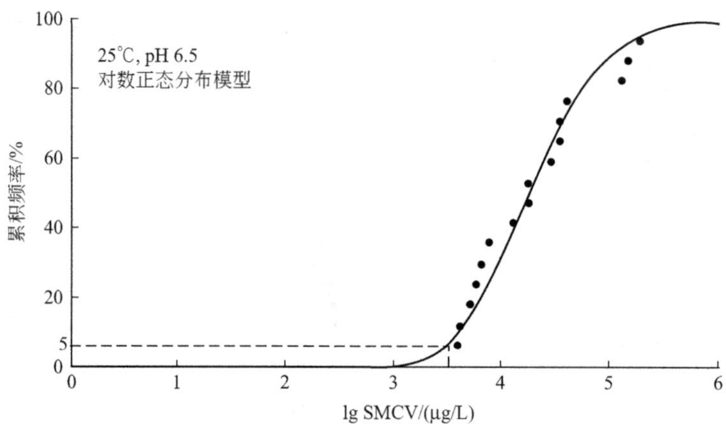

图 6-122 氨氮慢性毒性-累积频率拟合 SSD 曲线（25℃，pH 6.5）

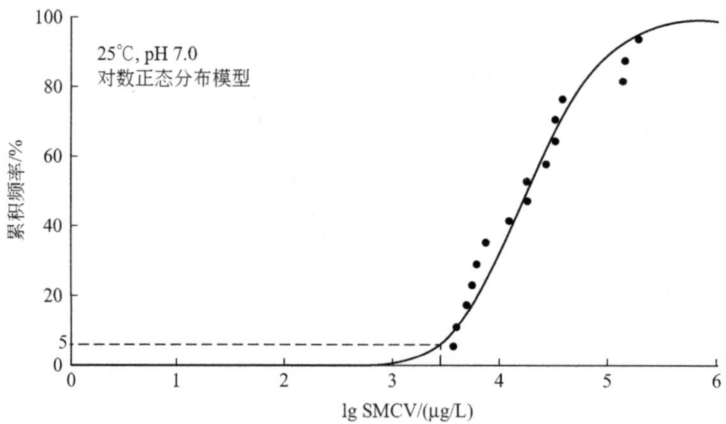

图 6-123 氨氮慢性毒性-累积频率拟合 SSD 曲线（25℃，pH 7.0）

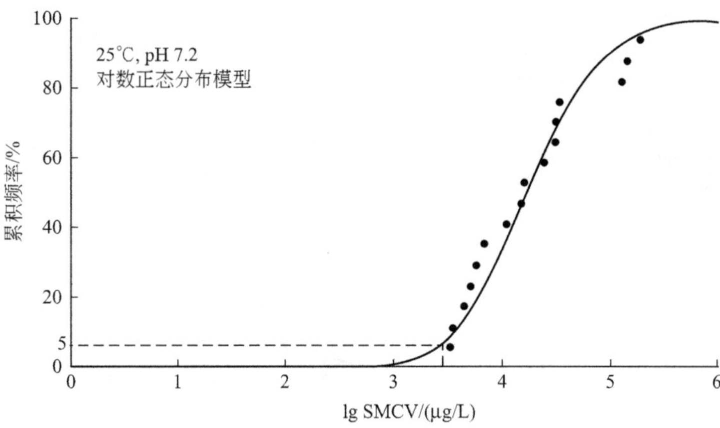

图 6-124　氨氮慢性毒性-累积频率拟合 SSD 曲线（25℃，pH 7.2）

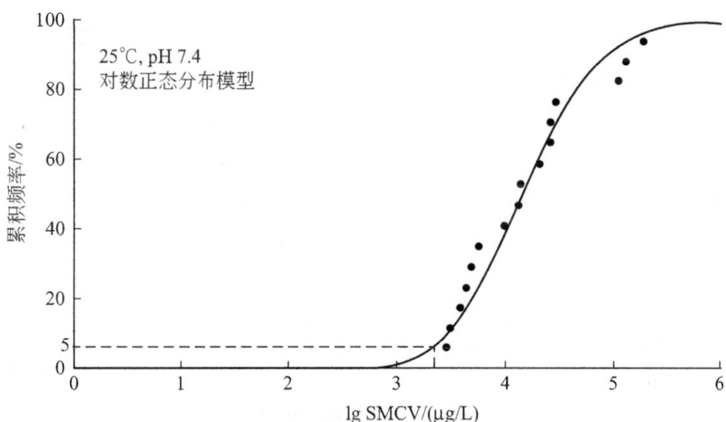

图 6-125　氨氮慢性毒性-累积频率拟合 SSD 曲线（25℃，pH 7.4）

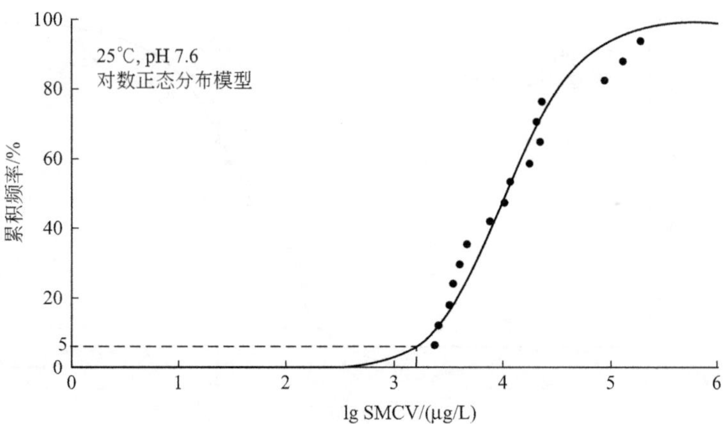

图 6-126　氨氮慢性毒性-累积频率拟合 SSD 曲线（25℃，pH 7.6）

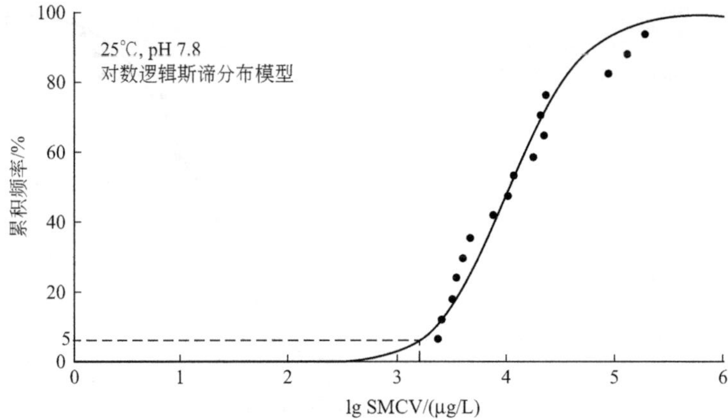

图 6-127 氨氮慢性毒性-累积频率拟合 SSD 曲线（25℃，pH 7.8）

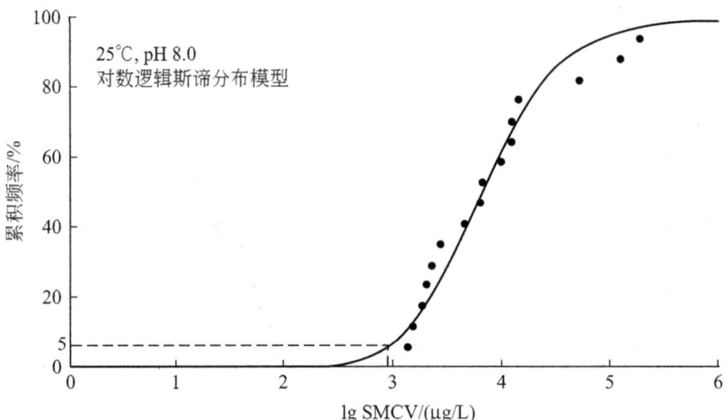

图 6-128 氨氮慢性毒性-累积频率拟合 SSD 曲线（25℃，pH 8.0）

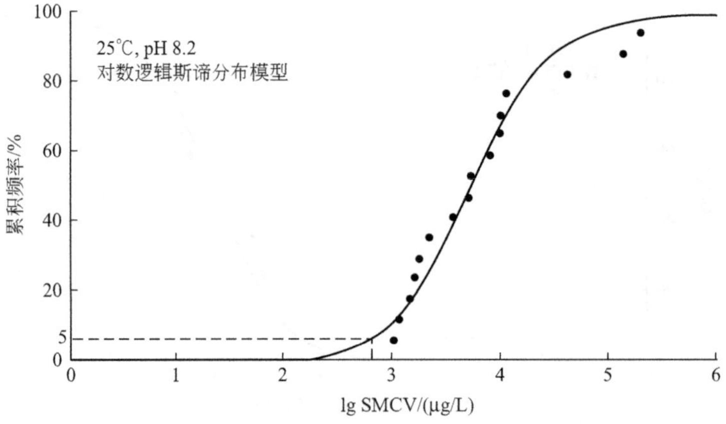

图 6-129 氨氮慢性毒性-累积频率拟合 SSD 曲线（25℃，pH 8.2）

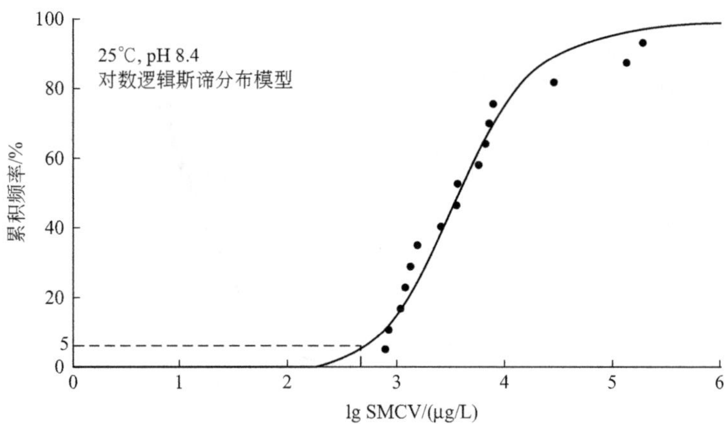

图 6-130　氨氮慢性毒性-累积频率拟合 SSD 曲线（25℃，pH 8.4）

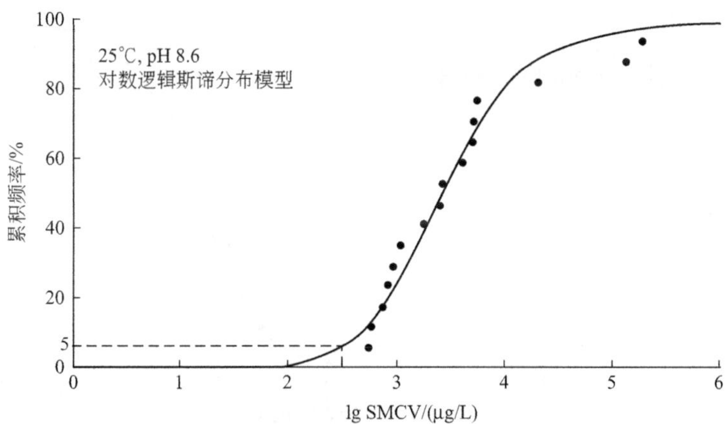

图 6-131　氨氮慢性毒性-累积频率拟合 SSD 曲线（25℃，pH 8.6）

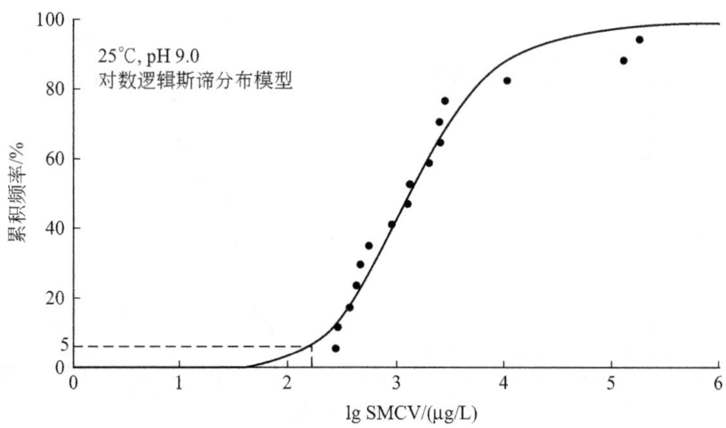

图 6-132　氨氮慢性毒性-累积频率拟合 SSD 曲线（25℃，pH 9.0）

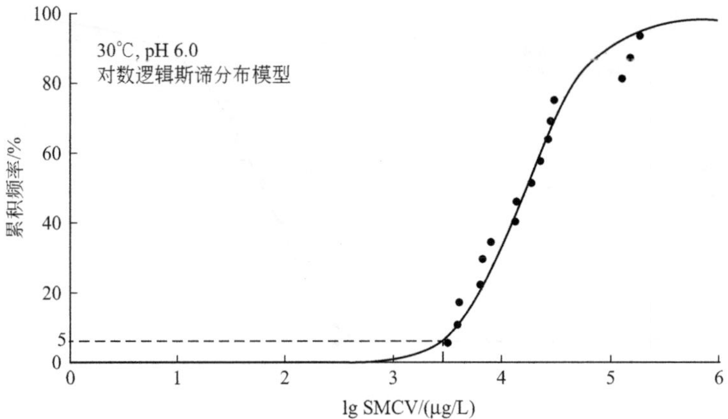

图 6-133 氨氮慢性毒性-累积频率拟合 SSD 曲线（30℃，pH 6.0）

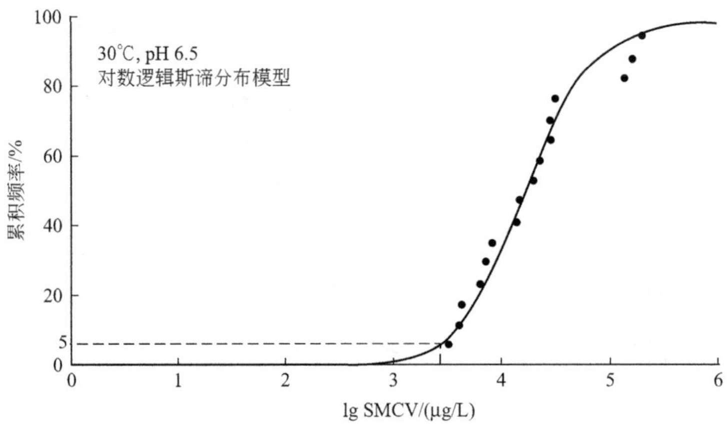

图 6-134 氨氮慢性毒性-累积频率拟合 SSD 曲线（30℃，pH 6.5）

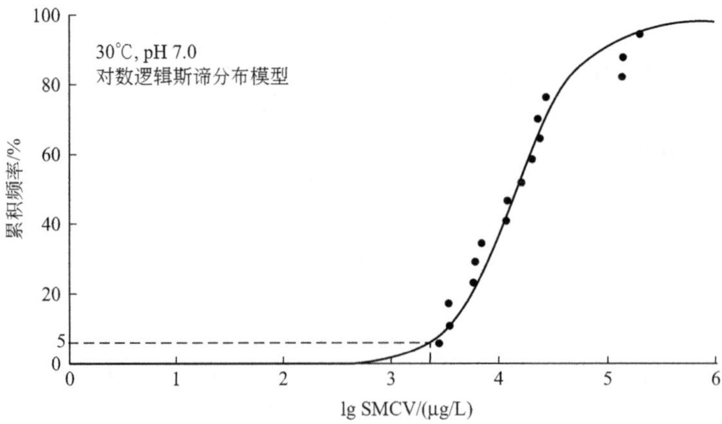

图 6-135 氨氮慢性毒性-累积频率拟合 SSD 曲线（30℃，pH 7.0）

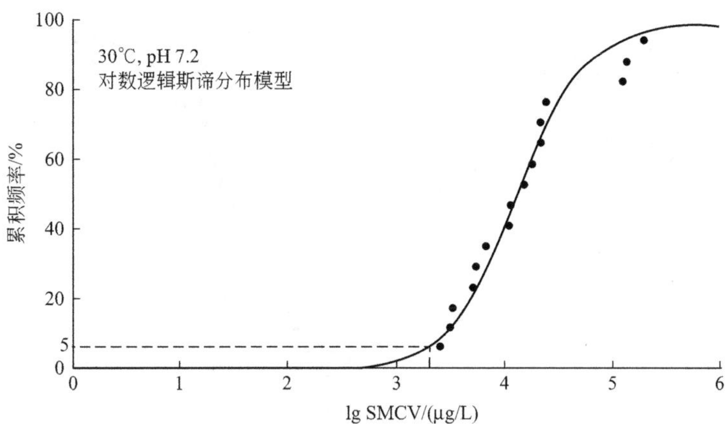

图 6-136　氨氮慢性毒性-累积频率拟合 SSD 曲线（30℃，pH 7.2）

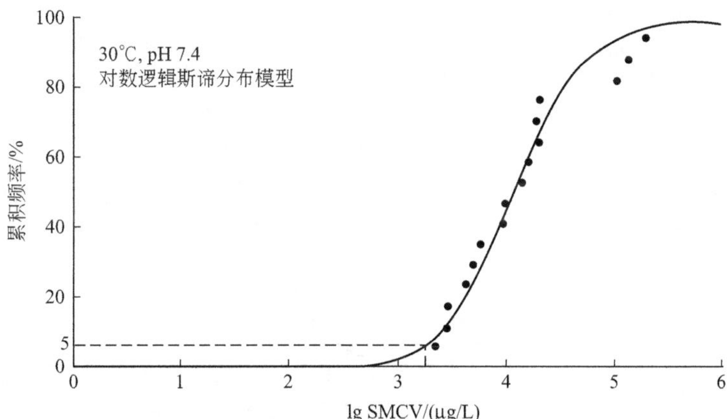

图 6-137　氨氮慢性毒性-累积频率拟合 SSD 曲线（30℃，pH 7.4）

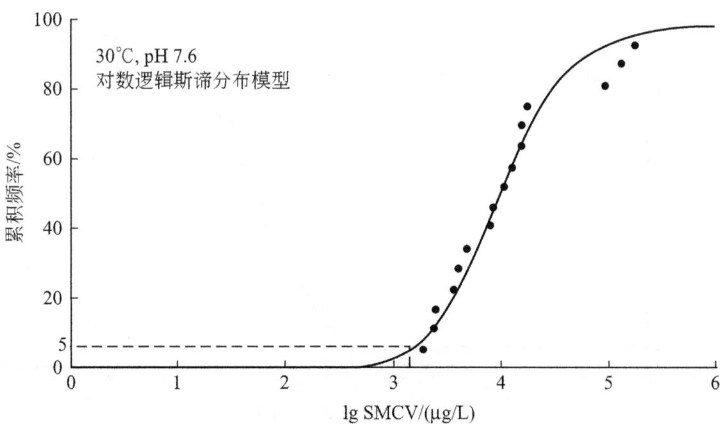

图 6-138　氨氮慢性毒性-累积频率拟合 SSD 曲线（30℃，pH 7.6）

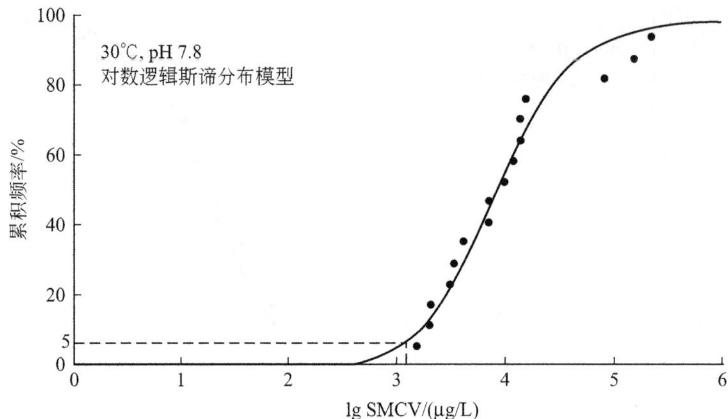

图 6-139 氨氮慢性毒性-累积频率拟合 SSD 曲线（30℃，pH 7.8）

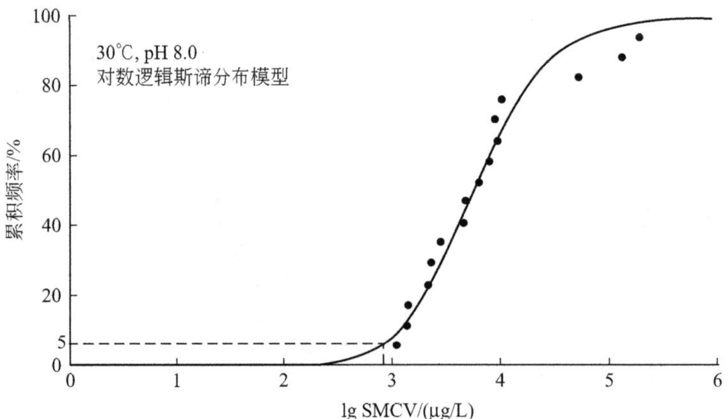

图 6-140 氨氮慢性毒性-累积频率拟合 SSD 曲线（30℃，pH 8.0）

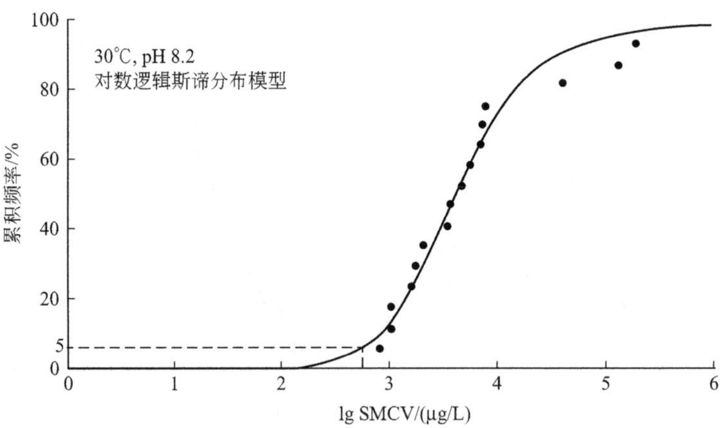

图 6-141 氨氮慢性毒性-累积频率拟合 SSD 曲线（30℃，pH 8.2）

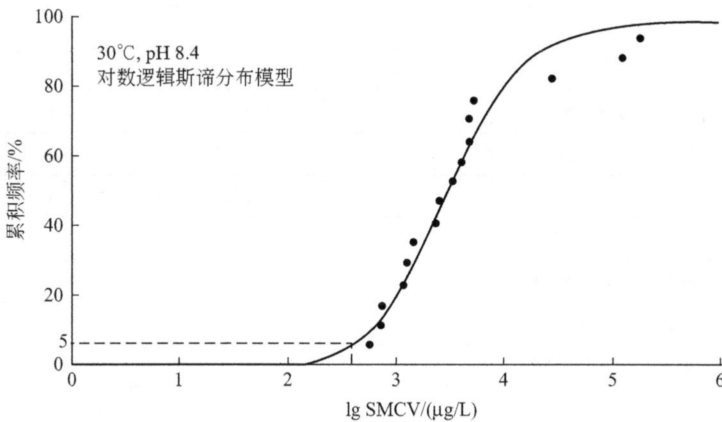

图 6-142　氨氮慢性毒性-累积频率拟合 SSD 曲线（30℃，pH 8.4）

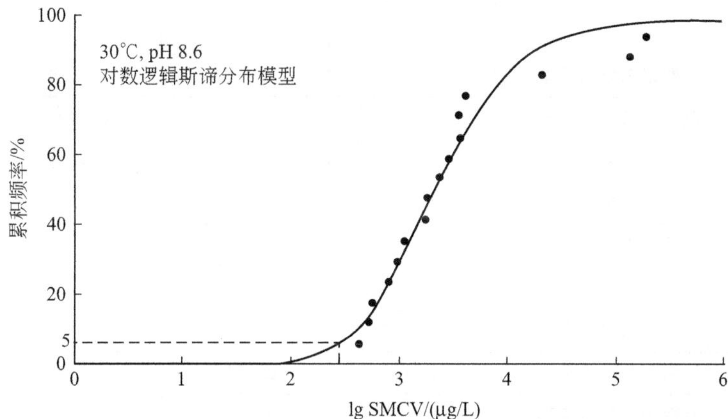

图 6-143　氨氮慢性毒性-累积频率拟合 SSD 曲线（30℃，pH 8.6）

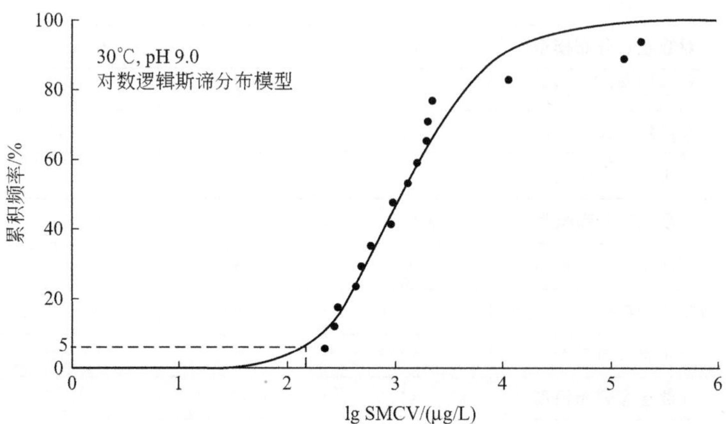

图 6-144　氨氮慢性毒性-累积频率拟合 SSD 曲线（30℃，pH 9.0）

表 6-19 氨氮 SMCV 的模型拟合结果（5℃）

pH 值	拟合模型	r^2	RMSE	SSE	P 值(K-S 检验)
6.0	正态分布模型	0.8570	0.1025	0.1682	0.3363
	对数正态分布模型	0.8630	0.1004	0.1611	0.3255
	逻辑斯谛分布模型	0.8571	0.1025	0.1681	0.3765
	对数逻辑斯谛分布模型	0.8622	0.1007	0.1621	0.3751
6.5	正态分布模型	0.8578	0.1023	0.1673	0.3469
	对数正态分布模型	0.8638	0.1001	0.1602	0.3343
	逻辑斯谛分布模型	0.8578	0.1023	0.1673	0.3863
	对数逻辑斯谛分布模型	0.8629	0.1004	0.1613	0.3835
7.0	正态分布模型	0.8628	0.1005	0.1615	0.3793
	对数正态分布模型	0.8683	0.0984	0.1549	0.3605
	逻辑斯谛分布模型	0.8623	0.1006	0.1619	0.4151
	对数逻辑斯谛分布模型	0.8671	0.0989	0.1564	0.4081
7.2	正态分布模型	0.8688	0.0982	0.1544	0.4056
	对数正态分布模型	0.8737	0.0964	0.1486	0.3815
	逻辑斯谛分布模型	0.8678	0.0986	0.1555	0.4372
	对数逻辑斯谛分布模型	0.8720	0.0970	0.1505	0.4268
7.4	正态分布模型	0.8767	0.0952	0.1450	0.4450
	对数正态分布模型	0.8808	0.0936	0.1402	0.4123
	逻辑斯谛分布模型	0.8749	0.0959	0.1472	0.4684
	对数逻辑斯谛分布模型	0.8785	0.0945	0.1429	0.4528
7.6	正态分布模型	0.8863	0.0914	0.1337	0.5017
	对数正态分布模型	0.8893	0.0902	0.1302	0.4555
	逻辑斯谛分布模型	0.8831	0.0927	0.1375	0.5100
	对数逻辑斯谛分布模型	0.8860	0.0915	0.1341	0.4872
7.8	正态分布模型	0.8969	0.0871	0.1213	0.5786
	对数正态分布模型	0.8987	0.0863	0.1192	0.5130
	逻辑斯谛分布模型	0.8919	0.0891	0.1271	0.5620
	对数逻辑斯谛分布模型	0.8941	0.0883	0.1246	0.5294
8.0	正态分布模型	0.9075	0.0825	0.1088	0.6211
	对数正态分布模型	0.9082	0.0822	0.1080	0.5839
	逻辑斯谛分布模型	0.9006	0.0855	0.1169	0.6001
	对数逻辑斯谛分布模型	0.9020	0.0849	0.1153	0.5773
8.2	正态分布模型	0.9171	0.0781	0.0976	0.6085
	对数正态分布模型	0.9170	0.0781	0.0977	0.6636
	逻辑斯谛分布模型	0.9087	0.0819	0.1074	0.6091
	对数逻辑斯谛分布模型	0.9092	0.0817	0.1068	0.6275

续表

pH 值	拟合模型	r^2	RMSE	SSE	P 值(K-S 检验)
8.4	正态分布模型	0.9246	0.0745	0.0887	0.5991
	对数正态分布模型	0.9244	0.0745	0.0889	0.7445
	逻辑斯谛分布模型	0.9157	0.0787	0.0992	0.6220
	对数逻辑斯谛分布模型	0.9155	0.0788	0.0994	0.6763
8.6	正态分布模型	0.9294	0.0721	0.0831	0.5930
	对数正态分布模型	0.9303	0.0716	0.0820	0.7497
	逻辑斯谛分布模型	0.9215	0.0760	0.0923	0.6373
	对数逻辑斯谛分布模型	0.9208	0.0763	0.0932	0.7205
9.0	正态分布模型	0.9311	0.0712	0.0810	0.5887
	对数正态分布模型	0.9374	0.0679	0.0737	0.7456
	逻辑斯谛分布模型	0.9297	0.0719	0.0827	0.6691
	对数逻辑斯谛分布模型	0.9283	0.0726	0.0844	0.7584

注：表中不同 pH 值下的最优拟合模型以加粗字体表示。

表 6-20　氨氮 SMCV 的模型拟合结果（10℃）

pH 值	拟合模型	r^2	RMSE	SSE	P 值(K-S 检验)
6.0	正态分布模型	0.8837	0.0925	0.1368	0.5123
	对数正态分布模型	0.8870	0.0911	0.1329	0.4691
	逻辑斯谛分布模型	0.8817	0.0933	0.1392	0.5215
	对数逻辑斯谛分布模型	0.8844	0.0922	0.1360	0.4968
6.5	正态分布模型	0.8856	0.0917	0.1345	0.5274
	对数正态分布模型	0.8888	0.0904	0.1308	0.4811
	逻辑斯谛分布模型	0.8834	0.0926	0.1371	0.5332
	对数逻辑斯谛分布模型	0.8860	0.0916	0.1342	0.5066
7.0	正态分布模型	0.8909	0.0896	0.1284	0.5721
	对数正态分布模型	0.8936	0.0885	0.1252	0.5166
	逻辑斯谛分布模型	0.8880	0.0908	0.1318	0.5666
	对数逻辑斯谛分布模型	0.8902	0.0899	0.1292	0.5346
7.2	正态分布模型	0.8957	0.0876	0.1228	0.6072
	对数正态分布模型	0.8979	0.0866	0.1201	0.5442
	逻辑斯谛分布模型	0.8921	0.0891	0.1269	0.5916
	对数逻辑斯谛分布模型	0.8940	0.0883	0.1247	0.5554
7.4	正态分布模型	0.9021	0.0849	0.1152	0.6573
	对数正态分布模型	0.9037	0.0841	0.1133	0.5834
	逻辑斯谛分布模型	0.8976	0.0868	0.1205	0.6259
	对数逻辑斯谛分布模型	0.8991	0.0861	0.1187	0.5838

续表

pH 值	拟合模型	r^2	RMSE	SSE	P 值(K-S 检验)
7.6	正态分布模型	0.9097	0.0815	0.1062	0.7159
	对数正态分布模型	0.9106	0.0811	0.1051	0.6363
	逻辑斯谛分布模型	0.9040	0.0840	0.1129	0.6701
	对数逻辑斯谛分布模型	0.9050	0.0836	0.1118	0.6202
7.8	正态分布模型	0.9179	0.0777	0.0965	0.7013
	对数正态分布模型	0.9182	0.0775	0.0962	0.7025
	逻辑斯谛分布模型	0.9110	0.0809	0.1047	0.7098
	对数逻辑斯谛分布模型	0.9114	0.0807	0.1043	0.6635
8.0	正态分布模型	0.9258	0.0739	0.0873	0.6871
	对数正态分布模型	0.9258	0.0739	0.0873	0.7770
	逻辑斯谛分布模型	0.9179	0.0777	0.0966	0.7158
	对数逻辑斯谛分布模型	0.9177	0.0778	0.0968	0.7108
8.2	正态分布模型	0.9321	0.0706	0.0798	0.6749
	对数正态分布模型	0.9325	0.0705	0.0794	0.8148
	逻辑斯谛分布模型	0.9244	0.0746	0.0889	0.7254
	对数逻辑斯谛分布模型	0.9237	0.0749	0.0898	0.7580
8.4	正态分布模型	0.9360	0.0686	0.0753	0.6656
	对数正态分布模型	0.9379	0.0676	0.0731	0.8065
	逻辑斯谛分布模型	0.9300	0.0717	0.0823	0.7380
	对数逻辑斯谛分布模型	0.9289	0.0723	0.0837	0.8013
8.6	正态分布模型	0.9370	0.0681	0.0741	0.6593
	对数正态分布模型	0.9417	0.0655	0.0686	0.8007
	逻辑斯谛分布模型	0.9346	0.0693	0.0769	0.7521
	对数逻辑斯谛分布模型	0.9332	0.0701	0.0786	0.8340
9.0	正态分布模型	0.9318	0.0708	0.0802	0.6541
	对数正态分布模型	0.9452	0.0635	0.0645	0.7958
	逻辑斯谛分布模型	0.9406	0.0661	0.0699	0.7798
	对数逻辑斯谛分布模型	0.9394	0.0668	0.0713	0.8528

注：表中不同 pH 值下的最优拟合模型以加粗字体表示。

表 6-21　氨氮 SMCV 的模型拟合结果（15℃）

pH 值	拟合模型	r^2	RMSE	SSE	P 值(K-S 检验)
6.0	正态分布模型	0.9121	0.0804	0.1034	0.7707
	对数正态分布模型	0.9124	0.0803	0.1031	0.6896
	逻辑斯谛分布模型	0.9082	0.0822	0.1080	0.7179
	对数逻辑斯谛分布模型	0.9084	0.0821	0.1078	0.6686

续表

pH 值	拟合模型	r^2	RMSE	SSE	P 值(K-S 检验)
6.5	正态分布模型	0.9134	0.0798	0.1019	0.7867
	对数正态分布模型	0.9137	0.0797	0.1016	0.7035
	逻辑斯谛分布模型	0.9094	0.0816	0.1066	0.7296
	对数逻辑斯谛分布模型	0.9095	0.0816	0.1065	0.6787
7.0	正态分布模型	0.9168	0.0782	0.0978	0.8108
	对数正态分布模型	0.9171	0.0781	0.0975	0.7431
	逻辑斯谛分布模型	0.9124	0.0802	0.1030	0.7621
	对数逻辑斯谛分布模型	0.9125	0.0802	0.1030	0.7068
7.2	正态分布模型	0.9202	0.0766	0.0939	0.8085
	对数正态分布模型	0.9204	0.0765	0.0937	0.7723
	逻辑斯谛分布模型	0.9154	0.0789	0.0995	0.7852
	对数逻辑斯谛分布模型	0.9153	0.0789	0.0996	0.7272
7.4	正态分布模型	0.9246	0.0745	0.0887	0.8060
	对数正态分布模型	0.9247	0.0744	0.0886	0.8110
	逻辑斯谛分布模型	0.9194	0.0770	0.0949	0.8155
	对数逻辑斯谛分布模型	0.9191	0.0771	0.0952	0.7542
7.6	正态分布模型	0.9296	0.0719	0.0828	0.8041
	对数正态分布模型	0.9298	0.0719	0.0826	0.8579
	逻辑斯谛分布模型	0.9240	0.0747	0.0894	0.8306
	对数逻辑斯谛分布模型	0.9235	0.0750	0.0900	0.7872
7.8	正态分布模型	0.9346	0.0694	0.0770	0.8036
	对数正态分布模型	0.9351	0.0691	0.0763	0.8796
	逻辑斯谛分布模型	0.9291	0.0722	0.0834	0.8415
	对数逻辑斯谛分布模型	0.9283	0.0726	0.0843	0.8240
8.0	正态分布模型	0.9386	0.0672	0.0723	0.8054
	对数正态分布模型	0.9402	0.0663	0.0704	0.8789
	逻辑斯谛分布模型	0.9341	0.0696	0.0775	0.8556
	对数逻辑斯谛分布模型	0.9331	0.0701	0.0787	0.8611
8.2	正态分布模型	0.9405	0.0661	0.0700	0.8100
	对数正态分布模型	0.9443	0.0640	0.0656	0.8798
	逻辑斯谛分布模型	0.9387	0.0671	0.0721	0.8719
	对数逻辑斯谛分布模型	0.9376	0.0677	0.0734	0.8948
8.4	正态分布模型	0.9399	0.0665	0.0707	0.8170
	对数正态分布模型	0.9470	0.0625	0.0624	0.8823
	逻辑斯谛分布模型	0.9425	0.0650	0.0676	0.8889
	对数逻辑斯谛分布模型	0.9415	0.0656	0.0688	0.9140

续表

pH 值	拟合模型	r^2	RMSE	SSE	P 值(K-S 检验)
8.6	正态分布模型	0.9365	0.0683	0.0747	0.8256
	对数正态分布模型	0.9482	0.0617	0.0609	0.8859
	逻辑斯谛分布模型	0.9454	0.0634	0.0642	0.9053
	对数逻辑斯谛分布模型	0.9448	0.0637	0.0650	0.9245
9.0	正态分布模型	0.9240	0.0747	0.0894	0.7159
	对数正态分布模型	0.9477	0.0620	0.0615	0.8946
	逻辑斯谛分布模型	0.9484	0.0616	0.0607	0.9290
	对数逻辑斯谛分布模型	0.9493	0.0611	0.0597	0.9416

注：表中不同 pH 值下的最优拟合模型以加粗字体表示。

表 6-22 氨氮 SMCV 的模型拟合结果（20℃）

pH 值	拟合模型	r^2	RMSE	SSE	P 值(K-S 检验)
6.0	正态分布模型	0.9342	0.0696	0.0774	0.6536
	对数正态分布模型	0.9336	0.0699	0.0781	0.6661
	逻辑斯谛分布模型	0.9305	0.0715	0.0817	0.6802
	对数逻辑斯谛分布模型	0.9292	0.0722	0.0833	0.6680
6.5	正态分布模型	0.9347	0.0693	0.0769	0.6563
	对数正态分布模型	0.9343	0.0695	0.0772	0.6680
	逻辑斯谛分布模型	0.9312	0.0711	0.0810	0.6846
	对数逻辑斯谛分布模型	0.9298	0.0718	0.0825	0.6714
7.0	正态分布模型	0.9358	0.0687	0.0755	0.6645
	对数正态分布模型	0.9361	0.0685	0.0751	0.6739
	逻辑斯谛分布模型	0.9329	0.0703	0.0790	0.6973
	对数逻辑斯谛分布模型	0.9317	0.0709	0.0804	0.6815
7.2	正态分布模型	0.9373	0.0679	0.0737	0.6713
	对数正态分布模型	0.9381	0.0675	0.0729	0.6787
	逻辑斯谛分布模型	0.9347	0.0693	0.0768	0.7073
	对数逻辑斯谛分布模型	0.9336	0.0699	0.0782	0.6893
7.4	正态分布模型	0.9392	0.0669	0.0716	0.6815
	对数正态分布模型	0.9406	0.0661	0.0699	0.6859
	逻辑斯谛分布模型	0.9372	0.0680	0.0739	0.7216
	对数逻辑斯谛分布模型	0.9361	0.0686	0.0752	0.7005
7.6	正态分布模型	0.9408	0.0660	0.0696	0.6961
	对数正态分布模型	0.9434	0.0645	0.0666	0.6961
	逻辑斯谛分布模型	0.9400	0.0664	0.0706	0.7410
	对数逻辑斯谛分布模型	0.9391	0.0669	0.0717	0.7155

续表

pH 值	拟合模型	r^2	RMSE	SSE	P 值(K-S 检验)
7.8	正态分布模型	0.9417	0.0655	0.0686	0.7158
	对数正态分布模型	0.9460	0.0630	0.0635	0.7098
	逻辑斯谛分布模型	0.9430	0.0647	0.0670	0.7656
	对数逻辑斯谛分布模型	0.9423	0.0651	0.0679	0.7345
8.0	正态分布模型	0.9409	0.0659	0.0695	0.7406
	对数正态分布模型	0.9480	0.0618	0.0612	0.7267
	逻辑斯谛分布模型	0.9458	0.0631	0.0637	0.7945
	对数逻辑斯谛分布模型	0.9455	0.0633	0.0642	0.7565
8.2	正态分布模型	0.9380	0.0675	0.0729	0.7690
	对数正态分布模型	0.9489	0.0613	0.0601	0.7460
	逻辑斯谛分布模型	0.9482	0.0617	0.0610	0.8257
	对数逻辑斯谛分布模型	0.9483	0.0616	0.0608	0.7803
8.4	正态分布模型	0.9326	0.0704	0.0793	0.7733
	对数正态分布模型	0.9485	0.0615	0.0605	0.7661
	逻辑斯谛分布模型	0.9498	0.0608	0.0591	0.8566
	对数逻辑斯谛分布模型	0.9508	0.0602	0.0579	0.8038
8.6	正态分布模型	0.9250	0.0743	0.0883	0.6611
	对数正态分布模型	0.9471	0.0624	0.0622	0.7856
	逻辑斯谛分布模型	0.9506	0.0603	0.0581	0.8848
	对数逻辑斯谛分布模型	0.9527	0.0590	0.0556	0.8256
9.0	正态分布模型	0.9063	0.0830	0.1103	0.4749
	对数正态分布模型	0.9425	0.0650	0.0676	0.7968
	逻辑斯谛分布模型	0.9500	0.0606	0.0588	0.8524
	对数逻辑斯谛分布模型	0.9552	0.0574	0.0527	0.8599

注：表中不同 pH 值下的最优拟合模型以加粗字体表示。

表 6-23　氨氮 SMCV 的模型拟合结果(25℃)

pH 值	拟合模型	r^2	RMSE	SSE	P 值(K-S 检验)
6.0	正态分布模型	0.9513	0.0599	0.0573	0.8631
	对数正态分布模型	0.9551	0.0575	0.0529	0.8832
	逻辑斯谛分布模型	0.9525	0.0591	0.0558	0.8897
	对数逻辑斯谛分布模型	0.9521	0.0594	0.0564	0.8854
6.5	正态分布模型	0.9508	0.0601	0.0579	0.8647
	对数正态分布模型	0.9551	0.0575	0.0529	0.8842
	逻辑斯谛分布模型	0.9527	0.0590	0.0557	0.8928
	对数逻辑斯谛分布模型	0.9524	0.0592	0.0560	0.8879

续表

pH 值	拟合模型	r^2	RMSE	SSE	P 值(K-S 检验)
7.0	正态分布模型	0.9493	0.0611	0.0597	0.8698
	对数正态分布模型	0.9549	0.0576	0.0531	0.8874
	逻辑斯谛分布模型	0.9530	0.0588	0.0553	0.9018
	对数逻辑斯谛分布模型	0.9530	0.0588	0.0552	0.8953
7.2	正态分布模型	0.9487	0.0614	0.0604	0.8739
	对数正态分布模型	0.9553	0.0573	0.0526	0.8900
	逻辑斯谛分布模型	0.9537	0.0584	0.0545	0.9085
	对数逻辑斯谛分布模型	0.9540	0.0581	0.0541	0.9007
7.4	正态分布模型	0.9476	0.0621	0.0617	0.8801
	对数正态分布模型	0.9557	0.0571	0.0521	0.8939
	逻辑斯谛分布模型	0.9546	0.0578	0.0534	0.9175
	对数逻辑斯谛分布模型	0.9554	0.0573	0.0525	0.9081
7.6	正态分布模型	0.9455	0.0633	0.0641	0.8791
	对数正态分布模型	0.9559	0.0570	0.0519	0.8994
	逻辑斯谛分布模型	0.9556	0.0572	0.0523	0.9289
	对数逻辑斯谛分布模型	0.9569	0.0563	0.0507	0.9176
7.8	正态分布模型	0.9420	0.0653	0.0682	0.8045
	对数正态分布模型	0.9554	0.0573	0.0525	0.9066
	逻辑斯谛分布模型	0.9564	0.0567	0.0514	0.9321
	对数逻辑斯谛分布模型	0.9584	0.0553	0.0489	0.9287
8.0	正态分布模型	0.9366	0.0683	0.0746	0.7062
	对数正态分布模型	0.9540	0.0582	0.0541	0.8882
	逻辑斯谛分布模型	0.9567	0.0564	0.0509	0.9095
	对数逻辑斯谛分布模型	0.9599	0.0543	0.0472	0.9404
8.2	正态分布模型	0.9290	0.0722	0.0835	0.5971
	对数正态分布模型	0.9516	0.0597	0.0569	0.8227
	逻辑斯谛分布模型	0.9566	0.0565	0.0511	0.8799
	对数逻辑斯谛分布模型	0.9610	0.0535	0.0458	0.9519
8.4	正态分布模型	0.9194	0.0770	0.0948	0.4922
	对数正态分布模型	0.9483	0.0617	0.0608	0.7490
	逻辑斯谛分布模型	0.9557	0.0571	0.0521	0.8445
	对数逻辑斯谛分布模型	0.9619	0.0529	0.0448	0.9563
8.6	正态分布模型	0.9084	0.0821	0.1078	0.4016
	对数正态分布模型	0.9444	0.0640	0.0655	0.6772
	逻辑斯谛分布模型	0.9542	0.0581	0.0539	0.8054
	对数逻辑斯谛分布模型	0.9624	0.0526	0.0442	0.9453

续表

pH 值	拟合模型	r^2	RMSE	SSE	*P* 值(K-S 检验)
9.0	正态分布模型	0.8851	0.0919	0.1352	0.2755
	对数正态分布模型	0.9364	0.0684	0.0748	0.5641
	逻辑斯谛分布模型	0.9497	0.0608	0.0592	0.7281
	对数逻辑斯谛分布模型	0.9628	0.0523	0.0437	0.9249

注：表中不同 pH 值下的最优拟合模型以加粗字体表示。

表 6-24　氨氮 SMCV 的模型拟合结果（30℃）

pH 值	拟合模型	r^2	RMSE	SSE	*P* 值(K-S 检验)
6.0	正态分布模型	0.9517	0.0596	0.0569	0.7728
	对数正态分布模型	0.9634	0.0519	0.0431	0.8959
	逻辑斯谛分布模型	0.9642	0.0513	0.0421	0.8993
	对数逻辑斯谛分布模型	0.9664	0.0497	0.0395	0.9370
6.5	正态分布模型	0.9503	0.0604	0.0584	0.7563
	对数正态分布模型	0.9627	0.0524	0.0439	0.8858
	逻辑斯谛分布模型	0.9639	0.0516	0.0425	0.8904
	对数逻辑斯谛分布模型	0.9663	0.0498	0.0397	0.9302
7.0	正态分布模型	0.9464	0.0628	0.0631	0.7079
	对数正态分布模型	0.9607	0.0538	0.0462	0.8550
	逻辑斯谛分布模型	0.9628	0.0523	0.0437	0.8649
	对数逻辑斯谛分布模型	0.9659	0.0501	0.0401	0.9099
7.2	正态分布模型	0.9439	0.0642	0.0660	0.6710
	对数正态分布模型	0.9597	0.0545	0.0475	0.8300
	逻辑斯谛分布模型	0.9625	0.0525	0.0442	0.8715
	对数逻辑斯谛分布模型	0.9660	0.0500	0.0400	0.9150
7.4	正态分布模型	0.9404	0.0662	0.0702	0.6201
	对数正态分布模型	0.9582	0.0555	0.0492	0.7937
	逻辑斯谛分布模型	0.9619	0.0529	0.0448	0.8855
	对数逻辑斯谛分布模型	0.9662	0.0499	0.0398	0.9256
7.6	正态分布模型	0.9353	0.0690	0.0762	0.5551
	对数正态分布模型	0.9559	0.0569	0.0519	0.7440
	逻辑斯谛分布模型	0.9610	0.0535	0.0458	0.9033
	对数逻辑斯谛分布模型	0.9663	0.0498	0.0397	0.9385
7.8	正态分布模型	0.9283	0.0726	0.0843	0.4792
	对数正态分布模型	0.9528	0.0589	0.0556	0.6819
	逻辑斯谛分布模型	0.9597	0.0545	0.0474	0.8766
	对数逻辑斯谛分布模型	0.9662	0.0498	0.0397	0.9405

续表

pH 值	拟合模型	r^2	RMSE	SSE	P 值(K-S 检验)
8.0	正态分布模型	0.9194	0.0770	0.0949	0.3998
	对数正态分布模型	0.9486	0.0615	0.0604	0.6122
	逻辑斯谛分布模型	0.9577	0.0558	0.0497	0.8336
	对数逻辑斯谛分布模型	0.9660	0.0500	0.0401	0.9181
8.2	正态分布模型	0.9086	0.0820	0.1076	0.3254
	对数正态分布模型	0.9437	0.0644	0.0663	0.5416
	逻辑斯谛分布模型	0.9551	0.0575	0.0528	0.7829
	对数逻辑斯谛分布模型	0.9655	0.0504	0.0406	0.8912
8.4	正态分布模型	0.8963	0.0873	0.1220	0.2618
	对数正态分布模型	0.9381	0.0674	0.0728	0.4766
	逻辑斯谛分布模型	0.9519	0.0595	0.0566	0.7286
	对数逻辑斯谛分布模型	0.9648	0.0509	0.0414	0.8618
8.6	正态分布模型	0.8833	0.0926	0.1373	0.2110
	对数正态分布模型	0.9325	0.0705	0.0794	0.4213
	逻辑斯谛分布模型	0.9482	0.0617	0.0609	0.6750
	对数逻辑斯谛分布模型	0.9640	0.0514	0.0424	0.8327
9.0	正态分布模型	0.8579	0.1022	0.1672	0.1444
	对数正态分布模型	0.9225	0.0755	0.0911	0.3439
	逻辑斯谛分布模型	0.9403	0.0662	0.0702	0.5832
	对数逻辑斯谛分布模型	0.9625	0.0525	0.0442	0.7834

注：表中不同 pH 值下的最优拟合模型以加粗字体表示。

第7章

氨氮水生态环境基准的确定

7.1 短期基准

7.1.1 急性物种危害浓度的确定

依据对72组水质条件下SMAV的模型拟合结果（表6-7～表6-12），选择最优拟合模型用于物种危害浓度的推导，获得72组水质条件下的短期物种危害浓度：HC_5、HC_{10}、HC_{25}、HC_{50}、HC_{75}、HC_{90}和HC_{95}（表7-1）。

表7-1 氨氮对淡水水生生物的短期物种危害浓度

水质条件		危害浓度/(mg/L)						
		HC_5	HC_{10}	HC_{25}	HC_{50}	HC_{75}	HC_{90}	HC_{95}
5℃	pH 6.0	36	53	111	267	689	1721	3065
	pH 6.5	32	47	99	237	611	1523	2710
	pH 7.0	24	36	74	176	451	1119	1986
	pH 7.2	20	29	61	145	369	914	1619
	pH 7.4	16	23	48	113	287	709	1256
	pH 7.6	12	17	36	84	213	526	931
	pH 7.8	8.6	13	26	60	153	376	666
	pH 8.0	6.0	8.8	18	42	106	262	466
	pH 8.2	4.2	6.0	12	29	73	180	322
	pH 8.4	2.8	4.1	8.3	20	50	124	222
	pH 8.6	1.9	2.8	5.7	13	34	86	155
	pH 9.0	1.0	1.4	2.8	6.7	17	45	114
10℃	pH 6.0	36	53	105	238	570	1318	2233
	pH 6.5	32	47	94	212	506	1167	1974
	pH 7.0	24	36	70	157	373	857	1446
	pH 7.2	20	29	58	129	306	700	1179
	pH 7.4	16	23	45	101	238	544	915

续表

水质条件		危害浓度/(mg/L)						
		HC_5	HC_{10}	HC_{25}	HC_{50}	HC_{75}	HC_{90}	HC_{95}
10℃	pH 7.6	12	17	34	75	177	403	679
	pH 7.8	8.6	13	24	54	126	288	486
	pH 8.0	6.0	8.8	17	37	88	201	340
	pH 8.2	4.2	6.0	12	26	60	139	235
	pH 8.4	2.8	4.1	7.9	17	41	95	162
	pH 8.6	1.9	2.8	5.4	12	28	66	120
	pH 9.0	1.0	1.4	2.7	6.0	14	36	89
15℃	pH 6.0	36	52	99	212	477	1037	1687
	pH 6.5	32	46	88	188	423	918	1492
	pH 7.0	24	35	66	140	313	675	1093
	pH 7.2	20	29	54	115	256	551	892
	pH 7.4	16	23	43	90	199	428	692
	pH 7.6	12	17	32	67	148	318	514
	pH 7.8	8.6	12	23	48	106	227	368
	pH 8.0	6.0	8.6	16	33	74	159	257
	pH 8.2	4.1	5.9	11	23	51	109	178
	pH 8.4	2.8	4.0	7.4	16	35	75	123
	pH 8.6	1.9	2.7	5.1	11	24	52	96
	pH 9.0	1.0	1.4	2.5	5.3	12	27	60
20℃	pH 6.0	35	49	91	188	405	844	1335
	pH 6.5	31	44	81	167	359	747	1181
	pH 7.0	23	33	61	124	266	549	866
	pH 7.2	19	27	50	102	217	449	707
	pH 7.4	15	22	39	80	169	349	549
	pH 7.6	11	16	29	59	126	259	408
	pH 7.8	8.3	12	21	42	90	186	292
	pH 8.0	5.8	8.1	15	30	63	130	205
	pH 8.2	4.0	5.5	10	20	43	90	142
	pH 8.4	2.7	3.8	6.8	14	30	62	99
	pH 8.6	1.8	2.6	4.6	9.4	20	43	69
	pH 9.0	0.92	1.3	2.3	4.7	10	22	44

续表

水质条件		危害浓度/(mg/L)						
		HC_5	HC_{10}	HC_{25}	HC_{50}	HC_{75}	HC_{90}	HC_{95}
25℃	pH 6.0	32	45	82	166	351	715	1117
	pH 6.5	29	40	73	148	311	634	988
	pH 7.0	22	30	55	110	230	466	726
	pH 7.2	18	25	45	90	189	381	593
	pH 7.4	14	20	35	70	147	297	461
	pH 7.6	11	15	26	52	109	221	343
	pH 7.8	7.6	11	19	38	78	158	247
	pH 8.0	5.3	7.4	13	26	55	111	173
	pH 8.2	3.6	5.0	9.0	18	38	77	120
	pH 8.4	2.5	3.4	6.1	12	26	53	84
	pH 8.6	1.7	2.3	4.2	8.4	18	37	59
	pH 9.0	0.83	1.2	2.1	4.2	9.1	19	34
30℃	pH 6.0	28	40	72	146	310	635	994
	pH 6.5	25	35	64	130	276	563	880
	pH 7.0	19	27	48	97	204	415	648
	pH 7.2	16	22	40	79	167	340	530
	pH 7.4	12	17	31	62	130	265	413
	pH 7.6	9.2	13	23	46	97	197	308
	pH 7.8	6.6	9.2	17	33	70	142	222
	pH 8.0	4.6	6.4	12	23	49	99	156
	pH 8.2	3.1	4.4	7.9	16	33	69	109
	pH 8.4	2.1	3.0	5.3	11	23	48	76
	pH 8.6	1.5	2.0	3.6	7.4	16	33	53
	pH 9.0	0.72	1.0	1.8	3.7	8.1	17	29

7.1.2 短期基准的确定

表 7-1 中 72 组水质条件下 HC_5 除以评估因子 2，即为 72 组水质条件下短期水质基准（见表 7-2）。本短期水质基准表示对 95%的中国淡水水生生物及其生态功能不产生急性有害效应的水体中氨氮最大浓度（以任何 1h 的算术平均浓度计）。

表 7-2 淡水水生生物氨氮短期水质基准

pH 值	短期水质基准/(mg/L)					
	5℃	10℃	15℃	20℃	25℃	30℃
6.0	18	18	18	18	16	14
6.5	16	16	16	16	15	13
7.0	12	12	12	12	11	9.5
7.2	10	10	10	9.5	9.0	8.0
7.4	8.0	8.0	8.0	7.5	7.0	6.0
7.6	6.0	6.0	6.0	5.5	5.5	4.6
7.8	4.3	4.3	4.3	4.2	3.8	3.3
8.0	3.0	3.0	3.0	2.9	2.7	2.3
8.2	2.1	2.1	2.1	2.0	1.8	1.6
8.4	1.4	1.4	1.4	1.4	1.3	1.1
8.6	0.95	0.95	0.95	0.90	0.85	0.75
9.0	0.50	0.50	0.50	0.46	0.42	0.36

注：表中温度为水体温度。

7.2 长期基准

7.2.1 长期物种危害浓度的确定

依据对 72 组水质条件下 SMCV 的模型拟合结果（表 6-19～表 6-24），选择最优拟合模型用于物种危害浓度的推导，获得 72 组水质条件下长期物种危害浓度：HC_5、HC_{10}、HC_{25}、HC_{50}、HC_{75}、HC_{90}和 HC_{95}，结果见表 7-3。

表 7-3 氨氮对淡水水生生物的长期物种危害浓度

水质条件		危害浓度/(mg/L)						
		HC_5	HC_{10}	HC_{25}	HC_{50}	HC_{75}	HC_{90}	HC_{95}
5℃	pH 6.0	4.2	6.4	13	33	90	237	441
	pH 6.5	4.0	6.1	13	32	87	230	430
	pH 7.0	3.5	5.4	11	29	79	212	401
	pH 7.2	3.2	4.9	10	26	73	200	380
	pH 7.4	2.8	4.3	9.2	24	66	183	353
	pH 7.6	2.3	3.6	7.8	20	58	164	320
	pH 7.8	1.8	2.8	6.2	16	48	142	284
	pH 8.0	1.4	2.1	4.7	13	39	120	247
	pH 8.2	1.0	1.5	3.5	10	31	99	211
	pH 8.4	0.68	1.1	2.5	7.2	24	81	180
	pH 8.6	0.47	0.74	1.8	5.2	18	66	153
	pH 9.0	0.23	0.38	0.92	2.9	11	45	114

续表

水质条件		危害浓度/(mg/L)						
		HC_5	HC_{10}	HC_{25}	HC_{50}	HC_{75}	HC_{90}	HC_{95}
10℃	pH 6.0	4.0	6.0	12	29	75	187	336
	pH 6.5	3.9	5.8	12	28	72	182	328
	pH 7.0	3.4	5.1	10	25	66	168	306
	pH 7.2	3.1	4.6	10	23	61	158	291
	pH 7.4	2.7	4.0	8.4	21	55	146	271
	pH 7.6	2.2	3.3	7.1	18	48	130	247
	pH 7.8	1.7	2.6	5.6	14	40	113	220
	pH 8.0	1.3	2.0	4.3	11	33	96	191
	pH 8.2	0.91	1.4	3.1	8.5	26	79	165
	pH 8.4	0.63	1.0	2.2	6.3	20	65	140
	pH 8.6	0.44	0.69	1.6	4.6	15	53	120
	pH 9.0	0.22	0.35	0.83	2.5	9.3	36	89
15℃	pH 6.0	3.8	5.6	11	25	63	151	265
	pH 6.5	3.6	5.3	11	24	61	147	259
	pH 7.0	3.2	4.7	9.4	22	55	136	242
	pH 7.2	2.9	4.2	8.6	20	51	128	230
	pH 7.4	2.5	3.7	7.5	18	46	118	215
	pH 7.6	2.0	3.1	6.3	15	41	106	196
	pH 7.8	1.6	2.4	5.0	13	34	92	175
	pH 8.0	1.2	1.8	3.8	10	28	78	153
	pH 8.2	0.84	1.3	2.8	7.4	22	65	132
	pH 8.4	0.58	0.90	2.0	5.5	17	53	113
	pH 8.6	0.40	0.62	1.4	4.0	13	44	96
	pH 9.0	0.18	0.30	0.71	1.9	6.0	22	60
20℃	pH 6.0	3.5	5.0	10	22	53	126	217
	pH 6.5	3.3	4.8	10	21	52	122	212
	pH 7.0	2.9	4.2	8.4	19	47	113	199
	pH 7.2	2.6	3.8	7.6	18	44	107	189
	pH 7.4	2.2	3.3	6.7	16	40	99	177
	pH 7.6	1.8	2.7	5.6	13	35	89	162
	pH 7.8	1.4	2.2	4.5	11	29	77	145
	pH 8.0	1.1	1.6	3.4	8.5	24	66	127
	pH 8.2	0.75	1.1	2.5	6.4	19	55	110
	pH 8.4	0.46	0.76	1.7	4.2	12	36	85
	pH 8.6	0.32	0.53	1.2	3.0	8.6	28	68
	pH 9.0	0.16	0.27	0.62	1.6	4.8	17	44

续表

水质条件		危害浓度/(mg/L)						
		HC_5	HC_{10}	HC_{25}	HC_{50}	HC_{75}	HC_{90}	HC_{95}
25℃	pH 6.0	3.0	4.4	8.6	19	46	108	185
	pH 6.5	2.9	4.2	8.3	18	44	105	181
	pH 7.0	2.5	3.7	7.3	17	41	97	170
	pH 7.2	2.3	3.4	6.7	15	38	92	162
	pH 7.4	2.0	2.9	5.8	14	34	85	152
	pH 7.6	1.4	2.3	4.8	11	26	68	138
	pH 7.8	1.1	1.8	3.8	8.6	21	58	119
	pH 8.0	0.84	1.3	2.9	6.7	17	47	100
	pH 8.2	0.60	1.0	2.1	4.9	13	37	82
	pH 8.4	0.42	0.68	1.5	3.6	10	29	66
	pH 8.6	0.29	0.47	1.0	2.6	7.0	22	52
	pH 9.0	0.15	0.24	0.54	1.4	3.9	13	34
30℃	pH 6.0	2.4	3.7	7.4	16	35	85	161
	pH 6.5	2.3	3.6	7.1	15	34	82	157
	pH 7.0	2.0	3.1	6.3	13	31	75	145
	pH 7.2	1.8	2.8	5.7	12	28	70	137
	pH 7.4	1.5	2.4	5.0	11	25	64	126
	pH 7.6	1.3	2.0	4.1	9.1	22	56	112
	pH 7.8	1.0	1.6	3.3	7.3	18	47	97
	pH 8.0	0.73	1.2	2.5	5.6	14	39	81
	pH 8.2	0.52	0.84	1.8	4.2	11	30	66
	pH 8.4	0.37	0.59	1.3	3.0	8.0	24	53
	pH 8.6	0.25	0.41	0.89	2.2	5.9	18	42
	pH 9.0	0.13	0.21	0.46	1.2	3.3	11	27

7.2.2 长期基准的确定

由表 7-3 中确定的 72 组水质条件下 HC_5，除以评估因子 2，得到 72 组水质条件下氨氮长期水质基准，列于表 7-4。本长期水质基准表示对 95%的中国淡水水生生物及其生态功能不产生慢性有害效应的水体中氨氮最大浓度（以连续 4 个自然日的日均浓度的算术平均浓度计）。

表 7-4　淡水水生生物氨氮长期水质基准

pH 值	长期水质基准/(mg/L)					
	5℃	10℃	15℃	20℃	25℃	30℃
6.0	2.1	2.0	1.9	1.8	1.5	1.2
6.5	2.0	2.0	1.8	1.7	1.5	1.2
7.0	1.8	1.7	1.6	1.5	1.3	1.0
7.2	1.6	1.6	1.5	1.3	1.2	0.90
7.4	1.4	1.4	1.3	1.1	1.0	0.75
7.6	1.2	1.1	1.0	0.90	0.70	0.65
7.8	0.90	0.85	0.80	0.70	0.55	0.50
8.0	0.70	0.65	0.60	0.55	0.42	0.37
8.2	0.50	0.46	0.42	0.38	0.30	0.26
8.4	0.34	0.32	0.29	0.23	0.21	0.19
8.6	0.24	0.22	0.20	0.16	0.15	0.13
9.0	0.12	0.11	0.090	0.080	0.075	0.065

注：上表中温度为水体温度。

7.2.3　基准自审核

本次基准推导所涉及物种在营养级、类别、数据质量等方面满足 HJ 831—2017 要求，详见表 7-5。我国水质基准研究尚处于起步阶段，能够满足基准推导要求的毒性数据有限，随着我国生态环境基准研究的不断充实、丰富和发展，生态环境基准也将适时更新。

表 7-5　基准自审核情况

审核项目	HJ 831—2017 有关要求		本基准使用	
			急性	慢性
营养级别	物种涵盖 3 个营养级	生产者	青萍	固氮鱼腥藻、铜绿微囊藻
		初级消费者	河蚬、鲢鱼、麦穗鱼、尼罗罗非鱼、夹杂带丝蚓、麦瑞加拉鲮鱼、黄颡鱼、日本沼虾、大型溞、草鱼、斑点叉尾鮰、模糊网纹溞、昆明裂腹鱼、老年低额溞、鲤鱼、英勇剑水蚤、莫桑比克罗非鱼、罗氏沼虾、稀有鮈鲫、霍甫水丝蚓、红螯螯虾、中华小长臂虾、鲫鱼、团头鲂、蒙古裸腹溞、泥鳅、克氏瘤丽星介、溪流摇蚊、中华圆田螺	静水椎实螺、斑点叉尾鮰、短钝溞、尼罗罗非鱼、草鱼、中华锯齿米虾、大型溞、同形溞、拟同形溞、溪流摇蚊、鲤鱼
		次级消费者	中国鲈、史氏鲟、翘嘴鳜、辽宁棒花鱼、中华鲟、鳙鱼、大口黑鲈、青鱼、普栉鰕虎鱼、虹鳟、白斑狗鱼、蓝鳃太阳鱼、条纹鲈、加州鲈、细鳞大马哈鱼、中华绒螯蟹、溪红点鲑、棘胸蛙、欧洲鳗鲡、黄鳝、大刺鳅、中国林蛙、中华大蟾蜍	银鲈、蓝鳃太阳鱼、虹鳟

续表

<table>
<tr><th rowspan="2">审核项目</th><th colspan="2" rowspan="2">HJ 831—2017
有关要求</th><th colspan="2">本基准使用</th></tr>
<tr><th>急性</th><th>慢性</th></tr>
<tr><td rowspan="6">物种数量</td><td rowspan="6">5 种</td><td>至少包括5个物种</td><td>53 个</td><td>16 个</td></tr>
<tr><td>1 种硬骨鲤科鱼类</td><td>鲢鱼、麦穗鱼、草鱼、鲤鱼、稀有鮈鲫、鲫鱼、麦瑞加拉鲮鱼、昆明裂腹鱼、团头鲂</td><td>草鱼、鲤鱼</td></tr>
<tr><td>1 种硬骨非鲤科鱼类</td><td>尼罗罗非鱼、黄颡鱼、斑点叉尾鮰、莫桑比克罗非鱼、泥鳅</td><td>斑点叉尾鮰、尼罗罗非鱼、银鲈、蓝鳃太阳鱼、虹鳟</td></tr>
<tr><td>1 种浮游动物</td><td>大型溞、模糊网纹溞、老年低额溞、英勇剑水蚤、蒙古裸腹溞、</td><td>短钝溞、大型溞、同形溞、拟同形溞</td></tr>
<tr><td>1 种底栖动物</td><td>河蚬、夹杂带丝蚓、日本沼虾、罗氏沼虾、霍甫水丝蚓、红螯螯虾、中华小长臂虾、泥鳅、克氏瘤丽星介、溪流摇蚊、中华圆田螺</td><td>静水椎实螺、中华锯齿米虾、溪流摇蚊</td></tr>
<tr><td>1 种水生植物</td><td>青萍</td><td>固氮鱼腥藻、铜绿微囊藻</td></tr>
<tr><td rowspan="4">毒性数据</td><td rowspan="4">有效性</td><td>无限制可靠数据</td><td>13 条(含 3 条自测数据)</td><td>2 条(均为自测数据)</td></tr>
<tr><td>限制可靠数据</td><td>246 条</td><td>42 条</td></tr>
<tr><td>不可靠数据</td><td>0</td><td>0</td></tr>
<tr><td>不确定数据</td><td>0</td><td>0</td></tr>
</table>

参 考 文 献

[1] Li, Y., E. G. Xu, W. Liu, et al. Spatial and temporal ecological risk assessment of unionized ammonia nitrogen in Tai Lake, China (2004-2015). Ecotoxicol. Environ. Saf., 2017, 140: 249-255.

[2] Zhang, L., E. G. Xu, Y. B. Li, et al. Ecological risks posed by ammonia nitrogen (AN) and un-ionized ammonia (NH_3) in seven major river systems of China. Chemosphere, 2018, 202: 136-144.

[3] 国务院. 国务院关于印发“十三五”生态环境保护规划的通知. 国发[2016]65号, 2016年11月.

[4] 夏青, 陈艳卿, 刘宪兵. 水质基准与水质标准. 北京: 中国标准出版社, 2004.

[5] HJ 831—2017.

[6] 苏海磊, 吴丰昌, 李会仙, 等. 太湖生物区系研究及与北美五大湖的比较. 环境科学研究, 2011, 24 (12): 1346-1356.

[7] 李思忠. 中国淡水鱼类的分布区划. 北京: 科学出版社, 1981.

[8] 张天旭, 孙金生, 张秋英, 等. 中美淡水生物对氨氮的物种敏感度对比分析. 农业环境科学学报, 2019, 38 (1): 184-192.

[9] Yan, Z. G., J. Fan, X. Zheng, et al. Neglect of temperature and pH impact leads to underestimation of seasonal ecological risk of ammonia in Chinese surface freshwaters. J. Chem., 2019, DOI: 10.1155/2019/3051398.

[10] 王一喆, 闫振广, 张亚辉, 等. 七大流域氨氮水生生物水质基准与生态风险评估初探. 环境科学研究, 2016, 29 (1): 77-83.

[11] Emerson, K., R. C. Russo, R. E. Lund, et al. Aqueous ammonia equilibrium calculations: effect of pH and temperature. J. Fish. Res. Bd. Can., 1975, 32: 2379-2383.

[12] Ankley, G. T., M. K. Schubauer-Berigan, and P. D. Monson. Influence of pH and hardness on toxicity of ammonia to the amphipod *Hyalella azteca*. Can. J. Fish. Aquat. Sci., 1995, 52: 2078-2083.

[13] Bader, J. A. Growth-Inhibiting effects and lethal concentrations of un-ionized ammonia for larval and newly transformed juvenile channel catfish (*Ictalurus punctatus*). M. S. Thesis, Auburn University, Auburn, AL., 1990.

[14] USEPA. Aquatic life ambient water quality criteria for ammonia-freshwater 2013. EPA-822-R-13-001. Washtoning D. C.: Office of Water, Office of Science and Technology, 2013.

[15] CCME. Problem formulation for ammonia in the aquatic environment. Canadian Environmental Protection Act Priority Substances List 2. Version 5.0, November 4, 1997.

[16] CCME. Canadian water quality guidelines for the protection of aquatic life: Ammonia. In: Canadian Environmental Quality Guidelines. Canadian Council of Ministers of the Environment, Winnipeg, 2010.

[17] Geadah, M. National inventory of natural and anthropogenic sources and emissions of ammonia (1980). Environmental Protection Programs Directorate, Environmental Protection Service, Environment Canada Report EPS5/IC/1., 1985.

[18] Appl, M. Ammonia: principles and industrial practice. Wiley-VCH Verlag, Weinheim, Germany, 1999.

[19] Karolyi, J. Production of sorbitol by use of ammonia synthesis gas. Ind. Eng. Chem. Process Des. Dev., 1968, 7 (1): 107-110.

[20] USEPA. Estimating ammonia emissions from anthropogenic nonagricultural sources. Draft Final Report. Emission Inventroy Improvement Program. Mr. Roy Huntley Project Manager, 2004.

[21] Alabaster, J. S. and R. Lloyd, Ammonia. In: water quality criteria for fish. Alabaster J. S. and R. Lloyd (Eds.). Butterworths. London, 1980.

[22] USEPA. Ambient water quality criteria for ammonia-1984. EPA-440/5-85-001. U. S. Environmental Protection Agency, Springfield, VA, 1985.

[23] 国家统计局. 2018 中国统计年鉴. 北京：中国统计出版社，2018.

[24] Sylvia, D. M. Principles and applications of soil microbiology. Fuhrmann, J. J., P. Harel and D. A. Zuberer (Eds). Pearson Prentice Hall, NJ., 2005.

[25] Emerson, K., R. C. Russo, R. E. Lund, et al. Aqueous ammonia equilibrium calculations: effect of pH and temperature. J. Fish. Res. Board Can., 1975, 32: 2379-2383.

[26] Erickson, R. J. An evaluation of mathematical models for the effects of pH and temperature on ammonia toxicity to aquatic organisms. Water Res, 1985, 19: 1047-1058.

[27] Whitfield, M. The hydrolysis of ammonium ions in sea water-a theoretical study. J. Mar. Biol. Assoc. U. K., 1974, 54: 565-580.

[28] ANZECC and ARMCANZ. Australian and New Zealand guidelines for fresh and marine water quality. Australian and New Zealand Environment and Conservation Council and Agriculture and Resource Management Council of Australia and New Zealand, 2000. Canberra.

[29] Russo, R. C. Ammonia, nitrite, and nitrate. In: fundamentals of aquatic toxicology and chemistry. Rand G. M. and S. R. Petrocelli (Eds.). Hemishpere Publishing Corp., Washington, D. C. 1985.

[30] Lang, T., G. Peters, R. Hoffmann, et al. Experimental investigations on the toxicity of ammonia: effects on ventilation frequency, growth, epidermal mucous cells, and gill structure of rainbow trout *Salmo gairdneri*. . Dis. Aquat. Org., 1987, 3: 159-165.

[31] Camargo, J. A. and A. Alonso. Ecological and toxicological effects of inorganic nitrogen pollution in aquatic ecosystems: A global assessment. Environment International, 2006, 32 (6): 831-849.

[32] Arillo, A., C. Margiocco, F. Melodia, et al. Ammonia toxicity mechanism in fish: studies on rainbow trout (*Salmo gairdneri* Richardson). Ecotoxicol. Environ. Saf., 1981, 5 (3): 316-328.

[33] Tomasso, J. R. and G. J. Carmichael. Acute toxicity of ammonia, nitrite, and nitrate to the guadalupe bass, Micropterus treculi. Bull Environ Contam Toxicol, 1986, 36 (6): 866-870.

[34] Augspurger, T., A. E. Keller, M. C. Black, et al. Water quality guidance for protection of freshwater mussels (Unionidae) from ammonia exposure. Environ. Toxicol. Chem., 2003, 22: 2569-2575.

[35] Wang, N., C. G. Ingersoll, D. K. Hardesty, et al. Contaminant sensitivity of freshwater mussels: chronic toxicity of copper and ammonia to juvenile freshwater mussels (Unionidae). Environ. Toxicol. Chem., 2007, 26 (10): 2048-2056.

[36] Wang, N., C. G. Ingersoll, D. K. Hardesty, et al. Contamitant sensitivity of freshwater mussels: acute toxicity for copper, ammonia and chlorine to glochidia and juveniles of freshwater mussels (Unionidae). Environ. Toxicol. Chem., 2007, 26 (10): 2036-2047.

[37] Wang, N., R. J. Erickson, C. G. Ingersoll, et al. Influence of pH on the acute toxicity of ammonia to juvenile freshwater mussels (fatmucket, *Lampsilis siliquoidea*). Environ. Toxicol. Chem., 2008, 27 (5): 1141-1146.

[38] Epifanio, C. E. and R. F. Srna. Toxicity of ammonia, nitrite ion, nitrate ion, and orthophosphate to *Mercenaria mercenaria* and Crassostrea virginica. Mar. Biol., 1975, 33 (3): 241-246.

[39] Reddy, N. A. and N. R. Menon. Effects of ammonia and ammonium on tolerance and byssogenesis *in Perna viridis*. Marine Ecology-Progress Series, 1979, 1 (4): 315-322.

[40] Chetty, A. N. and K. Indira. Free-radical toxicity in a fresh-water bivalve, Lamellidens marginalis under ambient ammonia stress. J. Environ. Biol., 1995, 16 (2): 137-142.

[41] Goudreau, S. E. , R. J. Neves, and R. J. Sheehan. Effects of wastewater treatment plant effluents on freshwater mollusks in the upper Clinch River, Virginia, USA. Hydrobiologia, 1993, 252 (3): 211-230.

[42] Alonso, A. and J. A. Camargo. Toxic effects of unionized ammonia on survival and feeding activity of the freshwater amphipod *Eulimnogammarus toletanus* (Gammaridae, Crustacea). Bull. Environ. Contam. Toxicol. , 2004, 72: 1052-1058.

[43] Constable, M. , M. Charlton, F. Jensen, et al. An ecological risk assessment of ammonia in the aquatic environment. Hum. Ecol. Risk Assess. , 2003, 9: 527-548.

[44] USEPA. Quality criteria for water. Washington DC: National Technical Information Service, 1976.

[45] USEPA. Quality Criteria for Water. 440/5-86-001, 1986. Washington DC: Office of Water Regulation and Standards.

[46] USEPA. Ambient water quality criteria for ammonia-1984. EPA440/5-85-001. Washington DC: Office of Water, 1985.

[47] USEPA. 1998 Update of Ambient Water Quality Criteria for Ammonia. EPA 822-R-98-008. Washington DC: Office of Water, 1998.

[48] USEPA. 1999 Update of ambient water quality criteria for ammonia. EPA-822-R-99-014. Washington DC: Office of Water, 1999.

[49] Thurston, R. V. , R. J. Luedtke, and R. C. Russo. Toxicity of ammonia to freshwater insects of three families. Technical Report No. 84-2. Fisheries Bioassay Laboratory, Montana State University, Bozeman, MT, 1984b.

[50] USEPA. Draft 2009 update aquatic life ambient water quality criteria for ammonia-freshwater. EPA-822-D-09-001. Washington DC: Office of Water, 2009.

[51] USEPA. 1999 Update of ambient water quality criteria for ammonia. EPA-822-R-99-014. Washtoning D. C. : Office of Science and Technology, 1999.

[52] 闫振广，刘征涛，余若祯，等. 我国淡水生物氨氮基准研究. 环境科学，2011. 32 (6): 1564-1570.

[53] 石小荣，李梅，崔益斌，等. 以太湖流域为例探讨我国淡水生物氨氮基准. 环境科学学报，2012. 32 (6): 1406-1413.

[54] 王沛. 基于辽河流域的氨氮水生生物基准研究. 大连理工大学硕士论文，2014.

[55] 曹晶潇，陈晓泳，陆素芬，等. 广西坡豪湖氨氮水生生物水质基准及生态风险评估. 贵州农业科学，2019，47 (4): 145-149.

[56] 闫振广，刘征涛，吴丰昌，等. 辽河流域氨氮水质基准与应急标准探讨. 中国环境科学，2011，31 (11): 1829-1835.

[57] 中国科学院中国动物志编辑委员会. 中国动物志. 北京：科学出版社，1978-2015.

[58] 中国大百科全书（第二版）总编辑委员会. 中国大百科全书（第二版）. 北京：中国大百科全书出版社，2009.

[59] 中国科学院生物多样性委员会. 中国生物物种名录. 北京：科学出版社，2019.

[60] 徐海根，强胜，等. 中国外来入侵生物. 北京：科学出版社，2011.

[61] CCME. Canadian environmental quality guidelines. Canadian Council of Ministers of the Environment, Winnipeg, 2010.

[62] Cherry, D. S. , J. L. Scheller, N. L. Cooper, et al. Potential effects of Asian clam (*Corbicula fluminea*) die-offs on native freshwater mussels (Unionidae) I: water-column ammonia levels and ammonia toxicity. J. N. Am. Benthol. Soc. , 2005, 24 (2): 369-380.

[63] 崔宽宽，尤宏争，丁子元，等. 氨氮对中国鲈幼鱼的急性毒性试验. 科学养鱼，2018 (5): 54-55.

[64] 庄平，倪朝晖，周运涛，等. 史氏鲟南移驯养及生物学的研究. 淡水渔业，1998 (5): 3-6.

[65] 郭丰红，汪之和，陈必文，等. 分子氨和亚硝态氮对鳜鱼成鱼的急性毒性试验. 食品科学，2009，30 (23): 397-400.

[66] 王侃和刘荭．非离子态氨及亚硝酸盐对鳜鱼苗的急性毒性试验．淡水渔业，1996，26（3）：7-10.

[67] Wang，H. J.，X. C. Xiao，H. Z. Wang，et al. Effects of high ammonia concentrations on three cyprinid fish：acute and whole-ecosystem chronic tests. Sci. Total. Environ.，2017，598：900-909.

[68] Liu，Z.，X. Li，P. Tai，et al. Toxicity of ammonia，cadmium，and nitrobenzene to four local fishes in the Liao River，China and the derivation of site-specific water quality criteria. Ecotoxicol. Environ. Saf.，2018，147：656-663.

[69] 杜浩，危起伟，刘鉴毅，等. 苯酚、Cu^{2+}、亚硝酸盐和总氨氮对中华鲟稚鱼的急性毒性．大连水产学院学报，2007，22（2）：118-122.

[70] 徐镜波和马逊风. 温度、氨对鲢、鳙、草、鲤鱼的影响．中国环境科学，1994（3）：214-219.

[71] Evans，J. J.，D. J. Pasnik，G. C. Brill，et al. Un-ionized ammonia exposure in Nile tilapia：toxicity，stress response，and susceptibility to *Streptococcus agalactiae*. N. Am. J. Aquacult.，2006，68：23-33.

[72] Hickey，C. W. and M. L. Vickers. Toxicity of ammonia to nine native New Zealand freshwater invertebrate species. Arch. Environ. Contam. Toxicol.，1994，26（3）：292-298.

[73] Roseboom，D. P. and D. L. Richey. Acute toxicity of residual chlorine and ammonia to some native Illinois fishes. Report of Investigations 85. U. S. NTIS PB-170871. Office of Water Research and Technology，Washington，D. C.，1977.

[74] 李昭林，黄云，田芊芊，等. 氨氮对青鱼幼鱼的急性毒性研究．科学养鱼，2013，（5）：52-53.

[75] Das，P. C.，S. Ayyappan，J. K. Jena，et al. Acute toxicity of ammonia and its sub-lethal effects on selected haematological and enzymatic parameters of mrigal，*Cirrhinus mrigala*（Hamilton）. Aquacult. Res.，2004，35（2）：134-143.

[76] Zhang，L.，D. M. Xiong，B. Li，et al. Toxicity of ammonia and nitrite to yellow catfish（*Pelteobagrus fulvidraco*）. J Appl. Ichthyol.，2012，28（1）：82-86.

[77] 李波，樊启学，张磊，等. 不同溶氧水平下氨氮和亚硝酸盐对黄颡鱼的急性毒性研究．淡水渔业，2009，39（3）：31-35.

[78] Calamari，D.，R. Marchetti and G. Vailati. Effect of prolonged treatments with ammonia on stages of development of *Salmo gairdneri*. Nuovi. Ann. Ig. Microbiol.，1977，28（5）：333-345.

[79] Broderius，S. J. and L. L. Smith Jr. Lethal and sublethal effects of binary mixtures of cyanide and hexavalent chromium，zinc，or ammonia to the fathead minnow（*Pimephales promelas*）and rainbow trout（*Salmo gairdneri*）. J. Fish. Res. Board Can.，1979，36（2）：164-172.

[80] Wicks，B. J. and D. J. Randall. The effect of feeding and fasting on ammonia toxicity in juvenile rainbow trout，*Oncorhynchus mykiss*. Aquat. Toxicol.，2002，59（1-2）：71-82.

[81] Reinbold，K. A. and S. M. Pescitelli. Effects of cold temperature on toxicity of ammonia to rainbow trout，bluegills and fathead minnows. Project Report，Contract No. 68-01-5832，Illinois Natural History Survey，Champaign，IL，1982.

[82] Arthur，J. W.，C. W. West，K. N. Allen，et al. Seasonal toxicity of ammonia to five fish and nine invertebrate species. Bull. Environ. Contam. Toxicol.，1987，38（2）：324-331.

[83] Thurston，R. V.，C. Chakoumakos and R. C. Russo. Effect of fluctuating exposures on the acute toxicity of ammonia to rainbow trout（*Salmo gairdneri*）and cutthroat trout（*S. clarki*）. Water Res.，1981，15（7）：911-917.

[84] Thurston，R. V. and R. C. Russo. Acute toxicity of ammonia to rainbow trout. Trans. Am. Fish. Soc.，1983，112：696-704.

[85] Thurston，R. V.，G. R. Phillips，R. C. Russo，et al. Increased toxicity of ammonia to rainbow trout（*Salmo gairdneri*）resulting from reduced concentrations of dissolved oxygen. Can. J. Fish. Aquat. Sci.，1981，38（8）：

983-988.

[86] Thurston, R. V., R. C. Russo and G. A. Vinogradova. Ammonia toxicity to fishes: effects of pH on the toxicity of the unionized ammonia species. Environ. Sci. Technol., 1981, 15 (7): 837-840.

[87] DeGraeve, G. M., R. L. Overcast and H. L. Bergman. Toxicity of underground coal gasification condenser water and selected constituents to aquatic biota. Arch. Environ. Contam. Toxicol., 1980, 9 (5): 543-555.

[88] 胡萍华，金一春，曲学伟，等. 氨氮对白斑狗鱼成鱼的急性毒性研究. 湖南农业科学，2010，(3)：109-111.

[89] 王甜，杜劲松，高攀，等. 氨氮对白斑狗鱼幼鱼的急性毒性研究. 水产学杂志，2010，23 (3)：37-39.

[90] Smith, W. E., T. H. Roush and J. T. Fiandt. Toxicity of ammonia to early life stages of bluegill (*Lepomis macrochirus*). Internal Report 600/X-84-175. Environmental Research Laboratory-Duluth, U. S. Environmental Protection Agency, Duluth, MN, 1984.

[91] Diamond, J. M., D. G. Mackler, W. J. Rasnake, et al. Derivation of site-specific ammonia criteria for an effluent-dominated headwater stream. Environ. Toxicol. Chem., 1993, 12 (4): 649-658.

[92] Mayes, M. A., H. C. Alexander, D. L. Hopkins, et al. Acute and chronic toxicity of ammonia to freshwater fish: a site-specific study. Environ. Toxicol. Chem., 1986, 5 (5): 437-442.

[93] Hazel, R. H., C. E. Burkhead and D. G. Huggins. The development of water quality criteria for ammonia and total residual chlorine for the protection of aquatic life in two Johnson Country, Kansas sterams. Project completion report for period July 1977 to September 1979. Kansas Water Resources Research Institute, University of Kansas, KS, 1979.

[94] Swigert, J. P. and A. Spacie. Survival and growth of warm water fishes exposed to ammonia under low-flow conditions. Technical Report 157. Purdue University, Water Resources Research Center, West Lafayette, IN, 1983.

[95] Sparks, R. E. The acute, lethal effects of ammonia on channel catfish (*Ictalurus punctatus*), bluegills (*Lepomis macrochirus*) and fathead minnows (*Pimephales promelas*). Report to Illinois, Project No. 20. 060. Institute for Environmental Quality, Chicago, IL, 1975.

[96] Lubinski, K. S., R. E. Sparks and L. A. Jahn. The development of toxicity indices for assessing the quality of the Illinois River. WRC Research Report No. 96, University of Illinois, Water Resources Center, Urbanna, IL, 1974.

[97] Oppenborn, J. B. and C. A. Goudie. Acute and sublethal effects of ammonia on striped bass and hybrid striped bass. J. World Aquacult. Soc., 1993. 24 (1): 90-101.

[98] Zhang, W. Y., Q. C. Jiang, X. Q. Liu, et al. The effects of acute ammonia exposure on the immune response of juvenile freshwater prawn, *Macrobrachium nipponense*. J. Crustacean Biol., 2015, 35 (1): 76-80.

[99] Gulyas, P. and E. Fleit. Evaluation of ammonia toxicity on *Daphinia magna* and some fish species. Aquacult. Hung., 1990, 6: 171-183.

[100] Gersich, F. M. and D. L. Hopkins. Site-specific acute and chronic toxicity of ammonia to *Daphnia magna* Straus. Environ. Toxicol. Chem., 1986, 5 (5): 443-447.

[101] 周永欣，张甫英和周仁珍. 氨对草鱼的急性和亚急性毒性. 水生生物学报，1986，10 (1)：32-39.

[102] 余瑞兰，聂湘平，魏泰莉，等. 分子氨和亚硝酸盐对鱼类的危害及其对策. 中国水产科学，1999，(3)：74-78.

[103] Colt, J. and G. Tchobanoglous. Chronic exposure of channel catfish, *Ictalurus punctatus*, to ammonia: effects on growth and survival. Aquaculture, 1978, 15: 353-372.

[104] Reinbold, K. A. and S. M. Pescitelli. Acute toxicity of ammonia to channel catfish. Final report, Contract No. J 2482 NAEX. Illinois Natural History Survey, Champaign, IL, 1982.

[105] DeGraeve, G. M., W. D. Palmer, E. L. Moore, et al. The effect of temperature on the acute and chronic toxicity of unionized ammonia to fathead minnows and channel catfish. Final Rep. to U. S. EPA by Battelle, Columbus, OH, 1987.

[106] Willingham, T. Acute and short-term chronic ammonia toxicity to fathead minnows (*Pimephales promelas*) and *Ceriodaphnia dubia* using laboratory dilution water and Lake Mead dilution water. EPA-822-R-99-014, U. S. Environmental Protection Agency, Denver, CO, 1987.

[107] Nimmo, D. W. R., D. Link, L. P. Parrish, et al. Comparison of on-site and laboratory toxicity tests: derivation of site-specific criteria for unionized ammonia in a Colorada transitional stream. Environ. Toxicol. Chem., 1989, 8 (12): 1177-1189.

[108] Rice, S. D. and J. E. Bailey. Survival, size and emergence of pink salmon, *Oncorhynchus gorbuscha*, alevins after short and long-term exposures to ammonia. Fish. Bull., 1980, 78 (3): 641-648.

[109] 彭灵芝，王聪，陈雪梅，等. 氨态氮对昆明裂腹鱼幼鱼的急性毒性研究. 毕节学院学报，2013，31 (4): 118-122.

[110] Mount, D. I. Ammonia toxicity tests with *Ceriodaphnia acanthina* and *Simocephalus vetulus*. U. S. Environmental Protection Agency, Duluth, MN (Letter to R. C. Russo, U. S. EPA, Duluth, MN.), 1982.

[111] Hasan, M. R. and D. J. Macintosh. Acute toxicity of ammonia to common carp fry. Aquaculture, 1986, 54 (1-2): 97-107.

[112] Liu, Z., P. Tai, X. Li, et al. Deriving site-specific water quality criteria for ammonia from national versus international toxicity data. Ecotoxicol. Environ. Saf., 2018, 171: 665-676.

[113] Zhao, J. H., J. Y. Guo and T. J. Lam. Lethal doses of ammonia on the late stage larvae of Chinese mitten handed crab, *Eriocheir sinensis* (H. Milne-Edwards), (Decapoda: Grapsidae) reared in the laboratory. Aquacult. Res., 1998, 29: 635-642.

[114] Zhao, J. H., T. J. Lam and J. Y. Guo. Acute toxicity of ammonia to the early stage larvae and juveniles of *Eriocheir sinensis* H. Milne-Edwards, 1853 (Decapoda: Grapsidae) reared in the laboratory. Aquacult. Res., 1997, 28: 517-525.

[115] 唐首杰，刘辛宇，吴太淳，等. 氨氮对"新吉富"罗非鱼幼鱼的急性毒性研究. 水产科技情报，2017，44 (6): 325-329.

[116] Thurston, R. V. and E. L. Meyn. Acute toxicity of ammonia to five fish species from the northwest United States. Technical Report No. 84-4. Fisheries Bioassay Laboratory, Montana State University, Bozeman, MT, 1984.

[117] 王龙，郝志敏和王晶. 两种溶氧条件下亚硝酸盐和氨氮对罗氏沼虾毒性比较的研究. 饲料与畜牧，2011 (8): 12-16.

[118] 臧维玲，江敏，张建达，等. 亚硝酸盐和氨对罗氏沼虾幼体的毒性. 上海水产大学学报，1996 (1): 15-22.

[119] 孙振中，刘淑梅，戚隽渊，等. 非离子氨氮对罗氏沼虾幼体的毒性研究. 水产科技情报，1999 (4): 30-32.

[120] 牛春格，杨程，申屠琰，等. 氨氮急性攻毒对水产经济动物棘胸蛙 (*Paa spinosa*) 蝌蚪死亡率、排氨率、耗氧率及窒息点的影响. 海洋与湖沼，2019 (1): 188-196.

[121] 鲁增辉，王志坚，石蕊. 氨氮对稀有鮈鲫胚胎和幼鱼的急性毒性研究 . 西南大学学报，2014，36 (1): 47-52.

[122] 刘炎，姜东升，李雅洁，等. 不同温度和 pH 下氨氮对河蚬和霍甫水丝蚓的急性毒性. 环境科学研究，2014，27 (9): 1067-1073.

[123] 潘小玲，陈百悦，樊海平，等. 非离子态氨及亚硝酸盐对欧洲鳗鲡的急性毒性试验. 水产科技情报，1998，25 (1): 20-23.

[124] Meade, M. E. and S. A. Watts. Toxicity of ammonia, nitrite, and nitrate to juvenile Australian crayfish, *Cherax quadricarinatus*. J. Shellfish Res., 1995, 14 (2): 341-346.

[125] 潘训彬，张秀霞，鲁耀鹏，等. 氨氮和亚硝酸盐对红螯螯虾幼虾和亚成虾的急性毒力. 生物安全学报，2017，26 (4): 316-322.

[126] 陈孝煊，吴志新和熊波. 澳大利亚红螯螯虾对水中氨氮浓度耐受性的研究. 水产科技情报，1995，22 (1):

14-16.

[127] 包杰，姜宏波，程慧，等. 氨氮对中华小长臂虾的急性毒性及非特异性免疫指标的影响. 水生生物学报，2017，41（3）：516-522.

[128] Wilkie，M. P.，M. E. Pamenter，S. Duquette，et al. The relationship between NMDA receptor function and the high ammonia tolerance of anoxia-tolerant goldfish. J. Exp. Biol.，2011，214（24）：4107-4120.

[129] 张武肖，孙盛明，戈贤平，等. 急性氨氮胁迫及毒后恢复对团头鲂幼鱼鳃、肝和肾组织结构的影响. 水产学报，2015，39（2）：233-244.

[130] Ip Y. K.，A. S. L. Tay，K. H. Lee，et al. Strategies for surviving high concentrations of environmental ammonia in the swamp eel *Monopterus albus*. Physiol. Biochem. Zool.，2004，77（3）：390-405.

[131] 樊海平，薛凌展，陈玉红，等. 氨氮及亚硝酸盐对大刺鳅幼鱼的急性毒性. 水产学杂志，2018，31（3）：25-28.

[132] Deng，H. Z.，L. H. Chai，P. P. Luo，et al. Toxic effects of NH_{4+}-N on embryonic development of *Bufo gargarizans* and *Rana chensinensis*. Chemosphere，2017，182：617-623.

[133] 安育新，何志辉. 氨对蒙古裸腹溞的毒性. 大连水产学院学报，1996（4）：21-28.

[134] Yu，N.，S. M. Chen，E. C. Li，et al. Tolerance of *Physocypria kraepelini*（Crustacean，Ostracoda）to waterborne ammonia，phosphate and pH value. J. Environ. Sci.，2009，21（11）：1575-1580.

[135] Monda，D. P.，D. L. Galat，S. E. Finger，et al. Acute toxicity of ammonia（NH_3-N）in sewage effluent to *Chironomus riparius*：II. Using a generalized linear model. Arch. Environ. Contam. Toxicol.，1995，28（3）：385-390.

[136] Wang，W. Ammonia toxicity to macrophytes（common duckweed and rice）using static and renewal methods. Environ. Toxicol. Chem.，1991，10：1173-1177.

[137] 环境保护部化学品登记中心和《化学品测试方法》编委会. 化学品测试方法 生物系统效应卷（第二版）. 北京：中国环境出版社，2013.

[138] Frances，J.，B. F. Nowak and G. L. Allan. Effects of ammonia on juvenile silver perch（*Bidyanus bidyanus*）. Aquaculture，2000，183（1-2）：95-103.

[139] Besser，J. M.，R. A. Dorman，D. L. Hardesty，et al. Survival and growth of freshwater pulmonate and nonpulmonate snails in 28-day exposures to copper，ammonia，and pentachlorophenol. Arch. Environ. Contam. Toxicol.，2016，70：321-331.

[140] Lyu，K.，H. Cao，Q. Wang，et al. Differences in long-term impacts of un-Ionized ammonia on life-history traits of three species of *Daphnia*. Int. Rev. Hydrobiol.，2013，98（5）：253-261.

[141] El-Shafai，S. A.，F. A. El-Gohary，F. A. Nasr，et al. Chronic ammonia toxicity to duckweed-fed tilapia（*Oreochromis niloticus*）. Aquaculture，2004，232（1-4）：117-127.

[142] Benlia，A. C. K.，G. Köksalb and A. Özkul. Sublethal ammonia exposure of Nile tilapia（*Oreochromis niloticus* L.）：effects on gill，liver and kidney histology. Chemosphere，2008，72：1355-1358.

[143] Hofer，R.，Z. Jeney and F. Bucher. Chronic effects of linear alkylbenzene sulfonate（LAS）and ammonia on rainbow trout（*Oncorhynchus mykiss*）fry at water criteria limits. Water Res.，1995，29（12）：2725-2729.

[144] Brinkman，S. C.，J. D. Woodling，A. M. Vajda，et al. Chronic toxicity of ammonia to early life stage rainbow trout. Trans. Am. Fish. Soc.，2009，138：433-440.

[145] Solbe，J. F. D. and D. G. Shurben. Toxicity of ammonia to early life stages of rainbow trout（*Salmo gairdneri*）. Water res.，1989，23（1）：127-129.

[146] Reinbold，K. A. and S. M. Pescitelli. Effects of exposure to ammonia on sensitive life stages of aquatic organisms. Project Report，Contract No. 68-01-5832，Illinois Natural History Survey，Champaign，IL，1982.

[147] Liu，Z.，P. Tai，X. Li，et al. Deriving site-specific water quality criteria for ammonia from national versus inter-

national toxicity data. Ecotoxicol Environ Saf, 2019, 171: 665-676.

[148] Mikryakov, V. R., V. M. Stepanova and G. A. Vinogradov. The effect that ammonium and a deficiency of calcium have on lymphocyte subpopulations in common carp (*Cyprinus carpio* L.). Inland Water Biol., 2011, 4 (1): 101-103.

[149] Dai, G. Z., C. P. Deblois, S. W. Liu, et al. Differential sensitivity of five cyanobacterial strains to ammonium toxicity and its inhibitory mechanism on the photosynthesis of rice-field cyanobacterium Ge-Xian-Mi (Nostoc). Aquat. Toxicol., 2008, 89 (2): 113-121.